五笔字典

(经典畅销版) (第二版)

李宛新 编著

清华大学出版社
北 京

**本书封面贴有清华大学出版社防伪标签,无标签者不得销售。
版权所有,侵权必究。举报: 010-62782989, beiqinquan@tup.tsinghua.edu**

图书在版编目(CIP)数据

五笔字典: 经典畅销版 / 李宛新 编著. —2版. —北京: 清华大学出版社, 2020.8(2023.5 重印)
ISBN 978-7-302-56121-7

Ⅰ. ①五… Ⅱ.①李… Ⅲ.①五笔字型输入法—字典
Ⅳ. ①TP391.14-61

中国版本图书馆 CIP 数据核字(2020)第 138096 号

责任编辑:	胡辰浩　袁建华
装帧设计:	孔祥峰
责任校对:	成凤进
责任印制:	杨　艳

出版发行: 清华大学出版社
　　　　网　　址: http://www.tup.com.cn, http://www.wqbook.com
　　　　地　　址: 北京清华大学学研大厦A座　邮　编: 100084
　　　　社 总 机: 010-83470000　　　　　　邮　购: 010-62786544
　　　　投稿与读者服务: 010-62776969, c-service@tup.tsinghua.edu.cn
　　　　质 量 反 馈: 010-62772015, zhiliang@tup.tsinghua.edu.cn
印 装 者: 北京博海升彩色印刷有限公司
经　　销: 全国新华书店
开　　本: 100mm×138mm　1/64　印　张: 7.5　字　数: 272 千字
版　　次: 2017 年 2 月第 1 版　　　　　　2020 年 8 月第 2 版
印　　次: 2023 年 5 月第 2 次印刷
印　　数: 4001~5000
定　　价: 49.00 元

产品编号: 089857-02

前 言

目前，计算机中的汉字输入法很多，例如紫光拼音输入法、智能 ABC、微软拼音输入法、五笔输入法等。在所有的输入法中，王永民先生发明的王码五笔字型输入法是专业打字人员首选的中文汉字输入法，该输入法具有输入速度快、重码率低、可以按词组输入等优点，是当前最快捷、最方便、最先进、最受欢迎的键盘汉字输入方法。

在实际操作中，虽然五笔字型具有方便易用的特点，但是五笔非常注重实践性和经验性，要求用户必须熟练掌握基本的口诀以及大量汉字的拆分方法，即使是使用熟练的用户，也会经常遇到一些尚未掌握拆分方式的单字、词及词组，编写本书的目的就是为读者提供方便实用的案头工具书，减少读者使用过程中的麻烦。

本书内容基于常用的王码五笔 86 版和 98 版编写而成，包括常用的 7000 余个汉字及拼音、拆分字根、相关常用词组及词组的 86 版五笔编码等内容。版式借用《新华字典》的编排方式，简单大方、方便易用。

本书具有词汇量大、检索快捷、体积小巧、携带方便等特点，适合不同类型读者的需求。

参加本书编写的人员除封面署名的作者外，还有李南南、秦军、黄果等，在此一并表示诚恳的谢意。本书在编写过程中参考了相关文献和资料，在此对这些文献和资料的作者深表感谢。由于作者水平有限，书中难免有错误之处，恳请各位读者批评指正，以便修订并使之更加完善。

作 者
2020 年 6 月

使用说明

本字典详细介绍了 86 版和 98 版两个版本的五笔字型字根拆分及编码,并配有汉语拼音音节索引,部首检字表及难检字笔画索引,与《新华字典》等工具书查找方法一样,便于查阅。

字典正文部分的字按汉语拼音字母顺序排列,以表格的形式分别列出 86 版和 98 版两个版本的字根及编码。每个字都有汉语拼音注音,表格后有相应的词组及词组的 86 编码。

本字典的附录部分还包括:86 版和 98 版五笔字型字根助记口诀及对比,86 版和 98 版五笔字型字根键盘图,五笔字型键名汉字表,偏旁部首的拆分。此部分为五笔初学者提供了指导,方便学习。

为了更好地满足读者的需要,本字典将五笔字型两个不同版本的拆分和编码以表格的形式集成到一起,方便读者查阅和对比。

以"伴"字为例,对表格的具体说明如下:

bàn 伴	WUFh	亻 丷 十 ①
	WUGH	亻 丷 丰 ①

第一列为被拆分的汉字及其注音。第二列为被拆分字根所对应的编码。第三列为字根的拆分。

其中第一行为 86 版的拆分,第二行为 98 版的拆分。即"伴"字的 86 版的拆分为"亻 丷 十 ①",对应的编码为 WUFh;而 98 版的拆分为"亻 丷 丰 ①",对应的编码为 WUGH。

其中①表示识别码;小写字母 h 表示"伴"的 86 版有三级简码 WUF。

目　　录

一、汉语拼音音节索引 ································· 5
二、部首检字表使用说明 ····························· 9
　（一）部首目录 ··· 10
　（二）部首检字表 ····································· 12
　（三）难检字表笔画索引 ·························· 64
三、字典正文 ·· 1
四、附录 ·· 398
　附录 A　五笔字型入门 ··························· 398
　附录 B　二级简码速查 ··························· 407
　附录 C　五笔字型键名汉字表 ················ 409
　附录 D　偏旁部首的拆分 ······················· 410
　附录 E　86 版五笔字型字根键盘图 ········ 411
　附录 F　98 版五笔字型字根键盘图 ········ 412

汉语拼音音节索引

A

a	阿	1
ai	哎	1
an	厂	2
ang	肮	3
ao	凹	3

B

ba	八	5
bai	掰	6
ban	扳	7
bang	邦	8
bao	包	9
bei	陂	10
ben	奔	12
beng	崩	13
bi	逼	13
bian	边	16
biao	飑	18
bie	瘪	18
bin	汾	19
bing	冰	19
bo	拨	20
bu	逋	22

C

ca	拆	25
cai	猜	25
can	参	26
cang	仓	26
cao	操	27
ce	册	27
cen	参	28
ceng	噌	28
cha	叉	28
chai	拆	29
chan	觇	30
chang	伥	31
chao	抄	32
che	车	33
chen	抻	34
cheng	柽	35
chi	吃	36
chong	冲	38
chou	抽	39
chu	出	40
chuai	搋	42
chuan	川	42
chuang	疮	43
chui	吹	43
chun	春	44
chuo	踔	44
ci	差	44
cong	匆	46
cou	凑	46
cu	粗	46
cuan	氽	47
cui	衰	47
cun	村	48
cuo	蹉	48

D

da	耷	50
dai	呆	52
dan	丹	53
dang	当	54
dao	刀	55
de	得	56
dei	得	56
deng	灯	57
di	氐	57
dia	嗲	60
dian	掂	60
diao	刁	61
die	爹	62
ding	丁	63
diu	丢	64
dong	东	64
dou	都	65
du	都	66
duan	端	67
dui	堆	00
dun	吨	68
duo	多	69

E

e	阿	71
ei	诶	72
en	恩	72
er	儿	72

F

fa	发	74
fan	帆	75
fang	方	76
fei	飞	78
fen	分	79
feng	丰	81
fo	佛	82
fou	缶	82
fu	夫	82

G

ga	夹	87
gai	该	87
gan	干	88
gang	冈	89
gao	皋	90
ge	戈	91
gei	给	93
gen	根	94
geng	更	94
gong	工	95

gou	勾	97	jia	加	130	**L**			mang	邙 192
gu	估	98	jian	戋	132	la	垃	165	mao	猫 192
gua	瓜	100	jiang	江	135	lai	来	165	me	么 193
guai	乖	101	jiao	艽	137	lan	兰	166	mei	没 194
guan	关	101	jie	节	139	lang	啷	167	men	闷 195
guang	光	102	jin	巾	142	lao	捞	167	meng	蒙 195
gui	归	103	jing	茎	144	le	肋	169	mi	咪 196
gun	衮	104	jiong	扃	146	lei	勒	169	mian	眠 198
guo	呙	105	jiu	纠	147	leng	塄	170	miao	喵 199
H			ju	车	148	li	哩	170	mie	乜 199
ha	哈	107	juan	捐	151	lia	俩	174	min	民 200
hai	咳	107	jue	撅	151	lian	奁	174	ming	茗 200
han	犴	108	jun	军	153	liang	良	176	miu	谬 201
hang	夯	109	**K**			liao	撩	177	mo	摸 201
hao	蒿	110				lie	咧	178	mou	哞 203
he	诃	111	ka	咖	154	lin	拎	178	mu	毪 203
hei	黑	112	kai	开	154	ling	伶	179	**N**	
hen	痕	112	kan	刊	155	liu	溜	181		
heng	亨	113	kang	闶	156	lo	咯	182	na	拿 206
hong	轰	113	kao	尻	156	long	龙	182	nai	乃 206
hou	侯	114	ke	坷	157	lou	娄	183	nan	囡 207
hu	乎	115	ken	肯	159	lu	噜	184	nang	囔 208
hua	花	117	keng	坑	159	lü	驴	185	nao	孬 208
huai	怀	117	kong	空	159	luan	峦	186	ne	哪 208
huan	欢	118	kou	抠	159	lüe	掠	187	nei	哪 209
huang	灰	119	ku	刳	160	lun	抡	187	nen	恁 209
hui	灰	120	kua	夸	160	luo	罗	188	neng	能 209
hun	昏	122	kuai	蒯	161	**M**			ni	妮 209
huo	秴	122	kuan	宽	161				nian	拈 210
J			kuang	匡	162	ma	妈	190	niang	娘 211
			kui	亏	162	mai	埋	190	niao	鸟 211
ji	讥	124	kun	坤	164	man	颟	191	nie	捏 211
			kuo	扩	164				nin	您 212

ning	宁	212		**Q**		sai	塞	255	suo	唢	282
niu	妞	213				san	三	255			
nong	农	213	qi	七	230	sang	桑	256		**T**	
nou	耨	213	qia	掐	233	sao	搔	256			
nu	奴	214	qian	千	234	se	色	257	ta	她	283
nü	女	214	qiang	呛	236	sen	森	257	tai	胎	283
nuan	暖	214	qiao	悄	237	seng	僧	257	tan	坍	284
nüe	虐	214	qie	切	238	sha	杀	257	tang	汤	286
nuo	挪	214	qin	钦	239	shai	筛	258	tao	焘	287
			qing	青	240	shan	山	258	te	忑	288
	O		qiong	邛	242	shang	伤	260	teng	疼	288
			qiu	丘	242	shao	捎	261	ti	剔	288
o	噢	216	qu	区	244	she	奢	262	tian	天	289
ou	区	216	quan	悛	245	shei	谁	263	tiao	佻	290
			que	炔	246	shen	申	263	tie	贴	291
	P		qun	逡	247	sheng	升	265	ting	厅	292
						shi	尸	266	tong	通	292
pa	趴	217		**R**		shou	收	270	tou	偷	294
pai	拍	217				shu	殳	272	tu	凸	295
pan	番	218	ran	蚺	248	shua	刷	274	tuan	湍	296
pang	乓	218	rang	嚷	248	shuai	衰	274	tui	推	296
pao	抛	219	rao	饶	248	shuan	闩	274	tun	吞	297
pei	呸	220	re	喏	249	shuang	双	275	tuo	乇	297
pen	喷	220	ren	人	249						
peng	抨	221	reng	扔	250	shui	水	275		**W**	
pi	丕	221	ri	戎	250	shun	吮	275			
pian	扁	223	rong	戎	251	shuo	说	275	wa	哇	299
piao	剽	224	rou	柔	251	si	厶	276	wai	歪	299
pie	氕	225	ru	如	252	song	松	278	wan	弯	300
pin	拚	225	ruan	阮	253	sou	嗖	278	wang	汪	301
ping	乓	226	rui	蕤	253	su	苏	279	wei	危	302
po	朴	227	run	闰	253	suan	狻	280	wen	温	305
pou	剖	228	ruo	若	254	sui	虽	280	weng	翁	307
pu	扑	228				sun	孙	281	wo	挝	307
				S					wu	乌	308
			sa	仨	255						

X

xi	蹊	312
xia	呷	315
xian	仙	317
xiang	乡	319
xiao	枭	321
xie	些	323
xin	心	324
xing	兴	326
xiong	凶	327
xiu	休	328
xu	圩	329
xuan	轩	330
xue	靴	332
xun	勋	332

Y

ya	丫	335
yan	阏	336
yang	央	339
yao	幺	340
ye	椰	342
yi	一	343
yin	因	348
ying	应	350
yo	哟	352
yong	佣	353
you	优	354
yu	纡	356
yuan	鸢	361
yue	曰	363
yun	氲	363

Z

za	匝	365
zai	灾	365
zan	簪	366
zang	赃	366
zao	遭	366
ze	则	367
zei	贼	368
zen	怎	368
zeng	增	368
zha	吒	368
zhai	斋	369
zhan	沾	370
zhang	张	371
zhao	钊	372
zhe	蜇	373
zhen	贞	374
zheng	丁	376
zhi	之	378
zhong	中	382
zhou	州	384
zhu	朱	385
zhua	抓	387
zhuai	拽	388
zhuan	专	388
zhuang	妆	388
zhui	追	389
zhun	肫	390
zhuo	焯	390
zi	仔	391
zong	宗	393
zou	邹	394
zu	租	394
zuan	躜	395
zui	嘴	395
zun	尊	396
zuo	嘬	396

部首检字表使用说明

1. 本字典采用的"部首"与一般字典的部首基本相同。
2. 部首《检字表》中的部首次序是按部首笔画数目多少排列的。
3. 部首《检字表》及索引所指示的数字,为该汉字在字典正文中的页码。
4. 对于难检的字,解决的办法是:(1)这些字常收在几个部首内。如"支"、"灵"等字。(2)分不清部首的字,按起笔(即书写时的第一笔)收入横(一)竖(丨)撇(丿)点(、)折(乙)五个单笔部首内。(3)使用部首《检字表》后面的《难检字笔画索引》查找。

（一）部首目录

一画

一	12
丨	12
丿	13
丶	13
乙(乚)	13

二画

二	14
十	14
厂	14
匚	14
刂	14
卜(⺊)	15
冂	15
亻	15
八(丷)	16
人(入)	17
勹	17
几(几)	17
儿	17
亠	18
冫	18
冖	18
卩(㔾)	19
阝(左)	19
阝(右)	20

凵	20
刀(⺈)	20
力	20
厶	21
又	21
廴	21

三画

工	21
土	21
士	22
扌	22
艹	23
寸	24
廾	26
大	26
尢	26
弋	27
小(⺌)	27
口	27
囗	29
巾	29
山	29
彳	30
彡	30
夕	30
夂	31

饣	31
广	31
丬(爿)	32
忄(⺗)	32
门	33
氵	33
宀	35
辶	36
彐(彑幺)	37
尸	37
己(巳)	37
弓	37
子(孑)	37
女	38
纟	39
马	40
幺	40
巛	40

四画

王	40
韦	40
木	40
犬	42
歹	42
车	43
戈	43

比	43
瓦	43
止	43
攴	44
小(见忄)	32
日	44
曰	44
水(氺)	44
贝	45
见	45
牛(牜⺧)	45
手	45
毛	46
气	46
攵	46
片	46
斤	46
爪(爫)	46
父	47
月	47
欠	47
风	47
殳	48
文	48
方	48
火	48
斗	48
灬	48

户	49
礻	49
心	49
聿(肀)	49
爿(见丬)	32
毋(母)	50

五画

示	50
石	50
龙	50
业	50
氺(见水)	44
目	50
田	51
皿	51
钅	51
矢	53
禾	53
白	53
瓜	54
用	54
鸟	54
疒	54
立	55
穴	55
衤	55

(一)部首目录

艮(见艮) 59	赤 60	**十画**
疋(⻊) 55	豆 60	髟 63
皮 55	酉 60	**十一画**
矛 55	辰 60	麻 63
母(见毋) 50	豕 60	鹿 63
六画	卤 60	**十二画以上**
耒 56	里 60	黑 63
老 56	足(⻊) 60	鼠 63
耳 56	身 61	鼻 63
臣 56	釆 61	
西(覀) 56	谷 61	
页 56	豸 61	
虍 56	角 61	
虫 56	言 61	
缶 57	辛 61	
舌 57	**八画**	
竹(⺮) 58	青 62	
臼 58	其 62	
自 58	雨 62	
血 58	齿 62	
舟 58	黾 62	
衣 59	隹 62	
羊(⺶⺷) 59	金 62	
米 59	鱼 62	
聿(见⺻) 49	**九画**	
艮(⻖) 59	革 63	
羽 59	骨 63	
糸 60	鬼 63	
七画	食 63	
麦(麥) 60	音 63	
走 60		

（二）部首检字表

一部

一 GGLL 343

一画
丁 SGH 63
七 AGN 230

二画
才 FTE 25
干 FGGH 88
三 DGGG 255
万 DNV 301
兀 GQV 310
下 GHI 316
于 GFK 358
与 GNGD 358
丈 DYI 372

三画
不 GII 23
丰 DHK 81
夫 FWI 82
丏 GHNV 81
互 GXGD 116
井 FJK 145
开 GAK 154
廿 AGHG 211
卅 GKK 255
天 GDI 289

屯 GBNV 297
韦 FNHK 303
无 FQV 308
五 GGHG 309
牙 AHTE 335
友 DCU 355
元 FQB 361

四画
本 SGD 12
丙 GMWI 20
布 DMHK 23
册 MMGD 27
东 AII 64
甘 AFD 88
击 FMK 124
可 SKD 157
末 GSI 202
丕 GIGF 221
平 GUHK 226
世 ANV 268
丝 XXGF 276
未 FII 273
右 DKF 356
正 GHD 377
左 DAF 396

五画
百 DJF 6
丞 BIGF 36

而 DMJJ 72
亘 GJGF 94
共 AWU 96
夹 GUWI 130
考 FTGN 156
老 FTXB 168
吏 GKQI 173
死 GQXB 277
亚 GOGD 336
尧 ATGQ 341
夷 GXWI 344
有 DEF 355
再 GMFD 365
至 GCFF 380

六画
甫 GEHY 85
更 GJQI 94
来 GOI 165
丽 GMYY 170
两 GMWW 176
求 FIYI 243
束 GKII 273
巫 AWWI 308
严 GODR 336

七画
表 GEU 18
奉 DWFH 82

画 GLBJ 117
哑 BKCG 126
其 ADWU 231
事 GKVH 269
忝 GDNU 290
武 GAHD 310
枣 GMIU 367

八画
甫 GIEJ 13
毒 GXGU 66
柬 GLII 133
韭 DJDG 147
面 DMJD 198
甚 ADWN 264
歪 GIGH 299
奏 DWGD 394
巷 AWNB 321

九画
哥 SKSK 92
高 GKMH 92
恭 AWNU 96
孬 GIVB 208
秦 DWTU 239
泰 DWIU 284
夏 DHTU 316
艳 DHQC 339

十至十三画
爽 DQQQ 275

焉 GHGO 336
董 AKGF 143
棘 GMII 127
赖 GKIM 166
暨 VCAG 129

十四画以上
颐 AHKM 368
噩 GKKK 72
臻 GCFT 375
整 GKIH 377
囊 GKHE 208
蠢 GXFI 56

丨部

上 HHGG 260
也 BNHN 342
丰 DHK 81
内 MWI 209
韦 FNHK 303
中 KHK 382
凹 MMGD 3
北 UXN 11
出 BMK 40
电 JNV 60
归 JVG 103
甲 LHNH 131
旧 HJG 147

卡	HHU	154	匕	XTN	13	乐	QII	169	希	QDMH	312
且	EGD	238	九	VTN	147	丘	RGD	242	系	TXIU	315
冉	MFD	248	乃	ETN	206	生	TGD	265		七画	
申	JHK	263		二画		失	RWI	266	卑	RTFJ	11
史	KQI	268	川	KTHH	42	甩	ENV	274	乘	TGVI	20
凸	HGMG	295	及	EYI	126	务	TLB	310	垂	TGAF	43
央	MDI	339	久	QYI	147	用	ETNH	354	籴	TYOU	58
由	MHNG	354	么	TCU	193	乍	THFD	369	阜	WNNF	86
曲	MAD	244	乞	TNB	232	甩	RGBV	378	乖	TFUX	101
肉	MWWI	252	千	TFK	234		五画		肴	QDEF	341
师	JGMH	266	毛	TAV	297	丢	TFCU	64	贞	VWI	232
曳	JXE	342	丸	VYI	300	各	TKF	93	质	RFMI	381
串	KKHK	43	义	YQI	346	后	RGKD	114	周	MFKD	384
半	GJGH	197		三画		年	RHFK	210		八画	
县	EGCU	318	丹	MYD	53	兵	RGYU	218	拜	RDFH	7
畅	JHNR	32	币	TMHK	14	乒	RGTR	226	段	WDMC	67
非	DJDD	78	长	TAYI	31	乔	TDJJ	237	复	TJTU	86
果	JSI	105	乏	TPI	74	色	QCB	257	胤	TXEN	350
肃	VIJK	279	反	RCI	75	杀	QSU	257	禹	TKMY	358
将	UQFY	135	壬	TFD	249	兆	WIU	297	重	TGJF	39
韭	DJDG	147	升	TAK	265	危	QDBB	302		九至十三画	
临	JTYJ	179	氏	QAV	268	向	TMKD	320	甾	QOBX	32
幽	XXMK	354	乌	QNGD	308	囟	TLQI	326	乘	TUXV	36
禺	JMHY	357	午	TFJ	309	兆	IQV	373	甥	VUTH	163
艳	DHQC	339	夭	TDI	340	朱	RII	385	甥	TGLL	265
鼎	HNDN	63	爻	QQU	341		六画		弑	QSAA	270
夥	JSQQ	123		四画		兵	RGWU	20	粤	TLON	363
冀	UXLW	129	册	MMGD	27	囱	TLQI	46	孵	QYTB	82
			处	THI	41	鱼	QJNB	103	睾	TLFF	91
	丿部		氐	QAYI	57	卵	QYTY	187	鼐	EHNN	207
	一画		冬	TUU	64	每	TXGU	194	舞	RLGH	310
入	TYI	252	平	TUHK	115	我	TRNT	307	疑	XTDH	345

毓	TXGQ	360			
	十四画以上				
靠	TFKD	156			
馘	IQFC	287			
纛	WFMO	47			

	丶部	
丸	VYI	300
丫	UHK	335
义	YQI	346
之	PPPP	378
卞	YHU	17
丹	MYD	53
为	YLYI	303
半	UFK	7
必	NTE	4
头	UDI	294
永	YNII	353
主	YGD	386
农	PEI	213
州	YTYH	384
良	YVEI	176
卷	UDBB	151
举	IWFH	149
叛	UDRC	218
甾	QOBX	32
益	UWLF	348
蠲	UWLJ	151

	乙(乚)部	
乙	NNLL	345

刁	NGD	61	即	VCBH	126	无	FQV	308	乾	FJTN	235	厦	DDHT	316
九	VTN	147	君	VTKD	153	五	GGHG	309	嵩	FULK	257	雁	DWWY	339
了	BNH	169	乱	TDNN	187	元	FQB	361	博	FGEF	22	厮	DADR	276
乜	NNV	199	甬	CEJ	353	云	FCU	363	辜	DUJ	98	魇	DDRC	338
飞	NUI	78	畅	JHNR	32	专	FNYI	388	韩	FJFH	108	餍	DDWE	339
子	BNHG	140	承	BDII	36	丕	GIGF	221	睾	TLFF	91	魇	DDDL	343
孓	BYI	151	函	BIBK	108	亘	GJGF	94	嘏	DNHC	99	赝	DWWM	339
乞	TNB	232	丞	BKCG	126	亚	GOGD	336	兢	DQDQ	145			
习	NUD	314	隶	VII	174	些	HXFF	323	斡	FJWF	308	**匚部**		
乡	XTE	319	乳	EBNN	252				翰	FJWN	109	巨	AND	149
幺	XNNY	340	虱	NTJI	266	**十部**			矗	FHFH	42	匹	AQV	223
乩	BNHN	342	隶	VIJK	279							区	AQI	244
巴	CNHN	5	癸	WGDU	104	十	FGH	267	**厂部**			叵	AKD	227
尺	NYI	37	既	VCAQ	129	千	TFK	234				匪	AMHK	365
丑	NFD	40	胤	TXEN	350	午	TFJ	309	厂	DGT	32	匠	ARK	136
孔	BNN	159	恕	NYKW	380	支	FCU	378	厄	DBV	71	匡	AGD	162
书	NNHY	272	昼	NYJG	384	古	DGHG	98	历	DLV	172	匣	ALK	316
以	NYWY	345	乾	FJTN	235	卉	FAJ	121	厅	DSK	292	医	ATDI	344
尹	VTE	350	巯	CAYQ	243	毕	XXFJ	14	厉	DWI	82	匦	ALVV	103
予	CBJ	357	暨	VCAG	129	华	WXFJ	117	厊	DDNV	173	匿	ADJD	219
出	BMK	40	豫	CBQE	360	协	FLWY	323	厌	DDI	338	匮	AADK	210
电	JNV	60				孛	FPBF	11	库	DLK	262	匾	AYNA	17
发	NTCY	74	**二部**			克	DQB	158	压	DFYI	335	匦	AKHM	163
弗	XJK	83				卑	RTFJ	11	励	DDNL	173	颐	AHKM	368
民	NAV	200	二	FGG	73	阜	WNNF	86	厕	DMJK	27			
丝	XXGF	276	亍	FHK	41	卖	FNUD	191	厚	DJBD	114	**刂部**		
司	NGKD	276	于	FGGH	88	丧	FUEU	256	厘	DJFD	171			
丞	BIGF	36	亏	FNV	162	直	FHF	379	厝	DAJD	49	**二至四画**		
相	SHG	319	亐	GFK	358	卓	HJJ	390	原	DRII	361	刘	QJH	346
艮	VEI	94	互	GXGD	116	卒	YWWF	395	既	DVCQ	148	刊	FJH	155
卐	HKNN	124	井	FJK	145	南	FMUF	207	厢	DSHD	320	创	WBJH	43
尽	NYUU	143	开	GAK	154	索	FPXI	282	厣	DDKF	338	刚	MQJH	89
买	NUDU	191	丌	FJJ	230	真	FHWU	375	厨	DGKF	41	划	AJH	117
									厥	DUBW	152			

列 GQJH 178	前 UEJJ 235	卤 HLNF 356	仅 WCY 142	件 WRHH 134
刘 YJH 181	剃 UXHJ 289	卦 FFHY 100	仍 WLN 169	优 WYMN 156
刎 QRJH 306	削 IEJH 332	卧 AHNH 307	仆 WHY 228	伦 WWXN 187
刑 GAJH 326	**八画**	卓 HJJ 390	仁 WFG 249	优 WXXN 223
则 MJH 367	剥 VIJH 9	桌 HJSU 390	仍 REN 250	伤 WTLN 260
五画	剖 DSKJ 124	**冂部**	什 WFH 264	似 WNYW 277
别 KLJH 19	剧 NDJH 150		仇 WMN 371	伟 WFNH 304
到 CAJH 145	剖 UKJH 228	丹 MYD 53	**三画**	伪 WYLY 304
利 TJH 173	剡 OOJH 338	冈 MQI 89	代 WAY 52	传 WTFH 309
判 UDJH 218	剔 JQRJ 288	见 MQB 134	付 WFY 85	伍 WGG 309
刨 QNJH 219	剜 PQBJ 300	内 MWI 209	们 WUN 195	休 WSY 328
删 MMGJ 258	**九画以上**	册 MMGD 27	仫 WTCY 204	呀 WAHT 335
钊 QJH 372	副 GKLJ 86	冉 MFD 248	仟 WTFH 234	仰 WQBH 340
六画	割 PDHJ 92	央 MDI 339	切 VVYY 250	伊 WVTT 344
刭 GCFJ 56	剩 TUXJ 266	刚 MQJH 89	仨 WDG 255	优 WDNN 354
刹 MSJH 70	剿 VJSJ 33	肉 MWWI 252	仕 WFG 268	伛 WAQY 358
刮 TDJH 100	翻 AEEJ 161	网 MQKD 293	他 WBN 283	仲 WKHH 383
刽 WFCJ 104	剽 SFIJ 224	网 MQQI 301	仙 WMH 317	仁 WPGG 386
刿 MQJH 104	剧 DUBJ 152	彤 MYET 293	仪 WYY 344	
剂 YJJH 129	劁 WYOJ 237	典 MAWU 60	亿 WTNN 91	**五画**
刽 MNJH 154	劐 AWYJ 123	囵 MUYN 302	仗 WDYY 372	伴 WUFH 8
刺 YNTJ 158	劂 THLJ 348	周 MFKD 384	仔 WBG 391	伯 WRG 21
刳 DFNJ 160	**卜(⺙)部**	盘 MDLF 3	**四画**	但 WJGG 53
剎 QSJH 257		鸯 MDQG 339	伧 WWBN 26	低 WQAY 57
刷 NMHJ 274	卜 HHY 22	雕 MFKY 61	伥 WTAY 31	佃 WLG 61
制 RMHJ 380	上 HHGG 260	**亻部**	传 WFNY 42	佛 WXJ 82
刺 GMIJ 45	卡 HHU 154		伐 WAT 74	伽 WLKG 130
七画	卢 HNE 184	**一至二画**	仿 WYN 77	佝 WQKG 97
剐 KMWJ 100	外 QHY 299	亿 WNN 346	份 WWVN 80	估 WDG 98
剑 WGIJ 135	占 HKF 371	仇 WVN 39	伏 WDY 83	何 WSKG 111
荆 AGAJ 145	贞 HMU 374	仃 WSH 63	伙 WOY 123	伥 WHHY 154
刺 GKIJ 165	卤 HLQI 184	化 WXN 117	伎 WFCY 128	伶 WWYC 179
	半 GJGH 197		价 WWJH 131	你 WQIY 210

佞 WFVG 212	侨 WTDJ 237	修 WHTE 328	倬 WHJH 390	**十二画以上**
伸 WJHH 263	使 WGKQ 268	俨 WGOD 338	**九画**	僮 WUJF 293
伺 WNGK 277	侍 WFFY 269	甬 WCEH 353	偿 WIPC 31	僖 WAQJ 135
体 WSGG 289	侃 WIQN 290	俣 WKGD 358	偾 WFAM 80	僬 WWYO 138
佟 WTUY 293	侠 WGUW 316	**八画**	偈 WJQN 129	儆 WAQT 145
佗 WPXN 297	佯 WUDH 340	俺 WDJN 2	假 WNHC 131	僦 WYIN 148
位 WUG 305	依 WYEY 344	倍 WUKG 12	傀 WRQC 163	僚 WDUI 177
佚 WRWY 346	佾 WWEG 347	俾 WRTF 14	偻 WOVG 183	僧 WULJ 257
佣 WEH 353	侑 WDEG 356	倡 WJJG 32	偻 WJMY 216	僳 WSGY 280
攸 WHTY 354	侦 WHMY 374	俶 WGCJ 55	偏 WYNA 224	僻 WFKK 313
佑 WDKG 356	侄 WGCF 379	倬 WWDH 82	停 WYPS 292	儋 WQDY 275
住 WYGG 386	侏 WRIY 385	俯 WYWF 85	偷 WWGJ 294	僵 WGLG 136
佐 WDAG 396	**七画**	倌 WPNN 101	偎 WLGE 302	僻 WNKU 223
作 WTHF 396	保 WKSY 9	候 WHND 114	偕 WXXR 323	僵 WLGE 331
六画	便 WGJQ 17	健 WVFP 135	鸻 WSQG 328	儒 WFDJ 252
佰 WDJG 6	俦 WDTF 39	借 WAJG 142	偃 WAJV 338	儡 WLLL 170
侧 WMJH 27	促 WKHY 47	俱 WHWY 150	偬 WQRN 394	**八(丷)部**
侪 WYJS 37	俄 WTRT 71	倨 WNDG 150	做 WDTY 397	八 WTY 5
侈 WQQY 37	俘 WEBG 83	倦 WUDB 151	**十画**	丫 UHK 335
侗 WMGK 65	侯 WNTD 114	俺 WNBM 152	傲 WGQT 4	分 WVB 79
俾 WBG 73	俭 WWGI 133	倥 WPWA 159	傍 WUPY 8	公 WCU 95
供 WAWY 96	俊 WCWT 153	倮 WJSY 188	傧 WPRW 19	六 UYGY 182
佶 WFKG 126	俚 WJFG 172	倪 WVQN 210	储 WYFJ 41	兮 WGNB 312
佳 WFFG 130	俐 WTJH 173	俳 WDJD 217	傣 WDWI 72	半 UFK 7
侥 WATQ 138	俪 WGMY 173	倩 WGEG 236	傅 WGEF 86	兰 UFF 166
侃 WKQN 155	俩 WGMW 174	倾 WXDM 241	傈 WSSY 174	只 KWU 379
侉 WDFN 161	俩 WMGN 226	倘 WADK 254	傩 WCWY 215	并 UAJ 20
侩 WWCI 161	俩 WIEG 238	候 WHTD 272	傥 WIPQ 287	共 AWU 96
佬 WFTX 168	侵 WVPC 239	倘 WIMK 286	**十一画**	关 UDU 101
例 WGQJ 174	俅 WFIY 243	倒 WMFK 295	僬 WWFI 38	兴 IWU 326
侣 WKKG 186	俟 WCTD 277	倭 WTVG 307	催 WMWY 47	兵 RGWU 20
伴 WCRH 203	俗 WWWK 279	倚 WDSK 346	傻 WTLT 258	
侬 WPEY 213	侮 WTXU 310	债 WGMY 370	僇 WQJE 321	
佩 WMGH 220	信 WYG 326	值 WFHG 379		

弟	UXHT	59	阇 UWLJ 151	贪 WYNM 284	凡 MYI 75	竞 UKQB 146
兑	UKQB	68		臾 VWI 357	凤 MQI 81	兜 QRNQ 65
谷	WWKF	99	**人(入)部**	俞 WGEJ 357	凤 MCI 82	兢 DQDQ 145
单	UJFJ	30	人 WWWW 249	爼 WWEG 395	凫 QYNM 83	
典	MAWU	60	入 TYI 252	拿 WGKR 206	凨 MQGI 279	**亠部**
具	HWU	150	个 WHJ 93	龛 WGKX 155	壳 FPMB 157	**一至三画**
卷	UDBB	151	仑 WBB 26	斜 WTUF 335	秃 TMB 295	亡 YNV 301
其	ADWU	231	从 WWY 46	禽 WYBC 240	凯 MNMN 154	卞 YHU 17
差	UDAF	28	介 WJJ 141	俞 WFIL 262	凭 WTFM 226	亢 YMB 156
叛	UDRC	218	今 WYNB 142	舒 WFKB 272	咒 KKMB 384	六 UYGY 182
前	UEJJ	235	仓 WXB 187	龠 WGKN 313	凰 MRGD 119	邡 YNBH 192
酋	USGF	243	以 NYWY 345	龠 WGKA 363	凳 WGKM 57	市 YMHJ 268
首	UTHF	271	仄 DWI 368			幺 XNNY 340
养	UDYJ	340	丛 WWGF 46	**勹部**	**儿部**	
兹	UXXU	391	令 WYCU 181	勺 QYI 261	儿 QTN 72	**四画**
兼	UVOU	132	仝 WAF 293	勾 QCI 97	兀 GQV 310	产 UTE 30
益	UWLF	348	佘 TYIU 47	勿 QRE 310	元 FQB 361	充 YCQB 38
真	FHWU	375	合 WGKF 93	匀 QUD 363	允 CQB 364	亥 YNTW 108
黄	AMWU	120	会 WFCU 121	包 QNV 9	兄 KQB 327	交 UQU 137
兽	ULGK	271	企 WHF 232	匆 QRYI 46	充 YCQB 38	齐 YJJ 230
着	UDHF	272	全 WGF 245	句 QKD 97	光 IQB 102	妄 YNVF 302
奠	USGD	61	伞 WUHJ 255	匈 QQBK 327	先 TFQB 317	衣 YEU 344
普	UOGJ	228	余 WIU 297	旬 QJD 333	尧 ATGQ 341	亦 YOU 346
巽	NNAW 334		众 WWWU 384	甸 QLD 61	兆 IQV 373	
曾	ULJF	28	含 WYNK 108	匐 QYD 113	兑 UKQB 68	**五至六画**
蒅	UXXB	391	金 WGIF 234	匍 QGEY 228	克 DQB 158	亨 YBJ 113
尊	USGF	396	余 WFIU 262	匎 QGKL 84	免 QKQB 198	亩 YLF 204
奥	WFLW 358		巫 AWWI 308	够 QKQQ 97	兕 MMGQ 277	弃 YCAJ 233
黉	IPAW 114		余 WTU 357	匏 DFNN 219	兔 QKQY 295	忘 YNNU 302
蒛	UXLW 129		坐 WWFF 397		兖 UCQB 338	变 YOCU 17
戬	UTHG 105		命 WGKB 201	**几(几)部**	党 IPKQ 54	劲 YNTL 111
鼹	UJFE	31	舍 WFKF 262	几 MTN 127		亭 YIJ 144
夔	UHTT 163					刻 YNTJ 158
						盲 YNHF 192

氓 YNNA 192	率 YXIF 186	赢 YNKY 352	凝 UXTH 212	**四画**
享 YBF 320	弯 YOQG 187	颤 YLKM 31	**亠部**	讣 YWXN 71
兖 UCQB 338	衰 YCBE 193	赢 YNKY 145	亢 PMB 251	访 YYN 77
夜 YWTY 343	烹 YBOU 221	赢 YNKY 188	写 PGNG 323	讽 YMQY 82
育 YCEF 359	商 UMWK 260	瓢 YKKY 248	军 PLJ 153	讳 YFNH 121
卒 YWWF 395	孰 YBVY 273	饔 YXTE 353	农 PEI 213	讲 YFJH 136
七画	望 YNEG 302	**冫部**	冠 PFQF 102	讵 YANG 149
哀 YEU 1	**十画**	习 NUD 314	冥 PJUU 201	诀 YNWY 151
帝 UPMH 59	敦 YBTY 68	冬 TUU 64	冤 PQKY 361	论 YWXN 187
孪 YOVF 186	就 YIDN 148	冯 UCG 82	冢 PEYU 383	讷 YMWY 208
亮 YPMB 176	窝 YOMW 187	冰 UIY 19	冪 PJDH 198	讴 YAQY 216
弈 YOBF 186	蛮 YOJU 187	冲 UKHH 38	**讠部**	设 YMCY 262
峦 YOMJ 186	衰 YVEU 228	次 UQWY 45	**二画**	讼 WCY 278
亭 YPSJ 292	袤 YRVE 324	决 UGXG 116	订 YSH 63	许 YTFH 329
弯 YOXB 300	**十一画**	尽 NYUU 143	讣 YHY 85	讶 YAHT 336
彦 UTER 338	禀 YLKI 20	决 UNWY 151	讥 YMN 124	**五画**
奕 YODU 347	鹉 YBQG 44	冻 UAIY 64	计 YFH 128	词 YNGK 45
八画	斋 YEMK 347	况 UKQN 152	认 YWY 250	诋 YQAY 58
亳 YPTA 21	雍 YXTY 353	冷 UWYC 170	**三画**	诂 YDG 99
高 YMKF 90	**十二画**	冶 UCKG 342	讦 YAG 114	词 YSKG 111
衮 UCEU 104	膏 YPKE 91	净 UQVH 146	记 YNN 128	评 YGUH 226
郭 YBBH 105	裹 YJSE 106	冽 UGQJ 178	讦 YFH 140	诎 YBMH 244
颃 YMDM 109	豪 YPEU 110	洗 UTFQ 318	讫 YTNN 233	识 YKWY 267
离 YBMC 171	銮 YOQF 187	凋 UMFK 61	让 YHG 142	诉 YRYY 279
恋 YONU 176	敲 YMKC 237	凉 UYIY 176	讪 YMH 259	诒 YCKG 345
孪 YORJ 187	**十三画以上**	凌 UFWT 180	讨 YFY 287	译 YCFH 347
旁 UPYB 219	褒 YWKE 9	弱 UGVV 230	训 YKH 333	诈 YTHF 369
袤 YKGE 174	憝 YBTN 68	淞 XUXU 254	讯 YNFH 333	诏 YVKG 373
畜 YXLF 330	赢 YNKY 352	准 UWYG 390	讪 YFY 287	诊 YWET 375
衷 YKHE 383	壅 YXTF 353	凑 UDWD 46	讦 YKH 333	证 YGHG 377
九画	鹫 YIDG 148	减 UDGT 133	讯 YNFH 333	诒 YQVG 384
亳 YPTN 110	襄 YKKE 320	凛 UYLI 179	议 YYQY 346	诣 YEGG 395

讠 阝 19

六画
诧	YPTA	29		
诚	YDNT	35		
诞	YTHP	54		
该	YYNW	87		
诟	YRGK	97		
诖	YFFG	100		
诡	YQDB	104		
话	YTDG	117		
诙	YDOY	120		
诨	YPLH	122		
诘	YFKG	126		
诓	YAGG	162		
诔	YDIY	170		
诠	YWGG	246		
诜	YTFQ	263		
诗	YFFY	266		
试	YAAG	269		
详	YUDH	320		
诩	YNG	329		
询	YQJG	333		
诣	YXJG	347		
诤	YQVH	377		
诛	YRIY	385		

七画
诰	YTFK	91
诲	YTXU	121
诫	YAAH	141
诩	YQTG	162
诮	YIEG	238
说	YUKQ	275
诵	YCEH	278
诬	YAWW	308

误	YKGD	310
诶	YCTD	72
诱	YTEN	356
语	YGKG	359

八画
诌	YQVG	30
调	YMFK	62
读	YFND	66
诽	YDJD	78
课	YJSY	158
谅	YIYI	177
诺	YADK	215
请	YGEG	241
谂	YWYN	264
谁	YWYG	263
诹	YYWF	281
谀	YOOY	285
诼	YTVG	304
谊	YPEG	347
谒	YVWY	357
诸	YFTJ	385
谆	YYBG	390
诼	YEYY	390
诹	YBCY	394
谳	YFMD	339

九画
谙	YUJG	2
谚	YQKU	30
谋	YADN	34
谛	YUPH	59
谍	YANS	65
谓	YKKN	72

谎	YAYQ	120
谨	YGLI	135
谜	YOPY	197
谝	YAFS	203
谞	YYNA	224
谓	YLEG	305
谐	YXXR	323
谑	YEFC	330
谛	YHAG	332
谚	YUTE	339
谒	YJQN	343
谕	YWGJ	360
谘	YUQK	391

十画
谤	YUPY	8
谠	YIPQ	54
谧	YNTL	198
谟	YAJD	201
谦	YUVO	234
谥	YUWL	270
谡	YLWT	280
谢	YTMF	324
谣	YERM	341

十一画
谪	YUEV	134
谨	YAKG	143
谩	YJLC	191
谬	YNWE	201
谪	YUMD	373

十二画以上
谲	YCBK	152
谵	YUGI	166

谱	YUOJ	228
谯	YWYO	238
谭	YSJH	285
谮	YAQJ	368
谴	YKHP	235
谵	YQDY	370
谶	YWWG	35

卩( )部

卫	BGD	305
叩	KBH	160
卯	QTBH	193
印	QGBH	350
卮	RGBV	378
危	QDBB	302
即	VCBH	126
卵	QYTY	187
却	FCBH	247
卺	BIGB	143
卷	UDBB	151
卸	RHBH	324
卿	QTVB	241

阝(左)部

二至三画
队	BWY	68
阡	BTFH	234
阮	BGQN	310

四画
阳	BJG	339
阪	BRCY	7
防	BYN	77

阶	BWJH	139
阱	BFJH	145
阮	BFQN	253
阴	BEG	349
阵	BLH	375

五画
阿	BSKG	1
陂	BHCY	10
陈	BAIY	34
陇	BHKG	61
附	BWFY	85
际	BFIY	128
陇	BDXN	183
陆	BFMH	184
陀	BPXN	297
陉	BCAG	327
阻	BEGG	395
陉	BTHF	397

六画
陔	BYNW	87
降	BTAH	136
陌	BGMN	183
陌	BDJG	202
陕	BGUW	259
陉	BVEY	319

七画
陛	BXXF	15
除	BWTY	40
陲	BFHY	65
陉	BJFG	211
险	BWGI	318
院	BPFQ	362
陨	BKMY	364

陟 BHIT 381	邗 FBH 108	耶 BBH 342	酆 FKKB 180	兔 QKQY 295
八画	邝 YBH 162	郁 DEBH 359	鄧 DHDB 81	急 QVNU 126
陲 BTGF 43	邛 YNBH 192	郓 PLBH 364		剪 UEJV 133
陵 BFWT 180	邙 ABH 242	郑 UDBH 377	**凵部**	象 QJEU 321
陪 BUKG 220		郏 GCFB 381	凶 QBK 327	豫 SSWV 80
陣 BRTF 222	**四画**	郐 RIBH 385	凹 MMGD 3	赖 GKIM 166
陶 BQRM 287	邦 DTBH 8		出 BMK 40	詹 QDWY 370
陷 BQVG 319	邡 YBH 76	**七画**	击 FMK 124	劈 NKUV 222
陬 BBCY 394	那 VFBH 206	郭 EBBH 83	凸 HGMG 295	
	祁 PYBH 230	郜 TFKB 91	函 IBK 55	**力部**
九画	邬 QNGB 308	郕 FOBH 110	函 BIBK 108	力 LTN 172
堕 BDEF 70	邗 AHTB 323	郡 VTKB 153	画 GLBJ 117	办 LWI 8
隍 BRGG 119	邢 GABH 327	郢 GMYB 173	幽 XXMK 354	劝 CLN 246
隆 BTGG 182		郗 QDMB 312	凿 QOBX 32	功 ALN 95
隋 BDAE 281	**五画**	郎 KGBH 352	凿 OGUB 366	夯 DLB 109
随 BDEP 281	邯 UXBH 11	郧 KMBH 364		加 LKG 130
隈 BLGE 302	邴 GMWB 20		**刀(⺈)部**	务 DNLN 191
隗 BRQC 304	邸 QAYB 58	**八画**	刀 VNT 55	幼 XLN 356
隐 BQVN 350	邳 AFBH 108	菜 UKBH 24	刃 VYI 250	动 FCLN 64
隅 BJMY 357	邻 WYCB 178	梆 SSBH 34	分 WVB 79	劣 ITLB 178
	邳 GIGB 221	郝 FTJB 65	切 AVN 238	劫 FCLN 140
十画以上	邱 RGBH 242	郭 YBBH 105	勺 QVF 40	劾 CALN 144
隆 BUWL 2	邵 VKBH 261	部 RTFB 222	召 VKF 373	劳 APLB 168
隔 BGKH 92	邰 CKBH 284	郯 OOBH 285	负 QMU 85	励 DDNL 175
隙 BIJI 315	邺 OGBH 342		色 QCB 257	男 LLB 207
障 BUJH 372	邮 MBH 354	**九画以上**	危 QDBB 302	努 VCLB 214
隧 BUEP 281	邹 QVBH 394	鄂 KKFB 72	争 QVHJ 376	劲 QKLN 244
隰 BJXO 314		鄯 SFBH 151	初 PUVN 40	动 VKLN 261
骤 BDAN 121	**六画**	鄄 AJVB 338	龟 QJNB 103	助 EGLN 386
	郏 QJBH 118	郵 KFLB 14	兔 QMDU 118	劲 YNTL 111
阝(右)部	郏 GUWB 131	鄙 GHGB 336	兔 QKQB 198	势 RVYL 269
	郊 UQBH 137	鄱 AKGB 349	券 UDVB 246	
二至三画	邾 WFCB 161	郤 TOLB 227		
邓 CBH 57	郎 YVCB 167	郯 UDUB 259		
	郯 QDCB 238	鄯 BCTB 394		

勃 FPBL 21	劝 CLN 246	功 ALN 95	在 DHFD 365	坷 FSKG 157
勉 QKQL 198	双 CCY 274	巧 AGNN 238	圳 FKH 375	坤 FJHH 164
勋 KMLN 332	友 DCU 355	邛 ABH 242	至 GCFF 380	垃 FUG 165
勇 CELB 353	支 FCU 378	左 DAF 396		垄 DXFF 183
鄂 LKSK 93	对 CFY 68	巩 AMYY 96	四画	垅 FDXN 183
勐 BLLN 196	发 NTCY 74	式 AAD 269	坝 FMY 5	垆 FHNT 184
勘 ADWL 155	圣 CFF 266	攻 ATY 95	坌 WVFF 13	坶 FXGU 204
勚 JHLN 330	观 CMQN 101	汞 AIU 96	赤 FOU 38	坭 FNXN 209
募 AJDL 204	欢 CQWY 118	贡 AMU 97	坊 FYN 77	坯 FGIG 221
甥 TGLL 265	戏 CAT 315	巫 AWWI 308	坟 FYY 80	坪 FGUH 226
勤 AKGL 240	变 YOCU 17	差 UDAF 28	坏 FGIY 118	坡 FHCY 227
螂 LLLN 323	艰 CVEY 132	项 ADMY 321	坚 JCFF 132	坦 FJGG 285
	受 EPCU 271		劫 FCLN 140	坨 FPXN 297
厶部	叔 HICY 272	土部	均 FQUG 153	幸 FUFJ 327
	叛 UDRC 218		坎 FQWY 155	茔 APFF 351
厶 CNY 276	叟 VHCU 279	土 FFFF 295	坑 FYMN 159	者 FTJF 374
幺 XNNY 340	叙 WTCY 330		块 FNWY 161	
弁 CAJ 17	爱 EFTC 361	二至三画	坜 FDLN 172	六画
去 FCU 245	难 CWYG 207	去 FCU 245	圻 FRH 231	城 FDNT 35
台 CKF 284	叠 JLCU 191	圣 CFF 266	坍 FMYG 284	垫 RVYF 61
牟 CRHJ 203	甗 VCMW 214	场 FNRT 32	坛 FFCY 285	垤 FGCF 62
县 EGCU 318	叠 CCCG 63	尘 IFF 34	坞 FQNG 310	垌 FMGK 65
矣 CTDU 346	聚 BCTI 150	地 FBN 59	孝 FTBF 322	垛 FMSY 70
参 CDER 26	叇 OYOC 324	圪 FTNN 91	址 FHG 380	垩 GOGF 71
叁 CDDF 255	矍 HHWC 152	圭 FFF 103	坠 BWFF 389	垡 WAFF 74
垒 CCFF 170		圾 FEYY 124	坐 WWFF 397	封 FFFY 81
畚 CDLF 12	夂部	考 FTGN 156		垓 FYNW 87
能 CEXX 209		圹 FYT 162	五画	垢 FRGK 97
	廷 TFPD 292	老 FTXB 168	坳 FXLN 4	郝 FOBH 110
又部	延 THPD 337	圮 FNN 223	坼 FRYY 34	垲 FMNN 154
	建 VFHP 134	寺 FFU 277	坻 FQAY 58	垦 VEFF 159
又 CCCC 356		圩 FGFH 329	坫 FHKG 61	垮 FDFN 161
叉 CYI 28	工部	圬 FFNN 308	坩 FAFG 88	垒 CCCF 170
邓 CBH 57		圯 FNN 344	卦 FFHY 100	垴 FYBH 208
反 RCI 75	工 AAAA 95			垧 FTMK 260

土士才

型 GAJF 327	堑 LRFF 236	塥 FUMK 260	壹 FPGU 344	扼 RDBN 71
垭 FGOG 336	埠 FVPH 256	墅 YBVF 273	鼓 FKUC 99	扶 RFWY 83
垠 FVEY 349	堂 IPKF 286	墼 JFCF 274	嘉 FKUK 130	抚 RFQN 84
垣 FGJG 361	堍 FQKY 295	墟 FHAG 329	熹 FKUO 314	护 RYNT 116
七画	场 FJQR 347	墉 FYVH 353	馨 FNMJ 326	技 RFCY 128
埃 FCTD 1	域 FAKG 360		罄 FKUF 223	拒 RANG 150
埕 FKGG 36	填 FFHG 379	**十二画**	懿 FPGN 348	抉 RNWY 151
埂 FGJQ 94		赭 FOFJ 374		抗 RYMN 156
埚 FKMW 105	**九画**	墀 FNIH 37	**扌部**	抠 RAQY 155
垒 FCLF 112	堡 WKSF 10	墩 FYBT 68		抡 RWXN 187
垂 FFNU 122	堤 FJGH 58	墨 LFOF 203	**一至二画**	拟 RNYW 210
垮 FEFY 178	堞 FANS 62	增 FULJ 368	扎 RNN 369	扭 RNFG 213
埋 FJFG 190	蠢 FTXF 62		扒 RWY 5	抛 RVLN 219
埔 FGEY 229	埂 FWND 114	**十三画**	打 RSH 50	批 RXXN 222
埘 FJFY 268	堪 FADN 155	**以上**	扑 RHY 228	抢 RWBN 237
垧 FKMY 332	堝 FLYN 170	壁 NKUF 15	扔 REN 250	扽 RDNN 248
盐 FHLF 337	塔 FAWK 283	壑 GJFF 125		抒 RCBH 272
袁 FKEU 362	堰 FAJV 339	壅 YXTF 353	**三画**	投 RMCY 294
垸 FPFQ 362	塄 FSFG 349	臻 GCFT 375	扛 RAG 89	抟 RFNY 296
		壕 FYPE 110	扣 RKG 160	抑 RQBH 337
八画	**十画**	壑 HPGF 112	扩 RYT 164	找 RAT 372
埯 FDJN 2	塥 FGKH 92	壤 XFGG 136	扪 RUN 195	折 RRH 373
埠 FPJF 24	墓 AJDF 204	壤 FYKE 248	扦 RTFH 234	抓 RRHY 387
埭 FVIY 52	塞 PFJF 255		扫 RVG 256	
堵 FFTJ 66	塑 UBTF 280	**士部**	托 RTAN 297	**五画**
堆 FWYG 68	塌 FJNG 283	士 FGHG 268	扬 RNRT 339	拗 RXLN 7
堕 BDEF 70	塘 FYVK 286	壬 TFD 249	执 RVVY 378	拔 RDCY 15
基 ADWF 125	填 FFHW 290	吉 FKF 126		拌 RUFH 8
毂 FOBC 207	塬 FDRI 362	壳 FPMB 157	**四画**	抱 RQNN 10
埝 FWYN 211		声 FNR 265	把 RCN 5	拚 RCAH 218
培 FUKG 220	**十一画**	志 FNU 380	扳 RRCY 7	拨 RNTY 20
堋 FEEG 221	赫 FOFO 112	壶 FPOG 116	扮 RWVN 8	拆 RRYY 25
埤 FRTF 222	境 FUJQ 146	悫 FPMN 274	报 RBCY 10	押 RJHH 34
	墁 FJLC 191	喜 FKUK 315	抄 RITT 32	抽 RMG 39
	墙 FFUK 236		扯 RHG 33	担 RJGG 53
			抖 RUFH 65	

抵 RQAY 58	挥 RPLH 120	捃 RVTK 153	掳 RHAL 187	揆 RWGD 163
拂 RXJH 83	挤 RYJH 127	捆 RLSY 164	掠 RIYI 199	揽 RJTQ 166
拊 RWFY 85	挢 RTDJ 138	捞 RAPL 167	描 RALG 199	搂 ROVG 183
拐 RKLN 101	拮 RFKG 140	捋 REFY 186	捺 RDFI 206	揿 RQQW 240
拣 RANW 133	拷 RFTN 156	捏 RJFG 211	捻 RWYN 211	揉 RCBS 251
拘 RQKG 148	挎 RDFN 161	捎 RIEG 261	排 RDJD 217	搔 RCYJ 256
拉 RUG 165	拾 RTDG 164	损 RKMY 281	捧 RDWH 221	搜 RVHC 278
拦 RUFG 166	挂 RATQ 208	捅 RCEH 284	掊 RJGH 288
拎 RWYC 178	挪 RVFB 214	挽 RQKQ 300	掊 RUKG 228	握 RNGF 307
拢 RDXN 183	拼 RUAH 225	捂 RGKG 310	掐 RQVG 233	揎 RPGG 331
抿 RNAN 200	拾 RWGK 267	揾 RKCN 347	捐 RYNE 235	摄 RAJV 336
抹 RGSY 202	拭 RAAG 269	振 RDFE 376	授 REPC 272	揭 RKBG 344
拇 RXGU 203	拴 RWGG 274	捉 RKHY 390	探 RPWS 285	揄 RWGJ 358
拈 RHKG 210	挞 RDPY 283		掏 RQRM 287	援 REFC 362
拧 RPSH 212	挑 RIQN 291	**八画**	搽 RGDN 290	掾 RXEY 362
拍 RRG 217	挺 RTFP 292	捱 RDFF 1	推 RWYG 296	揸 RSJG 369
拚 RGUH 221	挖 RPWN 299	捭 RRTF 6	掀 RRQW 317	揍 RDWD 394
披 RHCY 222	挝 RFPY 307	掺 RCDE 30	掩 RDJN 338	
抬 RCKG 284	挟 RGUW 323	掸 RTGF 43	捭 RBBH 342	**十画**
拖 RTBN 297	挣 RQVH 376	揸 RAJG 49	披 RYWY 343	摆 RLFC 6
拓 RDG 298	拯 RBIG 377	掸 RUJF 53	掷 RUDB 381	搬 RTEC 7
押 RLH 335	挦 RXJG 380	括 RYHK 60		挨 RPRW 19
拥 REH 353	拽 RJXT 388	掉 RHJH 62	**九画**	搏 RGEF 22
择 RCFH 367		掇 RCCC 69	搦 RNUA 20	揶 RYXL 41
招 RVKG 372	**七画**	掼 RXFM 102	插 RTFV 28	摅 RRHM 42
拄 RYGG 386	挨 RCTD 1	掴 RLGY 105	搽 RAWS 28	摁 RLDN 72
拙 RBMH 390	捌 RKLJ 5	掎 RDSK 127	搀 RQKU 30	搞 RYMK 91
	捕 RGEY 22	接 RUVG 140	揣 RMDJ 42	摸 RAJD 201
六画	挫 RWWF 49	捷 RGVH 141	搓 RUDA 48	揲 RXUU 215
按 RPVG 7	捣 RQYM 55	掯 RQOY 149	搭 RAWK 50	搡 RCCS 256
拶 RIFY 37	捍 RJFH 100	据 RNDC 150	摁 RANS 63	摄 RBCC 263
挡 RIVG 54	换 RQMD 119	捱 RNBM 152	掴 RUTK 92	搋 RHAN 272
拱 RAWY 96	捡 RWGI 133	控 RPWA 159	揿 RIPQ 138	搠 RUBE 276
挂 RFFG 100	挹 RKEG 151	掬 RYND 184	揭 RJQN 140	摊 RCWY 285
			揪 RTOY 147	搪 RYVK 286
			揩 RXXR 154	

携 RWYE 323	撑 RUSF 396	共 AWU 96	芮 AMWU 253	茛 ANAB 200
摇 RERM 341	**十三画**	芭 ANB 232	芰 AMCU 258	茉 AGSU 202
振 RNAE 370	操 RKKS 27	芋 ATFJ 234	苏 ALWU 279	苜 AHF 204
十一画	擀 RFJF 89	芍 AQYU 261	苇 AFNH 304	荁 AQYG 211
摧 RMWY 47	撼 RDGN 109	芄 AVYU 300	芫 AFQB 309	荃 AGIG 225
撖 RNBT 109	摞 RLGE 119	芗 AXTR 319	芴 AQRR 310	荟 AGUH 226
摺 RLTK 178	擂 RFLG 170	芎 AXB 327	苊 AMQB 318	茄 ALKF 238
擎 RLXI 189	擀 RNKU 223	芊 AGFJ 359	苌 AFQB 337	荀 AMKF 241
撒 RUMT 225	擅 RYLG 259	芝 APU 378	芯 ANU 325	荦 APNF 242
摔 RYXF 274	擞 ROVT 279	**四画**	苡 ANYW 346	荑 AMFF 248
蔢 RRKH 332	**十四画以上**	芭 ACB 5	芸 AFCU 364	若 ADKF 254
撄 RMMV 351	擦 RPWI 25	苄 AYHU 17	芷 AHF 380	苦 AHKF 259
摘 RUMD 369	攘 RTHJ 327	苍 AWBB 26	苣 APGF 386	苄 AVKF 261
摺 RNRG 373	擢 RNWY 391	苁 ATAY 31	**五画**	苔 ACKF 284
摭 RYAO 379	攉 RFWY 123	苁 AWWU 46	茇 ADCU 5	茚 AQGB 350
十二画	攒 RTFM 366	范 ADBB 71	苞 AQNB 9	英 AMDU 351
播 RTOL 21	攘 RYKE 248	芳 AYB 77	苯 ASGF 12	茎 APFF 351
撤 RYCT 34	攫 RHHC 152	芬 AWVB 80	苤 AWFF 37	苑 AQBB 362
撑 RIPR 35	攥 RTHI 395	芙 AFWU 83	范 AIBB 76	苗 ABMJ 390
撙 RPWH 47	攮 RGKE 208	苘 AGMH 83	茀 AWFU 84	**六画**
撮 RJBC 48		邯 AFBH 108	苷 AAFF 88	荦 AXXF 14
撅 RDUW 151	**艹部**	花 AWXB 117	苟 AQKF 97	草 AJJ 27
撩 RDUI 177	**一至二画**	芝 AFCU 128	茎 ACAF 144	荽 ADHF 28
撸 RQGJ 184	艺 ANB 346	芥 AWJJ 141	苴 AEGF 148	茶 AWSU 28
撵 RFWL 211	艾 AQU 1	苜 AANF 150	茼 ASKF 157	荛 AYCQ 38
撬 RTFN 238	甘 AFD 88	芳 APLB 168	苦 ADF 160	茌 AHXB 45
摛 RWYC 240	芃 AVB 137	芦 ADLB 172	苓 AWYC 179	荡 AINR 55
撒 RAET 255	节 ABJ 139	芦 AYNR 184	茏 ADXB 182	茯 AWDU 83
撕 RADR 276	芎 AEB 206	苠 AQAB 231	茅 ACBT 193	荑 AVEU 94
撅 RFKM 323	**三画**	炭 AQWU 235	茆 AQTB 193	荩 AXAF 113
撰 RNNW 388	芏 AFF 67	芜 AWYN 239	茂 ADNT 193	荒 AYNQ 119
撞 RUJF 389		芹 ARJ 239	苜 ALF 199	茴 ALKF 121

荟 AWFC 121	荥 APIU 351	莸 AQTN 355	菝 AHIC 272	落 AITK 189
荤 APLJ 122	荧 APOU 351	莽 ATEB 356	菘 ASWC 278	募 AJDL 204
荬 AGUW 131	荮 AXFU 385		萄 AQRM 287	葩 ARCB 217
茧 AJU 133	茱 ARIU 385	**八画**	萜 AMHK 291	蓁 AIRE 218
荐 ADHB 135		菠 ARDC 5	菟 AQKY 296	葡 AQGY 228
茳 AIAF 135	**七画**	萆 ARTF 16	菀 APQB 301	葺 AKBF 233
茭 AUQU 137	莩 AFPB 13	菠 AIHC 21	菱 ATVF 304	蒇 ADHD 233
荵 ANYU 143	莼 AXGN 44	菜 AESU 25	菥 ASRJ 313	葸 ADKN 249
荆 AGAJ 145	获 AQTO 58	菖 AJJF 31	萎 AVIJ 321	萋 AADN 253
茛 AKKF 149	莪 ATRT 71	萃 AYWF 48	萧 AYWU 336	萆 AYPS 292
荔 ALLL 172	莛 AEBF 83	萋 AQVF 54	萤 APJU 351	葳 ADGT 302
荦 APRH 188	荷 AWSK 111	著 APDF 55	营 APKK 351	蒽 ALNU 315
荽 ANUD 191	莜 AQTD 123	菲 ADJD 78	萦 APXI 352	葙 ASHF 320
茫 AIYN 192	荻 AFQW 155	菔 AEBC 84	萸 AVWU 357	萱 APGG 331
茗 AQKF 200	莱 AGOU 165	菇 AVDF 98	著 AFTJ 387	葬 AGQA 366
荠 AYJJ 232	莨 AYVE 167	菰 ABRY 98	湮 AIEG 394	
茜 ASF 236	莉 ATJJ 173	菡 ABIB 109		**十画**
荞 ATDJ 237	莅 AWUF 173	萍 AISK 111	**九画**	蓐 AUPY 8
荃 AWGF 246	莲 ALPU 175	萑 AWYF 118	葆 AWKS 10	蓓 AWUK 12
荏 AWTF 249	莘 ADAJ 192	萝 AMWU 120	蒇 ADMT 30	蓖 ATLX 15
茸 ABF 251	莓 ATXU 194	菅 APNN 132	蒉 AQRN 46	蒽 ALDN 72
荣 APSU 251	莫 AJDU 202	菫 AKGF 143	蒂 AUPH 59	蒿 AYMK 110
茹 AVKF 252	莆 AGEY 228	菁 AGEF 145	董 ATGF 64	蒺 AUTD 126
荪 ABIU 281	莎 AIIT 257	菊 AQOU 149	蓴 AKKN 72	蒯 AQGJ 129
莛 ATFP 292	莳 AJFU 268	菌 ALTU 153	葑 AFFF 81	蒯 AEEJ 161
茼 AMGK 293	莠 AEVF 280	菱 AFWT 180	葛 AJQN 93	蓝 AJTL 166
荪 AWNB 321	茶 AWTU 295	萝 ALQU 188	葫 ADEF 115	蓣 AIYE 167
荇 ATFH 327	莞 APFQ 301	萌 AJEF 196	葭 ANHC 131	蒙 APGE 195
荀 AQJF 333	莰 AKMW 307	菾 ADFI 207	蒋 AUQF 136	鹋 ALQG 199
药 AXQY 341	莶 AWGI 317	萍 AIGH 226	敬 AQKT 146	蓦 AJDC 203
荑 AGXW 345	莩 AUJ 204	菜 AUKF 228	萱 AXXR 155	墓 AJDF 204
茵 ALDU 349	莺 APQG 351	萎 AGVV 230	葵 AWGD 163	幕 AJDH 204
荫 ABEF 349	莹 APGY 351	莢 AADW 231	葜 AKHM 163	蓬 ATDP 221
	莜 AWHT 355	萨 ABUT 255	萎 AOVF 183	蒲 AIGY 228

蓉	APWK 251	蓞	APWJ 330	**十四画以上**		封	FFFY 81	央	MDI 339
蓐	ADFF 253	蕹	AGHO 210	藏	ADNT 27	将	UQFY 135	夺	DFU 69
蓍	AFTJ 267	蔗	AYAO 374	藁	AYMS 91	耐	DMJF 207	夹	GUWI 87
蒴	ADUE 276			藉	ADIJ 127	射	TMDF 262	尖	IDU 132
蒜	AFII 280	**十二画**		薿	AEEQ 199	辱	DFEF 252	夸	DFNB 160
蓑	AYKE 282	蕃	ATOL 75	藩	AFDJ 252	尉	NFIF 305	夼	DKJ 162
蓠	AWCN 307	蕙	AGJN 122	藊	AFKF 284	尊	USGF 396	买	NUDU 191
蓄	AYXL 330	蕨	AWYJ 123	薛	AQGD 318	爵	ELVF 152	夷	GXWI 344
蒺	APQF 352	蕺	AKBT 127	薰	ATGO 333			奂	QMDU 118
蒴	ACBM 360	蕉	AWYO 138	藩	AITL 75	**小部**		衾	DAQU 174
蓦	ADWT 375	蕨	ADUW 152	藜	ATQI 171			奔	DFAJ 12
蒸	ABIO 376	蕞	AUJR 231	藕	ADIY 216	开	GAK 154	奋	DLF 80
		蕊	AETG 253	藤	AEUI 288	弁	CAJ 17	奉	DWFH 82
十一画		蕊	ANNN 253	藿	ATQH 113	卉	FAJ 121	卖	FNUD 191
蔫	AYJN 1	蔬	ANHQ 273	藿	AFWY 123	异	NAJ 346	奈	DFIU 206
蔽	AUMT 15	蕈	ASJJ 334	蘑	AYSD 202	弄	GAJ 213	奇	DSKF 210
蔡	AWFI 26	蕴	AXJL 364	蘖	YCAJ 233	弃	YCAJ 233	奄	DJNB 338
蔟	AYTD 47	蒇	AJBC 396	藓	AWNB 212	奔	DFAJ 12	奄	DBF 50
蔸	AQRQ 65			蕰	AHAP 244	羿	NAJ 347	奂	WGDU 104
蔻	APFC 160	**十三画**		藻	AIKS 367	异	VAJ 357	奖	UQDU 136
蔽	AWGT 175	薛	ANKU 15	蘩	ATXI 195	葬	AGQA 366	奎	DFFF 163
蓼	ANWE 177	薄	AIGF 22	蘖	AWNS 212	弊	UMIA 15	美	UGDU 194
蔺	AUWY 179	薅	AVDF 110	鹳	AKKG 102	彝	XGOA 345	契	DHVD 233
蔓	AJLC 191	薨	ALPX 113	藨	AYSD 197			牵	DPRH 234
蔑	ALPN 196	薪	ADAW 114	薹	ASGO 371	**大部**		奕	YODU 347
蔑	ALDT 199	蕾	ALFF 170	颥	AKKM 246	大	DDDD 51	奏	DWGD 394
暮	AJDR 202	薯	ALFJ 273			夫	FWI 82	套	DDU 287
慕	AJDN 204	薮	AOVT 279	**寸部**		太	DYI 284	奭	EXDU 313
暮	AJDJ 204	薇	ATMT 303	寸	FGHY 48	天	GDI 289	奘	NHDD 366
蔷	AFUK 236	薤	AYXY 307	对	CFY 68	夭	TDI 340	匏	DFNN 219
蔼	AIAS 244	薷	AGQG 324	导	NFU 55	夯	DLB 13	奢	DFTJ 262
蕨	AGKW 280	薪	AUSR 325	寺	FFU 277	失	RWI 266	爽	DQQQ 275
蔚	ANFF 305	薛	AWNU 332	寻	VFU 333	头	UDI 294	奥	TMOD 4
蓰	ATHH 315	蕊	AUJN 348	寿	DTFU 271				

大九弋小口

奠 USGD 61	杂 IDIU 87	叵 AKD 227	呗 KMY 6	呀 KAHT 335
樊 SQQD 75	省 ITHF 265	史 KQI 268	吵 KITT 33	吒 KANN 346
	党 IPKQ 54	司 NGKD 276	呈 KGF 36	邑 KCB 347
九部	常 IPKH 32	台 CKF 284	串 KKHK 43	吟 KWYN 349
尤 DNV 354	雀 IWYF 237	叹 KCY 285	吹 KQWY 43	呎 KXHH 350
龙 DXV 182	堂 IPKF 286	兄 KQB 327	呆 KSU 52	员 KMU 361
尬 DNWJ 87	辉 IQPL 120	叶 KFH 342	吨 KGBN 68	吱 KFCY 378
就 YIDN 148	棠 IPKS 286	右 DKF 356	呃 KDBN 71	
尴 DNJL 89	掌 IPKR 372	占 HKF 371	吠 KDY 79	**五画**
	耀 IQNY 342	召 VKF 373	吩 KWVN 80	哎 KAQY 1
弋部		只 KWU 379	呔 GIKF 82	咚 KTUY 64
弋 AGNY 346	**口部**		呋 KFWY 82	咄 KBMH 69
式 AAD 269	口 KKKK 160	**三画**	告 TFKF 91	咐 KWFY 86
忒 ANI 288	**一画**	吖 KUHH 1	谷 WWKF 99	咕 KDG 98
武 AAFD 52	中 KHK 382	吃 KTNN 36	呙 KMWU 105	呱 KRCY 100
贰 AFMI 73	**二画**	吊 KMHJ 62	含 WYNK 108	呵 KSKG 111
弑 QSAA 270	叭 KWY 5	各 TKF 93	吼 KBNN 114	和 TKG 111
	卟 KHY 22	合 WGKF 111	君 VTKD 153	呼 KTUH 115
小( )部	叱 KXN 38	后 RGKD 114	吭 KYMN 159	丞 BKCG 126
小 IHTY 322	叩 KVN 50	吉 FKF 126	呖 KDLN 172	咎 THKF 148
少 ITR 261	叼 KNGG 61	吏 GKQI 173	吝 YKF 179	咀 KEGG 149
尔 QIU 73	叮 KSH 63	吕 KKF 186	呐 KMWY 206	咔 KHHY 154
尕 EIU 87	古 DGHG 98	吗 KCG 190	呕 KAQY 216	咖 KLKG 87
尘 IFF 34	号 KGNB 110	名 QKF 201	启 YNKD 232	呤 KWYC 181
当 IVF 54	叽 KMN 124	同 MGKD 293	呛 KWBN 236	咙 KDXN 182
光 IQB 102	加 LKG 130	吐 KFG 295	吣 KNY 240	咔 KJNB 200
尖 IDU 132	叫 KNHH 139	吸 KEYY 312	呒 KCQN 275	鸣 KQYG 201
劣 ITLB 178	句 QKD 150	吓 KGHY 316	听 KRH 292	命 WGKB 201
肖 IEF 371	可 SKD 157	向 TMKD 320	吞 GDKF 297	咏 KVCY 208
尚 IMKF 261	叩 KBH 160	吆 KXY 340	吻 KQRT 306	呢 KNXN 208
尝 IPFC 31	叻 KLN 169	呼 KGFH 359	鸣 KQNG 308	盯 KP5H 212
	另 KLB 181	吒 KTAN 368	吴 KGDU 309	咆 KQNN 219
		四画	吾 GKF 309	呸 KGIG 220
		吧 KCN 5	杏 SKF 327	

27

呻	KJHH 263	哗	KCRH 203	哼	KYBH 113	嘟	KYVB 167	嘈	KXXR 139

呻	KJHH 263	哗	KCRH 203	哼	KYBH 113	嘟	KYVB 167
呸	KXXG 276	哪	KVFB 206	唤	KQMD 119	嗳	KYND 174
味	KFIY 305	哝	KPEY 213	唧	KVCB 125	嗽	KSSY 179
呷	KLH 315	哌	KREY 217	哭	KKDU 160	喵	KALG 199
咏	KYNI 353	品	KKKF 225	唠	KAPL 168	嗬	KHWB 212
呦	KXLN 354	哂	KSG 264	哩	KJFG 170	嗒	KADK 215
咂	KAMH 365	虽	KJU 280	唛	KGTY 191	嗰	KRRG 217
咋	KTHF 365	咻	KFFG 299	哦	KTRT 216	嘩	KRTF 223
知	TDKG 378	咸	DGKT 317	哨	KIEG 261	嗳	KUVG 258
咒	KKMB 384	响	KTMK 320	哧	KCWT 282	啥	KWFK 258
六画		哓	KATQ 321	唢	KIMY 282	商	UMWK 260
哔	KXXF 14	咻	KWSY 328	唐	YVHK 286	兽	ULGK 271
呲	KHXN 45	勋	KMLN 332	嗏	KQDH 312	售	WYKF 271
哒	KDPY 50	哑	KGOG 335	哮	KFTB 322	嗝	KQRM 287
哆	KQQY 69	咽	KLDY 336	唁	KYG 338	嗟	KTGF 298
哚	KMSY 70	咬	KUQY 341	咆	KRAN 367	嗨	KWYG 303
哏	KVEY 94	哗	KWVT 344	听	KRRH 369	嗤	KVIJ 323
剐	KMWJ 100	咦	KGXW 345	哲	RRKF 373	营	APKK 351
咣	KIQN 102	郢	KGBH 352	唑	KWWF 397	嗬	KYCE 352
哈	KWGK 107	咳	KXQY 352	**八画**		喷	KGMY 367
哄	KAWY 113	哉	FAKD 365	鄂	KKFB 72	嗣	KMFK 372
哞	KWXF 117	咱	KTHG 366	啵	KIHC 22	嗦	KLFY 388
哝	KDOY 120	咤	KPTA 369	唱	KJJG 32	啄	KEYY 390
咕	KFKG 124	咨	UQWK 391	啜	KCCC 42	**九画**	
咔	KYJH 130	郧	KMBH 364	啐	KYWF 48	喾	UPMK 38
咳	KYNW 157	**七画**		唉	KOOY 54	喘	KMDJ 43
哙	KWFC 161	啊	KBSK 1	啶	KPGH 63	喀	KAWK 50
哐	KAGG 162	唉	KCTD 1	啡	KDJD 78	喋	KANS 62
咧	KGQJ 178	哺	KGEY 22	啄	KDWH 82	喊	KDGT 108
咯	KTKG 182	咪	KFOY 37	啖	KQRN 115	喟	KJQN 111
骂	KKCF 190	唇	DFEK 44	唬	KHAM 116	唤	KWND 114
咪	KOY 196	哥	SKSK 92	啃	KHEG 159	喙	KXEY 122
咩	KUDH 199	哽	KGJQ 94	啦	KRUG 165		

嗥 KRDF 110	嚐 KWGU 57	嚣 KKDK 322	圆 LKMI 361	寻 VPMH 384
唏 KAWK 110	颚 KKFM 72	嚯 KFWY 123	圉 LGED 240	**六至七画**
嗌 KFCL 158	噶 KAJN 87	嚷 KELF 138	圈 LUDB 245	帮 DTBH 8
嗳 KBCC 212	嘿 KLFO 112	囊 KYKE 248	啬 FULK 257	带 GKPH 52
嗾 KDWT 239	噍 KWYO 139	鼉 KKLN 298	国 LFUF 359	帝 UPMH 59
嗓 KCCS 259	嘹 KDUI 177	囔 GKHE 208	圜 LLGE 118	帧 MHHM 374
嗜 KFTJ 270	噜 KQGJ 184	饕 KGNE 287		帱 MHDF 39
嗍 KUBE 282	噢 KTMD 216	囔 KGKE 208	**巾部**	席 YAMH 314
嗣 KMAK 277	嘭 KFKE 221		巾 MHK 142	
嗪 KGXI 280	噗 KOGY 228	**口部**	**一至二画**	**八至九画**
嗦 KFPI 282	噙 KWYC 240	囚 LWI 243	币 TMHK 14	常 IPKH 32
嗵 KCEP 293	嗦 KADR 277	四 LHNG 277	布 DMHK 23	帼 MHLY 105
嗡 KWCN 307	嚇 KFKK 314	回 LKD 121	市 YMHJ 268	帷 MHWY 303
嗅 KTHD 329	噎 KFPU 342	囝 LBD 133	帅 JMHH 274	帻 MHGM 367
	嘱 KNTY 386	囡 LVD 207		幅 MHGL 84
十一画		团 LFTE 296	**三至四画**	帽 MHJH 193
嘞 KMEE 13	**十三画**	囟 TLQI 326	吊 KMHJ 62	幄 MHNF 307
嘈 KGMJ 27	噩 GKKK 72	囡 LDI 348	帆 MHMY 75	
嘀 KUMD 58	嚆 KAYK 110	囮 TLQI 46	师 JGMH 266	**十画以上**
嘎 KDHA 87	噤 KSSI 144	囤 LGBN 69	帏 MHFH 303	幌 MHJQ 120
瑕 DNHC 99	噱 KHAE 152	囫 LQRE 115	部 UKBH 24	幕 AJDH 204
嘉 FKUK 130	辟 KNKU 222	囷 LSI 164	希 QDMH 312	幔 MHJC 195
嘞 KAFL 170	器 KKDK 233	囵 LWXV 187	帐 MHTY 372	幛 MHUJ 372
嘛 KYSS 190	噬 KPFF 255	围 LFNH 303		幡 MHTL 75
嘧 KPNM 198	噬 KTAW 270	园 LFQV 361	**五画**	幞 MHOY 84
嘌 KSFI 225	噫 KUJN 344	固 LDD 99	帛 RMHJ 21	幢 MHUF 389
嘣 KYTD 279	噪 KKKS 367	国 LGYI 105	帘 PWMH 175	
嘘 KHAG 329	嘴 KHXE 395	囷 LWYC 180	帕 MHRG 217	**山部**
嘤 KMMV 351		图 LTUI 295	帔 MHHC 220	山 MMMM 258
十二画	**十四画以上**	囿 LDED 356	帑 VCMH 286	**三画**
噌 KULJ 28	嚓 KPWI 25	圃 LGEY 229	帖 MHHK 291	岌 MEYU 126
嘲 KFJE 33	嚎 KYPE 110	圄 LGKD 359	帙 MHRW 381	屺 MNN 232
噘 KJBC 42	嚅 KFDJ 252		帜 MHKW 381	岂 MNB 232
	嚏 KFPH 289			

山彳彡犭

岁	MQU	281
屹	MTNN	346
屿	MGNG	358

四画
呑	TDMJ	4
岜	MCB	5
岑	MWYN	28
岔	WVMJ	29
岛	QYNM	55
岗	MMQU	90
岚	MMQU	166
岐	MFCY	231
岍	MGAH	234
岖	MAQY	244
岘	MMQN	318
岈	MAHT	335

五画
岸	MDFJ	3
岱	WAMJ	52
岽	MAIU	64
岣	MQKG	97
岘	MQJH	104
岵	MDG	116
岬	MLH	131
岂	MNMN	154
岢	MNJH	154
岢	MSKF	158
岿	MJVF	162
岭	MWYC	180
岬	MQTB	193
岷	MNAN	200
岫	MMG	328

六画
岩	MDF	337
峄	MCFH	347
岳	RGMJ	363
峒	MMGK	65
峤	MTDJ	139
峦	YOMJ	186
炭	MDOU	285
峡	MGUW	316
幽	XXMK	354
峥	MQVH	376
峙	MFFY	381
峋	MQJG	333

七画
峨	MTRT	71
峰	MTDH	81
峻	MCWT	153
峡	MGOY	165
峁	MAPL	168
峭	MIEG	238
峪	MWWK	359

八画
崩	MEEF	13
崇	MPFI	39
崔	MWYF	47
崂	MLDF	100
崞	MYBG	105
崛	MNBM	152
崆	MPWA	159
崎	MDSK	231
崧	MSWC	278
崤	MQDE	322

九画
崖	MDFF	335
崦	MDJN	336
崭	MLRJ	370
嵯	MUDA	48
嵝	MOVG	183
嵋	MNHG	194
嵌	MAFW	236
嵊	MAPS	251
崴	MDGT	299
嵬	MRQC	304
嵛	MWGJ	357
嵌	MLNU	365
嵫	MUXX	391

十画以上
嵴	MIWE	127
嵊	MTUX	266
嵩	MYMK	278
嶂	MUJH	372
嶝	MWGU	176
嶙	MOQH	179
嶷	MDMM	388
嶝	EEMK	19
巅	MFHM	60
巍	MTVC	303

彳部

行	TFHH	326
彻	TAVN	33
彷	TYN	77
役	TMCY	347
彼	THCY	14
徂	TEGG	46
径	TCAG	146
往	TYGG	302
征	TGHG	376
待	TFFY	52
徊	TVEY	112
徐	TXTY	115
徊	TLKG	117
律	TVFH	186
徇	TQJG	333
衍	TIFH	338
徉	TUDH	340
徕	TGOY	166
徒	TFHY	295
徕	TWTY	329
徜	TIMK	31
得	TJGF	56
徘	TDJD	217
徙	THHY	314
衔	TQFH	318
惩	TGHN	36
徨	TRGG	179
街	TFFH	140
循	TRFH	333
御	TRHB	360
微	TMGT	198
衙	TGKH	218
徭	TERM	222
德	TFLN	36
衡	TQDH	71
徵	TRYT	89
徽	TMGT	302

| 衢 | THHH | 245 |

彡部

杉	SET	258
彤	MYET	293
形	GAET	327
参	CDER	28
杉	PUET	258
钐	QET	258
须	EDMY	329
彦	UTER	338
彪	HAME	18
彬	SSET	19
彩	ESET	25
彭	FKUE	221
彰	UJET	371
影	JYIE	352

犭部

二至三画
犯	QTBN	76
犰	QTVN	243
犴	QTFH	3
犷	QTYT	103
犸	QTCG	190

四画
狈	QTMY	11
狄	QTOY	58
狂	QTGG	162
狃	QTNF	213
犹	QTDN	354

犭 夕 夂 饣 广

犹	QTCQ 364	猹 QTYG 349	獬 QTQH 324	**饣 部**	馕 QNSG 28
五画		猞 QTWT 357	獯 QTTO 333	**二至四画**	馋 QNQU 30
狒	QTXJ 79	**八画**	玃 QTAY 118	饥 QNMN 124	馈 QNKM 163
狗	QTQK 97	猜 QTGE 25	**夕部**	饬 QNTL 38	馊 QNVC 279
狐	QTRY 115	猖 QTJJ 31		饭 QNRC 76	**十画以上**
狙	QTEG 148	猝 QTYF 47	夕 QTNY 312	饪 QNTF 250	馒 QNQL 181
狞	QTPS 212	猥 QTJS 106	外 QHY 299	饨 QNGN 297	馍 QNAD 202
狍	QTQN 219	猎 QTAJ 178	舛 QAHH 42	饩 QNRN 315	馏 QNUF 328
狎	QTLH 316	猡 QTLQ 188	多 QQU 69	饮 QNQW 350	馑 QNAG 143
六画		猫 QTAL 192	名 QKF 201	饫 QNTD 359	馒 QNJC 191
独	QTJY 66	猛 QTBL 196	岁 MQU 281	**五画**	馓 QNAT 256
狠	QTVE 113	猕 QTXI 197	罗 LQU 188	饱 QNQN 9	馔 QNNW 388
狡	QTUQ 138	猊 QTVQ 210	够 QAHS 140	饯 QNGT 134	馕 QNGE 208
狯	QTWC 161	猞 QTWK 262	够 QKQQ 97	饰 QNTH 269	**广部**
狱	QTAD 251	猗 QTDK 344	梦 SSQU 196	饲 QNNK 277	广 YYGT 102
狮	QTJH 267	猪 QTFJ 385	飧 QWYE 281	饴 QNCK 345	**二至四画**
狩	QTPF 271	**九画**	夥 JSQQ 123	**六至七画**	庀 YBH 162
狲	QTBI 281	猹 QTSG 29	夤 QPGW 349	饼 QNUA 20	庋 YXV 223
狭	QTGW 316	猴 QTWD 114		饵 QNBG 73	庆 YDI 242
狱	QTYD 359	猢 QTDE 115	**夂部**	饺 QNUQ 138	庄 YFD 389
狰	QTQH 376	猾 QTME 117	处 THI 41	饶 QNAQ 248	庇 YXXV 14
七画		猸 QTNH 194	冬 TUF 64	蚀 QNJY 268	床 YSI 43
狴	QTXF 14	猱 QTCS 208	务 TLB 310	饷 QNTK 320	皮 YFCI 316
逛	QTGP 103	猥 QTLE 304	各 TKF 93	饽 QNFB 21	库 YLK 160
获	AQTD 123	猬 QTLE 305	条 TSU 291	饿 QNTT 72	庐 YYNE 184
狷	QTKE 151	猩 QTJG 326	备 TLF 11	馁 QNEV 209	庑 YFQV 310
狼	QTYE 167	**十画以上**	咎 THKF 148	馀 QNWT 357	疗 YCBK 330
狸	QTJF 171	猿 QTFE 362	复 TJTU 86	**八至九画**	应 YID 317
猁	QTJJ 174	獍 QTUQ 146	急 TLNU 11	馆 QNPN 101	**五至六画**
猞	QTCT 280	獐 QTUJ 371	雏 TKWY 189	馄 QNJX 122	底 YQAY 58
遂	QTOP 289	獠 QTDI 177	螽 TUJJ 383	馅 QNQV 319	店 YHKD 61
猃	QTWI 318	獭 QTGM 283	夔 UHTT 163		

广 彐 忄

废 YNTY 79	廑 YAKG 143	忄( )部	怙 NDG 116	悍 NJFH 109
府 YWFI 85	廖 YNWE 178	一至三画	怜 NWYC 175	悔 NTXY 121
庚 YVWI 94	麽 YSSC 194	忆 NNN 346	怩 NNXN 209	悝 NJFG 162
庙 YMD 199		忉 NVN 55	怕 NRG 217	悃 NLSY 164
庞 YDXV 219	十二画	忖 NFY 48	怦 NGUH 221	悩 NUYY 200
庖 YQNV 219	廑 YJFF 30	忙 NYNN 192	怯 NFCY 239	悭 NJCF 234
	廝 YSSN 121		性 NTGG 327	悄 NIEG 237
六至七画	摩 YSSR 190	四画	怏 NMDY 340	悛 NCWT 245
度 YACI 67		怀 NYHY 17	怡 NCKG 345	悚 NGKI 278
庭 YTFP 292	十三画	怅 NTAY 32	怿 NCFH 347	悌 NUXT 289
庠 YUDK 320	麋 YNJT 247	忧 NPQN 34	征 NGHG 376	悟 NGKG 311
麻 YWSI 328	廛 YYLI 179	忡 NKHH 38	怍 NTHF 397	悒 NKCN 347
唐 YVHK 286	磨 YSSD 202	怆 NWBN 43		悦 NUKQ 363
席 YAMH 314	廧 YQEH 324	怀 NGIY 117	六画	
座 YWWF 397		忾 NRNN 155	恻 NMJH 27	八画
	十四画以上	快 NNWY 161	恫 NMGK 65	惭 NLRH 26
八画	廒 YSSO 194	忸 NNFG 213	恭 AWNU 96	惨 NCDE 26
庵 YDJN 2	廨 YSSI 197	怄 NAQY 216	恨 NVEY 113	惝 NIMK 32
库 YRTF 15	廪 YNJO 197	忪 NWCY 278	恒 NGJG 113	惘 NMFK 39
康 YVII 156	鹰 YWWE 351	悆 GDNU 290	恍 NIQN 120	悴 NYWF 48
廊 YYVB 167	鷹 YWWG 351	忤 NTFH 310	恢 NDOY 120	惮 NUJF 54
鹿 YNJX 185	磨 YSSD 197	忱 NFQN 310	恺 NMNN 154	悼 NHJH 56
庥 YSSI 190	麒 YNJW 231	忻 NRH 326	恪 NTKG 158	惦 NYHK 58
庹 YAOI 273	魔 YSSC 202	怃 NDNN 354	恼 NYBH 208	惮 NDJD 78
庾 YANY 298	麟 YNJH 179	怄 NFCY 380	恰 NWGK 233	惯 NXFM 102
庸 YVEH 353			恃 NFFY 269	惚 NQRN 115
	彐(彑)部	五画	恬 NTDG 290	悸 NTBG 26
九至十画	彐 NHDE 218	怖 NDMH 23	恸 NFCL 294	惊 NYIY 144
廋 YVWM 94	牧 UVG 388	怊 NVKG 32	恤 NTLG 330	惧 NHWY 150
厥 YGQT 3	壮 UFG 389	怵 NSYY 41	恂 NQJG 333	惬 NAGW 239
鹿 YNJM 127	戕 NHDA 236	怛 NJGG 50	恻 NDDY 336	情 NGEG 311
廓 YYBB 164	状 UDY 389	怫 NXJH 83	恽 NPLH 364	惕 NJQR 325
廉 YUVO 175	将 UQFY 135	怪 NCFG 101		惋 NPQB 301
			七画	惆 NMUN 302
十一画			悖 NFPB 11	
腐 YWFW 85				

惟 NWYG 304	懂 NATF 64	闻 ULK 369	阉 UNBT 109	沆 IYMN 109
惜 NAJG 313	懔 NJYI 145	阀 UWAE 74		沪 IYNT 116
悴 NFUF 327	憔 NWYO 238	阁 UTKD 92	氵部	泐 IBLN 169
	憎 NULJ 368	闺 UFFD 103		沥 IDLN 172
九画	懵 NSSH 42	闽 UYNW 111	二画	沧 IWXN 187
愎 NTJT 15	憾 NDGN 109	阂 UKKD 185	汉 ICY 109	没 IMCY 194
惰 NDAE 70	懒 NGKM 167	闾 UJI 200	汇 IAN 121	汩 IJG 197
愕 NKKN 72	憷 NYLI 179	阆 UDPI 283	汀 ISH 292	泻 IGHN 198
愤 NFAM 80	懈 NQEH 324	闾 UBD 306	汁 IFH 378	沐 ISY 204
慌 NAYQ 119	懦 NFDJ 215			沤 IAQY 216
惶 NRGG 120	懵 NALH 196	七至八画	三画	沛 IGMH 220
慨 NVCQ 155		阃 UQJN 147	汊 ICYY 29	洇 IAVN 230
愦 NKHM 163	门部	阄 ULSI 164	池 IBN 37	汽 IRNN 233
愧 NRQC 163		阅 UYVE 167	汗 IFH 109	沁 INY 240
愣 NLYN 170	门 UYHN 195	阅 UUKQ 363	汲 IEYY 126	沙 IITT 257
愀 NTOY 238		阐 UJF 30	江 IAG 135	沈 IPQN 264
惺 NJTG 326	一至三画	阆 UJJD 31	讫 ITNN 233	汰 IDYY 284
愉 NWGJ 358	闩 UGD 274	阆 UYWU 336	汝 IVG 252	汪 IGG 301
愠 NJLG 364	闪 UWI 259	阆 UQAJ 122	汕 IMH 259	沩 IYLY 303
惴 NMDJ 389	闭 UFTE 15	阅 UEPC 306	汜 INN 277	汶 IYY 307
	闯 UCD 43	阆 UVQV 315	汤 INRT 286	沃 ITDY 307
十至十一画	问 UKD 306	阆 UDJN 336	污 IFNN 308	涵 IQBH 327
慕 AJDN 204		阆 UQVD 337	汐 IQY 312	沂 IRH 345
慊 NUVO 236	四画	阆 UAKG 360	汛 INFH 333	沅 IFQN 361
慝 NBCC 262	闽 UJD 132			
慎 NFHW 264	阅 UDCI 114	九画以上	四画	五画
慊 NGXI 280	闷 UYMV 156	阔 UITD 164	汴 IYHY 17	波 IHCY 20
慷 NYVI 156	闵 UNI 195	阆 UGLI 166	沧 IWBN 27	泊 IRG 21
慢 NJLC 192	闱 UYI 200	阆 UHDI 245	沉 IPMN 34	泡 ITBN 70
慵 NYVH 353	闰 UGD 253	阆 UWGD 247	沲 IGBN 69	法 IFCY 78
	闻 UFNH 303	阙 USQG 318	泛 ITPY 76	沸 IXJH 79
十二画以上	闲 USI 317	阙 UFCL 112	沩 IWVN 80	泔 IAFG 81
懊 NTMD 4		阙 UUBW 247	沣 IDHH 81	沽 IDG 98
懂 NUJF 38	五至六画		沟 IQCY 97	
	闹 UYMH 208	阒 UFHW 290	汨 IJG 99	

河 ISKG 111	治 ICKG 381	涎 ITHP 317	涯 IVYH 257	湔 ILRH 135
泓 IXCY 113	注 IYGG 387	涵 ITLG 330	涉 IHIT 262	梁 IVWS 176
泾 ICAG 144		淘 IQJG 333	涑 IGKI 279	淋 ISSY 179
沮 IEGG 149	**六画**	浔 IVFY 333	婆 IITV 282	渌 IVIY 185
泪 IHG 170	测 IMJH 27	洋 IUDH 340	烫 INRO 287	涫 IHJH 208
泠 IWYC 180	洞 IMGK 65	洇 ILDY 349	涕 IUXT 289	淯 ILGJ 228
泷 IDXN 182	洱 IBG 73	浈 IHMY 374	涂 IWTY 295	婆 IHCV 217
泸 IHNT 184	洪 IAWY 114	洲 IYTH 384	涸 ILFH 303	洼 IADW 231
泝 IQIY 188	浒 IYTF 116	洙 IRIY 385	涡 IKMW 307	清 IGEG 240
泖 IQTB 193	洹 IGJG 118	浊 IJY 390	浯 IGKG 309	深 IPWS 263
泌 INTT 197	洄 ILKG 121		浠 IQDH 313	渖 IPJH 264
泯 INAN 200	法 IWFC 161	**七画**	消 IIEG 321	渗 ICDE 264
沫 IGSY 202	浑 IPLH 122	浜 IRGW 8	涌 ICEH 353	淹 IKJN 198
泥 INXN 209	活 ITDG 123	涔 IMWN 28	浴 IWWK 359	淑 IHIC 272
泞 IPSH 212	洎 ITHG 129	涤 ITSY 58	涨 IXTY 371	涮 INMJ 274
泮 IUFH 218	济 IYJH 127	浮 IEBG 83	浙 IRRH 374	淞 ISWC 278
泡 IQNN 219	浃 IGUW 130	海 ITXU 107	涏 IKHY 390	尚 IIMK 286
泼 INTY 227	泽 ITAH 136	浩 ITFK 110		淌 IQRM 287
泣 IUG 233	浇 IATQ 137	浣 IPFQ 119	**八画**	添 IGDN 290
浅 IGT 235	洁 IFKG 140	涣 IQMD 119	淳 IYBG 44	淅 ISRH 313
泗 ILWY 243	津 IVFH 142	润 IUJG 134	淙 IPFI 46	淯 IQDE 322
沭 ISYY 273	洌 IGQJ 178	浸 IVPC 144	淬 IYWF 48	涯 IDFF 335
泗 ILG 277	浏 IYJH 181	酒 ISGG 147	淡 IOOY 54	淹 IDJN 336
沱 IPXN 297	洛 ITKG 188	涓 IKEG 151	淀 IPGH 61	液 IYWY 343
泄 IANN 324	浓 IPEY 213	浚 ICWT 153	渎 IFND 66	淫 IETF 349
泻 IPGG 324	派 IREY 217	涞 IGOY 166	淝 IECN 78	淤 IYWU 355
泫 IYXY 331	洙 IASU 230	浪 IYVE 167	涪 IUKG 84	渔 IQGG 357
沿 IMKG 337	洽 IWGK 234	涝 IAPL 169	淦 IQG 89	渊 ITOH 361
泱 IMDY 339	洳 IVKG 253	流 ILPY 175	淠 IPNN 102	淌 IFTJ 386
泳 IYNI 353	洒 ISG 255	流 IYCQ 181	涵 IBIB 108	涿 IEYY 390
油 IMG 355	洗 IIQN 287	浼 IQKQ 195	涠 ILDG 112	淄 IVLG 391
泽 ICFH 367	洼 IFFG 299	涅 IJFG 212	鸿 IAQG 114	渍 IGMY 393
沾 IHKG 370	洧 IDEG 304	浦 IGEY 229	淮 IWYG 118	
沼 IVKG 373	洗 ITFQ 314	润 IUGG 253	混 IJXX 122	**九画**
				渤 IFPL 21

滁 IBWT 41	滋 IUXX 391	溅 IDHC 339	潺 INBB 30	濡 IFDJ 252
渡 IYAC 67	**十画**	溢 IUWL 347	潮 IFJE 33	灌 INWY 391
溉 IVCQ 88	浼 ITTN 15	溎 IAPY 352	澈 IYCT 34	鉴 IYCQ 182
港 IAWN 90	滨 IPRW 19	源 IDRI 362	澄 IWGU 36	瀑 IJAI 229
湖 IDEG 115	溟 IFHW 60	滓 IPUH 392	澜 IUGI 166	瀚 IFJN 109
滑 IMEG 117	滏 IWQU 84	**十一画**	潦 IDUI 166	瀣 IHQG 324
湟 IRGG 119	滚 IUCE 104	漕 IGMJ 27	潘 ITOL 218	瀛 IYNY 352
渝 IUEJ 133	溘 ILEY 122	滴 IUMD 58	澎 IFKE 221	瀛 IOLW 80
溅 IMGT 134	溢 IFCL 158	潵 INBT 89	潜 IFWJ 235	灌 IAKY 102
湫 ITOY 138	溢 IJTL 167	漳 IHAH 115	澍 ISSE 259	瀹 IWGA 363
渴 IJQN 158	漓 IYBC 171	滴 IKKN 119	潲 ITIE 262	瀕 IJYM 111
溃 IKHM 163	漂 ISSY 174	漾 IAMW 120	澍 IFKF 274	灞 IFAE 6
湄 INHG 194	梁 IVWO 176	漤 ISSV 167	澌 IADR 277	
涠 IDMD 198	溜 IQYL 181	漖 IWGT 176	潭 ISJH 285	**广部**
渺 IHIT 199	滤 IHAN 186	漏 INFY 183	潼 IUJF 294	**二画**
湃 IRDF 218	深 IYOS 187	漉 IYNX 185	鋈 ITDQ 311	穴 PVB 103
溢 IWVL 221	满 IAGW 191	漯 ILXI 189	**十三画**	宁 PSJ 212
湿 IJOG 267	漭 IADA 192	漫 IJLC 192	濒 IHIM 19	它 PXB 283
溲 IVHC 278	滇 IPJU 201	漂 ISFI 224	澹 IQDY 54	穴 PWU 332
湍 IMDJ 296	漠 IAJD 203	漆 ISWI 230	激 IRYT 125	**三画**
湾 IYOX 300	溹 IXUU 201	漱 IGKW 274	瀍 IGKM 166	安 PVF 2
渭 ILEG 305	滂 IUPY 219	潍 IXWY 304	澧 IMAU 172	守 PFU 271
温 IJLG 305	溥 IGEF 229	漪 IAVJ 322	灏 IYUO 175	字 PGFJ 358
渥 INGF 307	溱 IDWT 239	漩 IYTH 331	潞 IKHK 185	宅 PTAB 370
湘 ISHG 320	溶 IPWK 251	演 IPGW 338	灌 IHWY 281	字 PBF 392
漠 IANS 324	滘 IDFF 253	漾 IUGI 340	灌 IKKS 367	**四画**
淑 IWTC 330	滚 IBCC 263	滴 IQTK 344	澧 IYLG 30	宠 PDCU 114
渲 IPGG 331	溯 IUBE 280	滚 IAPI 352	**十四画以上**	究 PWVB 147
湮 ISFG 336	滠 IJNG 283	漳 IUJH 371	濞 ITHJ 16	牢 PRHJ 168
游 IYTB 355	滩 ICWY 285	滴 IQTJ 385	豪 IYPE 110	宋 PSU 278
渝 IWCJ 357	溏 IYVK 286	**十二画**	灏 IAGN 195	完 PFQB 300
渣 ISJG 369	滔 IEVG 287	澳 ITMD 4	濮 IWOY 228	灾 POU 365
湛 IADN 371	溪 IEXD 313			
滞 IGKH 382	漢 ITHD 329			

36 宀辶

五画			
宝 PGYU 9	宽 PAMQ 161	窥 PWFQ 163	过 FPI 106
宠 PDXB 39	容 PWWK 251	寞 PAJD 203	迈 DNPV 191
宕 PDF 55	剜 PQBJ 300	寝 PUVC 240	迂 TNPV 233
定 PGHU 63	宵 PIEF 321	塞 PFJF 255	迁 TFPK 234
官 PNHN 101	宴 PJVF 338	十一画	巡 VPV 333
空 PWAF 159	窈 PWXL 341	寰 PWOV 150	迅 NFPK 333
帘 PWMH 175	宰 PUJ 365	察 PWFI 29	迁 GFPK 356
宓 PNTR 197	八画	寨 PDEV 100	四画
审 PJHJ 264	寇 PNHP 119	寥 PNWE 197	迟 NYPI 37
实 PUDU 267	寂 PHIC 129	蜜 PNTJ 198	返 RCPI 76
宛 PQBB 300	寄 PDSK 129	寨 PFJM 255	还 GIPI 157
岁 PWQU 312	寇 PFQC 160	寤 PNHK 311	近 RPK 143
宜 PEGF 345	密 PNTM 197	窨 PWUJ 350	进 FJPK 143
宙 PMF 384	宿 PWDJ 279	窝 PWWJ 358	连 LPK 174
宗 PFIU 393	窒 PWIQ 291	寮 PFJS 370	违 FNHP 303
六画	窀 PWRM 341	十二画以上	迕 TFPK 310
穿 PWAT 42	寅 PGMW 349	额 PTKM 71	迕 AHTP 336
宫 PKKF 96	九画	寰 PDUI 177	迎 QBPK 351
宦 PAHH 119	窗 PWTQ 43	寙 PWRY 359	远 FQPV 362
客 PTKF 158	窜 PWKH 47	寰 PLGE 118	运 FCPI 364
室 PGCF 270	富 PGKL 86	窿 PWBG 183	这 YPI 374
突 PWDU 295	割 PDHJ 92	豁 PDHK 123	五画
宪 PTFQ 319	寒 PFJU 108	賽 PFJY 134	追 CKPD 52
宣 PGJG 330	窖 PWTK 139	塞 PFJH 134	迪 MPD 58
宥 PDEF 356	窘 PWVK 147	邃 PWUP 281	迭 RWPI 62
七画	寐 PNHI 195		迤 QIPI 73
案 PVSU 3	窝 PWKW 307	辶部	迦 LKPD 130
宾 PRGW 19	寝 PJMY 360	二画	迥 MKPD 147
宸 PDFE 34	十画	边 LPV 16	迢 CAPD 146
害 PDHK 108	寞 PWFD 65	辽 BPK 177	迫 RPD 217
家 PEU 130	寡 PWJS 157	三画	述 SYPI 273
	窟 PWNM 160	达 DPI 50	迢 VKPD 291
			迤 TBPV 345
			迨 THFP 367
			六画
			迸 UAPK 13
			逅 RGKP 114
			迹 YOPI 129
			迷 OPI 197
			逆 UBTP 210
			逄 TAHP 219
			适 TDPD 270
			送 UDPI 278
			逃 IQPV 287
			退 VEPI 296
			选 TFQP 331
			逊 BIPI 334
			追 WNNP 389
			七画
			逋 GEHP 22
			逞 KGPD 36
			递 UXHP 59
			逗 GKUP 65
			逢 TDHP 82
			连 QTGP 103
			逦 GMYP 127
			逢 FIYP 243
			逸 CWTP 247
			逝 RRPK 270
			速 GKIP 279
			遂 QTOP 289
			通 CEPK 292
			透 TEPV 294
			途 WTPI 295
			逍 IEPD 321

辶彐尸己弓子女

造 TFKP 367	十一画以上	尼 NXV 209	己 NNNN 345	疆 XFGG 136
逐 EPI 386	遭 GMAP 366	尽 NYUU 143	巳 NNGN 277	鬻 XOXH 361
八画	遮 YAOP 373	层 NFCI 28	巴 CNHN 5	**子(孑)部**
逮 VIPI 53	遨 OQAP 179	局 NNKD 149	包 QNV 9	子 BBBB 392
逭 PNHP 119	遭 JWYP 317	尿 NII 21	导 NFU 55	孑 BNHG 140
逯 FWFP 163	遵 USGP 396	屉 NXXV 223	岂 MNB 232	孔 BNN 159
逯 VIPI 185	避 NKUP 16	尾 NTFN 304	异 NAJ 346	孕 EBF 364
逻 LQPI 188	邀 HAEP 150	屇 NMD 141	忌 NNU 128	存 DHBD 48
逶 TVPD 302	邂 QEVP 324	居 NDD 148	巷 AWNB 321	孙 BIY 281
逸 QKQP 348	邀 RYTP 341	屈 NBMK 244	**弓部**	孛 FPBF 11
九画	邈 EERP 199	屉 NANV 289	弓 XNGN 95	孚 EBF 83
逼 GKLP 13	邃 PWUP 281	屏 NUAK 20	引 XHH 350	孜 BTY 391
遍 YNMP 17	邋 VLQP 165	屎 NOI 268	弗 XJK 83	孝 FTBF 391
遄 MDMP 42	**彐部**	屋 NGCF 308	弘 XCY 113	孢 BQNN 9
道 UTHP 56	刍 QVF 40	咫 NYKW 380	弛 BN 37	孤 BRCY 98
遏 RFHP 69	归 JVG 103	昼 NYJG 384	弟 UXHT 59	孟 BLF 196
遑 JQWP 72	当 IVF 54	屙 NBSK 71	张 XTAY 371	孥 VCBF 214
遁 RGPD 119	寻 VFU 333	屐 NTFC 125	弧 XRCY 115	享 YBF 320
道 USGP 243	灵 VOU 180	屑 NIED 324	弪 XCAG 146	孛 IPBF 332
遂 UEPI 281	录 VIU 185	展 NAEI 370	弥 XQIY 196	孩 BYNW 107
遐 NHFP 316	帚 VPMH 384	屎 NFTJ 295	弩 VCXB 214	孪 YOBF 186
遗 KHGP 345	象 XEU 296	屦 NBBB 26	弦 XYXY 317	孰 YBVY 273
逾 WGEP 358	彗 DHDV 122	屦 NOVD 186	费 XJMU 79	孳 UXXB 391
遇 JMHP 360	彝 XGOA 345	犀 NIRH 313	弭 XBG 197	孵 QYTB 197
十画	蠡 XEJJ 171	属 NTKY 273	弯 YOXB 300	孺 BFDJ 252
遨 GQTP 3		羼 NTTH 375	弱 XUXU 254	
遘 FJGP 97	**尸部**	履 NTOV 150	弹 XUJF 54	**女部**
逼 QYVP 182	尸 NNGT 266	履 NTTT 186	弸 XJQC 83	女 VVVV 214
遘 KIICP 235	尺 NYI 33	羼 NUDD 31	弼 ADJX 15	**二画**
遢 JNPD 283	尹 VTE 350	**己(巳)部**	粥 XOXN 384	奶 VEN 206
遥 ERMP 341	尻 NVV 156	己 NNGN 127	毂 FPGC 98	

奴 VCY 214	姑 VDG 98	姨 VGXW 345	婉 VPQB 301	嫜 VUJH 371
三画	姐 VEGG 141	娴 VLDY 349	婴 MMVF 351	**十二画以上**
妃 VNN 78	妹 VFIY 195	姿 UQWV 391	**九画**	嬉 VFKK 314
妇 VVG 85	姆 VXGU 204	**七画**	絮 VKXI 330	嬖 NKUV 16
好 VBG 110	妮 VNXN 209	娱 VUXT 59	媪 VJLG 4	孀 VYLG 259
奸 VFH 132	孥 VCBF 214	娥 VTRT 71	媒 VAFS 194	嬴 YNKY 352
她 VBN 283	驽 VCCF 214	娘 VBSK 71	媚 VNHG 195	孆 LLVL 211
妈 VCG 190	胬 VCXB 214	姬 VAHH 125	嫂 VVHC 256	孀 VFSH 275
如 VKG 252	妻 GVHV 230	娟 VKEG 151	婷 VYPS 292	**纟部**
妁 VQYY 275	姜 UVF 238	娌 VJFG 172	媛 CBTV 311	
妄 YNVF 302	姗 VMMG 259	娩 VKQQ 198	嫄 VNHE 330	**二至三画**
妆 UVG 388	始 VCKG 268	娚 GIVB 208	媛 VEFC 362	纠 XNHH 147
四画	帑 VCMH 286	娘 VYVE 211	**十画**	纥 XTNN 92
姒 VXXN 14	委 TVF 304	娠 VDFE 263	媲 VEPC 2	红 XAG 113
妒 VYNT 67	姓 VTGG 327	娑 IITV 282	媾 VFJF 98	级 XEYY 126
妨 VYN 77	妯 VMG 384	娲 VKMW 299	嫉 VUTD 126	纪 XNN 128
妞 VYLY 103	**六画**	娌 VNTN 304	嫁 VPEY 131	纩 XYT 162
妓 VFCY 128	姹 VPTA 29	娴 VUSY 317	嫫 VAJD 202	纳 XVYY 300
妗 VWYN 144	姜 UGVF 136	娱 VKGD 357	嫘 VTLX 223	纤 XTFH 236
妙 VITT 199	姣 VUQY 137	**八画**	嫔 VPRW 225	纤 XGFH 356
妞 VNFG 213	娇 VTDJ 137	婢 VRTF 15	媳 VTHN 314	约 XQYY 363
努 VCLB 214	姥 VFTX 168	婊 VGEY 18	嫌 VUVO 318	纣 XFY 384
妊 VTFG 250	娈 YOVF 186	婵 VUJF 30	**十一画**	**四画**
妪 VNYW 277	娄 OVF 183	娼 VJJG 31	嫱 VIPH 31	纯 XGBN 44
妥 EVF 298	娜 VVFB 206	婚 VQAJ 122	嫡 VUMD 58	纺 XYN 77
妩 VFQN 310	怒 VCNU 214	婕 VGVH 141	嫘 VLXI 169	纷 XWVN 80
妍 VGAH 337	妍 VUAH 225	婧 VGEG 146	嫠 FITV 171	纲 XMQY 89
妖 VTDY 341	娆 VATQ 248	婓 SSVF 166	嫩 VGKT 209	纶 XWXN 101
妤 VCBH 357	姝 VRIY 272	嫠 VCMW 214	嫖 VSFI 224	纹 XMWY 206
妪 VAQY 359	耍 DMJV 274	婆 IHCV 227	嫱 VFUK 237	纽 XNFG 213
妫 VTNT 392	娃 VFFG 299	娶 BCVF 245	嫣 VGHO 336	纰 XXXN 222
五画	威 DGVT 302	婶 VPJH 264		纱 XITT 257
姐 VJGG 50	姚 VIQN 341			
	要 SVF 341			

纤 XCBH 272	绝 XQCN 152	绪 XFTJ 330	缗 XGOJ 144	闯 UCD 43
纬 XFNH 304	绔 XDFN 160	续 XFND 330	缘 XYBC 171	驰 CBN 37
纹 XYY 306	络 XTKG 188	绽 XPGH 371	缢 XLXK 220	驮 CDY 297
纭 XFCY 364	绕 XATQ 248	缀 XCCC 389	缡 XDFF 253	驯 CKH 333
纸 XQAN 380	绒 XADT 251	缁 XVLG 391	缢 XUWL 348	驳 CQQY 22
纵 XWWY 394	绐 XYCQ 294	综 XPFI 393	缜 XFHW 375	驴 CYNT 185
	绚 XJCQ 331			驱 CAQY 244
五画		**九画**	**十一画**	
绊 XUFH 8	**七画**	编 XYNA 16	缫 XLXI 169	**五画**
绌 XBMH 41	绠 XGJQ 94	缂 XWGQ 17	缦 XJLC 192	驸 CWFY 85
绐 XCKG 52	继 XONN 129	缔 XUPH 59	缧 XNWE 199	驾 LKCF 131
绂 XDCY 84	绨 XKEG 151	缎 XWDC 67	缨 XSFI 224	驹 CQKG 148
绋 XXJH 83	绥 XEVG 281	缑 XWND 97	缥 XVJS 256	驽 VCCF 214
绀 XAFG 89	缓 XTSY 287	缒 XEFC 118	缩 XPWJ 280	驶 CKQY 268
经 XCAG 144	绡 XIEG 321	缜 XKHM 122	缪 XMMV 351	驷 CLG 277
练 XANW 175	绣 XTEN 328	缉 XKBG 125		驺 CCKG 53
绍 XVKG 261		缄 XDGT 133	**十二画以上**	驼 CPXN 297
绅 XJHH 263	**八画**	缂 XAFH 158	缰 XDUI 177	驿 CCFH 347
细 XLG 315	绷 XEEG 13	缆 XJTQ 167	缱 XUDK 259	驵 CEGG 395
线 XGT 318	绸 XMFK 39	缕 XOVG 186	缬 XFKM 323	驻 CYGG 387
绌 XANN 324	绰 XHJH 44	缅 XDMD 198	缭 XULJ 368	驽 CQVG 394
绎 XCFH 347	绯 XDJD 78	缁 XHIT 199	缳 XLGE 118	
织 XKWY 378	绲 XJXX 104	缗 XNAJ 200	缲 XGLG 136	**六至七画**
终 XTUY 383	绩 XGMY 129	缌 XLNY 276	缴 XRYT 139	骇 CYNW 108
绉 XQVG 384	绫 XFWT 180	缇 XJGH 289	缰 XKHP 235	骅 CWXF 117
组 XEGG 395	绤 XTHK 182	缃 XSHG 320	缲 XKKS 237	骄 CTDJ 137
	绿 XVIY 185	缘 XXEY 362	缵 XTFM 395	骆 CTKG 188
六画	绵 XRMH 198	缒 XWNP 389		骂 KKCF 190
绑 XDTB 8	绮 XDSK 232		**马部**	骈 CUAH 224
给 XWGK 93	绷 XUDB 246	**十画**		骁 CATQ 321
绗 XTFC 109	绸 X1MK 261	缤 XPRW 19	马 CNNG 190	骋 CMGN 36
绘 XWFC 121	纯 XKJN 265	缚 XY,JF 30		骏 CCW1 133
绒 XTAH 135	绶 XEPC 272	缝 XTDP 82	**二至四画**	骊 CGMY 171
绞 XUQY 138	绾 XPNN 301	缚 XGEF 86	冯 UCG 82	验 CWGI 339
结 XFKG 140	维 XWYG 304	缟 XYMK 91	驭 CCY 359	

马 幺 巛 中 王 韦 木

八至九画
骖 CCDE 26
骒 CJSY 158
骐 CADW 231
骑 CDSK 231
骓 CWYG 389
骗 CYNA 224
骚 CCYJ 256
骛 CBTC 311
鹭 BHIC 382

十画以上
骜 GQTC 4
骝 CQYL 181
骡 CYNN 259
䲢 EUDC 288
骠 CSFI 18
骢 CTLN 145
骣 CLXI 188
骤 CNBB 31
骥 CBCI 385
骧 CUXW 129
骦 CYKE 320

幺部
幺 XNNY 340
幻 XNN 118
幼 XLN 356
幽 XXMK 354
兹 UXXU 391
畿 XXAL 125

巛部
邕 VKCB 353

巢 VJSU 33

中部
蚩 BHGJ 37

王部
王 GGGG 301

一至三画
玉 GYI 359
主 YGD 386
玎 GSH 63
玑 GMN 124
全 WGF 245
玖 GQYY 147
玛 GCG 190
弄 GAJ 213

四画
汾 GWVN 19
环 GGIY 118
玫 GTY 194
玩 GFQN 300
玮 GFNH 304
现 GMQN 318

五画
玻 GHCY 21
玳 GWAY 52
砧 GHKG 61
珐 GFCY 75
皇 RGF 119
珈 GLKG 130
珏 GGYY 152

珂 GSKG 157
玲 GWYC 180
珑 GDXN 182
珉 GNAN 200
珀 GRG 227
珊 GMMG 258
珍 GWET 374

六画
班 GYTG 7
珥 GBG 73
琪 GAWY 96
珩 GTFH 113
珨 GPLH 120
珞 GTKG 188
玺 QIGY 314
项 GDMY 329
琊 GAHB 335
珧 GIQN 341
莹 APGY 351
珠 GRIY 385

七画
琅 GYIE 167
理 GJFG 172
琏 GLPY 175
琉 GYCQ 181
球 GFIY 243
琐 GIMY 282
望 YNEG 302

八画
琫 GYGG 7
琛 GPWS 34
琮 GPFI 46

琥 GHAM 116
琚 GNDG 149
琨 GJXX 164
琳 GSSY 179
琶 GGCB 217
琵 GGXX 222
琦 GDSK 232
琪 GADW 231
琴 GGWN 239
琼 GYIY 242
琬 GPQB 301
琰 GOOY 338
瑛 GAMD 351
琢 GEYY 390

九画
瑰 GRQC 103
瑚 GDEG 115
瑁 GJHG 193
瑜 GVTQ 208
瑞 GMDJ 253
瑟 GGNT 257
瑕 GNHC 316
瑀 GWGJ 358
瑗 GEFC 362

十至十一画
瑷 GEPC 2
璃 GYBC 171
璨 GYVK 286
瑶 GERM 341
瑭 GTLN 46
璀 GMWY 47
璜 GAMW 120

瑾 GAKG 143
璇 GYTH 331
璋 GUJH 371

十二画以上
璺 GKKK 72
璞 GOGY 228
璟 GKHK 185
璨 GHAE 244
璧 NKUY 16
壂 WFMY 307
瓒 GTFM 366

韦部
韦 FNHK 303
韧 FNHY 250
韪 JGHH 304
韩 FJFH 108
韫 FNHL 364
韬 FNHV 287

木部
木 SSSS 204

一画
本 SGD 12
未 GSI 202
术 SYI 273
末 FII 305
札 SNN 369

二画
朵 MSU 69
机 SMN 124

木

朴	SHY 224	枞	SWWY 46	柽	SCFG 35	栅	SMMG 369	桡	SFTX 168
权	SCY 245	枋	SYN 77	柢	SQAY 59	栈	SGT 371	栗	SSU 174
杀	QSU 257	枫	SMQY 81	栋	SAIY 64	柘	SDG 374	栾	YOSU 187
朽	SGNN 328	构	SQCY 97	柑	SAFG 88	栖	SRGB 378	桊	SSG 230
杂	VSU 365	杧	SANG 104	柯	SQKG 97	枳	SKWY 380	桤	SMNN 230
朱	RII 385	果	JSI 105	枷	SLKG 130	带	SABH 381	桥	STDJ 237
		杭	SYMN 109	架	LKSU 131	柱	SYGG 387	桡	SATQ 248
三画		枧	SMQN 133	柬	GLII 133	柞	STHF 397	桑	CCCS 256
杓	SQYY 261	杰	SOU 140	枢	SAQY 148			栓	SWGG 274
材	SFTT 25	枥	SDLN 173	柯	SSKG 157	六画		桃	SIQN 287
杈	SCYY 28	林	SSY 178	枯	SDG 160	桉	SPVG 2	梃	STFP 292
床	YSI 43	枚	STY 194	栏	SUFG 166	案	PVSU 3	桐	SMGK 293
村	SFY 48	杪	SITT 199	桥	SQIY 174	梆	SDTB 8	桅	SQDB 303
杜	SFG 67	杷	SCN 217	柃	SWYC 180	柴	HXSU 29	校	SUQY 322
杆	SFH 88	枇	SXXN 222	柳	SQTB 182	桫	SSBH 34	栩	SNG 329
杠	SAG 90	枪	SWBN 236	桄	SDXN 182	档	SIVG 55	桠	SGOG 335
极	SEYY 126	枘	SMWY 253	栌	SHNT 184	格	STKG 92	样	SUDH 340
李	SBF 171	枢	SAQY 272	某	AFSU 203	根	SVEY 94	栽	FASI 365
杩	SCG 190	松	SWCY 278	柰	SFIU 207	桄	SIQN 103	桢	SHMY 375
杞	SNN 232	柱	SGG 302	柠	SPSH 212	桂	SFFG 104	桎	SGCF 381
杉	SET 258	析	SRH 312	枰	SGUH 226	核	SYNW 112	株	SRIY 385
束	GKII 273	枭	QYNS 321	柒	IASU 230	析	STFH 113	桂	SYFG 389
条	TSU 291	杳	SJF 341	亲	USU 239	桦	SWXF 117	桌	HJSU 390
机	SGQN 310	枣	GMIU 367	染	IVSU 248	桓	SGJG 118		
杏	SKF 327	枕	SPQN 375	荣	APSU 251	桧	SWFC 121	七画	
杨	SNRT 340	枝	SFCY 378	柔	CBTS 251	桨	UQSU 136	彬	SSET 19
杖	SDYY 372	枒	SCBH 387	柿	SYMH 270	桀	QAHS 140	梵	SSMY 76
				树	SCFY 273	桕	SVG 147	桴	SEBG 84
四画		五画		桗	SPXN 297	桔	SFKG 149	梗	SGJQ 94
板	SRCY 7	柏	SRG 6	栾	ERYY 298	桊	UDSU 151	梏	STFK 100
杯	SGIY 10	标	SFIY 18	栉	SLH 316	栓	SFTN 156	检	SWGI 133
采	ESU 25	柄	SGMW 20	相	SHG 319	框	SAGG 162	桷	SQEH 152
枨	STAY 36	查	SJGF 29	柚	SMG 356	栝	STDG 164	棱	SSVF 166
杵	STFH 41								

木犬歹

梨 TJSU 171	棱 SFWT 170	楼 SOVG 183	榛 SDWT 375	**十三画以上**
梁 IVWS 176	椋 SYIY 176	榴 SUKK 186	榉 SYFJ 385	欒 NKUS 22
棍 SVOY 180	椤 SLQY 188	楣 SNHG 194	**十一画**	蘗 AYMS 15
梅 STXU 194	棉 SRMH 198	楠 SFMF 207	槽 SGMJ 27	檑 SFLG 169
梦 SSQU 196	棚 SEEG 221	楂 SKKK 225	樗 SFFN 40	櫰 SYLI 179
渠 IANS 244	棋 SADW 231	楸 STOY 243	樊 SQQD 75	戀 SCBN 193
梢 SIEG 261	森 SSSU 257	楔 SADN 265	橄 SNBT 89	檬 SAPE 196
梳 SYCQ 272	棠 IPKS 286	暂 SRRF 313	横 SAMW 113	檁 SYLG 285
桫 SIIT 282	椭 SBDE 298	想 SHNU 320	槲 SQEF 116	檄 SRYT 314
梭 SCWT 282	椰 SBBH 342	楔 SDHD 323	槿 SAKG 143	檐 SQDY 337
梯 SUXT 288	椅 SDSK 346	楹 SPGG 331	槭 SDHT 233	檩 SPWI 29
桶 SCEH 294	棹 SHJH 373	榁 SECL 352	橘 SFUK 237	麓 SSYX 185
梧 SGKG 309	植 SFHG 379	楷 SWGJ 358	橙 SIPF 286	攀 SQQR 218
械 SAAH 324	椎 SWYG 389	楚 SSJG 369	橡 SQJE 321	蘗 AWNS 212
梓 SUH 392	棕 SPFI 393	**十画**	樱 SMMV 351	**犬部**
八画	棨 LRSU 236	榜 SUPY 8	樟 SUJH 371	
棒 SDWH 8	**九画**	槟 SPRW 19	橥 QTFS 385	犬 DGTY 246
楮 SFTJ 41	楂 SUDA 29	椿 SYKE 47	**十二画**	戾 YNDI 174
棰 STGF 43	楙 SUSY 35	榷 SADD 78	橙 SWGU 36	畎 LDY 246
棣 SVIY 59	楚 SSNH 41	榨 SRDF 90	橱 SDGF 41	臭 THDU 40
棱 SFND 66	楝 SXEY 42	槔 SYMK 91	橘 SCBK 149	哭 KKDU 160
棼 SSWV 80	槌 SWNP 44	槛 SJTL 135	橛 SDUW 152	献 FMUD 319
焚 SSOU 80	楠 SDWJ 44	榴 SQYL 181	樵 SQGJ 184	獃 USGD 355
棺 SPNN 101	棖 SDWD 46	模 SAJD 202	橇 STFN 237	葵 GQTD 3
棍 SJXX 104	椵 SWDC 67	蕠 AIAS 244	樵 SWYO 238	**歹部**
棹 SYBG 106	概 SVCQ 88	榷 SPWY 247	檎 SWYC 240	
棘 GMII 127	槐 SRQC 118	榕 SPWK 251	檠 AQKS 241	歹 GQI 52
集 WYSU 127	楫 SKBG 127	梨 UBTS 276	囊 GKHS 298	列 GQJH 178
楗 SVFP 135	禁 SSFI 142	榫 SWYF 282	樨 SNIH 314	死 GQXB 277
椒 SHIC 138	桦 SIWH 149	榻 SJNG 283	樾 SXXE 362	凤 MGQI 279
棵 SJSY 157	楷 SXXR 155	榍 SNIE 324	檄 SFHT 363	歼 GQTF 132
椰 SYVB 167	楞 SLYN 170	榭 STMF 324	樽 SUSF 396	殁 GQMC 202
	楝 SGLI 176	榕 SPWF 369		

歹车戈比瓦止

残 GQGT 26	软 LQWY 253	辉 IQPL 120	皆 XXRF 139
殂 GQEG 46	斩 LRH 370	辇 FWFL 211	毗 LXXN 222
殆 GQCK 52	转 LFNY 388	辋 LMUN 302	毙 XXGX 15
殄 GQWE 290	**五画**	暂 LRJF 366	琵 GGXX 222
殃 GQMD 339	轱 LDG 98	辎 LVLG 391	
殇 GQCR 260	轷 LTUH 115	**九画**	**瓦部**
殁 GQJO 178	轲 LSKG 157	辕 LDWD 46	瓦 GNYN 299
殊 GQRI 272	轹 LQIY 174	辐 LGKL 84	瓯 AQGN 216
殉 GQQJ 334	轳 LHNT 184	毂 FPLC 99	瓮 WCGN 307
殓 GQWI 176	轻 LCAG 241	辑 LKBG 127	瓴 WCN 180
殍 GQEB 225	轺 LVKG 341	辔 XLXK 220	瓷 UQWN 45
殒 GQKM 364	轶 LRWY 347	输 LWGJ 272	瓶 UAGN 227
殛 GQBG 126	轸 LWET 375	**十画以上**	甄 SFGN 375
殒 GQJE 178	轵 LKWY 380	辖 LPDK 316	甏 FKUN 13
殖 GQFH 379	轴 LMG 384	舆 WFLW 358	甑 ULJN 368
殡 GQPW 19	**六画**	辕 LFKE 362	甓 NKUN 223
殪 GQFU 348	轿 LTDJ 139	辗 LNAE 370	
殪 GOWE 291	较 LUQY 139	辘 LYNX 185	**止部**
	辂 LTKG 185	鏊 LRQF 366	止 HHHG 379
车部	辁 LWGG 246	辚 LOQH 179	正 GHD 377
车 LGNH 33	轼 LAAG 269	辙 LYCT 374	此 HXN 45
一至三画	晕 JPLJ 364		步 HIR 23
轧 LNN 87	载 FALK 365	**戈部**	齿 HWBJ 37
轨 LVN 103	轾 LGCF 381	戈 AGNT 91	肯 HEF 159
军 PLJ 153	**七画**	戋 GGGT 132	歧 HFCY 231
轫 LVYY 250	辅 LGEY 85	戍 DNYT 310	武 GAHD 310
轩 LFH 330	辆 LGMW 177	成 DNNT 35	歪 HXFF 323
四画	辄 LBNN 373	划 AJH 117	歪 GIGH 299
轭 LDBN 71	**八画**	戏 ADE 251	耻 BHG 38
轰 LCCU 113	辇 DJDL 12	成 DYNT 273	频 HIDM 225
轮 LWXN 187	辍 LCCC 44	戏 CAT 315	雌 HXWY 45
	辊 LJXX 104	戌 DGNT 329	整 GKIH 377

止支日曰水

攀 HIDF 225

支部

敲 YMKC 237

日部

日 JJJJ 250

一画

旦 JGF 53
电 JNV 60
旧 HJG 147
申 JHK 263

二画

旮 VJF 87
旯 JVB 165
旭 VJD 329
旬 QJD 333
曳 JXE 342
早 JHNH 367
旨 XJF 379

三画

旰 JFH 89
旱 JFJ 109
旷 JYT 162
里 JFD 172
时 JFY 267

四画

昂 JQBJ 3
昌 JJF 31
畅 JHNR 32
昊 JSU 91

旻 JOU 104
果 JSI 105
昃 JGDU 110
昏 QAJF 122
昆 JXXB 164
明 JEG 201
昙 JFCU 285
旺 JGG 302
昔 AJF 312
昕 JRH 325
杳 SJF 341
易 JQRR 347
昀 JQUG 364
昃 JDWU 368
者 FTJF 374

五画

昶 YNIJ 32
春 DWJF 44
曷 JQWN 112
昂 JQTB 193
昧 JFIY 195
昵 JNXN 210
是 JGHU 270
显 JOGF 318
星 JTGF 326
映 JMDY 352
昱 JUF 359
昭 JVKG 372
昨 JTHF 396

六画

晁 JIQB 33

晃 JIQB 120
晖 JPLH 120
晋 GOGJ 144
耆 FTXJ 232
晒 JSG 258
晌 JTMK 260
晟 JDNT 266
剔 JQRJ 288
晓 JATQ 322
晏 JPVF 338
晔 JWXF 343
晕 JPLJ 364

七画

晡 JGEY 22
晨 JDFE 34
匙 JGHX 270
唅 JWYK 108
晦 JTXU 121
曼 JLCU 191
晚 JQKQ 300
晤 JGKG 311
野 JFCB 342

八画

遏 JQWP 72
晷 JTHK 104
晶 JJJF 145
景 JYIU 145
量 JGJF 177
普 UOGJ 228
晴 JGEG 241
暂 JFTJ 273
替 FWFJ 289
晰 JSRH 313

遇 JMHP 360
暂 LRJF 366
曾 ULJF 28
智 TDKJ 381
最 JBCU 395

九画

趄 JGHH 304
暗 JUJG 3
暝 JWGD 163
盟 JELF 196
暖 JEFC 214
遢 JNPD 283
暇 JNHC 316
歇 JQWW 323
喧 JPGG 331
愚 JMHN 358
照 JVKO 373

十画

暧 JEPC 2
夥 JSQQ 123
暝 JPJU 201
暮 AJDJ 204

十一画以上

暴 JAWI 10
题 JGHM 289
暹 JWYP 357
影 JYIE 352
暾 JYBT 297
曙 JLFJ 273
颢 JYIM 111
瞳 JTGO 333
曜 JNWY 342

曝 JJAI 10
曦 JUGT 314
曩 JYKE 208

曰部

曰 JHNG 363
曲 MAD 244
更 GJQI 94
沓 IJF 283
曷 JQWN 112
冒 JHF 193
昱 JUF 359
曹 GMAJ 27
曼 JLCU 191
冕 JQKQ 198
量 JGJF 177
曾 ULJF 28

水(氺)部

水 IIII 275
永 YNII 353
氽 TYIU 47
凼 IBK 55
求 FIYI 275
汞 AIU 96
隶 VII 174
黎 RNII 211
沓 IJF 283
泵 DIU 13
泉 RIU 246
泰 DWIU 284
浆 IPIU 332
荥 APIU 351

水贝见牛手毛

浆 UQIU 136	贮 MPGG 387	**八画**	觇 MNMQ 129	犀 NIRH 313
委 TWIU 273	**五画**	赐 MJQR 45	舰 TEMQ 134	犏 TRYA 223
淼 IIIU 199	责 FAMU 12	赌 MFTJ 66	觋 AWWQ 314	犒 TRYK 156
颖 XTDM 152	贷 WAMU 52	赋 MGAH 86	觌 FNUQ 58	靠 TFKD 156
暴 JAWI 10	贰 AFMI 73	赓 YVWM 94	靓 WGEQ 358	犟 XKJH 136
黎 TQTI 171	费 XJMU 79	赍 FWWM 125	觎 FJGQ 98	**手部**
滕 EUDI 288	贵 KHGM 104	赔 MUKG 220	觐 AKGQ 144	手 RTGH 271
贝部	贺 LKMU 112	赏 IPKM 260	觑 HAOQ 245	拜 RDFH 7
贝 MHNY 11	贱 MGT 134	赎 MFND 273	**牛( )部**	拏 YORJ 187
二画	贶 MKQN 162	赊 MOOY 53	牛 RHK 213	拿 WGKR 206
负 QMU 85	贸 QYVM 193	**九画以上**	牟 CRHJ 203	挚 DHVR 239
则 MJH 367	贯 ANMU 270	赖 GKIM 166	牝 TRXN 225	拳 UDRJ 246
贞 HMU 374	贴 MHKG 291	赙 MGEF 86	告 TFKF 91	挛 RVYR 381
三画	贻 MCKG 345	赛 PFJM 255	牡 TRFG 204	掌 IITR 255
财 MFTT 25	**六画**	罂 MMRM 351	牦 TRTN 192	挛 RNWV 6
贡 AMU 97	赅 MYNW 87	赚 MUVO 388	牧 TRTY 204	掣 RMHR 34
员 KMU 361	贿 MDEG 122	赘 GQTM 389	物 TRQR 311	舜 RWGR 93
四画	贾 SMU 131	颐 AHKM 368	牯 TRDG 99	摹 AJDR 202
败 MTY 6	赆 MNYU 143	赜 DWWM 339	垒 WARH 134	摩 YSSR 190
贬 MTPY 17	赁 WTFM 179	罴 MMVG 351	荦 APRH 188	擎 AQKR 241
贩 MRCY 76	赂 MTKG 185	赞 TFQM 366	牵 DPRH 234	擘 NKUR 22
购 MQCY 97	赃 MYFG 366	赠 MULJ 368	牲 TRTG 265	攀 SQQR 218
贯 XFMU 102	贼 MADT 368	赡 MQDY 259	特 TRFF 288	**毛部**
货 WXMU 123	贽 RVYM 381	**见部**	牺 TRSG 313	毛 TFNV 192
贫 WVMU 225	赀 HXMU 391	见 MQB 134	牾 TRTK 100	尾 NTFN 304
贪 WYNM 284	资 UQWM 391	观 CMQN 101	犁 TJRH 171	毡 TFNK 370
贤 JCMU 317	**七画**	规 FWMQ 103	牾 TRGK 310	耄 FTXN 193
责 GMU 367	赉 GOMU 166	觅 EMQB 197	犊 TRFD 66	毪 TFNH 203
账 MTAY 372	赈 MFIY 243	觇 HKMQ 30	犄 TRDK 124	毫 YPTN 110
质 RFMI 381	赊 MWFI 262	觉 IPMQ 139	犍 TRVP 133	毯 TFNO 203
	婴 MMVF 351	览 JTYQ 166	犋 TRHW 150	毳 TFNN 48
	赅 MDFE 376			

毛气攵片斤爪父月

毽	TFNP 135
毹	CDEN 255
毯	TFNO 285
毹	WGEN 272
麾	YSSN 121
氅	IMKN 32
氇	TFNJ 185
氆	TFNJ 228
氍	HHWN 245

气部

气	RNB 232
氕	RNTR 225
氘	RNJJ 55
氖	RNEV 206
氙	RNKJ 42
氚	RNMJ 317
氛	RNWV 80
氡	RNTU 64
氟	RNXJ 83
氢	RNCA 241
氦	RNPV 2
氧	RNYW 108
氨	RNGG 336
氰	RNUD 340
氮	RNLD 349
氯	RNDQ 158
氲	RNOO 54
氪	RNVI 186
氤	RNGE 241
氲	RNJL 363

攵部

收	NHTY 270
改	NTY 87
攻	ATY 95
攸	WHTY 354
孜	BTY 391
放	YTY 77
牧	TRTY 204
故	DTY 99
畋	LTY 290
政	GHTY 377
敖	GQTY 3
敌	TDTY 58
效	UQTY 322
致	GCFT 381
敏	UMIT 15
敌	GKIT 38
敢	NBTY 89
教	FTBT 137
救	FIYT 148
敛	WGIT 175
敏	TXGT 200
赦	FOTY 262
敞	IMKT 32
敦	YBTY 68
敬	AQKT 146
散	AETY 256
敷	RYTY 139
数	OVTY 273
夔	FITV 171
敷	GEHT 83
整	GKIH 377

片部

片	THGN 224
版	THGC 7
牍	THGD 66
牌	THGF 217
牒	THGS 62
牖	THGY 356

斤部

斤	RTTH 142
斥	RYI 38
斧	WQRJ 84
所	RNRH 282
欣	RQWY 325
斩	LRH 370
颀	RDMY 231
断	ONRH 67
斯	ADWR 276
新	USRH 325

爪(爫)部

爪	RHYI 387
孚	EBF 83
妥	EVF 298
采	ESU 25
觅	EMQB 197
爬	RHYC 217
乳	EBNN 252
受	EPCU 271
爱	EFTC 361
爰	EPDC 1
奚	EXDU 313
舀	EVF 341
彩	ESET 25
舜	EPQH 275
孵	QYTB 82
虢	EFHM 105
爵	ELVF 152

父部

父	WQU 85
爷	WQBJ 342
爸	WQCB 6
斧	WQRJ 84
爹	WQQQ 62
釜	WQFU 84

月部

月	EEEE 363

二画

肌	EMN 124
肋	ELN 169
有	DEF 355
刖	EJH 363

三画

肠	ENRT 31
肚	EFG 67
肝	EFH 88
肛	EAG 89
育	YNEF 119
肜	EET 251
肪	EFNN 307

肖	IEF 322
肘	EFY 384

四画

肮	EYMN 3
肪	EYN 77
肥	ECN 78
肺	EGMH 79
肤	EFWY 82
服	EBCY 84
肱	EDCY 96
股	EMCY 99
肩	YNED 153
胼	EFJH 145
肯	HEF 159
胸	EMWY 206
朋	EEG 221
胁	EQWY 235
肮	EFQN 253
肾	JCEF 264
肽	EDYY 284
胁	ELWY 323
肴	QDEF 341
育	YCEF 329
胀	ETAY 372
肢	EFCY 378
肿	EKHH 383
胁	EGBN 390

五画

胞	EQNN 9
背	UXEF 11
胆	EJGG 53
胨	EAIY 65
胍	ERCY 100

胡 DEG 115	脑 EYBH 208	腈 EGEG 145	膏 YPKE 91	欧 AQQW 216
胛 ELH 131	能 CEXX 209	脂 EAJG 165	膈 EGKH 93	软 LQWY 253
胫 ECAG 146	脓 EPEY 213	脾 ERTF 223	膂 YTEE 186	欣 RQWY 325
胅 EHHY 154	胼 EUAH 224	腴 ADWE 230	膜 EAJD 202	歃 QDMW 313
胧 EDXN 175	脐 EYJH 230	腙 EPWA 236		欲 WWKW 360
胪 EHNT 184	脒 EQSY 255	腼 EMAW 290	十一画	款 FFIW 162
脉 EYNI 191	胸 EQQB 328	腕 EPQB 301	膘 ESFI 18	欺 ADWW 230
胖 EUFH 218	胴 ELDY 336	腌 EDJN 336	膛 EIPF 286	歇 TFVW 258
胚 EGIG 220	胰 EGXW 345	腋 EYWY 343	滕 EUDI 288	歌 JQWW 323
胸 EQKG 244	脏 EYFG 366	腴 EVWY 358	朦 ESWI 314	歔 UJQW 325
胂 EJHH 264	朕 EUDY 376	腙 EPFI 393	膣 EPWF 382	歌 SKSW 92
胜 ETGG 266	脂 EXJG 378			歉 UVOW 236
胎 ECKG 283		九画	十二画以上	歙 WGKW 263
胃 LEF 305	七画	膂 EUDF 36	膦 EOQH 179	
胥 NHEF 329	脖 EFPB 21	腾 EDWD 46	膨 EFKE 221	风部
胤 TXEN 350	脞 EWWF 49	腭 EKKN 72	膳 EUDK 359	风 MQI 81
胗 EWET 375	脯 EGEY 85	腹 ETJT 86	膪 EUPK 42	飑 MQQN 18
胝 EQAY 378	脚 EFCB 138	腩 EDMD 198	臂 NKUE 12	飒 UMQY 255
胄 MEF 385	脸 EWGI 175	腩 EFMF 207	膪 EFKC 99	飓 MQHW 150
胙 ETHF 397	腼 EKMW 188	腻 EAFM 210	臃 EYUO 175	飕 MQOO 18
	脒 ENIY 211	鹏 EEQG 221	朦 EAPE 196	飘 SFIQ 224
六画	脬 EEBG 219	腥 ELNY 255	臊 EKKS 256	飙 DDDQ 18
胺 EPVG 3	豚 EEY 297	腩 EWGJ 274	膻 EYLG 259	飚 MQOO 18
脆 EQDB 48	脱 EUKQ 99	腾 EUDC 288	臀 NAWE 297	
胴 EMGK 65	脘 EPFQ 301	腿 EVEP 296	臆 EUJN 348	殳部
胳 ETKG 92	望 YNEG 302	腽 EJLG 299	膺 YWWE 351	殳 MCU 272
胱 EIQN 102		腺 ERIY 319	臁 EYXY 353	殁 GQMC 202
胲 EYNW 107	八画	腥 EJTG 326		殴 AQMC 216
脊 IWEF 127	朝 FJEG 372	腰 ESVG 341	欠部	段 WDMC 67
胶 EUQY 137	腔 EPGH 63	腰 EUDV 352	欠 QWU 235	殷 RVNC 336
胯 EDFN 101	腓 EDJD 78		次 UQWY 45	殿 NAWC 61
脍 EWFC 161	腑 EYWF 85	十画	欢 CQWY 118	毂 FPGC 98
朗 YVCE 167	腱 EVFP 135	膀 EUPY 8	软 GNGW 357	毂 FPLC 99
脒 EOY 197		膑 EPRW 19	炊 OQWY 43	
		膊 EGEF 22		

毁 VAMC 121	旒 YTYQ 182	炽 OKWY 38	焊 OJFH 109	熨 NFIO 364
毅 UEMC 348	旗 YTAW 231	烀 OTUH 115	焕 OQMD 119	**十二画以上**
縠 FPGC 116	旖 YTDK 346	炯 OMKG 147	焖 OUNY 195	燔 OTOL 75
		烂 OUFG 167	烧 OPFQ 300	燎 ODUI 177
文部	**火部**	炼 OANW 176	焐 OGKG 311	燃 OQDO 248
		炮 OQNN 220	烯 OQDH 313	燧 OUEP 281
文 YYGY 306	火 OOOO 123	炻 ODG 268		燥 OTMD 360
刘 YJH 181		烁 OQIY 275	**八画**	燥 OKKS 367
齐 YJJ 230	**一至三画**	炱 CKOU 284	焙 OUKG 12	爇 EEOU 318
亦 YKF 179	灭 GOI 199	炭 MDOU 285	焯 OHJH 33	爆 OJAI 10
紊 YXIU 306	灯 OSH 57	烃 OCAG 292	焚 SSOU 80	爝 OELF 152
斋 YDMJ 369	灰 DOU 120	炫 OYXY 331	焰 OQVG 339	爨 WFMO 47
斌 YGAH 19	灿 OMH 26	荧 APOU 351	焱 OOOU 339	
斐 DJDY 78	灸 QYOU 147	炜 OTHF 369		**斗部**
奫 YDJJ 125	灵 VOU 180	烆 OYGG 387	**九画**	
斓 YUGI 166	炀 ONRT 340		煲 WKSO 9	斗 UFK 65
	灾 POU 365	**六画**	煸 OYNA 16	斝 YNUF 116
方部	灶 OFG 367	烦 ODMY 75	煅 OWDC 67	料 OUFH 177
	灼 OQYY 390	耿 BOY 74	煳 ODEG 116	斛 QEUF 116
方 YYGN 76		烘 OAWY 113	煌 ORGG 119	斜 WTUF 323
邡 YBH 76	**四画**	烩 OWFC 121	煤 OAFS 194	斟 ADWF 375
房 YNYV 77	炒 OITT 33	烃 ONYU 143	煨 OVEP 296	斡 FJWF 308
放 YTY 77	炊 OQWY 43	烤 OFTN 156	煅 OLGE 303	
於 YWUY 357	炖 OGBN 69	烙 OTKG 168	煊 OPGG 331	**灬部**
施 YTBN 266	炅 JOU 104	烧 OATQ 261	煜 OJUG 360	
旅 YTEY 186	炬 OANG 150	郯 OOBH 285		杰 SOU 140
旄 YTTN 192	炕 OYMN 156	烫 INRO 287	**十画**	点 HKOU 60
旁 UPYB 219	炉 OYNT 184	烟 OLDY 336	熠 OQYL 181	羔 UGOU 91
旃 YTGH 220	炝 OWBN 237	烊 OUDH 340	熔 OPWK 251	烈 GQJO 178
旆 YTMY 370	炔 ONWY 246	烨 OWXF 343	煽 OYNN 259	热 RVYO 249
旌 YTTG 145	炜 OFNH 304	烛 OJY 386	熄 OTHN 313	烝 DTFO 287
旎 YTNX 210	炎 OOU 337			羴 YBOU 221
旋 YTNH 331	炙 QOU 381	**七画**	**十一画**	焉 GHGO 336
族 YTTD 395		烽 OTDH 81	熳 OJLC 192	焦 WYOU 138
	五画	焓 OWYK 108	熵 OUMK 260	然 QDOU 248
	炳 OGMW 20		熠 ONRG 348	

焉 VQOU 315	祁 PYBH 230	襫 PYYE 248	六画	九至十画	
煮 FTJO 386	社 PYFG 262	**心部**	恶 GOGN 71	愁 TONU 40
煎 UEJO 133	祀 PYNN 277		恩 LDNU 72	慈 UXXN 45
煞 QVTO 258	祈 PYRH 231	心 NYNY 324	恚 FFNU 122	感 DGKN 89
煦 JQKO 330	视 PYMQ 269	**一至三画**	恝 DHVN 131	憨 NATN 200
照 JVKO 373	袄 PYGD 317	必 NTE 14	恳 VENU 159	想 SHNU 320
蒸 ABIO 376	祉 PYHG 380	忌 NNU 128	恐 AMYN 159	意 UJNU 348
熬 GQTO 3	**五至六画**	忍 VYNU 249	恋 YONU 176	愚 JMHN 358
罴 LFCO 223	祠 PYNK 45	志 HNU 285	虑 HANI 186	愈 WGEN 360
熙 AHKO 313	袚 PYDC 84	忐 GHNU 288	恶 DMJN 214	慝 AADN 288
熊 CEXO 328	祜 PYDG 116	忒 ANI 288	恁 WTFN 209	愿 DRIN 362
熏 TGLO 332	袮 PYQI 196	忘 YNNU 302	恕 VKNU 273	**十一画以上**
熟 YBVO 273	祛 PYFC 244	忐 FNU 380	息 THNU 313	憋 UMIN 18
熹 FKUO 314	神 PYJH 264	**四画**	恙 UGNU 340	憨 NBTN 108
燕 AUKO 339	祗 PYQY 378	忿 WVNU 80	恣 UQWN 393	慧 DHDN 122
户部	祝 PYKQ 387	忽 QRNU 115	**七画**	蕊 ANNN 253
户 YNE 116	祖 PYEG 395	念 WYNN 211	患 KKHN 119	慰 NFIN 305
启 YNKD 232	祚 PYTF 397	忩 WWNU 278	您 WQIN 212	憋 YBTN 68
房 YNYV 77	桃 PYIQ 291	态 DYNU 284	悫 FPMN 247	憩 TDTN 233
戾 YNUF 116	祥 PYUD 320	忠 KHNU 383	悉 TONU 313	懋 SCBN 193
肩 YNED 132	祯 PYHM 375	**五画**	悬 EGCN 331	懑 IAGN 195
戽 YNDI 174	**七画以上**	毖 XXNT 14	惠 CENU 353	懿 FPGN 348
扁 YNMA 17	祷 PYDF 56	怠 CKNU 52	悠 WHTN 354	恋 UJTN 90
扃 YNMK 146	祸 PYKW 123	怼 CFNU 68	**八画**	**聿(聿)部**
扇 YNND 259	禅 PYUF 30	急 QVNU 126	悲 DJDN 11	
扈 YNKC 116	禄 PYVI 185	怒 VCNU 214	惫 TLNU 11	聿 VFHK 359
雇 YNDD 78	棋 PYAW 231	思 LNU 276	惛 TGHN 36	肃 VIJK 279
雇 YNWY 100	福 PYGL 84	怨 QBNU 362	惠 GJHN 122	隶 VII 174
衤部	稹 PYDD 315	怎 THFN 368	惥 AKGN 123	肆 DVFH 277
一至四画	禚 PYUO 391	总 UKNU 393	慈 ADKN 249	肄 XTDH 348
礼 PYNN 171	禧 PYFK 315		恩 MLNU 365	肇 YNTH 373

毋(母)部

毋	XDE	309
母	XGUI	203
每	TXGU	194
毒	GXGU	66
毓	TXGQ	360

示部

示	FIU	269
佘	WFIU	262
奈	DFIU	206
柰	SFIU	207
崇	BMFI	281
祭	WFIU	129
票	SFIU	225
禀	YLKI	20
禁	SSFI	142

石部

| 石 | DGTG | 267 |

二至三画

矶	DMN	124
砀	DNRT	55
矾	DMYY	75
矸	DFH	88
矿	DYT	162
码	DCG	190
砂	DQY	312
岩	MDF	337

四画

泵	DIU	13
砭	DTPY	16
砗	DLH	33
砒	DGBN	69
砜	DMQY	81
砍	DQWY	155
砥	DXXN	222
砌	DAVN	233
砂	DITT	257
耆	DHDF	117
砑	DAHT	336
研	DGAH	337
砚	DMQN	338
砖	DFNY	388
斫	DRH	390

五画

砝	DAQY	1
础	DBMH	41
砥	DQAY	59
砝	DFCY	75
磲	DXJH	83
砬	DUG	165
砺	DDDN	173
砾	DQIY	174
砻	DXDF	182
砰	DGUH	221
破	DHCY	227
砷	DJHH	263
砼	DWAG	329
砣	DPXN	297
砸	DAMH	365
砟	DTHF	369
砧	DHKG	375

六画

硐	DMGK	65
硌	DTKG	93
硅	DFFG	103
硖	DAYN	192
硗	DTLQ	208
硚	DATQ	237
硕	DDMY	275
硒	DSG	313
硎	DGAJ	327
砦	HXDF	370
碳	DGUW	316

七画

硷	DWGI	133
硫	DYCQ	181
确	DQEH	247
碇	DTRT	308
硪	DIEG	321
硬	DGJQ	352

八画

碍	DJGF	2
碑	DRTF	11
碴	DUKG	12
碟	DCDE	34
碘	DMAW	60
碉	DMFK	61
碇	DPGH	63
碓	DWYG	68
碌	DVIY	182
硼	DEEG	221
碰	DUOG	221
碃	DGMY	233
碎	DYWF	281

九画

| 碰 | DPQB | 301 |

九画

碧	GRDF	16
碥	DYNA	17
碴	DSJG	29
磁	DUXX	45
碟	DUDA	48
碲	DUPH	59
碜	DANS	62
碱	DDGT	133
碣	DJQN	141
碳	DMDO	286
碹	DPGG	331
磋	DGXU	384

十画

磅	DUPY	9
磋	DUCE	104
磁	DFCL	157
磊	DDDF	170
碾	DNAE	211
磐	TEMD	218
磙	DCCS	256
磉	DQAS	374

十一画以上

磺	DAMW	120
磨	YSSD	202
磬	FNMD	242
碟	DIAS	244
磴	DWGU	57
磲	DYBT	68
礁	DWYO	138
礅	DOQH	179
礓	DGLG	136
礞	DAPE	196
礤	DAWI	25
礴	DAIF	22

龙部

龙	DXV	182
垄	DXFF	183
砻	DXDF	182
龚	DXAW	96
龛	WGKX	155
詟	DXBF	182
袭	DXYE	314

业部

业	OGD	342
邺	OGBH	342
凿	OGUB	366
黹	OGUI	380
黼	OGUY	85

目部

| 目 | HHHF | 204 |

二至四画

盯	HSH	63
盲	YNHF	192
盱	HGFH	329
盹	HGBN	68
盾	RFHD	69
看	RHF	155

眍 HAQY 160	督 HICH 66	瞻 HQDY 370	畬 WFIL 262	盆 WVLF 220
眉 NHD 194	睹 HFTJ 66	矍 HHWC 152	畸 LDSK 124	盈 ECLF 351
眄 HGHN 199	睫 HGVH 141	**田部**	畹 LPQB 301	盅 KHLF 383
眇 HITT 199	睛 HGEG 145		畿 XXAL 125	盏 MDLF 3
盼 HWVN 218	瞄 HALG 199	田 LLLL 290	畾 LLVL 211	盍 FCLF 112
省 ITHF 265	睦 HFWF 204	甸 QLD 61	疃 LUJF 296	监 JTYL 132
相 SHG 319	睨 HVQN 210	亩 YLF 204		盐 FHLF 337
眨 HTPY 369	睥 HRTF 223	男 LLB 207	**罒部**	益 UWLF 348
	睡 HTGF 275	町 LSH 63		盉 GLF 370
五至六画	睢 HWYG 280	备 TLF 11	罗 LQU 188	盗 UQWL 56
眠 HNAN 198	睚 HDFF 335	畀 LGJJ 15	罚 LYJJ 74	盖 UGLF 88
眚 TGHF 265		画 GLBJ 117	罘 LGIU 83	蛊 JLF 99
眩 HYXY 331	**九至十画**	畈 LRCY 76	罢 LFCU 6	盒 WGKL 111
眙 HCKG 346	瞅 HTOY 40	界 LWJJ 141	罡 LGHF 90	盔 DOLF 162
眵 HQQY 37	瞑 HWGD 163	畎 LXXN 222	罟 LDF 99	盘 TELF 218
眷 UDHF 11	瞀 CBTH 193	畋 LDY 246	詈 LYF 174	盛 DNNL 266
眭 HAGG 162	睿 HPGH 253	思 LNU 276	署 LFTJ 273	盟 JELF 196
眯 HOY 196	瞍 HVHC 279	畈 LDJN 338	蜀 LQJU 273	盥 QGIL 102
眸 HCRH 203	瞌 HFCL 157	畏 LGEU 305	罨 LDJN 338	蠲 UWLJ 151
眭 HFFG 280	瞒 HAGW 191	胃 LEF 305	罩 HJF 373	
眺 HIQN 291	瞑 HPJU 201	禺 JMHY 357	置 LFHF 382	**钅部**
眼 HVEY 338	瞎 HPDK 315	畚 CDLF 12	罪 LDJD 396	
睁 HQVH 376		留 QYVL 181	罱 LFMF 167	**一至二画**
着 UDHF 390	**十一画以上**	畔 LUFH 218	黑 LFCO 223	钆 QNN 87
眦 HHXN 393	瞠 HIPF 35	畜 YXLF 330	罹 LNWY 171	钇 QNN 346
	瞰 HNBT 155	畛 LWET 375	羁 LAFC 125	钉 QSH 63
七至八画	瞟 HSFI 225	累 LXIU 169	罾 LULJ 368	钌 QBH 177
睐 HUXT 59	瞥 UMIH 225	略 LTKG 187	蠲 UWLJ 151	针 QHY 227
鼎 HNDN 63	瞪 HWGU 57	畦 LFFG 232		钊 QJH 372
睑 IIWCI 133	瞧 HWYO 238	畴 LDTF 40	**皿部**	针 QFH 374
眯 HGOY 166	瞬 HEPH 275	番 TOLF 75		
睃 HCWT 282	瞳 HUJF 294	富 PGKL 86	皿 LHNG 200	**三画**
睐 HESY 25	瞩 HNTY 386		孟 BLF 196	钏 QKH 43
	瞽 FKUH 99		盂 GFLF 357	钓 QQYY 62
	矍 HHWY 245			

钒 QMYY 75	钹 QDCY 22	铳 QYCQ 39	七画	锝 QJGF 56
钌 QUN 195	铂 QRG 21	锦 QKMH 62	铜 QBSK 1	锭 QPGH 64
钕 QVG 214	钮 QLG 61	铥 QTFC 64	锄 QEGL 41	锢 QLDG 100
钎 QTFH 234	铎 QCFH 69	铒 QBG 73	铺 QWWF 49	锪 QQRN 122
钐 QET 258	钴 QDG 99	铬 QTKG 93	铤 QTRT 71	键 QVFP 135
钍 QFG 295	钾 QLH 131	铪 QWGK 107	锋 QTDH 81	锦 QRMH 143
四画	铜 QSKG 157	铧 QWXF 117	锆 QTFK 91	锯 QNDG 150
钯 QCN 5	铃 QWYC 180	铰 QGUW 131	锅 QKMW 105	锩 QUDB 151
钣 QRCY 7	铆 QQTB 193	铠 QUQY 138	铜 QUJG 134	稞 QJSY 158
钡 QMY 11	钼 QHG 204	铠 QMNN 155	铜 QUGA 154	锟 QJXX 164
钚 QGHY 23	铌 QNXN 210	铸 QFTN 156	铿 QJCF 159	锣 QLQY 188
钞 QITT 32	铍 QHCY 222	铭 QFTX 168	铼 QGOY 166	锚 QALG 193
钭 QUFH 65	钷 QAKG 227	铝 QKKG 186	银 QYVE 167	锰 QBLG 196
钝 QGBN 69	铅 QMKG 234	铭 QQKG 200	锊 QAPL 168	锗 QADK 215
钫 QYN 77	钱 QGT 235	铙 QATQ 208	锂 QJFG 172	锫 QUKG 220
钙 QGHN 87	钳 QAFG 235	铨 QWGG 246	链 QLPY 176	锖 QGEG 236
钢 QMQY 89	铈 QYMH 270	铷 QVKG 252	铳 QYCQ 182	锬 QOOY 285
钩 QQCY 97	铄 QQIY 275	艳 QQCN 257	铴 QEFY 187	锡 QJQR 313
钦 QOY 123	铊 QPXN 283	铩 QQSY 257	铺 QGEY 228	锨 QRQW 317
钧 QQUG 153	钽 QJGG 285	锡 QINR 286	锓 QVPC 240	锗 QFTJ 374
钪 QYMN 156	铁 QRWY 291	铫 QIQN 62	锐 QUKQ 253	锥 QWYG 389
钠 QMWY 206	铉 QYXY 331	铤 QTFP 292	锁 QIMY 282	锚 QVLG 392
钮 QNFG 213	铀 QMG 355	铜 QMGK 293	铽 QANY 288	
铃 QWYN 235	钰 QGYY 359	铳 QTFQ 315	锑 QUXT 288	九画
钦 QQWY 239	钹 QANT 363	鄌 QAHB 342	销 QIEG 321	镤 QYEY 15
钛 QDYY 284	钲 QGHG 376	铱 QYEY 344	锌 QUH 325	锤 QTFV 28
钨 QQNG 308	钻 QHKG 395	铟 QLDY 349	锈 QTEN 329	镀 QYAC 67
钥 QEG 342	六画	银 QVEY 349	锃 QKGG 368	锻 QWDC 67
钟 QKHH 383	铵 QPVG 2	铜 QDEG 356	铸 QDTF 387	锷 QKKN 72
五画	铲 QUTT 30	铡 QMJH 369	八画	镇 QXJM 79
铋 QNTT 14	铛 QIVG 35	铮 QQVH 376	锛 QDFA 12	镊 QEFC 176
钵 QSGG 21	铖 QDNT 36	铢 QRIY 385	锤 QTGF 43	镉 QXXR 155
			错 QAJG 49	镂 QOVG 183

钅 矢 禾 白

镁	QUGD	195
锵	QUQF	236
锹	QTOY	237
锲	QDHD	239
锶	QLNY	276
镀	QVHC	279
锤	QTGF	383

十画

镑	QUPY	9
镔	QPRW	19
镐	QYMK	91
镉	QGKH	93
镓	QPEY	131
镌	QWYE	151
镏	QQYL	181
镍	QAJD	203
镎	QWGR	206
镏	QBCC	212
镍	QTHS	212
镒	QUWL	348
镇	QFHW	376

十一画

镖	QSFI	18
镐	QUMD	58
镜	QUJQ	146
镢	QJLC	192
镨	QIPF	286
镰	QYTH	331
镛	QYVII	353
镞	QYTD	395

十二画以上

| 锏 | QPWH | 47 |

镫	QWGU	57
镦	QYBT	68
镢	QDUW	152
镧	QUGI	166
镰	QDUI	178
镂	QQGJ	184
错	QUOJ	228
镪	QXKJ	236
镶	QAWC	123
镭	QFLG	169
镰	QYUO	175
镱	QUJN	348
镯	QLQJ	391
镲	QPWI	29
镴	QYNO	18
镶	QYKE	320

矢部

矢	TDU	268
矣	CTDU	346
知	TDKG	378
矩	TDAN	149
矧	TDXH	264
矫	TDTJ	138
矬	TDWF	49
短	TDGU	67
矮	TDTV	4
雉	TDWY	382
疑	XTDII	315

禾部

| 禾 | TTTT | 111 |

二画

利	TJH	173
私	TCY	276
秃	TMB	295
秀	TEB	328

三画

乘	TGVI	20
秆	TFH	89
和	TKG	111
季	TBF	128
委	TVF	304

四画

秕	TXXN	14
科	TUFH	157
秒	TITT	199
秋	TOY	243
香	TJF	320
种	TKHH	382
秭	TTNT	392

五画

称	TQIY	35
乘	TUXV	36
秤	TGUH	36
积	TKWY	125
秘	TNTT	197
秣	TGSY	202
秦	DWTU	239
秫	TSYY	273
透	TEPV	294
秧	TMDY	339
秩	TRWY	381

| 租 | TEGG | 394 |

六画

秒	TMQY	122
秸	TFKG	140
梨	TJSU	171
犁	TJRH	171
租	TKKG	186
透	TVPD	302
移	TQQY	345

七画

程	TKGG	36
稃	TEBG	82
稆	TDNM	125
粮	TYVE	167
稍	TIEG	261
税	TUKQ	275
稀	TQDH	313

八画

稗	TRTF	7
愁	TONU	40
稠	TMFK	39
稞	TJSY	157
稔	TWYN	250
稣	QGTY	279
颓	TMDM	296
颖	XTDM	352
稚	TWYG	382

九画以上

稳	TQVN	306
稻	TEVG	56
稿	TYMK	91

稹	TDNJ	125
穆	TLWT	129
稼	TPEY	132
黎	TQTI	171
穑	TFHW	375
穰	YNJT	153
穆	TRIE	205
櫝	TFUK	257
黏	TWIK	211
穗	TGJN	281
巍	TVRC	305
馥	TJTT	86
鼗	TQTO	171
穰	TYKE	248

白部

白	RRRR	6
百	DJF	6
皂	RAB	367
帛	RMHJ	21
的	RQYY	59
皈	RRCY	103
皇	RGF	119
皆	XXRF	139
泉	RIU	246
皋	RDFJ	90
皑	RMNN	1
皎	RUQY	135
皓	RTFK	110
皖	RPFQ	301
皙	SRRF	313
魄	RRQC	21
皤	RTOL	227

瓜部

瓜	RCYI	100
瓞	RCYW	62
瓠	DFNY	117
瓢	SFIY	224
瓤	YKKY	248

用部

用	ETNH	354
甫	CEJ	353
甪	GIEJ	13

鸟部

鸟 QYNG 211

二至四画

鸡	CQYG	124
鸠	VQYG	147
鸣	KQYG	201
鸢	AQYG	361
鸩	XFQG	10
鸥	AQQG	216
鸦	AHTG	335
鸨	PQQG	375

五画

鸰	QAYG	37
鸱	AIQG	64
鸲	DQYG	98
鸵	HNQG	184
鸴	QKQG	244
鸳	XXGG	276

鸵 QYNX 298
鸭 LQYG 335
鸯 MDQG 339
鸰 APQG 351
鸳 QBQG 361

六画

鸹	DMJG	72
鸽	WGKG	92
鸺	TDQG	100
鸿	IAQG	114
鸾	YOQG	187
鹄	WSQG	328
鹅	RVYG	381

七至八画

鹈	FPBG	21
鹉	TRNG	71
鹊	TFKG	99
鹃	KEQG	151
鹇	GMYG	171
鹆	UXHG	289
鹁	USQG	318
鹋	WWKG	360
鹌	DJNG	2
鹏	RYBG	44
鹐	ALQG	199
鹏	EEQG	221
鹊	AJQG	247
鹑	GAHG	310

九至十画

鹕	UXXG	45
鹗	KKFG	72
鹘	MEQG	99

鹚	DEQG	115
鹛	NHQG	194
鹜	CBTG	311
鹤	PWYG	112
鹞	ERMG	342

十一画以上

鹦	NWEG	182
鹦	MMVG	351
鹧	YAOG	374
鹰	WYOG	138
鹭	YIDG	148
鹳	DUJG	177
鹴	CBTG	360
鹳	QYNC	117
鹳	KHTG	185
鹰	YWWG	351
鹳	AKKG	102

疒部

二至三画

疗	USK	63
疖	UBK	139
疗	UBK	177
疙	UTNV	92
疚	UQYI	148
疠	UDNV	173
疟	UAGD	214
疝	UMK	259
疡	UNRE	340

四画

疤	UCV	5
疮	UWBV	43

疯	UMQI	81
疥	UWJK	141
疬	UDLV	173
疫	UMCI	347
疣	UDNV	355

五画

病	UGMW	20
疸	UJGD	53
疳	UAFD	88
疾	UTDI	126
痂	ULKD	130
痉	UCAD	146
疸	UEGD	148
疴	USKD	157
疲	UHCI	222
疼	UTUI	288
痃	UYXI	331
痈	UEK	353
痄	UTHF	369
疹	UWEE	375
症	UGHD	377
痊	UYGD	387

六画

痍	UHXV	45
痕	UVEI	112
痓	UWGD	246
痊	UGOG	335
痒	UUDK	340
痪	UGXW	345
痔	UFFI	381

七画

痤 UWWF 49

痘	UGKU	65
痍	UQMD	119
痨	UAPL	168
痢	UTJK	174
痞	UGIK	223
痧	UIIT	257
痛	UCEK	294
痦	UGKD	311
痫	UUSI	318
痣	UFNI	371

八画

痹	ULGJ	15
痴	UTDK	37
痊	UYWF	48
痰	UUJF	54
痱	UDJD	79
瘟	ULDD	100
痰	UOOI	285
瘘	UTVD	304
瘀	UYWU	357
痰	UVWI	359
瘃	UEYI	386

九画

瘗	UUDA	29
瘘	UAWK	50
瘼	UWND	114
瘕	UNHC	131
瘌	UGKJ	165
瘘	UOVD	183
瘟	UCYJ	256
瘦	UVHC	272
瘟	UJLD	306

瘗	UGUF 348	产	UTE 30	突	PWDU 295	衲	PUMW 206	褡	PUAK 50
十画		妾	UVF 238	窀	PWGN 390	衽	PUTF 250	褐	PUJN 112
瘦	UTEC 7	亲	USU 239	穷	PWAN 238	被	PUHC 12	褛	PUOV 186
瘪	UTHX 18	飒	UMQY 255	窃	PWXL 341	祥	PUUF 218	褪	PUVP 296
瘫	UDHN 38	竖	JCUF 273	窄	PWTF 370	袍	PUQN 219	**十画以上**	
瘠	UIWE 127	彦	UTER 338	窍	PWIQ 291	祖	PUJG 285	襁	PURM 38
瘤	UQYL 181	竞	UKQB 146	窑	PWRM 341	袜	PUGS 299	褴	PUJL 166
瘦	UAJD 203	童	UHKG 371	窒	PWGF 381	袖	PUMG 328	褓	PUDF 253
瘫	UCWY 285	竟	UJQB 146	窗	PWTQ 43	**六至七画**		褶	PUNR 374
十一画		翊	UNG 347	窜	PWKH 47	裆	PUIV 54	襟	PUXJ 237
瘴	USFI 18	翌	NUF 347	窘	PWTK 159	袱	PUWD 83	襻	PUSI 142
瘳	UNWE 39	章	UJJ 371	窨	PWVK 147	袼	PUTK 92	襦	PUFJ 252
瘭	UAMW 120	竣	UCWT 153	窝	PWKW 307	裉	PUVE 159	襻	PUSR 218
瘰	ULXI 188	竦	UGKI 278	窦	PWFD 65	裎	PUKG 36	**疋( )部**	
瘸	ULKW 247	童	UJFF 293	寨	PWJS 157	裥	PUUJ 134		
癌	UBQN 35	靖	UGEG 146	窟	PWNM 160	裤	PUYL 176	胥	NHEF 329
瘵	UWFI 370	意	UJNU 348	窥	PWFQ 163	裢	PULP 175	蛋	NHJU 54
瘴	UUJK 372	端	UMDJ 67	裹	PWOV 150	裣	PUWI 175	疏	NHYQ 272
癃	UBTG 183	竭	UJQN 141	窬	PWWJ 358	裙	PUVK 247	楚	SSNH 41
瘿	UMMV 352	赣	UJTM 89	窳	PWRY 359	裕	PUWK 360	疑	XTDH 345
十二画以上		**穴部**		窿	PWBG 183	**八至九画**		**皮部**	
癌	UKKM 1					禅	PURF 15		
癍	UGYG 7	穴	PWU 332	**衤部**		裱	PUGE 10	皮	HCI 222
瘢	UNAC 61	究	PWVB 147	**二至三画**		褚	PUFJ 41	皱	QVHC 385
癌	UGKM 166	穷	PWLB 92	补	PUHY 22	褴	PUCC 69	鞭	PLHC 153
癖	UNKU 223	空	PWAF 159	初	PUVN 40	褂	PUFH 101	颇	HCDM 227
癔	UUJN 348	帘	PWMH 175	衬	PUFY 34	裾	PUND 149	皴	CWTC 48
癞	UQGD 331	穿	PWXB 242	衫	PUET 258	裸	PUJS 188	**矛部**	
癯	UHHY 245	岁	PWQU 312	**四至五画**		裼	PUJR 312		
立部		窀	PWTP 17	袄	PUTD 4	褓	PUWS 10	矛	CBTR 193
立	UUUU 173	穿	PWAT 42	衿	PUWN 142	褙	PUUE 11	矜	CBTN 239
		窃	PWAV 238	袂	PUNW 195	褊	PUYA 17		

柔 CBTS 251	取 BCY 245	鄄 SFBH 151	**六至七画**	虐 HAAG 214
孟 CBTJ 193	耶 BBH 342	票 SFIU 225	颌 WGKM 92	虑 HANI 186
耒部	耷 DBF 85	粟 SOU 280	颊 GUWM 131	虔 HAYI 235
	闻 UBD 306	裂 SJJ 240	颁 FKDM 140	彪 HAME 18
耒 DII 170	耻 BHG 38	甄 SFGN 375	颐 YNTM 157	虚 HAOG 85
耔 DIBG 392	耽 BPQN 53	覆 STTT 86	颏 XIDM 352	虞 HAKD 358
耖 DIIT 33	耿 BOY 94	**页部**	颔 WYNM 109	虢 EFHM 176
耕 DIFJ 94	聂 BCCU 212		频 HIDM 225	觑 HAOQ 255
耗 DITN 110	耸 WWBF 278	页 DMU 343	颓 TMDM 296	
耙 DICN 5	聘 BMFG 53	**二至三画**	颐 AHKM 345	**虫部**
耘 DIFC 364	聊 BQTB 177	顶 SDMY 63	颓 XTDM 352	虫 JHNY 39
粗 DINN 277	聆 BWYC 180	顷 XDMY 241	**八至九画**	**一至二画**
耠 DIWK 122	聋 DXBF 182	预 FDMY 108	颗 JSDM 157	虹 JNN 243
耢 DIAL 169	聍 BPSH 212	顺 KDMY 275	颜 UTEM 337	蚁 JMN 127
耥 DIIK 286	职 BKWY 379	颀 ADMY 321	额 PTKM 71	虱 NTJI 266
耧 DIOV 183	聒 BTDG 105	颂 EDMY 329	颚 KKFM 72	**三画**
耦 DIJY 216	联 BUDY 175	**四至五画**	题 JGHM 289	蛋 DNJU 29
耪 DIFF 136	聘 BMGN 226	颁 WVDM 7	颟 MDMM 388	蚝 JTNN 93
耨 DIDF 213	聚 BCTI 150	顿 GBNM 66	**十画以上**	虹 JAG 113
耧 DIUY 219	聪 BUKN 46	烦 ODMY 75	颠 FHWM 60	蚯 GQJI 121
糖 DIYD 203	聩 BKHM 163	顾 DBDM 100	颞 AGMM 191	蚂 JCG 190
	聱 GQTB 3	颀 YMDM 109	颟 BCCM 212	蚖 JYNN 196
老部		颀 RDMY 231	颟 CCCM 256	闽 UJI 200
老 FTXB 168	**臣部**	颌 WCDM 278	颟 JYIM 111	虽 KJU 280
耄 FTXN 193	臣 AHNH 34	顽 FQDM 300	颟 KKDK 233	虾 JGHY 315
耆 FTXJ 232	卧 AHNH 307	颀 GDMY 325	颟 YLKM 31	蚁 JYQY 346
耋 FTXF 62	藏 ADNT 27	预 CBDM 359	颟 FDMM 252	蚤 CYJU 367
		颈 CADM 94	颟 HIDF 225	
耳部	**西(覀)部**	领 WYCM 180	颟 AKKM 246	**四画**
	西 SGHG 312	颃 HNDM 184	**虍部**	蚌 JDHH 8
耳 BGHG 73	要 SVF 341	颀 HCDM 227	虎 HAMV 116	蚕 GDJU 26
耵 BSH 63	贾 SMU 99	硕 DDMY 275	虏 HALV 184	蛊 BHGJ 37
	栗 SSU 174			

虫缶舌 57

蚪	JUFH	65	蛄	JTDG	164	蝈	JLGY	105	蝎	JJQN	323	蟛	JFKE	221
蚨	JFWY	83	蛮	YOJU	191	蜾	JJSY	106	蝣	JYTB	355	蟪	JUDK	259
蚣	JWCY	96	蜂	JCRH	203	蜡	JAJG	165	蝓	JWGJ	357	蟫	JQDY	30
蚝	JTFN	110	蛲	JATQ	208	蝉	JYVB	167	十画			蟥	JAWC	123
蚧	JWJH	141	蛴	JYJH	230	蜢	JBLG	196	螯	GQTJ	3	蠃	JYUO	175
蚍	JXXN	222	蚤	AMYJ	242	蜜	PNTJ	198	螨	JYBC	37	蠊	YNKY	188
蚋	JMWY	253	蛹	JMAG	244	蜱	JRTF	223	螟	JAJD	190	蠓	JAPE	196
蚊	JYY	306	蛳	JJGH	276	蜞	JADW	231	螞	JAGW	191	蟹	QEVJ	324
蚬	JMQN	318	蜓	JTFP	292	蜻	JGEG	241	螞	JADA	192	蟻	JALT	200
蚜	JAHT	335	蛙	JFFG	299	蜢	JUDB	246	螵	JPJU	201	蠕	JFDJ	252
蚓	JXHH	350	蜒	JTHP	337	蜩	JMFK	291	螃	JUPY	219	蠢	DWJJ	44
五画			蛘	JUDH	340	蜿	JPQB	300	螳	JDWT	239	蠡	XEJJ	170
蛏	JCFG	35	蛰	RVYJ	373	蜥	JSRH	314	融	GKMJ	251	蠲	UWLJ	151
蛋	NHJU	54	蛭	JGCF	382	蜴	JJQR	347	螓	JYVK	286	蠹	GKHJ	67
蛄	JDG	98	蛛	JRIY	385	蝇	JKJN	352	螅	JTHN	314	蠼	JHHC	245
蛊	JLF	99	七画			蜮	JAKG	360	螈	JDRI	362			
蚶	JAFG	108	蜍	JWTY	41	蜘	JTDK	378	十一画			缶部		
蛎	JDDN	173	蛾	JTRT	71	九画			蟛	JGMJ	27	缶	RMK	82
蛉	JWYC	180	蜂	JTDH	81	蝙	JYNA	16	螬	JAMW	120	缸	RMAG	90
蚯	JRGG	243	蜉	JEBG	84	蝽	JDWJ	44	螺	JLXI	188	缺	RMNW	246
蛆	JEGG	244	蜊	JTJH	171	蝶	JANS	62	蟊	CBTJ	193	罂	MMRM	351
蚰	JMFG	248	蛺	JUDN	236	蝠	JGKL	84	螻	JSFI	224	罄	FNMM	242
蛇	JPXN	262	蛸	JIEG	261	蝾	JTJT	86	螫	FOTJ	270	罅	RMHH	316
萤	APJU	351	蜃	DFEJ	265	蝴	JDEG	116	蟀	JYXF	274	罐	RMAY	102
蚺	JMG	355	蜀	LQJU	273	蝗	JRGG	120	螳	JIPF	286			
蚴	JXLN	356	蜕	JUKQ	296	蝌	JTUF	157	蟋	JTON	314	舌部		
蚱	JTHF	369	蜣	JKMW	167	蝾	JDFF	163	蟓	JQJE	321			
蛙	JYGG	387	蜈	JKGD	309	蝼	JOVG	183	蝉	JUJH	371	舌	TDD	262
六画			蛹	JCEH	353	蝻	JFMF	207	螽	TUJJ	383	乱	TDNN	187
蛤	JWGK	92	蜑	RRJU	373	蝎	JUSG	243	十二画以上			舐	TDQA	270
蛔	JLKG	121	八画			蝾	JAPS	251	蠛	JGJN	122	鸹	TDQG	100
蛺	JGUW	131	蝉	JUJF	30	蝃	JVHC	279	蟠	JTOL	218	甜	TDAF	290
蛟	JUQY	137	蕫	DJDJ	78							舒	WFKB	272

辞 TDUH 45	笐 TGR 132	签 TWGI 234	十画	臾 VWI 357
舔 TDGN 290	笠 TUF 173	筲 TIEF 261	箧 TTLX 15	舁 VAJ 357
	笼 TDXB 183	箅 TAWW 270	篪 TRHM 37	舀 EVF 341
竹( )部	笨 TAKF 227	筷 TWHT 322	篡 THDC 47	舂 DWVF 38
	笳 TABJ 242		篔 TADD 79	舄 VQOU 315
竹 TTGH 385	笙 TTGF 265	**八画**	篙 TYMK 7	舅 VLLB 148
二至三画	笥 TNGK 277	箅 TLGJ 15	篱 TFJF 97	
竺 TFF 386	笤 TVKF 291	箔 TIRF 21	篮 TJTL 166	**自部**
笃 TCF 66	笮 TTHF 368	箠 TUJF 53	篯 TYBC 171	
竿 TFJ 88		箍 TRAH 98	巢 TSSU 174	自 THD 392
笈 TEYU 126	**六画**	管 TPNN 102	篷 TTDP 221	臭 THDU 40
笕 TGFJ 357	筚 TXXF 14	箦 TADW 125		臬 THSU 212
	策 TGMI 28	箜 TPWA 159	**十一画**	息 THNU 313
四画	答 TWGK 50	箧 TLQU 189	簇 TYTD 47	鼻 THLJ 13
笆 TCB 5	等 TFFU 95	箦 TAGW 239	篼 TQRQ 65	
笔 TTFN 14	筏 TWAR 74	箐 TGEF 242	簖 TONR 67	**血部**
笏 TQRR 116	筋 TELB 142	箸 TADK 254	簋 TVEL 104	
笄 TGAJ 125	箱 TRKF 160	算 THAJ 280	簧 TAMW 120	血 TLD 332
笕 TMQB 133	筐 TAGF 162	箨 TRCH 298	篾 TYNX 185	衄 TLNF 214
笋 TVTR 281	笙 TWGF 246	箕 TVIJ 322	篪 TLDT 200	衅 TLUF 326
笑 TTDU 323	筛 TJGH 258	箢 TPQB 361	歠 TGKW 280	
笊 TRHY 373	筒 TMGK 294	箦 TGMU 368		**舟部**
第 TTNT 392	笊 TTFQ 318	箐 TFTJ 387	**十二画以上**	
	筵 TTHP 337		簦 TWGU 57	舟 TEI 384
五画	筝 TQVH 376	**九画**	簟 TSJJ 61	舡 TEAG 42
笨 TSGF 13	筑 TAMY 387	篌 TWND 114	簪 TAQJ 366	舢 TEMH 259
笾 TLPU 16		篁 TRGF 120	簿 TIGF 24	舣 TEYQ 346
笞 TCKF 37	**七画**	箭 TUEJ 135	颖 TGKM 166	般 TEMC 7
笪 TJGF 50	筹 TDTF 39	篇 TKHM 163	籀 TRQL 385	舨 TERC 7
笛 TMF 58	筻 TGJQ 90	篓 TOVF 183	籍 TDIJ 127	舭 TEXX 14
笫 TXHT 59	简 TUJF 134	篇 TYNA 224	纂 THDI 395	舱 TEWB 27
符 TWFU 84	筠 TFQU 153	箱 TSHF 320		舫 TEYN 7
笱 TQKF 97	筷 TNNW 161	箴 TDGT 375	**臼部**	航 TEYM 109
笫 TLKF 130	范 TRCB 217	篆 TXEU 388		舰 TEMC 134
			臼 VTHG 147	

舯	TEKH 383	袤	YCBE 193	羡	UGUW 319	粘	OHKG 211	艮(⻖)部	
舶	TERG 21	袭	DXYE 314	翔	UDNG 320	羹	OAWU 80	艮	VEI 94
船	TEMK 42	裁	FAYE 25	群	VTKD 247	粟	SOU 280	良	YVEI 176
舵	TEPX 70	裂	GQJE 178	豩	UDCT 282	栖	OSG 313	即	VCBH 126
舸	TESK 93	哀	YVEU 228	鹅	UDJN 141	粤	TLON 363	艰	CVEY 132
舻	TEHN 184	裘	YRVE 324	羰	UDMO 286	粥	XOXN 384	垦	VEFF 157
盘	TELF 218	装	UFYE 389	羧	UGTT 314	粱	UQWO 391	既	VCAQ 159
舣	TEYX 318	裱	FIYE 243	羹	UGOD 94			恳	VENU 159
舴	TETF 368	袋	IITE 257	赢	YNKY 170	**七至八画**		暨	VCAG 129
触	TEMG 386	裔	YEMK 347			粲	HQCO 26		
艇	TETP 292	裨	DJDE 220	**米部**		粳	OGJQ 145	**羽部**	
艄	TESG 313	裾	IPKE 261			粮	OYVE 176		
艉	TEIE 261	裹	YJSE 106	米	OYTY 197	梁	IVWO 176	羽	NNYG 358
艋	TENN 304	褒	YWKE 9	**二至四画**		粹	OYWF 48	羿	NAJ 347
艇	TEBL 196	襄	YKKE 320	籴	TYOU 58	精	OEGG 145	翅	FCND 38
艎	TEMD 218			类	ODU 170	糁	OQAB 179	翁	WCNF 307
艏	TEUH 271	**羊部**		娄	OVF 183	糌	OCDE 256	翎	WYCN 180
艘	TEVC 279			迷	OPI 197	粽	OPFI 394	翊	UNG 347
艚	TEGJ 27	羊	UDJ 339	屎	NOI 268			翌	NUF 347
艟	TEUF 39	羌	UDNB 236	籼	OMH 317	**九画以上**		翘	ATGN 238
艨	TEAE 196	差	UDAF 28	籽	OBG 392	糙	OUXX 45	畲	WGKN 313
		美	UGVF 136	粑	OCN 5	糗	OWND 114	翔	UDNG 320
衣部		姜	UGDU 194	粉	OWVN 80	糊	ODEG 115	翠	NYWF 48
		养	UDYJ 340	料	OUFH 177	糇	OQAP 179	翡	DJDN 79
衣	YEU 344	羔	UGOU 91	敉	OTY 197	糕	OCBS 251	翟	NWYF 370
哀	YEU 1	羞	UDNF 328			糖	ONHE 329	鹫	FTJN 387
表	GEU 18	恙	UGNU 340	**五至六画**		糟	OTFP 27	翦	UEJN 134
衷	QYNE 211	羝	UDQY 58	粗	OEGG 46	糕	OUGO 91	翩	YNMN 224
衮	WYNE 239	盖	UGLF 88	断	ONRH 67	糨	OTHD 243	翱	RDFN 4
衰	YKGE 274	羚	UDWC 180	粒	OUG 173	糠	OYVK 286	翰	FJWN 109
衷	YKHE 383	羟	UDCA 237	粝	ODDN 173	糁	OYVI 156	翮	GKMN 112
袁	UCEU 104	着	UDHF 372	粕	ORG 227	精	OGMJ 366	翳	ATDN 348
袋	WAYE 52	善	UDUK 259	粟	BMOU 291	糯	OFDJ 215	翼	NLAW 348
袈	LKYE 130								

翻	TOLN 75	趄	FHFK 89	**二至三画**		酸	SGGY 258	唇 DFEJ 265
耀	IQNY 342	起	FHNV 232	酊	SGSH 63	酸	SGCT 280	
糸部		超	FHVK 32	酋	USGF 243	酶	SGWT 295	**豕部**
		趁	FHWE 34	酐	SGFH 88	醉	SGGD 339	
系	TXIU 128	趑	FHEG 148	酒	ISGG 147	**八至九画**		豕 EGTY 268
紧	JCXI 143	趋	FHQV 244	配	SGNN 220	醇	SGYB 44	象 XEU 296
素	GXIU 279	越	FHAT 363	酏	SGBN 345	醋	SGAJ 47	家 PEU 130
索	FPXI 282	趄	FHGJ 178	酎	SGFY 385	醒	SGJX 164	象 QJEU 321
紊	YXIU 306	趄	FHUW 392	酌	SGQY 390	醒	SGUK 220	豢 UDEU 119
累	LXIU 169	趣	FHBC 245	**四至五画**		醉	SGYF 396	豪 YPEU 110
絮	APXI 352	趟	FHIK 287	酚	SGWV 80	醐	SGDE 116	豫 CBQE 360
紫	VKXI 330	趱	FHTM 366	酞	SGDY 284	醚	SGOP 117	豳 EEMK 19
絷	RVYI 379	**赤部**		酗	SGQB 330	醛	SGAG 246	燹 EEOU 318
紫	HXXI 392			醅	SGFC 364	醒	SGJH 289	
綦	ADWI 231	赤	FOU 38	酢	SGTF 47	醒	SGJG 327	**卤部**
絷	YNTI 242	郝	FOBH 110	酤	SGDG 98	醒	SGNE 329	
縻	ERMI 341	赧	FOBC 207	酣	SGAF 108	**十画以上**		卤 HLQI 184
繁	TXGI 75	赦	FOTY 262	酥	SGTY 279	醢	SGDL 108	磕 HLQA 49
縻	YSSI 197	赫	FOFO 112	酡	SGPX 298	醢	SGYK 286	
纂	THDI 395	赭	FOFJ 374	**六至七画**		醪	SGNE 168	**里部**
蠹	GXFI 56	**豆部**		酬	SGYH 39	醭	SGOY 22	里 JFD 172
麦部				酱	UQSG 136	醪	SGWO 139	厘 DJFD 171
		豆	GKUF 65	酪	SGTK 169	醴	SGYL 314	重 TGJF 384
麦	GTU 191	豇	GKUA 135	酶	SGQK 201	醵	SGHE 150	野 JFCB 342
麸	GQFW 82	豉	GKUC 38	酮	SGMK 293	醯	SGMU 172	量 JGJF 177
麴	FWWO 244	登	WGKU 57	酰	SGTQ 317	醺	SGTO 333	童 UJFF 293
		短	TDGU 67	酯	SGXJ 380			
走部		壹	FPGU 344	酲	SGKG 36	**辰部**		**足( )部**
		豌	GKUB 300	酵	SGFB 139	辰	DFEI 34	足 KHU 395
走	FHU 394	**酉部**		酷	SGTK 160	辱	DFEK 44	**二至四画**
赴	FHHI 85			酹	SGEF 170	辱	DFEF 252	趴 KHWY 217
赳	FHNH 147	酉	SGD 356	酶	SGTU 194	晨	JDFE 34	趵 KHQY 10
赵	FHQI 373			酿	SGYE 211			赴 DNKH 68
								跋 KHEY 283

跌	KHFW 82	跳	KHTQ 318	蹇	PFJH 134	躺	TMDK 287	舭	QERY 98
趼	KHGA 133		**七至八画**	蹉	KHBC 212		**采部**	舫	QETR 260
距	KHAN 150	跨	KHDF 39	蹁	KHAW 218			触	QEJY 41
跄	KHWB 237	跫	KHNN 128	蹼	KHED 230	采	ESU 25	舡	QEIQ 96
跃	KHTD 363	跟	KHYE 176	蹈	KHJN 283	悉	TONU 313	解	QEVH 141
趾	KHHG 380	踅	RRKH 332	蹦	KHME 13	番	TOLF 75	觜	HXQE 391
	五画	踊	KHCE 354	蹩	UMIH 19	释	TOCH 270	觫	QEGI 280
跋	KHDC 5	踏	KHUK 22	蹲	KHAJ 41	釉	TOMG 356	觳	FPGC 116
跛	KHHC 22	踩	KHES 25	蹿	DHIH 47				
跌	KHRW 62	踟	KHTK 37		**十二画以上**		**谷部**		**言部**
跗	KHWF 82	踔	KHHJ 44	躜	KHUJ 28	谷	WWKF 99	言	YYYY 337
跏	KHLK 130	踣	KHYK 60	蹶	KHDF 41	欲	WWKW 360	訇	QYD 113
践	KHGT 134	踝	KHJS 118	蹴	KHYN 47	鹆	WWKG 360	詈	LYF 174
跺	KHQI 174	踺	KHVP 135	蹿	KHPH 47	豁	PDHK 123	誊	UDYF 288
跑	KHQN 219	踞	KHND 150	蹬	KHWU 71			誉	IWYF 360
跚	KHMG 258	踔	KHIJ 283	躅	KHUF 68		**豸部**	詹	QDWY 370
跆	KHCK 284	踢	KHJR 288	蹯	KHTL 75	豸	EER 380	謦	HXYF 392
跎	KHPX 298	踹	KHUB 379	躏	KHDW 152	豹	EEQY 10	謦	RRYF 270
跖	KHDG 379	踬	KHRM 382	蹼	KHOY 228	豺	EEFT 29	謦	FNMY 242
	六画	踪	KHPI 393	躁	KHKS 367	貂	EEVK 62	警	AQKY 145
跸	KHXF 14		**九画**	躅	KHLJ 386	貉	EETK 110	譬	NKUY 223
踩	KHMS 70	踹	KHMJ 42	躏	KHAY 179	貊	EEDJ 202		
跟	KHVE 94	蹉	KHUA 48	躔	KHYF 30	貅	EEWS 328		**辛部**
跪	KHQB 104	蹀	KHAS 62	躐	KHVN 178	貌	EERQ 193	辛	UYGH 325
跻	KHYJ 125	蹂	KHYC 69	躜	KHTM 395	貘	EEAD 203	辜	DUJ 98
跤	KHUQ 137	蹄	KHTY 149	躞	KHOC 324	貔	EETX 222	辞	NKUH 223
跨	KHDN 161	踽	KHYA 224					辟	TDUH 45
跬	KHFF 163	踩	KHCS 251		**身部**		**角部**	辣	UGKI 165
路	KHTK 185	蹄	KHUH 289	身	TMDT 263	角	QEJ 138	辨	UYTU 17
跳	KHAQ 237	踵	KHTF 383	躬	TMDX 95	斛	QEUF 116	辩	UYUH 11
蹬	AMYH 242		**十至十一画**	射	TMDF 262	觫	QENW 152	辫	UXUH 17
跟	KHIQ 291	蹋	KHEV 16	躯	TMDQ 244			瓣	URCU 8
跴	KHTP 317			躲	TMDS 69				

青部

青 GEF 240
靓 GEMQ 146
靖 UGEG 146
静 GEQH 146
靛 GEPH 61

其部

其 ADWU 231
甚 ADWN 264
基 ADWF 125
期 ADWE 230
斯 ADWR 276
綦 ADWI 231

雨部

雨 FGHY 358
雪 FVF 332
零 FFNB 357
雱 FDLB 173
雯 FYU 306
雹 FQNB 9
雷 FLF 169
零 FWYC 180
雾 FTLB 311
霁 FYJJ 129
霆 FTFP 292
需 FDMJ 329
霄 FIGH 220
霄 FIEF 322
震 FDFE 376

霈 FDJD 78
霖 FWYF 123
霜 FSSU 179
霓 FVQB 210
霎 FUVF 258
霜 FSHF 274
霞 FNHC 316
霭 FYJN 1
霪 FKKB 180
霰 FIEF 350
霸 FAFE 6
露 FKHK 184
霹 FNKU 222
霾 FEEF 191

齿部

齿 HWBJ 37
啮 KHWB 212
龅 HWBN 9
龆 HWBG 149
龄 HWBC 180
龃 HWBK 291
龈 HWBE 350
龇 HWBX 392
龊 HWBH 44
龉 HWBK 359
龋 HWBY 245
龌 HWBF 308

黾部

黾 KJNB 200
鼋 FQKN 362
鼍 KKLN 298

隹部

隼 WYEB 151
难 CWYG 207
隽 WYFJ 282
雀 IWYF 237
售 WYKF 271
崔 YNWY 100
集 WYSU 127
焦 WYOU 138
雄 DCWY 328
雅 AHTY 335
雁 DWWY 339
雏 QVWY 40
睢 EGWY 148
雍 YXTY 353
雉 TDWY 382
雌 HXWY 45
雒 TKWY 189
翟 NWYF 370
雕 MFKY 61
豳 HHWY 245
矍 IQNY 342

金部

金 QQQQ 142
鉴 JTYQ 135
銮 APQF 352
鋬 YOQF 187
鋈 AMYQ 242
鋈 ITDQ 311
鳌 LRQF 366
鳌 CBTQ 203
鳌 GQTQ 4

鎏 IYCQ 182
麈 YNJQ 4
鏊 NKUQ 12
鑫 QQQF 326

鱼部

鱼 QGF 357

四至五画

鲂 QGYN 77
鲁 QGJF 184
鱿 QGDN 355
鲅 QGDC 6
鲍 QGQN 10
鲋 QGWF 85
鲎 IPQG 114
鲇 QGHK 211
鲆 QGGH 226
稣 QGTY 279
鲐 QGCK 284

六画

鲷 QGDJ 73
鲑 QGFF 103
鲂 QGYJ 129
鲛 QGUQ 137
鲒 QGFK 140
鲔 QGDE 305
鲜 QGUD 317
鲞 UDQG 320
鲟 QGVF 333

七画

鲤 QGGQ 94

鲩 QGTI 104
鲵 QGPQ 119
鲫 QGVB 129
鲣 QGJF 132
鲥 QGGY 171
鲤 QGJF 172
鲢 QGLP 175
鲨 IITG 258
鲥 QGJF 268
鲦 QGTS 291

八画

鲳 QGJJ 31
鲷 QGMK 61
鲱 QGDD 78
鲲 QGLD 100
鲸 QGYI 144
鲲 QGJX 164
鲮 QGFT 180
鲵 QGVQ 210
鲶 QGWN 211
鲭 QGGE 241
鳃 QGNJ 267
鳊 QGVL 392
鳇 QGBC 394

九至十画

鳊 QGYA 16
鳏 QGAS 62
鳄 QGKN 72
鳞 QGFM 80
鳍 QGTT 86
鳎 QGTO 243

鱼革骨鬼食音彡麻鹿黑鼠鼻

鳁 QGLN 255	鞍 AFQQ 191	魃 RQCC 5	磬 DEVK 291	麟 YNJH 179
鳂 QGCJ 256	鞘 AFIE 238	魅 RQCI 195	髻 DEFK 129	**黑部**
鳌 GQTG 4	鞠 AFQO 149	魄 RRQC 227	髹 DEWS 328	
鳏 QGLI 101	鞭 AFWQ 16	魇 DDRC 338	髭 DEHX 392	黑 LFOU 112
鳍 QGFJ 232	鞯 AFAB 133	魈 RQCW 176	髯 DEUB 246	墨 LFOF 203
鳎 QGJN 283	鞫 AFQY 149	魁 RQCE 322	髻 DEPI 25	默 LFOD 203
鳓 QGEM 341	鞣 AFCS 252	魉 RQCN 302	鬈 DETO 147	黔 LFON 235
	鞴 AFAE 11	魏 TVRC 305	鬏 DEPW 19	黜 LFOM 41
十一画以上	鞲 AFFF 97	魍 RQCC 37	鬟 DELE 118	黛 WALO 52
鳔 QGSI 18		魇 YSSC 202	鬣 DEVN 178	黝 LFOL 356
鳘 UMIG 19	**骨部**			黠 LFOK 316
鳙 QGAL 169		**食部**	**麻部**	黟 LFOQ 344
鳌 TXGG 200	骨 MEF 99			毂 LFOT 244
鳕 QGFV 332	骭 MEWJ 142	食 WYVE 268	麻 YSSI 190	黢 LFOE 26
鳙 QGYH 353	骰 MEMC 294	飧 QWYE 281	麽 YSSC 194	黩 LFOD 66
鳗 QGDW 104	骶 MEQY 59	飨 XTWE 320	麾 YSSN 121	黧 TQTO 171
鳜 QGOH 179	骷 MEQG 99	餍 DDWE 339	摩 YSSR 190	黥 LFOI 241
鳝 QGUK 259	骺 MEDG 160	餐 HQCE 26	磨 YSSD 202	黯 LFOJ 3
鳟 QGUF 396	骼 METK 92	饔 GQWE 291	糜 YSSO 194	
鳢 QGMU 172	骸 MEYW 107	饕 KGNE 287	縻 YSSI 197	**鼠部**
	骺 MERK 114	饗 YXTE 353	靡 YSSD 197	
革部	髀 MERF 15		魔 YSSC 202	鼠 VNUN 273
	髁 MEJS 157	**音部**		鼢 VNUV 80
革 AFJ 92	髅 MEOV 183		**鹿部**	鼬 VNUM 356
勒 AFLN 169	骼 MEPK 234	音 UJF 349		鼩 VNUK 309
靶 AFCN 5	髋 MEPW 19	歆 UJQW 325	鹿 YNJX 185	鼹 VNUD 314
靳 AFRH 144	髌 MEPQ 161	韵 UJQU 364	麂 YNJM 127	鼷 VNUV 338
靴 AFWX 332	髓 MEDP 281	韶 UJVK 261	麈 YNJT 153	
靼 AFJG 50	髑 MELJ 66		麂 YNJG 386	**鼻部**
鞅 AFMD 339		**鬼部**	麇 YNJO 197	
鞍 AFPV 2			麇 YNJQ 4	鼻 THLJ 13
鞑 AFDP 50	鬼 RQCI 104	髟 DEGQ 164	麒 YNJW 231	劓 TIILJ 348
鞒 AFTJ 238	魂 FCRC 122	髦 DETN 193	麓 SSYX 185	鼾 THLF 108
鞋 AFFF 323	魁 RQCF 163	髯 DEMF 248	麝 YNJF 263	齉 THLG 369

(三)难检字表笔画索引

字	码	页	字	码	页	字	码	页	字	码	页
一画			久	QYI	147	廿	AGHG	211	予	CBJ	357	电	JNV	60
乙	NNLL	345	丸	VYI	300	五	GGHG	309	书	NNHY	272	由	MHNG	354
二画			彡	EYI	126	支	FCU	378	**五画**			史	KQI	268
丁	SGH	63	亡	YNV	301	卅	GKK	255	末	GSI	202	央	MDI	339
七	AGN	230	丫	UHK	335	不	GII	23	未	FII	305	冉	MFD	248
九	VTN	147	义	YQI	346	牙	AHTE	335	击	FMK	124	凹	MMGD	3
匕	XTN	13	之	PPPP	378	互	GBNV	297	戋	GGGT	132	生	TGD	265
刁	NGD	61	已	NNNN	345	瓦	GXGD	116	正	GHD	377	失	RWI	266
了	BNH	169	巳	NNGN	277	中	KHK	382	甘	AFD	88	乍	THFD	369
乃	ETN	206	卫	BGD	305	内	MWI	209	世	ANV	268	丘	RGD	242
乜	NNV	211	卂	BNHG	140	午	TFJ	309	本	SGD	12	斥	RYI	38
三画			孓	BYI	151	壬	TFD	249	术	SYI	273	厄	RGBV	378
三	DGGG	255	也	BNHN	342	升	TAK	265	可	SKD	157	乎	TUHK	115
干	FGGH	88	飞	NUI	154	夭	TDI	340	丙	GMWI	20	丛	WWGF	46
亍	FHK	41	习	NUD	314	长	TAYI	31	左	DAF	396	用	ETNH	354
于	GFK	358	乡	XTE	319	反	RCI	75	丕	GIGF	221	甩	ENV	274
亏	FNV	162	**四画**			爻	QQU	341	右	DKF	356	氐	QAYI	75
才	FTE	25	丰	DHK	81	乏	TPI	74	布	DMHK	23	乐	QII	169
下	GHI	316	井	FJK	145	氏	QAV	268	戊	DNYT	310	匆	QRYI	46
丈	DYI	372	开	GAK	154	丹	MYD	53	平	GUHK	226	册	MMGD	27
与	GNGD	358	亓	FJJ	230	乌	QNGD	308	东	AII	64	包	QNV	9
万	DNV	301	夫	FWI	82	卞	YHU	17	卡	HHU	154	玄	YXU	331
上	HHGG	260	天	GDI	289	为	YLYI	303	北	UXN	11	兰	UFF	166
千	TFK	234	元	FQB	361	尹	VTE	350	凸	HGMG	295	半	UFK	7
乞	TNB	232	无	FQV	308	尺	NYI	33	归	JVG	103	头	UDI	294
川	KTHH	42	云	FCU	363	丑	NFD	40	且	EGD	148	必	NTE	14
幺	TCU	193	专	FNYI	388	巴	CNHN	5	申	JHK	263	司	NGKD	276
			丐	GHNV	87	以	NYWY	345	凹	LHNH	131	民	NAV	200

弗 XJK 83	乒 RGTR 226	坐 WWFF 397	枭 QYNS 321	咫 NYKW 380
出 BMK 40	乓 RGYU 218	龟 QJNB 103	氓 YNNA 192	癸 WGDU 104
丝 XXGF 276	向 TMKD 320	卵 QYTY 187	卷 UDBB 151	**十画**
六画	囟 TLQI 326	岛 QYNM 55	单 UJFJ 30	艳 DHQC 339
戎 ADE 251	后 RGKD 114	兑 UKQB 68	冹 VIJK 279	袁 FKEU 362
考 FTGN 156	兆 IQV 93	弟 UXHT 59	肃 VII 174	哥 SKSK 92
老 FTXB 168	舛 QAHH 42	甬 VTKD 153	隶 BDII 36	高 GKMH 92
亚 GOGD 336	产 UTE 30	君 BIGB 143	承 BDII 36	孬 GIVB 208
亘 GJGF 94	关 UDU 101	**八画**	亟 BKCG 126	乘 TUXV 36
吏 GKQI 173	州 YTYH 384	奉 DWFH 82	**九画**	鬯 QOBX 32
再 GMFD 365	兴 IWU 326	武 GAHD 310	奏 DWGD 394	玺 QIGY 314
戌 DGNT 329	农 PEI 213	表 GEU 18	哉 FAKD 365	离 YMKF 90
在 DHFD 365	尽 NYUU 143	者 FTJF 374	甚 ADWN 264	离 YBMC 171
百 DJF 6	丞 BIGF 36	其 ADWU 231	柬 GLII 133	弱 XUXU 254
而 DMJJ 33	买 NUDU 191	直 FHF 379	咸 DGKT 317	蚩 LKSK 93
戍 DYNT 273	**七画**	丧 FUEU 256	威 DGVT 302	能 CEXX 209
死 GQXB 277	戒 AAK 141	或 AKGD 123	歪 GIGH 299	**十一画**
成 DNNT 35	严 GODR 336	事 GKVH 269	面 DMJD 198	焉 GHGO 336
夹 GUWI 87	巫 AWWI 308	枣 GMIU 367	韭 DJDG 147	堇 AKGF 143
夷 GXWI 344	求 FIYI 243	卖 FNUD 191	临 JTYJ 179	黄 AMWU 120
尧 ATGQ 341	甫 GEHY 85	非 DJDD 78	禺 JMHY 357	乾 FJTN 235
至 GCFF 380	更 GJQI 94	些 HXFF 323	幽 XXMK 354	啬 FULK 257
乩 HKNN 124	束 GKII 273	果 JSI 105	拜 RDFH 7	戚 DHIT 230
师 JGMH 266	两 GMWW 176	畅 JHNR 32	重 TGJF 39	匏 DFNN 219
曳 JXE 342	丽 GMYY 170	垂 TGAF 43	禹 TKMY 358	爽 DQQQ 275
曲 MAD 244	来 GOI 165	乖 TFUX 101	胤 WWEG 395	匙 JGHX 37
网 MQQI 301	半 GJGH 197	秉 TGVI 20	胤 TXEN 350	象 QJEU 321
肉 MWWI 252	串 KKHK 43	臾 VWI 357	养 UDYJ 340	够 QKQQ 97
年 RHFK 210	邑 KCB 347	卑 RTFJ 11	叛 UDRC 218	馗 VUTH 163
朱 RII 385	我 TRNT 307	阜 WNNF 86	自 UIHF 271	孰 YBVY 273
丢 TFCU 64	囱 TLQI 46	乳 EBNN 252	举 IWFH 149	兽 ULGK 271
乔 TDJJ 237	希 QDMH 312	周 MFKD 384	昼 NYJG 384	艴 XJQC 83

| 裔 VCMW 214 | 孵 QYTB 82 | 疆 XFGG 136 |

十二画

| 棘 GMII 127
| 蕺 OGUI 380
| 辉 IQPL 120
| 鼎 HNDN 63
| 甥 TGLL 265
| 黍 TWIU 273
| 粤 TLON 363
| 舒 WFKB 272
| 就 YIDN 148
| 疏 CAYQ 243

暨 VCAG 129

十五画

| 颐 AHKM 368
| 靠 TFKD 156
| 虢 EFHM 105
| 蝈 LLLN 323
| 豫 CBQE 360

十六画

| 翰 FJWN 109
| 噩 GKKK 72
| 整 GKIH 377
| 臻 GCFT 375
| 冀 UXLW 129
| 赢 YNKY 352

二十画以上

| 馨 FNMJ 326
| 耀 IQNY 342
| 鬏 FKUF 223
| 赣 UJTM 89
| 懿 FPGN 348
| 襄 GKHE 208
| 鷟 XOXH 361
| 蠲 UWLJ 151
| 蠹 GXFI 56
| 矗 FHFH 42
| 爨 WFMO 47

十三画

| 鼓 FKUC 99
| 赖 GKIM 166
| 嗣 KMAK 277
| 叠 CCCG 63

十四画

| 嘉 FKUK 130
| 截 FAWY 141
| 赫 FOFO 112
| 聚 BCTI 150
| 斡 FJWF 308
| 兢 DQDQ 145
| 嘏 DNHC 99
| 臧 DNDT 366
| 夥 JSQQ 123
| 舞 RLGH 310
| 毓 TXGQ 360
| 辜 TLFF 91
| 鼐 EHNN 207
| 疑 XTDH 345

十七画

| 戴 FALW 53
| 黼 EEMK 19
| 黏 TWIK 211
| 赢 YNKY 352
| 豁 UTHG 105
| 臊 BDAN 121

十八画

| 馥 TJTT 86
| 鞭 UJFE 31

十九画

| 鬺 OGUY 85
| 鬶 IQFC 287
| 羸 YNKY 170
| 蠃 YNKY 188

A

A

ā		
阿	BSkg	阝丁口⊖
	BSkg	阝丁口⊖

阿姨 BSVG

ā		
啊	KBsk	口阝丁口
	KBsk	口阝丁口

ā		
锕	QBSk	钅阝丁口
	QBSk	钅阝丁口

ā		
腌	EDJn	月大日乙
	EDJn	月大日乚

ā		
吖	KUHh	口丷丨①
	KUHH	口丷丨①

AI

āi		
哎	KAQy	口艹乂丶
	KARy	口艹乂丶

哎呀 KAKA

āi		
哀	YEU	亠𧘇③
	YEU	亠𧘇③

哀悼 YENH　哀乐 YEQI
哀伤 YEFI　哀思 YELN　哀叹 YEKC

āi		
锿	QYEY	钅亠𧘇丶
	QYEY	钅亠𧘇丶

āi		
埃	FCTd	土厶𠂉大
	FCTd	土厶𠂉大

āi		
挨	RCTd	扌厶𠂉大
	RCTd	扌厶𠂉大

ái		
唉	KCTd	口厶𠂉大
	KCTd	口厶𠂉大

ái		
捱	RDFF	扌厂土土
	RDFF	扌厂土土

ái		
皑	RMNN	白山己②
	RMNn	白山己②

ái		
癌	UKKm	疒口口山
	UKKm	疒口口山

癌症 UKUG

ǎi		
矮	TDTV	𠂉大禾女
	TDTV	𠂉大禾女

ǎi		
蔼	AYJn	艹讠日乙
	AYJn	艹讠曰乚

ǎi		
霭	FYJN	雨讠日乙
	FYJn	雨讠曰乚

ài		
艾	AQU	艹乂③
	ARU	艹乂③

ài		
砹	DAQY	石艹乂丶
	DARY	石艹乂丶

ài		
爱	EPdc	爫冖ナ又
	EPDc	爫冖ナ又

爱戴 EPFA　爱抚 EPRF
爱国 EPLG　爱好 EPVB
爱护 EPRY　爱人 EPWW

爱民 EPNA　爱莫能助 EACE
爱慕 EPAJ　爱憎分明 ENWJ
爱情 EPNG　爱国主义 ELYY
爱惜 EPNA

ài 嗳	KEPc	口⺥冖又
	KEPc	口⺥冖又
ài 媛	VEPC	女⺥冖又
	VEPC	女⺥冖又
ài 瑷	GEPC	王⺥冖又
	GEPC	王⺥冖又
ài 暧	JEPc	日⺥冖又
	JEPc	日⺥冖又

暧昧 JEJF

ài 隘	BUWL	阝⺌八皿
	BUWL	阝⺌八皿
ài 嗌	KUWL	口⺌八皿
	KUWL	口⺌八皿
ài 碍	DJGf	石日一寸
	DJGf	石曰一寸

AN

ǎn 厂	DGT	厂一丿
	DGT	厂一丿
广	YYGT	广丶一丿
	OYgt	广丶一丿
ān 安	PVf	宀女㇇
	PVf	宀女㇇

安定 PVPG　安放 PVYT

安徽 PVTM　安徽省 PTIT
安家 PVPE　安家落户 PPAY
安静 PVGE　安居乐业 PNQO
安排 PVRD　安全保密 PWWP
安全 PVWG　安全检查 PWSS
安危 PVQD　安全系数 PWTO
安慰 PVNF　安然无恙 PQFU
安稳 PVTQ　安息 PVTH
安详 PVYU　安心 PVNY
安葬 PVAG　安置 PVLF
安装 PVUF

ān 桉	SPVg	木宀女㇇
	SPVg	木宀女㇇
ān 氨	RNPv	𠂉乙宀女
	RPVD	气宀女
ān 鞍	AFPv	廿甲宀女
	AFPv	廿甲宀女
ān 庵	YDJN	广大日乙
	ODJn	广大曰乙
ān 鹌	DJNG	大日乙一
	DJNG	大曰乙一

鹌鹑 DJYB

ǎn 谙	YUJg	讠立日㇇
	YUJg	讠立曰㇇
ǎn 铵	QPVg	钅宀女㇇
	QPVg	钅宀女㇇
ǎn 俺	WDJN	亻大日乙
	WDJN	亻大日乙
ǎn 埯	FDJn	土大日乙
	FDJn	土大曰乙

| àn 犴 | QTFH | 犭丿干㇠ |
| | QTFH | 犭㇠干㇠ |

| àn 岸 | MDFJ | 山厂干丨 |
| | MDFJ | 山厂干丨 |

| àn 按 | RPVg | 扌宀女㇠ |
| | RPVg | 扌宀女㇠ |

按时 RPJF　按规定 RFPG
按摩 RPYS　按劳取酬 RABS
按期 RPAD　按时完成 RJPD
按语 RPYG　按需分配 RFWS
按照 RPJV

| àn 案 | PVSu | 宀女木㇠ |
| | PVSu | 宀女木㇠ |

案件 PVWR　案情 PVNG
案语 PVYG

| àn 胺 | EPVg | 月宀女㇠ |
| | EPVg | 月宀女㇠ |

| àn 暗 | JUjg | 日立日㇠ |
| | JUjg | 日立日㇠ |

暗藏 JUAD　暗淡 JUIO
暗伤 JUWT　暗示 JUFI
暗无天日 JFGJ

| | LFOJ | 黑土灬日 |
| 黯 | LFOJ | 黑土灬日 |

黯然 LFQD

～ ANG ～

| áng 肮 | EYMn | 月亠几㇠ |
| | EYWn | 月亠几㇠ |

肮脏 EYEY

| áng 昂 | JQBj | 日𠂉卩丨 |
| | JQBj | 日𠂉卩丨 |

昂贵 JQKH　昂首阔步 JUUH

| àng 盎 | MDLf |  |
| | MDLf |  |

盎然 MDQD

～ AO ～

| āo 凹 | MMGD | 几冂一㇠ |
| | HNHg | 丨乙丨一 |

| áo 熬 | GQTO | 耂勹攵灬 |
| | GQTO | 耂力攵灬 |

| áo 敖 | GQTY | 耂勹攵㇠ |
| | GQTY | 耂力攵㇠ |

| áo 遨 | GQTP | 耂勹攵辶 |
| | GQTP | 耂力攵辶 |

遨游 GQIY

| áo 嗷 | KGQT | 口耂勹攵 |
| | KGQT | 口耂力攵 |

| áo 廒 | YGQt | 广耂勹攵 |
| | OGQt | 广耂力攵 |

| áo 獒 | GQTD | 耂勹攵犬 |
| | GQTD | 耂力攵犬 |

| áo 聱 | GQTB | 耂勹攵耳 |
| | GQTB | 耂力攵耳 |

| áo 螯 | GQTJ | 耂勹攵虫 |
| | GQTJ | 耂力攵虫 |

A

áo 鳌	GQTG	龶勹攵一
	GQTG	龶力攵一

áo 翱	RDFN	白大十羽
	RDFN	白大十羽

翱翔 RDUD

áo 鏖	YNJQ	广コ 刂 金
	OXXQ	声匕 匕金

ǎo 拗	RXLn	扌幺力[乙]
	RXEt	扌幺力[丿]

ǎo 袄	PUTd	礻丷 丿大
	PUTd	礻[丶]丿大

ǎo 媪	VJLg	女日皿[一]
	VJLg	女曰皿[一]

ào 岙	TDMj	丿大山[丨丨]
	TDMj	丿大山[丨丨]

ào 坳	FXLn	土幺力[乙]
	FXEt	土幺力[丿]

ào 傲	WGQT	亻龶勹攵
	WGQT	亻龶力攵

傲慢 WGNJ

ào 奥	TMOd	丿冂米大
	TMOd	丿冂米大

奥秘 TMTN 奥林匹克 TSAD
奥妙 TMVI 奥运会 TFWF

ào 澳	ITMd	氵丿冂大
	ITMd	氵丿冂大

澳大利亚 IDTG 澳门 ITUY
澳洲 ITIY

ào 懊	NTMd	忄丿冂大
	NTMd	忄丿冂大

懊悔 NTNT

ào 鏊	GQTQ	龶勹攵金
	GQTQ	龶力攵金

ào 骜	GQTC	龶勹攵马
	GQTG	龶力攵一

bā 八	WTY	八八
	WTy	八八

八成 WTDN　八宝山 WPMM
八股 WTEM　八进制 WFRM
八月 WTEE　八路军 WKPL
八面玲珑 WDGG

bā 扒	RWY	扌八⊙
	RWY	扌八⊙

bā 叭	KWY	口八⊙
	KWY	口八⊙

bā 巴	CNHn	巴乙丨乙
	CNHn	巴㇇丨乚

巴黎 CNTQ　巴西 CNSG

bā 芭	ACb	艹巴⑩
	ACb	艹巴⑩

芭蕾舞 AARL

bā 吧	KCn	口巴⑩
	KCn	口巴⑩

bā 岜	MCB	山巴⑩
	MCB	山巴⑩

bā 疤	UCV	疒巴⑩
	UCV	疒巴⑩

bā 笆	TCB	⺮巴⑩
	TCB	⺮巴⑩

bā 粑	OCN	米巴⑩
	OCN	米巴⑩

bā 捌	RKLJ	扌口刀刂
	RKEJ	扌口刀刂

bá 拔	RDCy	扌𠂇又⊙
	RDCy	扌𠂇又、

bá 茇	ADCu	艹𠂇又丷
	ADCy	艹𠂇又、

bá 菝	ARDc	艹扌𠂇又
	ARDy	艹扌𠂇、

bá 跋	KHDC	口止𠂇又
	KHDY	口止𠂇、

bá 魃	RQCC	白儿厶又
	RQCY	白儿厶、

bǎ 把	RCN	扌巴⑩
	RCN	扌巴⑩

把握 RCRN　把戏 RCCA

bǎ 钯	QCN	钅巴⑩
	QCN	钅巴⑩

bǎ 靶	AFCn	廿甲巴⑩
	AFCn	廿甲巴⑩

bà 坝	FMY	土贝⊙
	FMY	十贝⊙

bà 耙	DICn	三木巴⑩
	FSCn	二木巴⑩

bà 爸	WQCb	八乂巴㈡
	WRCb	八乂巴㈠

爸爸 WQWQ

bà 罢	LFCu	罒土厶㈦
	LFCu	罒土厶㈦

罢工 LFAA　罢课 LFYJ
罢了 LFBN　罢免 LFQK

bà 霸	FAFe	雨廿㆗月
	FAFe	雨廿㆗月

霸权 FASC　霸占 FAHK

bà 鲅	QGDC	鱼一ナ又
	QGDY	鱼一ナ丶

bà 灞	IFAe	氵雨廿㆙
	IFAe	氵雨廿㆙

bāi 掰	RWVR	手八刀手
	RWVR	手八刀手

bái 白	RRRr	白白白白
	RRRr	白白白白

白菜 RRAE　白发 RRNT
白桦 RRSW　白酒 RRIS
白面 RRDM　白求恩 RFLD
白糖 RROY　白手起家 RRFP
白天 RRGD　白杨 RRSN
白银 RRQV

bǎi 百	DJf	丆日㊀
	DJf	丆日㊀

百般 DJTE　百倍 DJWU
百尺竿头更进一步 DNTH
百分 DJWV　百发百中 DNDK
百货 DJWX　百分比 DWXX
百家 DJPE　百分数 DWOV
百科 DJTU　百分之 DWPP
百日 DJJJ　百花齐放 DAYY
百米 DJOY　百货公司 DWWN
百姓 DJVT　百货商店 DWUY
百年 DJRH　百家争鸣 DPQK
百老汇 DFIA　百科全书 DTWN
百叶窗 DKPW
百炼成钢 DODQ
百年大计 DRDY
百闻不如一见 DUGM
百战百胜 DHDE
百折不挠 DRGR

bǎi 佰	WDJg	亻丆日㊀
	WDJg	亻丆日㊀

bǎi 柏	SRG	木白㊀
	SRG	木白㊀

柏树 SRSC　柏油 SRIM

bǎi 捭	RRTf	扌白丿十
	RRTf	扌白丿十

bǎi 摆	RLFc	扌罒土厶
	RLFc	扌罒土厶

摆布 RLDM　摆设 RLYM
摆脱 RLEU　摆事实 RGPU

bei 呗	KMY	口贝丶
	KMY	口贝丶

bài 败	MTY	贝攵丶
	MTy	贝攵丶

败坏 MTFG　败类 MTOD
败血病 MTUG

bài 拜	RDFH	手三十①
	RDFH	手三十①

拜拜 RDRD　拜访 RDYY
拜会 RDWF　拜见 RDMQ
拜年 RDRH　拜托 RDRT
拜谢 RDYT

bài 稗	TRTF	禾白丿十
	TRT°	禾白丿十

bān 扳	RRCy	扌厂又○
	RRCy	扌厂又○

bān 颁	WVDm	八刀丆贝
	WVDm	八刀丆贝

颁发 WVNT　颁奖 WVUQ

bān 班	GYTg	王、丿王
	GYTg	王、丿王

班长 GYTA　班车 GYLG
班次 GYUQ　班干部 GFUK
班组 GYXE　班机 GYSM
班门弄斧 GUGW

bān 斑	GYGg	王文王⊖
	GYGg	王文王⊖

斑点 GYHK　斑痕 GYUV
斑马 GYCN

bān 瘢	UGYg	疒王文王
	UGYG	疒王文王

bān 般	TEMc	丿舟几又
	TUWC	丿舟几又

bān 搬	RTEc	扌丿舟又
	RTUc	扌丿舟又

搬家 RTPE　搬迁 RTTF
搬运 RTFC
搬起石头砸自己的脚 RFDE

bān 瘢	UTEC	疒丿舟又
	UTUC	疒丿舟又

bǎn 版	BRCY	阝厂又
	BRCY	阝厂又

bǎn 板	SRCy	木厂又

板报 SRRB　板车 SRLG
板凳 SRWG

bǎn 版	THGC	丿丨一又
	THGC	丿丨一又

版本 THSG　版面 THDM
版权 THSC　版权法 TSIF
版式 THAA　版税 THTU
版图 THLT

bǎn 钣	QRCy	钅厂又○
	QRCy	钅厂又○

bǎn 舨	TERC	丿舟厂又
	TURC	丿舟厂又

bàn 半	UFk	丷十⑩
	UGk	丷丰⑩

半边 UFLP　半边天 ULGD
半岛 UFQY　半导体 UNWS
半点 UFHK　半成品 UDKK
半价 UFWW　半封建 UFVF
半截 UFFA　半工半续 UAUX
半径 UFTC　半路出家 UKBP

半路 UFKH　半年 UFRH
半球 UFGF　半日 UFJJ
半天 UFGD　半途而废 UWDY
半响 UFKT　半月谈 UEYO
半夜 UFYW

bàn 办	LWi	力八②
	EWi	力八③

办法 LWIF　办公楼 LWSO
办公 LWWC　办公室 LWPG
办事 LWGK　办公厅 LWDS
办学 LWIP　办事处 LGTH
办事员 LGKM

bàn 伴	WUFh	亻丷十①
	WUGH	亻丷キ①

伴随 WUBD　伴侣 WUWK
伴奏 WUDW

bàn 拌	RUFH	扌丷十①
	RUGH	扌丷キ①

bàn 绊	XUFh	纟丷十①
	XUGh	纟丷キ①

bàn 扮	RWVn	扌八刀②
	RWVT	扌八刀③

扮演 RWIP

bàn 瓣	URcu	辛厂厶辛
	URCu	辛厂厶辛

BANG

bāng 邦	DTbh	三丿阝①
	DTBh	三丿阝①

bāng 帮	DTbh	三丿阝丨
	DTBH	三丿阝丨

帮忙 DTNY　帮派 DTIR
帮助 DTEG

bāng 梆	SDTb	木三丿阝
	SDTb	木三丿阝

bāng 浜	IRGW	氵斤一八
	IRWy	氵丘八⊙

bǎng 绑	XDTb	纟三丿阝
	XDTb	纟三丿阝

绑架 XDLK

bǎng 榜	SUPy	木立冖方
	SYUy	木亠丷方

榜样 SUSU

bǎng 膀	EUPy	月立冖方
	EYUy	月亠丷方

bàng 蚌	JDHh	虫三丨①
	JDHh	虫三丨①

bàng 棒	SDWh	木三人丨
	SDWG	木三人キ

bàng 傍	WUPy	亻立冖方
	WYUy	亻亠丷方

傍晚 WUJQ

bàng 谤	YUPy	讠立冖方
	YYUy	讠亠丷方

bàng 蒡	AUPY	艹立冖方
	AYUY	艹亠丷方

bàng 磅	DUPy	石立广方
	DYUy	石一丶方

bàng 镑	QUPy	钅立广方
	QYUy	钅一丶方

BAO

bāo 包	QNv	勹巳②
		勹巳②

包办 QNLW　包庇 QNYX
包产 QNUT　包产到户 QUGY
包袱 QNPU　包工 QNAA
包裹 QNYJ　包含 QNWY
包括 QNRT　包围 QNLF
包修 QNWH　包装箱 QUTS

bāo 苞	AQNb	艹勹巳②
	AQNb	艹勹巳②

bāo 孢	BQNn	子勹巳②
	BQNn	子勹巳②

bāo 胞	EQNn	月勹巳②
	EQNn	月勹巳②

bāo 炮	OQNn	火勹巳②
	OQNn	火勹巳②

bāo 龅	HWBN	止人凵巳
	HWBN	止人凵巳

bāo 剥	VIJH	⺕氺刂①
	VIJh	⺕氺刂①

bāo 褒	YWKe	亠亻口衣
	YWKe	亠亻口衣

bāo 煲	WKSO	亻口木火
	WKSO	亻口木火

báo 雹	FQNb	雨勹巳②
	FQNb	雨勹巳②

báo 薄	AIGf	艹氵一寸
	AISF	艹氵甫寸

bǎo 饱	QNQN	夂乙勹巳
	QNQN	𠂊乚勹巳

饱满 QNIA　饱终日 QWXJ

bǎo 宝	PGYu	宀王丶②
	PGYu	宀王丶②

宝宝 PGPG　宝贝 PGMH
宝钢 PGQM　宝贵 PGKH
宝剑 PGWG　宝库 PGYL
宝石 PGDG

bǎo 保	WKsy	亻口木②
	WKsy	亻口木②

保安 WKPV　保持 WKRF
保存 WKDH　保管 WKTP
保护 WKRY　保健 WKWV
保留 WKQY　保健操 WWRK
保密 WKPN　保姆 WKVX
保守 WKPF　保守党 WPIP
保卫 WKBG　保守派 WPIR
保温 WKIJ　保卫祖国 WBPL
保险 WKDW　保温瓶 WIIJA
堡垒 WKCC　保险金 WBQQ
保修 WKWH　保养 WKUD
保佑 WKWD　保障 WKBU

保证 WKYG 保重 WKTG

bǎo 葆	AWKs	艹亻口木
	AWKs	艹亻口木

bǎo 堡	WKSF	亻口木土
	WKSF	亻口木土

bǎo 褓	PUWS	礻⺈亻木
	PUWS	礻㋀亻木

bǎo 鸨	XFQg	匕十勹一
	XFQg	匕十鸟一

bào 报	RBcy	扌卩又⊙
	RBcy	扌卩又⊙

报表 RBGE 报偿 RBWI
报酬 RBSG 报仇雪恨 RWFN
报答 RBTW 报导 RBNF
报到 RBGC 报道 RBUT
报废 RBYN 报复 RBTJ
报告 RBTF 报告会 RTWF
报告团 RTLF 报告文学 RTYI
报国 RBLG 报刊 RBFJ
报考 RBFT 报名 RBQK
报批 RBRX 报社 RBPY
报送 RBUD 报务 RBTL
报销 RBQI 报务员 RTKM
报纸 RBXQ

bào 刨	QNJH	勹巳刂①
	QNJH	勹巳刂①

bào 抱	RQNn	扌勹巳㋁
	RQNn	扌勹巳㋁

抱负 RQQM 抱歉 RQUV
抱怨 RQQB

bào 鲍	QGQn	鱼一勹巳
	QGQn	鱼一勹巳

bào 趵	KHQY	口止勹、
	KHQY	口止勹、

bào 豹	EEQY	叩豸勹、
	EQYy	豸勹、⊙

豹子 EEBB

bào 暴	JAWi	日共八氺
	JAWi	日共八氺

暴动 JAFC 暴发 JANT
暴风 JAMQ 暴光 JAIQ
暴利 JATJ 暴风骤雨 JMCF
暴露 JAFK 暴露无遗 JFFK
暴乱 JATD 暴跳如雷 JKVF
暴徒 JATF

bào 曝	JJAi	日日共氺
	JJAi	日曰共氺

bào 爆	OJAi	火日共氺
	OJAi	火曰共氺

爆发 OJNT 爆破 OJDH
爆炸 OJOT 爆炸性 OONT
爆竹 OJTT

～ BEI ～

bēi 陂	BHCy	阝广又⊙
	BBY	阝皮⊙

bēi 杯	SGIy	木一小⊙
	SDHy	木丆丨⊙

杯子 SGBB　杯水车薪 SILA

bēi 卑	RTFJ	白丿十[‖]
	RTFj	白丿十[‖]

卑鄙 RTKF　卑劣 RTIT

bēi 碑	DRTf	石白丿十
	DRTf	石白丿十

bēi 悲	DJDN	三刂三心
	HDHn	丨三丨心

悲哀 DJYE　悲惨 DJNC
悲愤 DJNF　悲观 DJCM
悲剧 DJND　悲伤 DJWT
悲痛 DJUC　悲壮 DJUF
悲欢离合 DCYW

běi 北	UXn	丬匕[乙]
	UXn	丬匕[乙]

北边 UXLP　北半球 UUGF
北部 UXUK　北冰洋 UUIU
北方 UXYY　北斗星 UUJT
北风 UXMQ　北国 UXLG
北海 UXIT　北极 UXSE
北京 UXYI　北极星 USJT
北美 UXUG　北京人 UYWW
北面 UXDM　北京时间 UYJU
北欧 UXAQ　北京市 UYYM
北纬 UXXF　北美洲 UUIY
北约 UXXQ

bèi 贝	MHNY	贝丨乙丶
	MHNY	贝丨乛丶

贝壳 MHFP　贝多芬 MQAW

bèi 狈	QTMY	犭丿贝[丶]
	QTMy	犭[丿]贝[丶]

bèi 钡	QMY	钅贝[丶]
	QMY	钅贝[丶]

bèi 孛	FPBF	十冖子[二]
	FPBF	十冖子[二]

bèi 悖	NFPB	忄十冖子
	NFPB	忄十冖子

bèi 邶	UXBh	丬匕阝[丨]
	UXBh	丬匕阝[丨]

bèi 备	TLF	夂田[二]
	TLf	夂田[二]

备案 TLPV　备荒 TLAY
备件 TLWR　备考 TLFT
备课 TLYJ　备料 TLOU
备用 TLET　备忘录 TYVI
备战 TLHK　备注 TLIY

bèi 背	UXEf	丬匕月[二]
	UXEf	丬匕月[二]

背后 UXRG　背道而驰 UUDC
背景 UXJY　背井离乡 UFYX
背离 UXYB　背叛 UXUD
背诵 UXYC　背心 UXNY
背信弃义 UWYY

bèi 褙	PUUE	衤丷丬月
	PUUE	衤[冫]丬月

bèi 惫	TLNu	夂田心[冫]
	TLNu	夂田心[冫]

bèi 鞴	AFAE	廿中龷用
	AFAE	廿中龷用

B

bèi 倍	WUKg	亻立口㊀
	WUKg	亻立口㊀

倍数 WUOV

bèi 焙	OUKg	火立口㊀
	OUKG	火立口㊀

bèi 蓓	AWUK	艹亻立口
	AWUK	艹亻立口

bèi 碚	DUKg	石立口㊀
	DUKg	石立口㊀

bèi 被	PUHC	礻丶广又
	PUBy	衤[冫]皮[丶]

被动 PUFC　被迫 PURP
被子 PUBB

bèi 辈	DJDL	三刂三车
	HDHL	丨三丨车

bèi 鐾	NKUQ	尸口辛金
	NKUQ	尸口辛金

bei 呗	KMY	口贝[丶]
	KMY	口贝[丶]

bei 臂	NKUE	尸口辛月
	NKUe	尸口辛月

BEN

bēn 奔	DFAj	大十廾[丨丨]
	DFAj	大十廾[丨丨]

奔波 DFIH　奔驰 DFCB
奔放 DFYT　奔赴 DFFH
奔流 DFIY　奔跑 DFKH
奔腾 DFEU

bēn 锛	QDFa	钅大十廾
	QDFa	钅大十廾

bēn 贲	FAMu	十廾贝[冫]
	FAMu	十廾贝[冫]

běn 本	SGd	木一㊂
	SGd	木一㊂

本报 SGRB　本报记者 SRYF
本港 SGIA　本报讯 SRYN
本来 SGGO　本单位 SUWU
本国 SGLG　本地区 SFAQ
本家 SGPE　本科生 STTG
本领 SGWY　本来面目 SGDH
本末 SGGS　本能 SGCE
本年 SGRH　本年度 SRYA
本钱 SGQG　本色 SGQC
本身 SGTM　本世纪 SAXN
本事 SGGK　本位 SGWU
本文 SGYY　本息 SGTH
本乡 SGXT　本系统 STXY
本性 SGNT　本学科 SITU
本义 SGYQ　本月 SGEE
本职 SGBK　本职工作 SBAW
本质 SGRF　本专业 SFOG
本着 SGUD　本子 SGBB
本报特约记者 SRTF
本位主义 SWYY

běn 苯	ASGf	艹木一㊁
	ASGf	艹木一㊁

běn 畚	CDLf	厶大田㊁
	CDLf	厶大田㊁

bèn 夯	DLB	大力[巜]
	DER	大力[丿]
bèn 坌	WVFF	八刀土[二]
	WVFf	八刀土[二]
bèn 笨	TSGf	⺮木一[二]
	TSGf	⺮木一[二]

笨蛋 TSNH 笨重 TSTG

BENG

bēng 崩	MEEf	山月月[二]
	MEEf	山月月[二]

崩溃 MEIK

bēng 嘣	KMEe	口山月月
	KMEE	口山月月
bēng 绷	XEEg	纟月月[一]
	XEEg	纟月月[一]

绷带 XEGK

béng 甭	GIEj	一小用[刂]
	DHEj	丆卜用[刂]
bèng 泵	DIU	石水[冫]
	DIU	石水[冫]
bèng 迸	UAPk	丷廾辶[川]
	UAPk	丷廾辶[川]

迸发 UANT

bèng 蚌	JDHh	虫三丨[丨]
	JDHh	虫三丨[丨]
bèng 甏	FKUN	士口丷乙
	FKUY	士口丷丶
bèng 蹦	KHME	口止山月
	KHMe	口止山月

BI

bī 逼	GKLP	一口田辶
	GKLP	一口田辶

逼上梁山 GHIM 逼真 GKFH

bí 荸	AFPB	艹十冖子
	AFPB	艹十冖子
bí 鼻	THLj	丿目田丿丨
	THLj	丿目田丿丨

鼻涕 THIU 鼻炎 THOO
鼻祖 THPY

bǐ 匕	XTN	匕丿乙
	XTN	匕丿乚

匕首 XTUT

bǐ 比	XXn	𠤎 匕[乙]
	XXn	𠤎 匕[乙]

比方 XXYY 比分 XXWV
比划 XXAJ 比价 XXWW
比较 XXLU 比利时 XTJF
比例 XXWG 比例尺 XWNY
比率 XXYX 比拟 XXRN
比如 XXVK 比赛 XXPF
比喻 XXKW 比值 XXWF
比重 XXTG

bī 舭	TEXx	丿舟匕
	TUXX	丿舟匕

bǐ 妣	VXXn	女匕匕⑩
	VXXn	女匕⑩

bǐ 秕	TXXn	禾匕⑩
	TXXN	禾匕⑩

bǐ 彼	THCy	彳广又⊙
	TBY	彳皮⊙

彼岸 THMD　彼此 THHX

bǐ 笔	TTfn	⺮丿二乙
	TEB	⺮毛⑩

笔调 TTYM　笔锋 TTQT
笔迹 TTYO　笔记 TTYN
笔名 TTQK　笔记本 TYSG
笔墨 TTLF　笔试 TTYA
笔者 TTFT　笔直 TTFH

bǐ 俾	WRTf	亻白丿十
	WRTf	亻白丿十

bǐ 鄙	KFLb	口十囗阝
	KFLb	口十囗阝

鄙视 KFPY

bì 币	TMHk	丿冂丨⑩
	TMHk	丿冂丨⑩

bì 必	NTe	心丿②
	NTE	心丿②

必定 NTPG　必将 NTUQ
必然 NTQD　必然性 NQNT
必须 NTED　必需 NTFD
必要 NTSV　必需品 NFKK
必要性 NSNT

bì 泌	INTt	氵心丿⊘
	INTt	氵心丿⊘

bì 庇	YXXv	广匕⑩
	OXXv	广匕⑩

庇护 YXRY

bì 毖	XXNT	匕匕心丿
	XXNT	匕匕心丿

bì 铋	QNTT	钅心丿⑩
	QNTT	钅心丿⑩

bì 秘	TNtt	禾心丿⊘
	TNTt	禾心丿⊘

bì 毕	XXFj	匕匕十⑩
	XXFj	匕匕十⑩

毕竟 XXUJ　毕恭毕敬 XAXA
毕业 XXOG　毕业生 XOTG

bì 荜	AXXF	艹匕匕十
	AXXF	艹匕匕十

bì 哔	KXXF	口匕匕十
	KXXF	口匕匕十

bì 筚	TXXf	⺮匕匕十
	TXXf	⺮匕匕十

bì 跸	KHXF	口止匕十
	KHXF	口止匕十

bì 狴	QTXF	犭丿匕十
	QTXF	犭⊘匕十

BI-BI 15

bì 陛	BXXf	阝匕匕土
	BXxf	阝匕匕土

陛下 BXGH

bì 妣	XXGX	匕匕一匕
	XXGX	匕匕一匕

bì 闭	UFTe	门十丿②
	UFTe	门十丿②

闭会 UFWF 闭门思过 UULF
闭幕 UFAJ 闭路电视 UKJP
闭幕式 UAAA
闭门造车 UUTL
闭目塞听 UHPK
闭幕词 UAYN

bì 畀	LGJj	田一丿①
	LGJj	田一丿①

bì 痹	ULGJ	疒田一丿
	ULGJ	疒田一丿

bì 箅	TLGj	⺮田一丿
	TLGj	⺮田一丿

bì 贲	FAMu	十廾贝②
	FAMu	十廾贝②

bì 庳	YRTf	广白丿十
	ORTf	广白丿十

bì 婢	VRTf	女白丿十
	VRtf	女白丿十

bì 裨	PURf	衤`白十
	PURf	衤②白十

bì 髀	MERF	⺿月白十
	MERF	⺿月白十

bì 敝	UMIt	㇒门小攵
	ITY	尚攵⊙

bì 蔽	AUMt	艹㇒门攵
	AITu	艹尚攵②

bì 弊	UMIA	㇒门小廾
	ITAj	尚攵廾①

弊病 UMUG 弊端 UMUM

bì 弼	XDJx	弓丆日弓
	XDJx	弓丆日弓

bì 愎	NTJT	忄⺈日夂
	NTJT	忄⺈日夂

bì 蓖	ATLx	艹丿囗匕
	ATLx	艹丿囗匕

bì 篦	TTLX	⺮丿囗匕
	TTLx	⺮丿囗匕

bì 滗	ITTn	氵丿丿乙
	ITEN	氵⺁毛

bì 辟	NKUh	尸口辛①
	NKUH	尸口辛①

bì 薛	ANKu	艹尸口辛
	ANKu	艹尸口辛

bì 壁	NKUF	尸口辛土
	NKUF	尸口辛土

bì 避	NKup	尸口辛辶
	NKup	尸口辛辶

避开 NKGA 避雷针 NFQF
避免 NKQK 避孕药 NEAX
避孕 NKEB

bì 壁	NKUV	尸口辛女
	NKUV	尸口辛女

bì 臂	NKUE	尸口辛月
	NKUe	尸口辛月

bì 壁	NKUY	尸口辛、
	NKUY	尸口辛、

bì 碧	GRDf	王白石㈢
	GRDf	王白石㈢

碧绿 GRXV

bì 濞	ITHJ	氵丿目儿
	ITHJ	氵丿目儿

bì 蓽	ARTf	廿白丿十
	ARTf	廿白丿十

bì 襞	NKUE	尸口辛衣
	NKUE	尸口辛衣

BIAN

biān 边	LPv	力辶⑩
	EPe	力辶⑩

边陲 LPBT　边防 LPBY
边际 LPBF　边防军 LBPL
边疆 LPXF　边界 LPLW
边境 LPFU　边境证 LFYG
边区 LPAQ　边缘 LPXX
边远 LPFQ　边缘科学 LXTI
边缘学科 LXIT

biān 笾	TLPu	⺮力辶⑦
	TEPu	⺮力辶⑦

biān 砭	DTPy	石丿之⊙
	DTPy	石丿之⊙

biān 编	XYNA	纟、尸卄
	XYNa	纟、尸卄

编程 XYTK　编导 XYNF
编队 XYBW　编辑部 XLUK
编号 XYKG　编者按 XFRP
编辑 XYLK　编辑室 XLPG
编剧 XYND　编码 XYDC
编排 XYRD　编审 XYPJ
编外 XYQH　编委 XYTV
编写 XYPG　编译 XYYC
编印 XYQG　编造 XYTF
编者 XYFT　编制 XYRM
编著 XYAF　编组 XYXE
编纂 XYTH

biān 煸	OYNA	火、尸卄
	OYNA	火、尸卄

biān 蝙	JYNA	虫、尸卄
	JYNa	虫、尸卄

蝙蝠 JYJG

biān 鞭	AFWq	廿甲亻义
	AFWr	廿甲亻义

鞭策 AFTG　鞭长莫及 ATAE

biān 鳊	QGYA	鱼一、卄
	QGYA	鱼一、卄

biǎn 贬	MTPy	贝丿之[丶]
	MTPy	贝丿之[丶]

贬低 MTWQ 贬值 MTWF

biǎn 窆	PWTP	宀八丿之
	PWTP	宀八丿之

biǎn 扁	YNMA	丶尸冂廾
	YNMA	丶尸冂廾

biǎn 匾	AYNA	匚丶尸廾
	AYNA	匚丶尸廾

biǎn 碥	DYNA	石丶尸廾
	DYNA	石丶尸廾

biǎn 褊	PUYA	衤丶 丶廾
	PUYA	衤[冫]丶廾

biàn 卞	YHU	亠卜[冫]
	YHU	亠卜[冫]

biàn 苄	AYHu	廾亠卜[冫]
	AYHu	廾亠卜[冫]

biàn 汴	IYHy	氵亠卜[丶]
	IYHy	氵亠卜[丶]

biàn 忭	NYHY	忄亠卜[丶]
	NYHY	忄亠卜[丶]

biàn 弁	CAJ	厶廾[‖]
	CAJ	厶廾[‖]

biàn 变	YOcu	亠仆又[冫]
	YOCu	亠卝又[冫]

变成 YODN 变本加厉 YSLD

变得 YOTJ 变电站 YJUH
变动 YOFC 变法 YOIF
变革 YOAF 变更 YOGJ
变化 YOWX 变幻 YOXN
变换 YORQ 变量 YOJG
变迁 YOTF 变速器 YGKK
变色 YOQC 变色镜 YQQU
变速 YOGK 变通 YOCE
变相 YOSH 变形 YOGA
变质 YORF 变压器 YDKK
变种 YOTK

biàn 便	WGJq	亻一日乂
	WGJr	亻一曰乂

便服 WGEB 便函 WGBI
便利 WGTJ 便条 WGTS
便衣 WGYE

biàn 缏	XWGQ	纟亻一乂
	XWGR	纟亻一乂

biàn 遍	YNMp	丶尸冂辶
	YNMp	丶尸冂辶

遍布 YNDM 遍地 YNFB
遍及 YNEY 遍地开花 YFGA

biàn 辨	UYTu	辛丶丿辛
	UYTU	辛丶丿辛

辨别 UYKL 辨识 UYYK

biàn 辩	UYUh	辛讠辛[丨]
	UYUh	辛讠辛[丨]

辩证 UYYG 辩证法 UYIF
辩证唯物主义 UYKY

biàn 辫	UXUh	辛纟辛[丨]
	UXUh	辛纟辛[丨]

辫子 UXBB

BIAO

biāo 飑	MQQN	几乂勹巳
	WRQN	八乂勹巳

biāo 飚	MQOo	几乂火火
	WROo	八乂火火

biāo 彪	HAME	广匕几彡
	HWEe	虍几彡㋁

biāo 骠	CSfi	马西二小
	CGSi	马一覀小

biāo 膘	ESFi	月西二小
	ESFI	月覀二小

biāo 镖	QSfi	钅西二小
	QSfi	钅覀二小

biāo 瘭	USFi	疒西二小
	USFi	疒覀二小

biāo 标	SFIy	木二小㋁
	SFIy	木二小㋁

标榜 SFSU　标本 SFSG
标兵 SFRG　标点符号 SHTK
标点 SFHK　标新立异 SUUN
标记 SFYN　标价 SFWW
标明 SFJE　标准化 SUWX
标签 SFTW　标题 SFJG
标语 SFYG　标志着 SFUD
标致 SFGC　标准 SFUW

biāo 飙	DDDQ	犬犬犬乂
	DDDR	犬犬犬乂

biāo 镳	QYNO	钅广灬
	QOXo	钅 灬

biǎo 表	GEu	圭衣㋁
	GEu	圭衣㋁

表白 GERR　表达 GEDP
表哥 GESK　表达式 GDAA
表格 GEST　表功 GEAL
表决 GEUN　表决权 GUSC
表露 GEFK　表里如一 GJVG
表率 GEYX　表妹 GEVF
表面 GEDM　表面化 GDWX
表明 GEJE　表情 GENG
表示 GEFI　表态 GEDY
表现 GEGM　表兄弟 GKUX
表演 GEIP　表扬 GERN
表语 GEYG　表彰 GEUJ

biǎo 婊	VGEY	女圭衣㋁
	VGEY	女圭衣㋁

biǎo 裱	PUGE	衤圭衣
	PUGE	衤㋁圭衣

biào 鳔	QGSi	鱼一西小
	QGSI	鱼一覀小

BIE

biē 瘪	UTHX	疒丿目匕
	UTHX	疒丿目匕

biē 憋	UMIN	丷冂小心
	ITNu	尚攵心㋁

BIN-BING

bié 鳖	UMIG	⺌冂小一
	ITQg	尚夂鱼一
bié 别	KLJh	口力 刂⓶
	KEJh	口力 刂⓵

别名 KLQK　别出心裁 KBNF
别扭 KLRN　别开生面 KGTD
别墅 KLJF　别有用心 KDEN

bié 蹩	UMIH	⺌冂小止
	ITKH	尚夂口止

～ BIN ～

bīn 玢	GWVn	王八刀⓶
	GWVt	王八刀⓵
bīn 宾	PRgw	宀斤一八
	PRwu	宀丘八⓶

宾馆 PRQN　宾客 PRPT
宾主 PRYG　宾至如归 PGVJ

bīn 傧	WPRw	亻宀斤八
	WPRw	亻宀丘八
bīn 滨	IPRw	氵宀斤八
	IPRw	氵宀丘八
bīn 缤	XPRw	纟宀斤八
	XPRw	纟宀丘八
bīn 槟	SPRw	木宀斤八
	SPRw	木宀丘八
bīn 镔	QPRw	钅宀斤八
	QPRw	钅宀丘八

bīn 彬	SSEt	木木彡⓵
	SSEt	木木彡⓶
bīn 斌	YGAh	文一弋止
	YGAy	文一弋、
bīn 豳	EEMk	豕豕山⓶
	MGEe	山一豕豕
bīn 濒	IHIM	氵止少贝
	IHHM	氵止少贝

濒临 IHJT

bīn 摈	RPRw	扌宀斤八
	RPRw	扌宀丘八
bīn 殡	GQPw	一夕宀八
	GQPW	一夕宀八

殡葬 GQAG

bīn 膑	EPRw	月宀斤八
	EPRw	月宀丘八
bīn 髌	MEPW	骨月宀八
	MEPW	骨月宀八
bīn 鬓	DEPW	镸彡宀八
	DEPW	镸彡宀八

～ BING ～

bīng 冰	UIy	冫水⓵
	UIy	冫水⓵

冰雹 UIFQ　冰棍 UISJ
冰冷 UIUW　冰山 UIMM

冰霜 UIFS　冰糖 UIOY
冰箱 UITS　冰雪 UIFV

B

| bīng 兵 | RGWu | 斤一八② |
| | RWu | 丘八② |

兵力 RGLT　兵工厂 RADG
兵士 RGFG　兵贵神速 RKPG
兵团 RGLF　兵荒马乱 RACT
兵马俑 RCWC

| bīng 槟 | SPRw | 木宀斤八 |
| | SPRw | 木宀丘八 |

| bǐng 丙 | GMWi | 一冂人② |
| | GMWi | 一冂人② |

| bǐng 邴 | GMWB | 一冂人阝 |
| | GMWB | 一冂人阝 |

| bǐng 柄 | SGMw | 木一冂人 |
| | SGMW | 木一冂人 |

| bǐng 炳 | OGMw | 火一冂人 |
| | OGMw | 火一冂人 |

| bǐng 秉 | TGVi | 丿一彐лK |
| | TVD | 禾彐㊀ |

| bǐng 饼 | QNUa | 勹乙丷廾 |
| | QNUa | 勹乚丷廾 |

| bǐng 屏 | NUAk | 尸丷廾⑩ |
| | NUAk | 尸丷廾⑩ |

| bǐng 禀 | YLKI | 亠口口小 |
| | YLKI | 亠口口小 |

禀报 YLRB

| bìng 病 | UGMw | 疒一冂人 |
| | UGMw | 疒一冂人 |

病变 UGYO　病虫害 UJPD
病毒 UGGX　病房 UGYN
病故 UGDT　病害 UGPD
病号 UGKG　病假 UGWN
病菌 UGAL　病况 UGUK
病理 UGGJ　病历 UGDL
病例 UGWG　病情 UGNG
病人 UGWW　病入膏肓 UTYY
病逝 UGRR　病死 UGGQ
病态 UGDY　病痛 UGUC
病危 UGQD　病休 UGWS
病因 UGLD　病症 UGUG

| bìng 并 | UAj | 丷廾⑩ |
| | UAj | 丷廾⑩ |

并不 UAGI　并非 UADJ
并举 UAIW　并驾齐驱 ULYC
并联 UABU　并列 UAGQ
并且 UAEG　并行 UATF
并于 UAGF　并行不悖 UTGN
并重 UATG

| bìng 摒 | RNUA | 扌尸丷廾 |
| | RNUa | 扌尸丷廾 |

BO

| bō 拨 | RNTy | 扌乙丿丶 |
| | RNTy | 扌乚丿丶 |

拨款 RNFF　拨乱反正 RTRG

| bō 波 | IHCy | 氵广又② |
| | IBy | 氵皮② |

波长 IHTA	波动 IHFC
波段 IHWD	波澜 IHIU
波浪 IHIY	波澜壮阔 IIUU
波涛 IHID	波士顿 IFGB
波纹 IHXY	波斯湾 IAIY
波折 IHRR	

bō 玻	GHCy	王广又⊙
	GBY	王皮⊙

玻璃 GHGY 玻璃钢 GGQM

bō 剥	VIJH	⺕氺刂①
	VIJh	⺕氺刂①

剥夺 VIDF 剥削 VIIE

bō 钵	QSGg	钅木一⊖
	QSGg	钅木一⊖

bō 饽	QNFB	⺈乙十子
	QNFb	⺈乚十子

bō 菠	AIHc	艹氵广又
	AIBU	艹氵皮②

菠菜 AIAE

bō 播	RTOL	扌丿米田
	RTOl	扌丿米田

播放 RTYT 播送 RTUD
播音 RTUJ 播种 RTTK

bó 伯	WRg	亻白⊖
	WRG	亻白⊖

伯伯 WRWR 伯父 WRWQ
伯乐 WRQI 伯母 WRXG

bó 帛	RMHj	白冂丨①
	RMHj	白冂丨①

bó 泊	IRg	氵白⊖
	IRG	氵白⊖

bó 铂	QRG	钅白⊖
	QRG	钅白⊖

bó 柏	SRG	木白⊖
	SRG	木白⊖

柏林 SRSS

bó 舶	TERg	丿丹白⊖
	TURg	丿丹白⊖

bó 箔	TIRf	⺮氵白⊖
	TIRf	⺮氵白⊖

bó 魄	RRQC	白白儿厶
	RRQC	白白儿厶

bó 亳	YPTA	亠冖丿七
	YPTA	亠冖丿七

bó 勃	FPBl	十冖子力
	FPBe	十冖子力

bó 脖	EFPb	月十冖子
	EFPb	月十冖子

脖子 EFBB

bó 鹁	FPBG	十冖子一
	FPBG	十冖子一

bó 渤	IFPl	氵十冖力
	IFPe	氵十冖力

渤海湾 IIIY

| bó 钹 | QDCY | 钅ナ又㇏ |
| | QDCy | 钅ナ又、 |

| bó 驳 | CQQY | 马乂乂㇏ |
| | CGRr | 马一乂乂 |

驳斥 CQRY　驳倒 CQWG
驳回 CQLK

| bó 博 | FGEf | 十一月寸 |
| | FSFy | 十甫寸㇏ |

博爱 FGEP　博物馆 FTQN
博士 FGFG　博古通今 FDCW
博学 FGIP　博闻强记 FUXY
博览 FGJT　博物院 FTBP

| bó 搏 | RGEF | 扌一月寸 |
| | RSFy | 扌甫寸㇏ |

搏斗 RGUF

| bó 膊 | EGEF | 月一月寸 |
| | ESFy | 月甫寸㇏ |

| bó 薄 | AIGf | 艹氵一寸 |
| | AISF | 艹氵甫寸 |

| bó 礴 | DAIf | 石艹氵寸 |
| | DAIf | 石艹氵寸 |

| bó 踣 | KHUK | 口止立口 |
| | KHUK | 口止立口 |

| bǒ 跛 | KHHC | 口止广又 |
| | KHBy | 口止皮㇏ |

| bò 檗 | NKUS | 尸口辛木 |
| | NKUS | 尸口辛木 |

| bò 擘 | NKUR | 尸口辛手 |
| | NKUR | 尸口辛手 |

| bo 卜 | HHY | 卜丨㇏ |
| | HHY | 卜丨㇏ |

| bo 啵 | KIHc | 口氵广又 |
| | KIBy | 口氵皮㇏ |

| bū 逋 | GEHP | 一月丨辶 |
| | SPI | 甫辶㇌ |

| bū 晡 | JGEY | 日一月㇏ |
| | JSY | 日甫㇏ |

| bú 醭 | SGOY | 西一业㇏ |
| | SGOG | 西一业夫 |

| bǔ 补 | PUHy | 衤卜㇏ |
| | PUHy | 衤㇉卜㇏ |

补充 PUYC　补救 PUFI
补贴 PUMH　补助 PUEG

| bǔ 卟 | KHY | 口卜㇏ |
| | KHY | 口卜㇏ |

| bǔ 捕 | RGEy | 扌一月㇏ |
| | RSY | 扌甫㇏ |

捕获 RGAQ　捕风捉影 RMRJ
捕捞 RGRA　捕鱼 RGQG
捕捉 RGRK

| bǔ 哺 | KGEy | 口一月㇏ |
| | KSY | 口甫㇏ |

哺育 KGYC

bǔ 堡	WKSF	亻口木土
	WKSF	亻口木土

bù 不	GIi	一小㇏
	DHI	ア卜㇏

不安 GIPV　不单不亢 GRGY
不比 GIXX　不必 GINT
不便 GIWG　不必要 GNSV
不成 GIDN　不耻下问 GBGU
不错 GIQA　不打自招 GRTR
不大 GIDD　不得已 GTNN
不当 GIIV　不得不 GTGI
不得 GITJ　不得了 GTBN
不但 GIWJ　不定期 GPAD
不断 GION　不动声色 GFFQ
不对 GICF　不多 GIQQ
不妨 GIVY　不分 GIWV
不该 GIYY　不甘落后 GAAR
不敢 GINB　不够 GIQK
不顾 GIDB　不管 GITP
不过 GIFP　不见得 GMTJ
不解 GIQE　不可开交 GSGU
不禁 GISS　不劳而获 GADA
不觉 GIIP　不可分离 GSWY
不可 GISK　不可救药 GSFA
不仅 GIWC　不可思议 GSLY
不久 GIQY　不可一世 GSGA
不利 GITJ　不谋而合 GYDW
不良 GIYV　不能不 GCGI
不料 GIOU　不切实际 GAPB
不满 GIIA　不求甚解 GFAQ
不难 GICW　不入虎穴 GTHP
不能 GICE　不胜枚举 GESI
不怕 GINR　不闻不问 GUGU
不平 GIGU　不屈不挠 GNGR
不然 GIQD　不学无术 GIFS
不容 GIPW　不言而喻 GYDK
不如 GIVK　不翼而飞 GNDN
不慎 GINF　不择手段 GRRW
不时 GIJF　不约而同 GXDM
不是 GIJG　不受欢迎 GECQ
不停 GIWY　不在乎 GDTU
不同 GIMG　不折不扣 GRGR
不息 GITH　不正之风 GGPM
不惜 GINA　不相上下 GSHG
不懈 GINQ　不知所措 GTRR
不行 GITF　不置可否 GLSG
不幸 GIFU　不许 GIYT
不要 GISV　不宜 GIPE
不易 GIJQ　不遗余力 GKWL
不用 GIET　不曾 GIUL
不知 GITD　不知所云 GTRF
不止 GIHH　不只 GIKW
不准 GIUW　不足 GIKH

bù 钚	QGIY	钅一小㇏
	QDHY	钅ア卜㇏

bù 布	DMHk	ナ冂丨㇛
	DMHj	ナ冂丨㇚

布告 DMTF　布景 DMJY
布局 DMNN　布料 DMOU
布匹 DMAQ　布什 DMWF
布鞋 DMAF　布置 DMLF

bù 怖	NDMh	忄ナ冂丨
	NDMh	忄ナ冂丨

bù 步	HIr	止少㇓
	HHr	止少㇂

步兵 HIRG　步伐 HIWA
步履 HINT　步骤 HICB

步子 HIBB

| bù 埠 | FGEY | 土一月、 |
| | FSY | 土甫⊙ |

| bù 部 | UKbh | 立口阝① |
| | UKBh | 立口阝① |

部标 UKSF　部长 UKTA
部队 UKBW　部分 UKWV
部份 UKWW　部件 UKWR
部门 UKUY　部首 UKUT
部署 UKLF　部委 UKTV
部位 UKWU　部下 UKGH
部属 UKNT

| bù 埠 | FWNf | 土亻⊐十 |
| | FTNf | 土丿日十 |

| bù 簿 | TIGf | ⺮氵一寸 |
| | TISf | ⺮氵甫寸 |

CA

cā 拆	RRYy	扌斤丶⊙
	RRYy	扌斤丶⊙

cā 擦	RPWI	扌宀夊小
	RPWI	扌宀夊小

擦拭 RPRA

cā 嚓	KPWi	口宀夊小
	KPWi	口宀夊小

cǎ 礤	DAWi	石卄夊小
	DAWi	石卄夊小

CAI

cāi 猜	QTGE	犭ノ龶月
	QTGE	犭の龶月

猜测 QTIM 猜想 QTSH

cái 才	FTe	十丿㇏
	FTe	十丿㇏

才干 FTFG 才华 FTWX
才能 FTCE 才智 FTTD

cái 材	SFTt	木十丿㇏
	SFTt	木十丿㇏

材料 SFOU

cái 财	MFtt	贝十丿㇏
	MFtt	贝十丿㇏

财产 MFUT 财富 MFPG
财会 MFWF 财经 MFXC
财贸 MFQY 财权 MFSC
财务 MFTL 财物 MFTR
财政 MFGH 财政部 MGUK
财主 MFYG 财政厅 MGDS

cái 裁	FAYe	十戈亠衣
	FAYe	十戈亠衣

裁定 FAPG 裁剪 FAUE
裁决 FAUN 裁军 FAPL
裁判 FAUD 裁判员 FUKM

cǎi 采	ESu	爫木⊙
	ESu	爫木⊙

采访 ESYY 采购 ESMQ
采集 ESWY 采购员 EMKM
采矿 ESDY 采纳 ESXM
采取 ESBC

cǎi 彩	ESEt	爫木彡の
	ESEt	爫木彡の

彩灯 ESOS 彩电 ESJN
彩虹 ESJA 彩色 ESQC
彩霞 ESFN 彩照 ESJV

cǎi 睬	HESy	目爫木⊙
	HESy	目爫木⊙

cǎi 踩	KHES	口止爫木
	KHES	口止爫木

cài 菜	AESu	艹爫木⊙
	AESu	艹爫木⊙

菜场 AEFN 菜刀 AEVN
菜市场 AYFN

| cài 蔡 | AWFi / AWFi | 艹癶二小 / 艹癶二小 |

CAN

| cān 参 | CDer / CDer | 厶大彡㋀ / 厶大彡㋀ |

参观 CDCM 参观团 CCLF
参见 CDMQ 参观者 CCFT
参看 CDRH 参加者 CLFT
参考 CDFT   参考书 CFNN
参谋 CDYA   参考消息 CFIT
参赛 CDPF   参考资料 CFUO
参与 CDGN 参谋长 CYTA
参预 CDCB   参议院 CYBP
参阅 CDUU 参赞 CDTF
参展 CDNA   参战 CDHK
参照 CDJV   参政 CDGH

| cān 骖 | CCDe / CGCE | 马厶大彡 / 马'厶彡 |

| cān 餐 | HQce / HQcv | 卜夕又㇄ / 卜夕又㇇ |

餐费 HQXJ 餐馆 HQQN
餐具 HQHW

| cán 残 | GQGt / GQGa | 一夕戈㋀ / 一夕一戈 |

残暴 GQJA   残废 GQYN
残疾 GQUT   残余 GQWT
残渣 GQIS

| cán 蚕 | GDJu / GDJu | 一大虫㋆ / 一大虫㋆ |

蚕丝 GDXX

| cán 惭 | NLrh / NLrh | 忄车斤① / 忄车斤① |

惭愧 NLNR

| cǎn 惨 | NCDe / NCDe | 忄厶大彡 / 忄厶大彡 |

惨案 NCPV   惨淡 NCIO
惨痛 NCUC   惨淡经营 NIXA
惨遭 NCGM

| cǎn 黪 | LFOE / LFOE | 罒土灬彡 / 罒土灬彡 |

| càn 灿 | OMh / OMh | 火山① / 火山① |

灿烂 OMOU

| càn 孱 | NBBb / NBBb | 尸子子子 / 尸子子子 |

| càn 粲 | HQCO / HQCO | 卜夕又米 / 卜夕又米 |

CANG

| cāng 仓 | WBB / WBB | 人㔾㉕ / 人㔾㉕ |

仓促 WBWK 仓皇 WBRG
仓库 WBYL

| cāng 伧 | WWBN / WWBN | 亻人㔾㋋ / 亻人㔾㋋ |

| cāng 苍 | AWBb / AWBb | 艹人㔾㉕ / 艹人㔾㉕ |

苍白 AWRR   苍劲 AWCA
苍茫 AWAI   苍蝇 AWJK

cāng 舱	TEWb	丿丹人㔾
	TUWB	丿丹人㔾

cāng 沧	IWBn	氵人㔾[乙]
	IWBn	氵人㔾[乙]

cáng 藏	ADNT	艹厂乙丿
	AAUh	艹戈爿丨

藏龙卧虎 ADAH

CAO

cāo 操	RKKs	扌口口木
	RKKS	扌口口木

操场 RKFN　操作系统 RWTX
操心 RKNY　操纵 RKXW
操作 RKWT　操作员 RWKM
操练 RKXA　操作规程 RWFT

cāo 糙	OTFp	米丿土辶
	OTFp	米丿土辶

cáo 曹	GMAj	一冂龷日
	GMAJ	一冂龷曰

曹操 GMRK

cáo 嘈	KGMJ	口一冂日
	KGMJ	口一冂日

嘈杂 KGVS

cáo 漕	IGMJ	氵一冂日
	IGMJ	氵一冂曰

cáo 槽	SGMJ	木一冂日
	SGMj	木一冂日

cáo 螬	JGMJ	虫一冂日
	JGMJ	虫一冂日

cáo 艚	TEGJ	丿丹一日
	TUGj	丿丹一日

cǎo 草	AJJ	艹早[‖]
	AJJ	艹早[‖]

草案 AJPV　草地 AJFB
草率 AJYX　草帽 AJMH
草拟 AJRN　草木皆兵 ASXR
草图 AJLT　草鞋 AJAF
草药 AJAX

CE

cè 册	MMGD	冂冂一[三]
	MMgd	冂冂一[三]

册子 MMBB

cè 厕	DMJK	厂贝刂[川]
	DMJk	厂贝刂[川]

厕所 DMRN

cè 侧	WMJh	亻贝刂[丨]
	WMJh	亻贝刂[丨]

侧重 WMTG 侧面 WMDM

cè 测	IMJh	氵贝刂[丨]
	IMJh	氵贝刂[丨]

测定 IMPG　测绘 IMXW
测量 IMJG　测试 IMYA
测验 IMCW

cè 恻	NMJh	忄贝刂[丨]
	NMJh	忄贝刂[丨]

cè 策	TGMi	⺮一冂丨
	TSMb	⺮木门㋛

策略 TGLT

CEN

cēn 参	Cder	厶大彡㋙
	Cder	厶大彡㋙
cén 岑	MWYN	山人丶乙
	MWYN	山人丶一
cén 涔	IMWn	氵山人乙
	IMWn	氵山人一

CENG

cēng 噌	KULj	口丷罒日
	KULj	口丷罒日
céng 层	NFCi	尸二厶㋙
	NFCi	尸二厶㋙

层次 NFUQ 层出不穷 NBGP

céng 曾	Uljf	丷罒日㊀
	ULJf	丷罒日㊀

曾经 ULXC 曾几何时 UMWJ
曾用名 UEQK

cèng 蹭	KHUJ	口止丷日
	KHUJ	口止丷日

CHA

chā 叉	CYI	又丶㋙
	CYi	又丶㋙

chā 杈	SCYY	木又丶㋙
	SCYY	木又丶㋙
chā 差	UDAf	丷𡗗工㊀
	UAF	𦍌工㊀

差别 UDKL 差不多 UGQQ
差错 UDQA 差点儿 UHQT
差点 UDHK 差额 UDPT
差距 UDKH 差一点 UGHK
差异 UDNA

chā 插	RTFv	扌丿十臼
	RTFE	扌丿十臼

插队 RTBW 插曲 RTMA
插入 RTTY 插图 RTLT
插页 RTDM

chā 锸	QTFV	钅丿十臼
	QTFE	钅丿十臼
chā 馇	QNSg	勹乙木一
	QNSg	𠂊丶木一
chā 嚓	KPWi	口宀癶小
	KPWi	口宀癶小
chá 茬	ADHF	艹ナ丨土
	ADHF	艹ナ丨土
chá 茶	AWSu	艹人木㋙
	AWSu	艹人木㋙

茶杯 AWSG 茶馆 AWQN
茶花 AWAW 茶具 AWHW
茶叶 AWKF 茶座 AWYW

chá 搽	RAWS	扌艹人木
	RAWS	扌艹人木

chá 查	SJgf	木日一㊀
	SJgf	木日一㊀

查办 SJLW　查抄 SJRI
查处 SJTH　查对 SJCF
查房 SJYN　查封 SJFF
查获 SJAQ　查号台 SKCK
查看 SJRH　查明 SJJE
查清 SJIG　查收 SJNH
查阅 SJUU　查找 SJRA
查证 SJYG

chá 猹	QTSg	犭丿木一
	QTSG	犭㇚木一

chá 磘	DSJg	石木日一
	DSJg	石木曰一

chá 槎	SUDA	木丷手工
	SUAg	木羊工㊀

chá 察	PWFI	宀夊二小
	PWFI	宀夊二小

察言观色 PYCQ

chá 檫	SPWI	木宀夊小
	SPWI	木宀夊小

chǎ 衩	PUCy	衤又丶
	PUCy	衤㇡又

chǎ 镲	QPWI	钅宀夊小
	QPWi	钅宀夊小

chà 汊	ICYY	氵又丶
	ICYY	氵又丶

chà 岔	WVMJ	八刀山⑩
	WVMJ	八刀山⑩

chà 诧	YPTA	讠宀丿七
	YPTa	讠宀丿七

诧异 YPNA

chà 姹	VPTA	女宀丿七
	VPTa	女宀丿七

chà 刹	QSJh	乂木刂①
	RSJh	乂朩刂①

刹那 QSVF

～ CHAI ～

chāi 拆	RRYy	扌斤丶㊀
	RRYy	扌斤丶㊀

拆除 RRBW　拆毁 RRVA
拆建 RRVF　拆洗 RRIT
拆卸 RRRH

chāi 差	UDAf	丷手工
	UAF	羊工㊀

chái 偨	WYJh	亻文刂①
	WYJh	亻文刂①

chái 柴	HXSu	止匕木
	HXSu	止匕木

柴油 HXIM　柴油机 HISM

chái 豺	EEFt	丆犭十丿
	EFTt	豸十丿

豺狼 EEQT

	DNJU	𠂆乙虫㊉
蚕	GQJU	力虫㊉

chài 瘥	UUDA	疒丷手工
	UUAd	疒羊工㊁

CHAN

chán 觇	HKMQ	卜口冂儿	
	HKMq	卜口冂儿	
chān 掺	RCDe	扌厶大彡	
	RCDe	扌厶大彡	
chān 搀	RQKU	扌⺈口㐄	
	RQKU	扌⺈口㐄	
chán 单	UJFJ	⺌日十⑩	
	UJFJ	⺌日十⑩	
chán 禅	PYUF	礻丶丷十	
	PYUF	礻⊙丷十	
chán 婵	VUJf	女⺌日十	
	VUJf	女⺌日十	

婵娟 VUVK

chán 蝉	JUJF	虫⺌日十	
	JUJF	虫⺌日十	

蝉联 JUBU

chán 谗	YQKu	讠⺈口㐄	
	YQKu	讠⺈口㐄	
chán 馋	QNQU	夂乙⺈㐄	
	QNQU	⺈乛 ⺈㐄	
chán 孱	NBBb	尸子子子	
	NBBb	尸子子子	
chán 潺	INBB	氵尸子子	
	INBb	氵尸子子	
chán 缠	XYJf	纟广日土	
	XOJf	纟广曰土	

缠绵 XYXR

chán 廛	YJFF	广日土土	
	OJFF	广曰土土	
chán 躔	KHYF	口止广土	
	KHOF	口止广土	
chán 澶	IYLG	氵亠囗一	
	IYLg	氵亠囗一	
chán 蟾	JQDy	虫⺈厂言	
	JQDy	虫⺈厂言	
chǎn 产	Ute	立丿⑥	
	UTE	立丿⑥	

产地 UTFB 产妇 UTVV
产假 UTWN 产供销 UWQI
产量 UTJG 产品 UTKK
产区 UTAQ 产品税 UKTU
产权 UTSC 产生 UTTG
产物 UTTR 产销 UTQI
产业 UTOG 产值 UTWF
产业革命 UOAW

chǎn 铲	QUTt	钅立丿⑩	
	QUTt	钅立丿⑩	
chǎn 谄	YQVG	讠⺈白⊖	
	YQEg	讠⺈白⊖	

谄害 YQPD

chǎn 阐	UUJf	门⺌日十	
	UUJf	门⺌日十	

阐明 UUJE 阐述 UUSY

chǎn 蒇	ADMT	艹厂贝丿	
	ADMU	艹戌贝②	

chǎn 骣	CNBb	马尸子子
	CGNb	马⺂尸子
chǎn 辗	UJFE	⺀日十𧘇
	UJFE	⺀日十𧘇
chàn 忏	NTFH	忄丿十①
	NTFh	忄丿十①

忏悔 NTNT

chàn 颤	YLKM	亠口口贝
	YLKm	亠口口贝

颤动 YLFC 颤抖 YLRU

chàn 羼	NUDD	尸䒑手手
	NUUu	尸羊羊羊

~ CHANG ~

chāng 伥	WTAy	亻丿七丶
	WTAy	亻丿七丶
chāng 昌	JJf	日日㊀
	JJf	日日㊀

昌盛 JJDN

chāng 菖	AJJF	艹日日㊀
	AJJF	艹日日㊀
chāng 猖	QTJJ	犭丿日日
	QTJJ	犭丿日日
chāng 阊	UJJD	门日日㊂
	UJJD	门日日㊂
chāng 娼	VJJg	女日日㊀
	VJJg	女日日㊀

娼妇 VJVV 娼妓 VJVF

chāng 鲳	QGJJ	鱼一日日
	QGJJ	鱼㇀日日
cháng 长	TAyi	丿七丶①
	TAyi	丿七丶①

长安 TAPV 长城 TAFD
长处 TATH 长春市 TDYM
长度 TAYA 长短 TATD
长方 TAYY 长方体 TYWS
长工 TAAA 长江 TAIA
长久 TAQY 长年 TARH
长跑 TAKH 长年累月 TRLE
长篇 TATY 长期 TAAD
长沙 TAII 长沙市 TIYM
长寿 TADT 长时期 TJAD
长途 TAWT 长江 TAFQ
长征 TATG 长远利益 TFTU

cháng 苌	ATAy	艹丿七丶
	ATAy	艹丿七丶
cháng 肠	ENRt	月乙丿○
	ENRt	月㇈丿○

肠胃 ENLE

cháng 尝	IPFc	⺌冖二厶
	IPFc	⺌冖二厶
cháng 偿	WIpc	亻⺌冖厶
	WIpc	亻⺌冖厶

偿还 WIGI

cháng 徜	TIMk	彳⺌冂口
	TIMk	彳⺌冂口
cháng 嫦	VIPH	女⺌冖丨
	VIPH	女⺌冖丨

嫦娥 VIVT

cháng 常	IPKH	⺌冖口丨
	IPKh	⺌冖口丨

常常 IPIP　　常规 IPFW
常年 IPRH　　常任 IPWT
常识 IPYK　　常数 IPOV
常委 IPTV　　常委会 ITWF
常务 IPTL　　常用 IPET
常有 IPDE　　常驻 IPCY
常务委员会 ITTW

cháng 裳	IPKE	⺌冖口衣
	IPKE	⺌冖口衣

chǎng 厂	DGT	厂一丿
	DGT	厂一丿

厂长 DGTA　　厂家 DGPE
厂址 DGFH　　厂主 DGYG

chǎng 场	FNRT	土乙丿㇂
	FNRT	土㇆丿㇂

场地 FNFB　　场合 FNWG
场面 FNDM　　场所 FNRN
场院 FNBP

chǎng 昶	YNIJ	丶乙水日
	YNIJ	丶㇆水日

chǎng 惝	NIMk	忄⺌冂口
	NIMk	忄⺌冂口

chǎng 敞	IMKT	⺌冂口攵
	IMKT	⺌冂口攵

chǎng 氅	IMKN	⺌冂口乙
	IMKE	⺌冂口毛

chàng 怅	NTAy	忄丿七丶
	NTAy	忄丿七丶

chàng 畅	JHNR	日丨乙丿
	JHNr	曰丨㇆丿

畅通 JHCE　　畅无阻 JCFB
畅销 JHQI　　畅销货 JQWX
畅书 JQNN

chàng 倡	WJJG	亻日日㇐
	WJJG	亻曰曰㇐

倡导 WJNF　　倡议 WJYY

chàng 唱	KJJg	口日日㇐
	KJJg	口曰曰㇐

唱歌 KJSK　　唱片 KJTH

chàng 鬯	QOBx	乂灬凵匕
	OBXb	米凵匕⑩

CHAO

chāo 抄	RITt	扌小丿㇂
	RITt	扌小丿㇂

抄报 RIRB　　抄件 RIWR
抄录 RIVI　　抄送 RIUD
抄袭 RIDX　　抄写 RIPG

chāo 钞	QITt	钅小丿㇂
	QITt	钅小丿㇂

钞票 QISF

chāo 怊	NVKg	忄刀口㇐
	NVKg	忄刀口㇐

chāo 超	FHVk	土龰刀口
	FHVk	土龰刀口

超产 FHUT　　超产奖 FUUQ
超出 FHBM　　超大型 FDGA
超导 FHNF　　超负荷 FQAW

超额 FHPT　超高频 FYHI
超过 FHFP　超级 FHXE
超重 FHTG　超级大国 FXDL
超龄 FHHW　超级市场 FXYF
超期 FHAD　超前 FHUE
超群 FHVT　超声波 FFIH
超时 FHJF　超速 FHGK
超脱 FHEU　超员 FHKM
超载 FHFA　超支 FHFC

| cháo 绰 | XHJh | 纟卜早① |
| | XHJh | 纟卜早① |

| chāo 焯 | OHJh | 火卜早① |
| | OHJh | 火卜早① |

| chāo 剿 | VJSJ | 巛日木刂 |
| | VJSJ | 巛曰木刂 |

| cháo 晁 | JIQB | 日小儿⑥ |
| | JQIu | 曰儿小③ |

| cháo 巢 | VJSu | 巛日木③ |
| | VJSu | 巛曰木③ |

| cháo 朝 | FJEg | 十早月㊀ |
| | FJEg | 十早月㊀ |

朝代 FJWA　朝鲜 FJQG
朝阳 FJBJ　朝鲜族 FQYT
朝向 FJTM

| cháo 嘲 | KFJe | 口十早月 |
| | KFJe | 口十早月 |

嘲笑 KFTT

| cháo 潮 | IFJe | 氵十早月 |
| | IFJe | 氵十早月 |

潮流 IFIY　潮湿 IFIJ

| chǎo 吵 | KItt | 口小丿① |
| | KItt | 口小丿① |

吵架 KILK　吵闹 KIUY

| chǎo 炒 | OItt | 火小丿① |
| | OItt | 火小丿① |

炒菜 OIAE

| chào 耖 | DIIT | 三小小丿 |
| | FSIT | 二木小丿 |

CHE

| chē 车 | LGnh | 车一乙丨 |
| | LGnh | 车一一丨 |

车床 LGYS　车船费 LTXJ
车次 LGUQ　车队 LGBW
车费 LGXJ　车夫 LGFW
车工 LGAA　车间 LGUJ
车辆 LGLG　车旅费 LYXJ
车轮 LGLW　车皮 LGHC
车票 LGSF　车速 LGGK
车厢 LGDS　车站 LGUH

| chē 砗 | DLH | 石车① |
| | DLH | 石车① |

| chě 尺 | NYI | 尸丶③ |
| | NYI | 尸丶③ |

| chě 扯 | RHG | 扌止㊀ |
| | RHG | 扌止㊀ |

| chè 彻 | TAVN | 彳七刀乙 |
| | TAVT | 彳七刀① |

彻底 TAYQ　彻头彻尾 TUTN

| chè 坼 | FRYy | 土斤丶⊙ |
| | FRYy | 土斤丶⊙ |

| chè 掣 | RMHR | 仁门丨手 |
| | TGMR | 丿一门手 |

| chè 撤 | RYCt | 扌亠厶攵 |
| | RYCt | 扌亠厶攵 |

撤换 RYRQ 撤回 RYLK
撤离 RYYB 撤退 RYVE
撤消 RYII 撤销 RYQI
撤职 RYBK

| chè 澈 | IYCT | 氵亠厶攵 |
| | IYCT | 氵亠厶攵 |

澈底 IYYQ

CHEN

| chēn 抻 | RJHh | 扌曰丨① |
| | RJHH | 扌曰丨① |

| chēn 郴 | SSBh | 木木阝① |
| | SSBh | 木木阝① |

| chēn 琛 | GPWs | 王宀八木 |
| | GPws | 王宀八木 |

| chēn 嗔 | KFHW | 口十且八 |
| | KFHW | 口十且八 |

| chén 臣 | AHNh | 匚丨コ丨 |
| | AHNh | 匚丨コ丨 |

| chén 辰 | DFEi | 厂二𠄌③ |
| | DFEi | 厂二𠄌③ |

| chén 宸 | PDFE | 宀厂二𠄌 |
| | PDFE | 宀厂二𠄌 |

| chén 晨 | JDfe | 日厂二𠄌 |
| | JDfe | 曰厂二𠄌 |

晨光 JDIQ 晨曦 JDJU

| chén 尘 | IFF | 小土㊀ |
| | IFF | 小土㊀ |

尘土 IFFF

| chén 忱 | NPqn | 忄冖几② |
| | NPqn | 忄冖几② |

| chén 沉 | IPMn | 氵冖几② |
| | IPWn | 氵冖几② |

沉静 IPGE 沉没 IPIM
沉闷 IPUN 沉默 IPLF
沉痛 IPUC 沉着 IPUD

| chén 陈 | BAiy | 阝七小⊙ |
| | BAiy | 阝七小⊙ |

陈旧 BAHJ 陈词滥调 BYIY
陈列 BACQ 陈列室 BGPG
陈设 BAYM 陈述 BASY

| chén 谌 | YADN | 讠廿三乙 |
| | YDWn | 讠其八乚 |

| chén 碜 | DCDe | 石厶大彡 |
| | DCDe | 石厶大彡 |

| chèn 衬 | PUFy | 衤寸⊙ |
| | PUFY | 衤②寸⊙ |

衬衫 PUPU 衬托 PURT
衬衣 PUYE

| chèn 趁 | FHWE | 土止人彡 |
| | FHWE | 土止人彡 |

趁机 FHSM

chèn 榇	SUSy	木立木⊙
	SUSY	木立木⊙
chèn 谶	YWWG	讠人人一
	YWWG	讠人人一
chen 伧	WWBN	亻人乙⑩
	WWBN	亻人乙⑩

 CHENG

chēng 柽	SCFG	木又土⊖
	SCFG	木又土⊖
chēng 蛏	JCFG	虫又土⊖
	JCFG	虫又土⊖
chēng 称	TQiy	禾勹小⊙
	TQIy	禾勹小⊙

称职 TQBK 称霸 TQFA
称号 TQKG 称呼 TQKT
称谓 TQYL 称赞 TQTF

chēng 铛	QIVg	钅⺍彐㊀
	QIVg	钅⺍彐㊀
chēng 撑	RIPr	扌⺍宀手
	RIPr	扌⺍宀手

撑船 RITE 撑腰 RIES

chēng 瞠	HIPf	目⺍宀土
	HIPf	目⺍宀土
chéng 成	DNnt	厂乙乙丿
	DNv	戊门⑩

成败 DNMT 成倍 DNWU

成本 DNSG 成本核算 DSST
成才 DNFT 成材 DNSF
成长 DNTA 成都 DNFT
成对 DNCF 成都市 DFYM
成功 DNAL 成份 DNWW
成果 DNJS 成婚 DNVQ
成绩 DNXG 成绩单 DXUJ
成就 DNYI 成交额 DUPT
成立 DNUU 成名 DNQK
成年 DNRH 成年人 DRWW
成品 DNKK 成品率 DKYX
成全 DNWG 成千上万 DTHD
成亲 DNUS 成人 DNWW
成熟 DNYB 成人之美 DWPU
成套 DNDD 成天 DNGD
成为 DNYL 成文 DNYY
成效 DNUQ 成因 DNLD
成语 DNYG 成员 DNKM

chéng 诚	YDNt	讠厂乙丿
	YDnn	讠戊门⑩

诚恳 YDVE 诚然 YDQD
诚实 YDPU 诚心 YDNY
诚意 YDUJ 诚心诚意 YNYU
诚挚 YDRV

chéng 城	FDnt	土厂乙丿
	FDnn	土戊门⑩

城关 FDUD 城建 FDVF
城郊 FDUQ 城建局 FVNN
城里 FDJF 城楼 FDSO
城门 FDUY 城内 FDMW
城区 FDAQ 城市 FDYM
城乡 FDXT 城镇 FDQF
城乡差别 FXUK

chéng 盛	DNNL	厂乙乙皿
	DNLf	戊门皿㊀

| chéng 铖 | QDNt | 钅厂乙丿 |
| | QDNn | 钅戊门⑩ |

| chéng 丞 | BIGf | 了八一㊀ |
| | BIGf | 了八一㊀ |

| chéng 呈 | KGf | 口王 |
| | KGF | 口王 |

呈报 KGRB　呈请 KGYG
呈现 KGGM　呈现出 KGBM

| chéng 埕 | FKGg | 土口王㊀ |
| | FKGg | 土口王㊀ |

| chéng 程 | TKGG | 禾口王㊀ |
| | TKGG | 禾口王㊀ |

程度 TKYA　程序变换 TYYR
程式 TKAA　程序逻辑 TYLL
程控 TKRP　程序包 TYQN
程序 TKYC　程序结构 TYXS
程序控制 TYRR
程序设计 TYYY

| chéng 裎 | PUKg | 衤⑩口王 |
| | PUKg | 衤⑩口王 |

| chéng 酲 | SGKG | 西一口王 |
| | SGKG | 西一口王 |

| chéng 棖 | STAy | 木丿七乀 |
| | STAy | 木丿七乀 |

| chéng 承 | BDii | 了三水㊉ |
| | BDii | 了三水㊉ |

承办 BDLW　承包 BDQN
承担 BDRJ　承包商 BQUM
承建 BDVF　承诺 BDYA
承认 BDYW　承前启后 BUYR

| chéng 乘 | TUXv | 禾兆匕⑩ |
| | TUXv | 禾兆匕⑩ |

乘车 TULG　乘除 TUBW
乘船 TUTE　乘法 TUIF
乘方 TUYY　乘风破浪 TMDI
乘机 TUSM　乘积 TUTK
乘客 TUPT　乘务员 TTKM

| chéng 惩 | TGHN | 彳一止心 |
| | TGHN | 彳一止心 |

惩办 TGLW　惩罚 TGLY
惩治 TGIC　惩前毖后 TUXR

| chéng 塍 | EUDF | 月䒑大土 |
| | EUGF | 月丷夫土 |

| chéng 澄 | IWGU | 氵癶一丷 |
| | IWGU | 氵癶一丷 |

澄清 IWIG

| chéng 橙 | SWGU | 木癶一丷 |
| | SWGU | 木癶一丷 |

| chěng 逞 | KGPd | 口王辶㊂ |
| | KGPd | 口王辶㊂ |

| chěng 骋 | CMGn | 马由一乙 |
| | CGMn | 马一由乙 |

| chèng 秤 | TGUh | 禾一丷丨 |
| | TGUf | 禾一丷十 |

| chī 吃 | KTNn | 口𠂉乙⑩ |
| | KTnn | 口𠂉乙⑩ |

吃饭 KTQN　吃得开 KTGA

吃喝 KTKJ　吃惊 KTNY
吃苦 KTAD　吃苦头 KAUD
吃亏 KTFN　吃老本 KFSG
吃力 KTLT　吃闲饭 KUQN
吃一堑 KGLR

chī 哧	KFOy	口土小[丶]
	KFOy	口土小[丶]

chī 蚩	BHGJ	凵丨一虫
	BHGJ	凵丨一虫

chī 嗤	KBHJ	口凵丨虫
	KBHJ	口凵丨虫

chī 鸱	QAYG	⺁七丶一
	QAYG	⺁七丶一

chī 眵	HQQy	目夕夕[丶]
	HQQy	目夕夕[丶]

chī 笞	TCKf	⺮厶口[二]
	TCKf	⺮厶口[二]

chī 痴	UTDK	疒𠂉大口
	UTDK	疒𠂉大口

痴情 UTNG　痴心妄想 UNYS

chī 螭	JYBC	虫文凵厶
	JYRC	虫亠乂厶

chī 魑	RQCC	白儿厶厶
	RQCC	白儿厶厶

chí 池	IBn	氵也[乙]
	IBN	氵也[乙]

池塘 IBFY

chí 驰	CBN	马也[乙]
	CGBN	马一也[乙]

驰骋 CBCM

chí 弛	XBn	弓也[乙]
	XBN	弓也[乙]

chí 迟	NYPi	尸乀辶[氵]
	NYPi	尸乀辶[氵]

迟到 NYGC　迟钝 NYQG
迟缓 NYXE　迟早 NYJH

chí 茌	AWFF	艹亻土[二]
	AWFF	艹亻土[二]

chí 持	RFfy	扌土寸[丶]
	RFFy	扌土寸[丶]

持久 RFQY　持久战 RQHK
持续 RFXF　持之以恒 RPNN

chí 匙	JGHX	日一⺊匕
	JGHX	曰一⺊匕

chí 墀	FNIh	土尸氺丨
	FNIg	土尸氺キ

chí 踟	KHTK	口止𠂉口
	KHTK	口止𠂉口

chí 篪	TRHM	⺮厂虍几
	TRHw	⺮厂虎几

chǐ 尺	NYI	尸乀[氵]
	NYI	尸乀[氵]

尺寸 NYFG

chǐ 齿	HWBj	止人凵[刂]
	HWBj	止人凵[刂]

齿轮 HWLW

chǐ 侈	WQQy	亻夕夕[丶]
	WQQy	亻夕夕[丶]

chì 耻	BHg	耳止㊀
	BHg	耳止㊀

耻辱 BHDF

chì 豉	GKUC	一口䒑又
	GKUC	一口䒑又

chì 褫	PURM	礻丶厂几
	PURW	衤㊃厂几

chì 叱	KXN	口匕㊁
	KXN	口匕㊁

chì 斥	RYI	斤丶㊂
	RYI	斤丶㊂

斥责 RYGM

chì 赤	FOu	土小㊆
	FOu	土小㊆

赤诚 FOYD 赤膊上阵 FEHB
赤道 FOUT 赤子 FOBB
赤字 FOPB

chì 饬	QNTL	𠂊乙丿力
	QNTE	𠂊乛丿力

chì 炽	OKwy	火口八㊀
	OKWy	火口八㊀

炽热 OKRV

chì 翅	FCNd	十又羽㊂
	FCNd	十又羽㊂

翅膀 FCEU

chì 敕	GKIT	一口朩攵
	SKTY	木口攵㊀

chì 啻	UPMK	立冖冂口
	YUPK	亠⺍冖口

chì 傺	WWFI	亻⺈二小
	WWFI	亻⺈二小

chì 瘛	UDHN	疒三丨心
	UDHN	疒三丨心

CHONG

chōng 冲	UKHh	冫口丨㊀
	UKHh	冫口丨㊀

冲淡 UKIO 冲动 UKFC
冲锋 UKQT 冲锋枪 UQSW
冲击 UKFM 冲陷阵 UQBB
冲剂 UKYJ 冲破 UKDH
冲刷 UKNM 冲突 UKPW
冲洗 UKIT

chōng 忡	NKHh	忄口丨㊀
	NKHh	忄口丨㊀

chōng 充	YCqb	亠厶儿㊃
	YCqb	亠厶儿㊃

充当 YCIV 充耳不闻 YBGU
充电 YCJN 充分 YCWV
充满 YCIA 充实 YCPU
充足 YCKH

chōng 茺	AYCq	艹亠厶儿
	AYCq	艹亠厶儿

chōng 舂	DWVf	三人白㊁
	DWEF	三人臼

chōng 憧	NUJF	忄立日土
	NUJF	忄立日土

憧憬 NUNJ

chōng 幢	TEUF	ノ冉立土
	TUUF	ノ冉立土

chóng 虫	JHNY	虫丨乙、
	JHNY	虫丨冂、

虫害 JHPD　虫灾 JHPO
虫子 JHBB

chóng 种	TKHh	禾口丨①
	TKHh	禾口丨①

chóng 重	TGJf	ノ一日土
	TGJF	ノ一日土

重迭 TGRW　重叠 TGCC
重复 TGTJ　重庆 TGYD
重申 TGJH　重庆市 TYYM
重新 TGUS　重整旗鼓 TGYF

chóng 崇	MPFi	山宀二小
	MPFi	山宀二小

崇拜 MPRD　崇高 MPYM
崇敬 MPAQ

chǒng 宠	PDXb	宀ナ匕②
	PDXy	宀ナ匕、

宠爱 PDEP

chòng 铳	QYCq	钅亠厶儿
	Q'YC'	钅亠厶儿

CHOU

chōu 抽	RMg	扌由㊀
	RMg	扌由㊀

抽查 RMSJ　抽空 RMPW
抽签 RMTW　抽屉 RMNA
抽象 RMQJ　抽烟 RMOL

chōu 瘳	UNWE	疒羽人彡
	UNWE	疒羽人彡

chóu 仇	WVN	亻九②
	WVN	亻九②

仇敌 WVTD　仇恨 WVNV
仇视 WVPY　仇人 WVWW

chóu 俦	WDTF	亻三ノ寸
	WDTF	ノ三ノ寸

chóu 帱	MHDf	冂丨三寸
	MHDf	冂丨三寸

chóu 筹	TDTF	竹三ノ寸
	TDTF	竹三ノ寸

筹办 TDLW　筹备组 TTXE
筹备 TDTL　筹备会 TTWF
筹措 TDRA　筹划 TDAJ
筹建 TDVF　筹建处 TVTH
筹委会 TTWF

chóu 踌	KHDF	口止三寸
	KHDF	口止三寸

chóu 惆	NMFk	忄冂土口
	NMFk	忄冂土口

chóu 绸	XMFk	纟冂土口
	XMFk	纟冂土口

绸缎 XMXW

chóu 稠	TMFK	禾冂土口
	TMFK	禾冂土口

稠密 TMPN

chóu 酬	SGYH	酉一、丨
	SGYh	酉一、丨

酬金 SGQQ　酬谢 SGYT

chóu 愁	TONU	禾火心⑦
	TONU	禾火心⑦

愁苦 TOAD　愁绪 TOXF

chóu 畴	LDTf	田三丿寸
	LDTf	田三丿寸

chǒu 丑	NFD	乙土㊂
	NHGg	乛丨一一

丑恶 NFGO　丑陋 NFBG

chǒu 瞅	HTOy	目禾火⊙
	HTOy	目禾火⊙

chòu 臭	THDU	丿目犬⑦
	THDU	丿目犬⑦

臭虫 THJH　臭氧 THRN
臭名昭著 TQJA

CHU

chū 出	BMk	凵山⑩
	BMk	凵山⑩

出版 BMTH　出版社 BTPY
出差 BMUD　出产 BMUT
出厂 BMDG　出厂价 BDWW
出错 BMQA　出成果 BDJS
出动 BMFC　出尔反尔 BQRQ
出发 BMNT　出发点 BNHK
出工 BMAA　出国 BMLG
出嫁 BMVP　出境 BMFU
出口 BMKK　出来 BMGO
出力 BMLT　出类拔萃 BORA
出路 BMKH　出卖 BMFN
出门 BMUY　出面 BMDM
出名 BMQK　出谋划策 BYAT
出纳 BMXM　出其不意 BAGU
出勤 BMAK　出奇制胜 BDRE
出钱 BMQG　出勤率 BAYX
出去 BMFC　出人头地 BWUF
出入 BMTY　出入境 BTFU
出色 BMQC　出入证 BTYG
出身 BMTM　出生率 BTYX
出生 BMTG　出生地 BTFB
出世 BMAN　出事 BMGK
出售 BMWY　出台 BMCK
出题 BMJG　出庭 BMYT
出外 BMQH　出席 BMYA
出现 BMGM　出游 BMIY
出于 BMGF　出院 BMBP
出诊 BMYW　出众 BMWW
出资 BMUQ　出租车 BTLG
出租 BMTE　出租汽车 BTIL

chū 初	PUVn	衤刀②
	PUVt	衤②刀②

初步 PUHI　初稿 PUTY
初级 PUXE　初恋 PUYO
初期 PUAD　初学者 PIFT
初中 PUKH　初衷 PUYK

chū 樗	SFFN	木雨二乙
	SFFN	木雨二乚

chú 刍	QVF	勹彐㊀
	QVF	勹彐㊀

chú 雏	QVWy	勹彐亻主
	QVWy	勹彐亻主

chú 除	BWTy	阝人禾⊙
	BWGs	阝人一小

除法 BWIF　除此之外 BHPQ

CHU-CHU 41

除非 BWDJ　除名 BWQK
除外 BWQH　除夕 BWQT

| chú 滁 | IBWt | 氵阝人禾 |
| | IBWs | 氵阝人木 |

| chú 蜍 | JWTy | 虫人禾⊙ |
| | JWGS | 虫人一木 |

| chú 厨 | DGKF | 厂一口寸 |
| | DGKF | 厂一口寸 |

厨房 DGYN　厨师 DGJG

| chú 橱 | SDGF | 木厂一寸 |
| | SDGF | 木厂一寸 |

橱窗 SDPW

| chú 蹰 | KHDF | 口止厂寸 |
| | KHDF | 口止厂寸 |

| chú 锄 | QEGL | 钅月一力 |
| | QEGE | 钅月一力 |

锄头 QEUD

| chú 蹰 | KHAJ | 口止廿日 |
| | KHAJ | 口止廿日 |

| chǔ 处 | THi | 夂卜② |
| | THi | 夂卜② |

处长 THAT　处处 THTH
处罚 THLY　处方 THYY
处境 THFU　处分 THWV
处理 THGJ　处理品 TGKK
处女 THVV　处女地 TVFB
处世哲学 TARI

| chǔ 杵 | STFH | 木丿十① |
| | STFH | 木丿十① |

| chǔ 础 | DBMh | 石山山① |
| | DBMh | 石山山① |

| chǔ 楮 | SFTJ | 木土丿日 |
| | SFTJ | 木土丿日 |

| chǔ 储 | WYFj | 亻讠土日 |
| | WYFj | 亻讠土日 |

储备 WYTL　储藏 WYAD
储存 WYDH　储蓄 WYAY
储蓄所 WARN

| chǔ 褚 | PUFJ | 衤 土日 |
| | PUFj | 衤② 土日 |

| chǔ 楚 | SSNh | 木木乙止 |
| | SSNh | 木木一止 |

| chù 丁 | FHK | 二丨⑩ |
| | GSJ | 一丁⑩ |

| chù 怵 | NSyy | 忄木、⊙ |
| | NSYy | 忄木、⊙ |

| chù 绌 | XBMh | 纟山山① |
| | XBMh | 纟山山① |

| chù 黜 | LFOM | 罒土灬山 |
| | LFOM | 罒土灬山 |

| chù 畜 | YXLf | 亠幺田㊀ |
| | YXLf | 亠幺田㊀ |

| chù 搐 | RYXL | 扌亠幺田 |
| | RYXL | 扌亠幺田 |

| chù 触 | QEJY | 勹用虫⊙ |
| | QEJY | 勹用虫⊙ |

触景生情 QJTN

触类旁通 QOUC
触目惊心 QHNN

chǔ 憷	NSSh	忄木木龰
	NSSh	忄木木龰

chù 矗	FHFH	十且十且
	FHFH	十且十且

CHUAI

chuāi 搋	RRHM	扌厂广几
	RRHW	扌厂虍几

chuài 揣	RMDj	扌山丆‖
	RMDj	扌山丆‖

chuài 啜	KCCc	口又又又
	KCCC	口又又又

chuài 踹	KHMJ	口止山‖
	KHMJ	口止山‖

chuài 嘬	KJBc	口日耳又
	KJBc	口曰耳又

chuài 膪	EUPK	月立冖口
	EYUK	月亠丷口

CHUAN

chuān 川	KTHH	川丿丨丨
	KTHH	川丿丨丨

川流不息 KIGT

chuān 氚	RNKJ	𠂉乙川[‖]
	RKK	气川[川]

chuān 穿	PWAT	宀八匚丿
	PWAt	宀八𠂇丿

穿插 PWRT　穿梭 PWSC

chuán 传	WFNY	亻二乙丶
	WFNy	亻二ㄣ丶

传遍 WFYN　传播 WFRT
传达 WFDP　传达室 WDPG
传单 WFUJ　传导 WFNF
传递 WFUX　传动 WFFC
传呼 WFKT　传家宝 WPPG
传教 WFFT　传奇 WFDS
传染 WFIV　传染病 WIUG
传授 WFRE　传输线 WLXG
传说 WFYU　传送 WFUD
传颂 WFWC　传统 WFXY
传闻 WFUB　传阅 WFUU
传真 WFFH

chuán 船	TEMK	丿舟几口
	TUWk	丿舟几口

船舶 TETE　船长 TETA
船厂 TEDG　船票 TESF
船头 TEUD　船员 TEKM
船只 TEKW　船主 TEYG

chuán 遄	MDMp	山丆冂辶
	MDMP	山丆冂辶

chuán 椽	SXEy	木彑豕[丶]
	SXEy	木彑豕[丶]

chuán 舡	TEAg	丿舟工[一]
	TUAG	丿舟工[一]

chuǎn 舛	QAHh	夕匚丨[丨]
	QGH	夕㐄[丨]

| chuǎn 喘 | KMDj | 口山ア丨丨 |
| | KMDj | 口山ア丨丨 |

| chuàn 串 | KKHk | 口口丨㈣ |
| | KKHk | 口口丨㈣ |

串连 KKLP　串联 KKBU

| chuàn 钏 | QKH | 钅川① |
| | QKH | 钅川① |

CHUANG

| chuāng 疮 | UWBv | 疒人㇏⑩ |
| | UWBv | 疒人㇏⑩ |

疮疤 UWUC

| chuāng 窗 | PWTq | 宀八丿夕 |
| | PWTq | 宀八丿夕 |

| chuáng 床 | YSI | 广木③ |
| | OSi | 广木③ |

床铺 YSQG　床位 YSWU

| chuáng 幢 | MHUf | 冂丨立土 |
| | MHUf | 冂丨立土 |

| chuǎng 闯 | UCD | 门马㊀ |
| | UCGD | 门马一㊀ |

| chuàng 创 | WBJh | 人㇏刂① |
| | WBJh | 人㇏刂① |

创办 WBLW　创汇 WBIA
创见 WBMQ　创建 WBVF
创举 WBIW　创刊 WBFJ
创立 WBUU　创伤 WBWT
创始 WBVC　创收 WBNH
创新 WBUS　创业 WBOG

创造 WBTF　创造性 WTNT
创作 WBWT

| chuàng 怆 | NWBn | 忄人㇏⑩ |
| | NWBn | 忄人㇏⑩ |

CHUI

| chuī 吹 | KQWy | 口⺈人㈠ |
| | KQWy | 口⺈人㈠ |

吹风 KQMQ　吹风机 KMSM
吹嘘 KQKH　吹鼓手 KFRT
吹牛 KQRH　吹毛求疵 KTFU
吹捧 KQRD　吹牛皮 KRHC

| chuī 炊 | OQWy | 火⺈人㈠ |
| | OQWy | 火⺈人㈠ |

炊具 OQHW　炊事班 OGGY
炊事 OQGK　炊事员 OGKM

| chuí 垂 | TGAf | 丿一卄土 |
| | TGAF | 丿一卄土 |

垂直 TGFH　垂手而得 TRDT
垂头丧气 TUFR

| chuí 陲 | BTGF | 阝丿一土 |
| | BTGF | 阝丿一土 |

| chuí 捶 | RTGF | 扌丿一土 |
| | RTGF | 扌丿一土 |

| chuí 棰 | STGf | 木丿一土 |
| | STGF | 木丿一土 |

| chuí 锤 | QTGF | 钅丿一土 |
| | QTGF | 钅丿一土 |

| chuí 椎 | SWYg | 木亻圭㊀ |
| | SWYg | 木亻圭㊀ |

chuí 槌	SWNp	木亻冂乚
	STNp	木丿目乚

CHUN

chūn 春	DWJf	三人日㊀
	DWJf	三人日㊀

春播 DWRT　春风 DWMQ
春耕 DWDI　春光 DWIQ
春季 DWTB　春节 DWAB
春联 DWBU　春秋 DWTO
春雨 DWFG　春秋战国 DTHL
春色 DWQC　春游 DWIY

chūn 椿	SDWJ	木三人日
	SDWJ	木三人日

椿树 SDSC

chūn 蝽	JDWJ	虫三人日
	JDWJ	虫三人日

chún 纯	XGBn	纟一凵乙
	XGBn	纟一凵乚

纯粹 XGOY　纯洁 XGIF
纯净 XGUQ　纯利 XGTJ
纯毛 XGTF　纯利润 XTIU
纯朴 XGSH　纯正 XGGH

chún 莼	AXGn	艹纟一乙
	AXGn	艹纟一乚

chún 唇	DFEK	厂二lk口
	DFEK	厂二lk口

chún 淳	IYBg	氵亠子㊀
	IYBg	氵亠子㊀

淳朴 IYSH

chún 鹑	YBQg	亠子勹一
	YBQg	亠子鸟一

chún 醇	SGYB	西一亠子
	SGYB	西一亠子

chún 蠢	DWJJ	三人日虫
	DWJJ	三人日虫

CHUO

chuō 踔	KHHJ	口止卜早
	KHHJ	口止卜早

chuō 戳	NWYA	羽亻圭戈
	NWYA	羽亻圭戈

戳穿 NWPW

chuò 啜	HWBH	止人凵止
	HWBH	止人凵止

chuò 啜	KCCc	口又又又
	KCCC	口又又又

chuò 辍	LCCC	车又又又
	LCCC	车又又又

chuò 绰	XHJh	纟卜早①
	XHJh	纟卜早①

绰号 XHKG

CI

cī 差	UDAf	⺍𠂉工㊀
	UAF	羊工㊀

cī 疵	UHXv	疒止匕⑩
	UHXv	疒止匕⑩

cī 呲	KHXN	口止匕⑫
	KHXN	口止匕⑫

cí 词	YNGK	讠乙一口
	YNGK	讠乙一口

词汇 YNIA　词不达意 YGDU
词句 YNQK　词库 YNYL
词类 YNOD　词义 YNYQ
词语 YNYG　词组 YNXE

cí 祠	PYNK	礻、乙口
	PYNK	礻⊙冂口

cí 茈	AHXb	艹止匕⑫
	AHXb	艹止匕⑫

cí 雌	HXWy	止匕亻主
	HXWy	止匕亻主

雌性 HXNT　雌雄 HXDC

cí 瓷	UQWN	冫ク人乙
	UQWY	冫ク人、

cí 兹	UXXu	丷幺幺⑦
	UXXu	丷幺幺⑦

cí 慈	UXXN	丷幺幺心
	UXXN	丷幺幺心

慈爱 UXEP　慈善 UXUD
慈祥 UXPY

cí 磁	DUxx	石丷幺幺
	DUXx	石丷幺幺

磁场 DUFN　磁带 DUGK
磁力 DULT　磁疗 DUUB
磁盘 DUTE　磁铁 DUQR
磁头 DUUD　磁性 DUNT
磁针 DUQF

cí 鹚	UXXG	丷幺幺一
	UXXG	丷幺幺一

cí 糍	OUXx	米丷幺幺
	OUXx	米丷幺幺

cí 辞	TDUH	丿古辛①
	TDUH	丿古辛①

辞别 TDKL　辞典 TDMA
辞海 TDIT　辞退 TDVE
辞职 TDBK

cǐ 此	HXn	止匕⑫
	HXn	止匕⑫

此处 HXTH　此地 HXFB
此后 HXRG　此刻 HXYN
此时 HXJF　此事 HXGK
此外 HXQH　此致 HXGC

cì 伺	WNGk	亻乙一口
	WNGk	亻冂一口

cì 刺	GMIj	一冂木刂
	SMJh	木冂刂①

刺刀 GMVN　刺激 GMIR

cì 赐	MJQr	贝日勹丿
	MJQr	贝日勹丿

cì 次	UQWy	冫ク人、
	UQwy	冫ク人、

CONG

cōng 匆	QRYi	勹ノ丶⊙
	QRYi	勹ノ丶⊙

匆匆 QRQR 匆忙 QRNY

cōng 葱	AQRN	艹勹ノ心
	AQRn	艹勹ノ心

cōng 苁	AWWU	艹人人⊙
	AWWU	艹人人⊙

cōng 枞	SWWy	木人人丶
	SWWy	木人人丶

cōng 囱	TLQI	ノ囗夕⊘
	TLQi	ノ囗夕⊘

cōng 骢	CTLn	马ノ囗心
	CGTN	马一ノ心

cōng 璁	GTLn	王ノ囗心
	GTLn	王ノ囗心

cōng 聪	BUKN	耳丷口心
	BUKN	耳丷口心

聪明 BUJE 聪明才智 BJFT

cóng 从	WWy	人人丶
	WWy	人人丶

cóng 丛	WWGf	人人一土
	WWGf	人人一土

丛刊 WWFJ 丛林 WWSS
丛书 WWNN

cóng 淙	IPFI	氵宀二小
	IPFI	氵宀二小

cóng 琮	GPFi	王宀二小
	GPFi	王宀二小

COU

còu 凑	UDWd	冫三人大
	UDWd	冫三人大

凑合 UDWG 凑巧 UDAG

còu 辏	LDWd	车三人大
	LDWd	车三人大

còu 腠	EDWd	月三人大
	EDWd	月三人大

còu 楱	SDWD	木三人大
	SDWD	木三人大

CU

cū 粗	OEgg	米月一⊖
	OEgg	米月一⊖

粗暴 OEJA 粗糙 OEOT
粗犷 OEQT 粗鲁 OEQG
粗细 OEXL 粗枝大叶 OSDK
粗心 OENY 粗制滥造 ORIT
粗壮 OEUF

cú 徂	TEGG	彳月一⊖
	TEGG	彳月一⊖

cú 殂	GQEg	一夕月一
	GQEG	一夕月一

cù 卒	YWWF	亠人人十
	YWWf	亠人人十

CU-CUI

cù 猝	QTYF	犭丿亠十
	QTYF	犭の亠十
cù 促	WKHy	亻口𤴓⊙
	WKHy	亻口𤴓⊙

促进 WKFJ　促成 WKDN
促使 WKWG　促进派 WFIR

cù 酢	SGTF	西一𠂉二
	SGTF	西一𠂉二
cù 蔟	AYTd	艹方𠂉大
	AYTd	艹方𠂉大
cù 簇	TYTd	𥫗方𠂉大
	TYTD	𥫗方𠂉大
cù 醋	SGAj	西一廾日
	SGAJ	西一廾日
cù 蹙	DHIH	厂上小𤴓
	DHIH	戊上小𤴓
cù 蹴	KHYN	口𤴓亠乙
	KHYY	口𤴓亠、

CUAN

cuān 汆	TYIU	丿丶水㇀
	TYIU	丿丶水㇀
cuān 撺	RPWH	扌宀八丨
	RPWH	扌宀八丨
cuān 镩	QPWh	钅宀八丨
	QPWH	钅宀八丨
cuān 蹿	KHPH	口𤴓宀丨
	KHPH	口𤴓宀丨
cuán 攒	RTFM	扌𠂉土贝
	RTFM	扌𠂉土贝
cuàn 窜	PWKh	宀八口丨
	PWKH	宀八口丨
cuàn 篡	THDC	𥫗目大厶
	THDC	𥫗目大厶
cuàn 爨	WFMO	亻二门火
	EMGO	臼门一火

CUI

cuī 衰	YKGE	亠口一𧘇
	YKGE	亠口一𧘇
cuī 榱	SYKe	木亠口𧘇
	SYKe	木亠口𧘇
cuī 崔	MWYf	山亻主
	MWYf	山亻主
cuī 催	WMWy	亻山亻主
	WMWy	亻山亻主

催款 WMFF　催化剂 WWYJ
催还 WMGI　催促 WMWK
催眠 WMHN

cuī 摧	RMWy	扌山亻主
	RMWy	扌山亻主

摧残 RMGQ　摧毁 RMVA

cuī 璀	GMWY	王山亻主
	GMWY	王山亻主

cuì 脆	EQDb	月夕厂㔾
	EQDb	月夕厂㔾

脆弱 EQXU

cuì 萃	AYWf	艹亠人十
	AYWf	艹亠人十

cuì 啐	KYWf	口亠人十
	KYWF	口亠人十

cuì 淬	IYWF	氵亠人十
	IYWF	氵亠人十

cuì 悴	NYWF	忄亠人十
	NYWF	忄亠人十

cuì 瘁	UYWf	疒亠人十
	UYWf	疒亠人十

cuì 粹	OYWf	米亠人十
	OYWF	米亠人十

cuì 翠	NYWF	羽亠人十
	NYWF	羽亠人十

cuì 毳	TFNN	丿二乙乙
	EEEB	毛毛毛⑱

CUN

cūn 村	SFy	木寸⊙
	SFY	木寸⊙

村办 SFLW 村长 SFTA
村庄 SFYF 村子 SFBB

cūn 皴	CWTC	厶八夂又
	CWTb	厶八夂皮

cún 存	DHBd	丆丨子㊂
	DHBd	丆丨子㊂

存储 DHWY 存储器 DWKK
存档 DHSI 存放 DHYT
存根 DHSV 存货 DHWX
存款 DHFF 存在 DHDH
存折 DHRR 存贮 DHMP

cún 蹲	KHUF	口止丷寸
	KHUF	口止丷寸

cǔn 忖	NFY	忄寸⊙
	NFY	忄寸⊙

cùn 寸	FGHY	寸一丨丶
	FGHY	寸一丨丶

CUO

cuō 蹉	KHUA	口止丷工
	KHUA	口止𢧐工

cuō 磋	DUDa	石丷𢧐工
	DUAg	石𢧐工㊀

磋商 DUUM

cuō 搓	RUDa	扌丷𢧐工
	RUAG	扌𢧐工㊀

cuō 撮	RJBc	扌日耳又
	RJBc	扌曰耳又

cuó 嵯	MUDa	山丷𢧐工
	MUAg	山𢧐工㊀

cuó 瘥	UUDA	疒丷𢧐工
	UUAd	疒𢧐工㊂

| cuó 磋 | HLQA | 十口乂工 |
| | HLRA | 十口乂工 |

| cuó 銼 | TDWf | 𠂉大人土 |
| | TDWF | 𠂉大人土 |

| cuó 痤 | UWWf | 疒人人土 |
| | UWWf | 疒人人土 |

| cuǒ 脞 | EWWf | 月人人土 |
| | EWWf | 月人人土 |

| cuò 挫 | RWWf | 扌人人土 |
| | RWWf | 扌人人土 |

挫折 RWRR

| cuò 锉 | QWWf | 钅人人土 |
| | QWWf | 钅人人土 |

| cuò 厝 | DAJd | 厂廿日㊂ |
| | DAJd | 厂廿日㊂ |

| cuò 措 | RAJg | 扌廿日㊀ |
| | RAJg | 扌廿日㊀ |

措辞 RATD　措施 RAYT

| cuò 错 | QAJg | 钅廿日㊀ |
| | QAJg | 钅廿日㊀ |

错觉 QAIP　错综复杂 QXTV
错误 QAYK

dā 耷	DBF	大耳㇃
	DBF	大耳㇃
dā 哒	KDPy	口大辶
	KDPy	口大辶
dā 搭	RAWK	扌艹人口
	RAWK	扌艹人口

搭救 RAFI　搭配 RASG

dā 嗒	KAWK	口艹人口
	KAWK	口艹人口
dā 褡	PUAk	衤⑦艹口
	PUAk	衤⑦艹口
dá 达	DPi	大辶③
	DPi	大辶③

达成 DPDN　达到 DPGC

dá 鞑	AFDP	廿革大辶
	AFDp	廿革大辶
dá 沓	IJF	水日㇃
	IJF	水曰㇃
dá 怛	NJGg	忄日一㇃
	NJGg	忄曰一㇃
dá 妲	VJGg	女日一㇃
	VJGg	女曰一㇃
dá 笪	TJGf	𥫗日一
	TJGF	𥫗曰一㇃
dá 靼	AFJG	廿革日一
	AFJG	廿革日一
dá 答	TWgk	𥫗人一口
	TWgk	𥫗人一口

答案 TWPV　答辩 TWUY
答复 TWTJ　答卷 TWUD
答谢 TWYT　答应 TWYI

dá 瘩	UAWk	疒艹人口
	UAWk	疒艹人口
dǎ 打	RSh	扌丁①
	RSh	扌丁①

打败 RSMT　打保票 RWSF
打扮 RSRW　打抱不平 RRGG
打倒 RSWG　打草惊蛇 RANJ
打动 RSFC　打电报 RJRB
打赌 RSMF　打电话 RJYT
打断 RSON　打官司 RPNG
打击 RSFM　打火机 ROSM
打架 RSLK　打基础 RADB
打开 RSGA　打交道 RUUT
打垮 RSFD　打捞 RSRA
打猎 RSQT　打骂 RSKK
打破 RSDH　打破常规 RDIF
打破沙锅问到底 RDIY
打气 RSRN　打扑克 RRDQ
打枪 RSSW　打球 RSGF
打拳 RSUD　打扰 RSRD
打扫 RSRV　打手 RSRT
打算 RSTH　打手势 RRRV

打听 RSKR	打印机 RQSM	大炮 DDOQ	大脑炎 DEOO
打印 RSQG	打渔 RSIQ	大批 DDRX	大逆不道 DUGU
打杂 RSVS	打砸抢 RDRW	大气 DDRN	大批量 DRJG
打仗 RSWD	打招呼 RRKT	大庆 DDYD	大气层 DRNF
打针 RSQF	打主意 RYUJ	大嫂 DDVV	大气压 DRDF
打字 RSPB	打字机 RPSM	大叔 DDHI	大器晚成 DKJD
dà 大	DDdd	大大大大	
	DDdd	大大大大	
大半 DDUF	大罢工 DLAA	大肆 DDDV	大千世界 DTAL
大笔 DDTT	大辩论 DUYW	大使 DDWG	大扫除 DRBW
大伯 DDWR	大兵团 DRLF	大事 DDGK	大师傅 DJWG
大部 DDUK	大部分 DUWV	大体 DDWS	大声疾呼 DFUK
大车 DDLG	大臣 DDAH	大同 DDMG	大使馆 DWQN
大胆 DDEJ	大刀阔斧 DVUW	大象 DDQJ	大势所趋 DRRF
大地 DDFB	大体上 DWHH	大队 DDBW	大踏步 DKHI
大多 DDQQ	大多数 DQOV	大学 DDLG	大庭广众 DYYW
大方 DDYY	大发展 DNNA	大小 DDIH	大团结 DLXF
大夫 DDFW	大风大浪 DMDI	大型 DDGA	大同小异 DMIN
大概 DDIB	大幅度 DMYA	大写 DDPG	大无畏 DFLG
大海 DDIT	大腹便便 DEWW	大校 DDSU	大西北 DSUX
大会 DDWF	大革命 DAWG	大洋 DDIU	大西洋 DSIU
大街 DDTF	大工业 DAOG	大衣 DDYE	大显身手 DJTR
大将 DDUQ	大功率 DAYX	大爷 DDWQ	大兴安岭 DIPM
大姐 DDVE	大公无私 DWFT	大意 DDUJ	大熊猫 DCQT
大局 DDNN	大规模 DFSA	大雨 DDFG	大学生 DITG
大军 DDPL	大会堂 DWIP	大约 DDXQ	大循环 DTGG
大力 DDLT	大伙儿 DWQT	大战 DDHK	大洋洲 DIIY
大量 DDJG	大集体 DWWS	大致 DDGC	大有可为 DDSY
大家 DDPE	大家庭 DPYT	大宗 DDPF	大有作为 DDWY
大楼 DDSO	大检查 DSSJ	大跃进 DKFJ	大杂烩 DVOW
大陆 DDBF	大江东去 DIAF	大众 DDWW	大张旗鼓 DXYF
大略 DDKH	大桨赛 DUPF	大专 DDFN	大智若愚 DTAJ
大妈 DDVC	大老粗 DFOE	大中型 DKGA	
大米 DDOY	大快人心 DNWN	大众化 DWWX	
大脑 DDEY	大理石 DGDG	大专生 DFTG	
大娘 DDVY	大面积 DDTK	大字报 DPRD	
		大自然 DTQD	

DAI

dāi 呆	KSu	口木②
	KSu	口木②

dāi 呔	KDYY	口大、②
	KDYY	口大、②

dǎi 歹	GQI	一夕③
	GQI	一夕③

dǎi 傣	WDWi	亻三人氺
	WDWi	亻三人氺

dài 大	DDdd	大大大大
	DDdd	大大大大

dài 代	WAy	亻弋②
	WAyy	亻弋、②

代办 WALW　代办处 WLTH
代表 WAGE　代表团 WGLF
代词 WAYN　代表性 WGNT
代沟 WAIQ　代购 WAMQ
代管 WATP　代号 WAKG
代理 WAGJ　代价 WAWW
代码 WADC　代理人 WGWW
代数 WAOV　代名词 WQYN
代替 WAFW　代销 WAQI
代销店 WQYH

dài 岱	WAMJ	亻弋山①
	WAYM	亻弋、山

dài 玳	GWAy	王亻弋②
	GWAy	王亻弋、

dài 贷	WAMu	亻弋贝②
	WAYM	亻弋、贝

dài 袋	WAYE	亻弋一𧘇
	WAYE	亻弋、𧘇

袋子 WABB

dài 黛	WALo	亻弋⺍
	WAYO	亻弋、⺍

dài 贰	AAFD	弋廾二⑤
	AFYi	弋甘、②

dài 迨	CKPd	厶口辶⑤
	CKPd	厶口辶⑤

dài 绐	XCKg	纟厶口⑤
	XCKg	纟厶口⑤

dài 殆	GQCk	一夕厶口
	GQCk	一夕厶口

dài 怠	CKNu	厶口心②
	CKNu	厶口心②

怠慢 CKNJ

dài 带	GKPh	一⺧冖丨
	GKPh	一⺧冖丨

带动 GKFC　带来 GKGO
带头 GKUD　带鱼 GKQG

dài 待	TFFY	彳土寸②
	TFFY	彳土寸②

待查 TFSJ　待人接物 TWRR
待续 TFXF　待业 TFOG
待遇 TFJM　待业青年 TOGR
待业者 TOFT

dài 埭	FVIy	土彐氺②
	FVIy	土彐氺②

dài 逮	VIPi	ヨ水辶[氵]
	VIPi	ヨ水辶[氵]

逮捕 VIRG

dài 戴	FALW	十戈田八
	FALW	十戈田八

dài 骀	CCKg	马厶口[一]
	CGCK	马一厶口

DAN

dān 丹	MYD	冂亠[三]
	MYd	冂亠[三]

dān 担	RJGG	扌日一[一]
	RJGg	扌曰一[一]

担保 RJWK　担当 RJIV
担负 RJQM　担搁 RJRU
担架 RJLK　担任 RJWT
担心 RJNY　担忧 RJND
担子 RJBB

dān 单	UJFJ	丷日十[丨丨]
	UJFJ	丷曰十[丨丨]

单产 UJUT　单板机 USSM
单纯 UJXG　单词 UJYN
单调 UJYM　单刀直入 UVFT
单独 UJQT　单方面 UYDM
单价 UJWW　单间 UJUJ
单据 UJRN　单枪匹马 USAC
单日 UJJJ　单身汉 UJIC
单数 UJOV　单位 UJWU
单一 UJGG　单衣 UJYE
单元 UJFQ　单字 UJPB

dān 箪	TUJF	竹丷日十
	TUJF	⺮丷曰十

dān 耽	BPQn	耳冖儿[乙]
	BPQn	耳冖儿[乙]

耽搁 BPRU　耽误 BPYK

dān 聃	BMFG	耳冂土[一]
	BMFG	耳冂土[一]

dān 儋	WQDy	亻⺈厂言
	WQDy	亻⺈厂言

dǎn 胆	EJgg	月日一[一]
	EJgg	月曰一[一]

胆量 EJJG　胆固醇 ELSG
胆略 EJLT　胆怯 EJNF
胆识 EJYK

dǎn 疸	UJGd	疒日一[三]
	UJGd	疒曰一[三]

dǎn 掸	RUJF	扌丷日十
	RUJF	扌丷曰十

dǎn 赕	MOOy	贝火火[丶]
	MOOy	贝火火[丶]

dàn 石	DGTG	石一丿一
	DGTG	石一丿一

dàn 旦	JGF	日一[二]
	JGF	曰一[二]

dàn 但	WJGg	亻日一[一]
	WJGg	亻曰一[一]

但愿 WJDR

诞 dàn	YTHP	讠丿止廴
	YTHp	讠丨卜廴
萏 dàn	AQVF	艹勹臼
	AQOf	艹勹臼㊀
啖 dàn	KOOy	口火火⊙
	KOOy	口火火
淡 dàn	IOoy	氵火火⊙
	IOOy	氵火火

淡薄 IOAI   淡淡 IOIO
淡化 IOWX   淡季 IOTB

氮 dàn	RNOo	𠂉乙火火
	ROOi	气火火㊆

氮肥 RNEC

弹 dàn	XUJf	弓丷日十
	XUJf	弓丷曰十

弹道 XUUT   弹头 XUUD
弹药 XUAX   弹子 XUBB

惮 dàn	NUJf	忄丷日十
	NUJf	忄丷曰十

瘅 dàn	UUJF	疒丷日十
	UUJF	疒丷曰十

蛋 dàn	NHJu	乙龰虫㊆
	NHJu	一龰虫㊆

蛋白 NHRR   蛋白质 NRRF
蛋糕 NHOU   蛋类 NHOD

澹 dàn	IQDY	氵夕厂言
	IQDy	氵夕厂言

DANG

当 dāng	IVf	⺌彐㊀
	IVf	⺌彐㊀

当场 IVFN   当成 IVDN
当初 IVPU   当代 IVWA
当地 IVFB   当即 IVVC
当家 IVPE   当机立断 ISUO
当今 IVWY   当局 IVNN
当面 IVDM   当年 IVRH
当前 IVUE   当然 IVQD
当日 IVJJ   当仁不让 IWGY
当时 IVJF   当天 IVGD
当心 IVNY   当事人 IGWW
当选 IVTF   当务之急 ITPQ
当中 IVKH   当作 IVWT
当做 IVWD
当一天和尚撞一天钟 IGGQ

铛 dāng	QIVg	钅⺌彐㊀
	QIVg	钅⺌彐㊀

裆 dāng	PUIV	衤丶⺌彐
	PUIv	礻㊁⺌彐

挡 dǎng	RIVg	扌⺌彐㊀
	RIVg	扌⺌彐㊀

挡路 RIKH   挡住 RIWY

谠 dǎng	YIPq	讠⺌冖儿
	YIPq	讠⺌冖儿

党 dǎng	IPKq	⺌冖口儿
	IPkq	⺌冖口儿

党费 IPXJ   党代表 IWGE
党纲 IPXM   党代会 IWWF
党的十一届三中全会 IRFW

党籍 IPTD 党课 IPYJ
党龄 IPHW 党纪国法 IXLI
党内 IPMW 党内外 IMQH
党派 IPIR 党中央 IKMD
党外 IPQH 党委 IPTV
党校 IPSU 党委会 ITWF
党章 IPUJ 党委书记 ITNY
党性 IPNT 党小组 IIXE
党组 IPXE 党政机关 IGSU
党旗 IPYT 党政军 IGPL
党支部 IFUK

dǎng 档	SIvg	木⺌彐[一]
	SIvg	木⺌彐[一]

档案 SIPV 档案袋 SPWA
档案室 SPPG

dàng 凼	IBK	水凵[丨丨丨]
	IBK	水凵[丨丨丨]

dàng 砀	DNRt	石乙㇀[丿]
	DNRt	石㇋㇀[丿]

dàng 荡	AINr	艹氵乙㇀
	AINr	艹氵㇋㇀

荡漾 AIIU

dàng 宕	PDF	宀石[二]
	PDF	宀石[二]

dàng 菪	APDf	艹宀石[二]
	APDf	艹宀石[二]

DAO

dāo 刀	VNt	刀乙丿
	VNT	刀㇆丿

刀具 VNHW 刀枪 VNSW
刀子 VNBB

dāo 叨	KVN	口刀[乙]
	KVT	口刀[丿]

叨唠 KVKA

dāo 忉	NVN	忄刀[乙]
	NVT	忄刀[丿]

dāo 氘	RNJj	𠂉乙丿丨[丨丨]
	RJK	气丿丨[丨丨丨]

dǎo 导	NFu	巳寸[丶丶]
	NFu	巳寸[丶丶]

导弹 NFXU 导电 NFJN
导航 NFTE 导师 NFJG
导体 NFWS 导线 NFXG
导向 NFTM 导言 NFYY
导演 NFIP 导游 NFIY
导致 NFGC

dǎo 岛	QYNM	勹丶乙山
	QMK	鸟山[丨丨丨]

岛屿 QYMG

dǎo 捣	RQYM	扌勹丶山
	RQMh	扌鸟山[丨]

捣蛋 RQNH 捣鬼 RQRQ
捣毁 RQVA 捣乱 RQTD

dǎo 倒	WGCj	亻一厶刂
	WGCj	亻一厶刂

倒闭 WGUF 倒挂 WGRF
倒流 WGIY 倒卖 WGFN
倒霉 WGFT 倒数 WGOV
倒塌 WGFJ 倒台 WGCK
倒退 WGVE 倒爷 WGWQ

祷 dǎo	PYDf	礻丶三寸
	PYDf	礻⊙三寸

蹈 dǎo	KHEV	口止爫白
	KHEE	口止爫白

到 dào	GCfj	一厶土刂
	GCfj	一厶土刂

到场 GCFN　到处 GCTH
到达 GCDP　到此为止 GHYH
到底 GCYQ　到点 GCHK
到会 GCWF　到家 GCPE
到来 GCGO　到期 GCAD
到时候 GJWH

帱 dào	MHDf	冂丨三寸
	MHDf	冂丨三寸

焘 dào	DTFo	三丨寸灬
	DTFO	三丨寸灬

悼 dào	NHJH	忄卜早①
	NHJH	忄卜早①

悼词 NHYN

盗 dào	UQWL	冫勹人皿
	UQWL	冫勹人皿

盗卖 UQFN　盗窃犯 UPQT
盗窃 UQPW　盗窃案 UPPV
盗用 UQET　盗贼 UQMA

道 dào	UTHP	丷丿目辶
	UThp	丷丿目辶

道德 UTTF　道理 UTGJ
道路 UTKH　道歉 UTUV
道谢 UTYT　道貌岸然 UEMQ
道义 UTYQ　道听途说 UKWY

稻 dào	TEVg	禾爫臼㇀
	TEEg	禾爫臼㇀

稻草 TEAJ　稻谷 TEWW
稻米 TEOY　稻田 TELL

纛 dào	GXFi	龶口十小
	GXHi	龶母且小

DE

得 dé	TJgf	彳日一寸
	TJgf	彳日一寸

得出 TJBM　得当 TJIV
得到 TJGC　得寸进尺 TFFN
得法 TJIF　得分 TJWV
得奖 TJUQ　得过且过 TFEF
得力 TJLT　得失 TJRW
得体 TJWS　得天独厚 TGQD
得以 TJNY　得心应手 TNYR
得意 TJUJ　得知 TJTD
得志 TJFN　得意忘形 TUYG
得罪 TJLD

锝 dé	QJGF	钅日一寸
	QJGF	钅日一寸

德 dé	TFLn	彳十罒心
	TFLn	彳十罒心

德国 TFLG　德文 TFYY
德行 TFTF　德意志 TUFN
德语 TFYG　德育 TFYC
德智体 TTWS

DEI

得 děi	TJgf	彳日一寸
	TJgf	彳日一寸

DENG-DI

DENG

dēng 灯	OSh	火丁①
	OSH	火丁①

灯光 OSIQ　灯火 OSOO
灯笼 OSTD　灯具 OSHW
灯泡 OSIQ

dēng 登	WGKU	癶一口ㅛ
	WGKU	癶一口ㅛ

登报 WGRB　登峰造极 WMTS
登高 WGYM　登记 WGYN
登陆 WGBF　登记处 WYTH
登录 WGVI　登山 WGMM

dēng 噔	KWGU	口癶一ㅛ
	KWGU	口癶一ㅛ

dēng 簦	TWGU	⺮癶一ㅛ
	TWGU	⺮癶一ㅛ

dēng 蹬	KHWU	口止ㅛ
	KHWU	口止ㅛ

děng 等	TFFU	⺮土寸①
	TFfu	⺮土寸①

等待 TFTF　等比例 TXWG
等到 TFGC　等于 TFTF
等候 TFWH　等级 TFXE
等价 TFWW　等距离 TKYB
等外 TFQH　等价交换 TWUR
等效 TFUQ　等量齐观 TJYC
等于 TFGF　等外品 TQKK

dèng 戥	JTGA	日丿圭戈
	JTGA	日丿圭戈

dèng 邓	CBh	又阝①
	CBh	又阝①

邓小平 CIGU

dèng 凳	WGKM	癶一口几
	WGKW	癶一口几

dèng 嶝	MWGU	山癶一ㅛ
	MWGu	山癶一ㅛ

dèng 澄	IWGU	氵癶一ㅛ
	IWGU	氵癶一ㅛ

dèng 磴	DWGU	石癶一ㅛ
	DWGU	石癶一ㅛ

dèng 瞪	HWGu	目癶一ㅛ
	HWGu	目癶一ㅛ

dèng 镫	QWGU	钅癶一ㅛ
	QWGU	钅癶一ㅛ

DI

dī 氐	QAyi	⺈七、①
	QAYI	⺈七、①

dī 低	WQAy	亻⺈七、
	WQAy	亻⺈七、

低产 WQUT　低潮 WQIF
低沉 WQIP　低档 WQSI
低等 WQTF　低度 WQYA
低级 WQXE　低价 WQWW
低廉 WQYU　低劣 WQIT
低落 WQAI　低能 WQCE
低频 WQHI　低温 WQIJ
低薪 WQAU　低压 WQDF

dī 羝	UDQy	⺍手丿丶
	UQAy	𦍌七丶

dī 堤	FJGH	土日一龰
	FJGH	土日一龰

堤坝 FJFM

dī 提	RJgh	扌日一龰
	RJgh	扌日一龰

dī 滴	IUMd	氵立冂古
	IYUd	氵丶䒑古

dī 镝	QUMd	钅立冂古
	QYUD	钅丶䒑古

dí 狄	QTOY	犭丿火⊙
	QTOy	犭ノ火⊙

dí 荻	AQTO	艹犭丿火
	AQTO	艹犭ノ火

dí 迪	MPd	由辶㊀
	MPd	由辶㊀

迪斯科 MATU

dí 笛	TMF	⺮由二
	TMF	⺮由二

dí 籴	TYOu	丿丶米㊉
	TYOu	丿丶米㊉

dí 敌	TDTy	丿古攵⊙
	TDTy	丿古攵⊙

敌对 TDCF 敌国 TDLG
敌后 TDRG 敌机 TDSM
敌军 TDPL 敌情 TDNG
敌人 TDWW 敌视 TDPY
敌我 TDTR 敌意 TDUJ

dí 涤	ITSy	氵攵木⊙
	ITSy	氵攵木⊙

涤纶 ITXW

dí 觌	FNUQ	十乙丬儿
	FNUQ	十一丬儿

dí 嘀	KUMd	口立冂古
	KYUD	口丶䒑古

嘀咕 KUKD

dí 嫡	VUMd	女立冂古
	VYUd	女丶䒑古

嫡系 VUTX

dí 翟	NWYF	羽亻圭㊀
	NWYF	羽亻圭㊀

dǐ 诋	YQAy	讠匚七丶
	YQAy	讠匚七丶

dǐ 邸	QAYB	匚七丶阝
	QAYb	匚七丶阝

dǐ 坻	FQAy	土匚七丶
	FQAy	土匚七丶

dǐ 抵	RQAy	扌匚七丶
	RQAy	扌匚七丶

抵触 RQQE 抵达 RQDP
抵挡 RQRI 抵抗 RQRY
抵赖 RQGK 抵消 RQII
抵押 RQRL 抵御 RQTR
抵债 RQWG

dǐ 底	YQAy	广匚七丶
	OQay	广匚七丶

底版 YQTH 底层 YQNF

底稿 YQTY　底片 YQTH
底细 YQXL　底下 YQGH
底座 YQYW

dǐ 柢	SQAy	木⺁七丶
	SQAy	木⺁七丶

dǐ 砥	DQAy	石⺁七丶
	DQAy	石⺁七丶

dǐ 骶	MEQY	骨月⺁丶
	MEQy	骨月⺁丶

dì 地	Fbn	土也⊘
	FBN	土也⊘

地板 FBSR　地步 FBHI
地产 FBUT　地带 FBGK
地点 FBHK　地大物博 FDTF
地段 FBWD　地方 FBYY
地基 FBAD　地雷 FBFL
地理 FBGJ　地面 FBDM
地名 FBQK　地面站 FDUH
地皮 FBHC　地勤 FBAK
地球 FBGF　地区 FBAQ
地势 FBRV　地区性 FANT
地毯 FBTF　地铁 FBQR
地图 FBLT　地委 FBTV
地位 FBWU　地下铁路 FGQK
地下 FBGH　地下室 FGPG
地线 FBXG　地县级 FEXE
地形 FBGA　地狱 FBQT
地震 FBFD　地址 FBFH
地质 FBRF　地质学 FRIP
地主 FDYG　地中海 FKIT

dì 弟	UXHt	⺌弓丿
	UXHt	⺌弓丿

弟弟 UXUX　弟妹 UXVF

弟兄 UXKQ

dì 递	UXHP	⺌弓丿辶
	UXHP	⺌弓丿辶

dì 娣	VUXt	女⺌弓丿
	VUXt	女⺌弓丿

dì 睇	HUXt	目⺌弓丿
	HUXt	目⺌弓丿

dì 第	TXHt	⺮弓丨丿
	TXHt	⺮弓丨丿

dì 的	Rqyy	白勹丶⊙
	RQYy	白勹丶⊙

的确 RQDQ　的确良 RDYV
的士 RQFG

dì 帝	UPmh	立冖冂丨
	YUPH	亠䒑冖丨

dì 谛	YUPH	讠立冖丨
	YYUH	讠亠䒑丨

dì 蒂	AUPh	艹立冖丨
	AYUh	艹亠䒑丨

dì 缔	XUPh	纟立冖丨
	XYUh	纟亠䒑丨

缔交 XUUQ　缔结 XUXF
缔约 XUXQ　缔造 XUTF

dì 碲	DUPH	石立冖丨
	DYUH	石亠䒑丨

dì 棣	SVIy	木彐水⊙
	SVIy	木彐水⊙

DIA

diǎ 嗲	KWQq	口八乂夕
	KWRq	口八乂夕

DIAN

diǎn 掂	RYHk	扌广卜口
	ROHk	扌广卜口

diān 滇	IFHW	氵十且八
	IFHW	氵十且八

diān 颠	FHWM	十且八贝
	FHWM	十且八贝

颠簸 FHTA　颠倒 FHWG
颠覆 FHST

diān 巅	MFHm	山十且贝
	MFHm	山十且贝

diǎn 典	MAWu	冂廿八⑦
	MAWu	冂廿八⑦

典范 MAAI　典礼 MAPY
典型 MAGA

diǎn 碘	DMAw	石冂廿八
	DMAw	石冂廿八

diǎn 点	HKOu	卜口灬⑦
	HKOu	卜口灬⑦

点燃 HKOQ　点头 HKUD
点心 HKNY　点缀 HKXC

diǎn 踮	KHYK	口止广口
	KHOK	口止广口

diàn 电	JNv	日乙⑩
	JNv	日乚⑩

电报 JNRB　电报局 JRNN
电表 JNGE　电报挂号 JRRK
电波 JNIH　电冰箱 JUTS
电场 JNFN　电唱机 JKSM
电车 JNLG　电池 JNIB
电磁 JNDU　电传机 JWSM
电大 JNDD　电磁波 JDIH
电灯 JNOS　电磁场 JDFN
电动 JNFC　电灯泡 JOIQ
电镀 JNQY　电动机 JFSM
电告 JNTF　电风扇 JMYN
电工 JNAA　电焊 JNOJ
电话 JNYT　电话号码 JYKD
电汇 JNIA　电话机 JYSM
电机 JNSM　电话间 JYUJ
电教 JNFT　电缆 JNXJ
电力 JNLT　电烙铁 JOQR
电疗 JNUB　电料 JNOU
电流 JNIY　电炉 JNOY
电路 JNKH　电码 JNDC
电脑 JNEY　电能 JNCE
电气 JNRN　电气化 JRWX
电器 JNKK　电热器 JRKK
电容 JNPW　电扇 JNYN
电视 JNPY　电视机 JPSM
电台 JNCK　电视剧 JPND
电梯 JNSU　电视台 JPCK
电网 JNMQ　电子琴 JBGG
电线 JNXG　电信局 JWNN
电讯 JNYN　电讯稿 JYTY
电压 JNDF　电业局 JONN
电影 JNJY　电影机 JJSM
电源 JNID　电影片 JJTH
电站 JNUH　电影院 JJBP

电子 JNBB 电子表 JBGE
电文 JNYY 电子管 JBTP
电阻 JNBE 电子技术 JBRS
电子学 JBIP

diàn 佃	WLg	亻田⊖
	WLg	亻田⊖

diàn 甸	QLd	勹田⊜
	QLd	勹田⊜

diàn 钿	QLG	钅田⊖
	QLG	钅田⊖

diàn 坫	FHKG	土⺊口⊖
	FHKg	土⺊口⊖

diàn 阽	BHKG	阝⺊口⊖
	BHKG	阝⺊口⊖

diàn 玷	GHKg	王⺊口⊖
	GHKg	王⺊口⊖

diàn 店	YHKd	广⺊口⊜
	OHKd	广⺊口⊜

店铺 YHQG 店员 YHKM

diàn 惦	NYHk	忄广⺊口
	NOHk	忄广⺊口

惦记 NYYN

diàn 垫	RVYF	扌九丶土
	RVYF	扌九丶土

垫付 RVWF

diàn 淀	IPGH	氵宀一龰
	IPGH	氵宀一龰

diàn 靛	GEPh	龶月宀龰
	GEPH	龶月宀龰

diàn 奠	USGD	丷西一大
	USGD	丷西一大

奠定 USPG 奠基 USAD

diàn 殿	NAWC	尸龷八又
	NAWc	尸龷八又

diàn 癜	UNAc	疒尸龷又
	UNAc	疒尸龷又

diàn 簟	TSJj	⺮西早⑪
	TSJj	⺮覀早⑪

DIAO

diāo 刁	NGD	乙一⊜
	NGD	𠃌㇀⊜

刁难 NGCW

diāo 叼	KNGg	口乙一⊖
	KNGg	口𠃌㇀⊖

diāo 凋	UMFk	冫冂土口
	UMFk	冫冂土口

凋谢 UMYT

diāo 碉	DMFk	石冂土口
	DMFk	石冂土口

碉堡 DMWK

diāo 雕	MFKY	冂土口隹
	MFKY	冂土口隹

雕刻 MFYN 雕虫小技 MJIR
雕塑 MFUB 雕像 MFWQ

diāo 鲷	QGMk	鱼一冂口
	QGMk	鱼㇀冂口

diāo 貂	EEVk	⺈犭刀口
	EVKg	豸刀口㊀
diào 吊	KMHj	口冂丨㈣
	KMHj	口冂丨㈣

吊唁 KMKY

diāo 铞	QKMH	钅口冂丨
	QKMH	钅口冂丨
diào 钓	QQYy	钅勹丶㊀
	QQYy	钅勹丶㊀

钓鱼台 QQCK

diào 调	YMFk	讠冂土口
	YMFk	讠冂土口

调拨 YMRN　调兵遣将 YRKU
调查 YMSJ　调查研究 YSDP
调动 YMFC　调换 YMRQ
调离 YMYB　调虎离山 YHYM
调遣 YMKH　调任 YMWT
调研 YMDG　调用 YMET
调职 YMBK

diào 掉	RHJh	扌日早㊀
	RHJh	扌日早㊀

掉以轻心 RNLN

diào 铫	QIQn	钅丬儿㊁
	QQIy	钅儿丬㊀

～ DIE ～

diē 爹	WQQQ	八乂夕夕
	WRQq	八乂夕夕

爹妈 WQVC

diē 跌	KHRw	口止⺊人
	KHTG	口止丿夫
dié 迭	RWPi	⺊人辶㈢
	TGPi	丿夫辶㈢
dié 跕	RCYW	厂厶丶人
	RCYG	厂厶丶夫
dié 垤	FGCf	土一厶土
	FGCf	土一厶土
dié 耋	FTXF	土丿匕土
	FTXF	土丿匕土
dié 谍	YANs	讠廿乙木
	YANs	讠廿乚木
dié 堞	FANs	土廿乙木
	FANs	土廿乚木
dié 蹀	KHAS	口止廿木
	KHAS	口止廿木
dié 牒	THGS	丿丨一木
	THGS	丿丨一木
dié 碟	DANs	石廿乙木
	DANs	石廿乚木
dié 蝶	JANs	虫廿乙木
	JANs	虫廿乚木

蝶恋花 JYAW

dié 喋	KANs	口廿乙木
	KANs	口廿乚木
dié 鲽	QGAs	鱼一廿木
	QGAS	鱼⺀廿木

DIE-DING

dié 叠	CCCG	又又又一
	CCCG	又又又一
dié 揲	RANS	扌廿乙木
	RANS	扌廿凵木

DING

dīng 丁	SGH	丁一丨
	SGH	丁一丨
dīng 仃	WSH	亻丁①
	WSH	亻丁①
dīng 叮	KSH	口丁①
	KSH	口丁①

叮咛 KSKP 叮嘱 KSKN

dīng 玎	GSH	王丁①
	GSH	王丁①
dīng 盯	HSh	目丁①
	HSh	目丁①
dīng 町	LSH	田丁①
	LSH	田丁①
dīng 钉	QSh	

钉子 QSBB

dīng 疔	USK	疒丁①
	USK	疒丁①
dīng 耵	BSH	耳丁①
	BSH	耳丁①
dīng 酊	SGSh	西一丁①
	SGSh	西一丁①
dǐng 顶	SDMy	丁厂贝①
	SDmy	丁厂贝①

顶点 SDHK 顶峰 SDMT
顶替 SDFW

dǐng 鼎	HNDn	目乙乙
	HNDn	目乚𠃌丨
dìng 订	YSh	讠丁①

订单 YSUJ 订婚 YSVQ
订货 YSWX 订书机 YNSM
订阅 YSUU

dìng 定	PGhu	宀一疋①
	PGHu	宀一疋①

定产 PGUT 定单 PGUJ
定额 PGPT 定稿 PGTY
定货 PGWX 定价 PGWW
定居 PGND 定局 PGNN
定理 PGGJ 定律 PGTV
定期 PGAD 定时 PGJF
定位 PGWU 定向 PGTM
定型 PGGA 定性 PGNT
定义 PGYQ 定于 PGGF

dìng 啶	KPGH	口宀一疋
	KPGH	口宀一疋
dìng 腚	EPGh	月宀一疋
	EPGh	月宀一疋
dìng 碇	DPGh	石宀一疋
	DPGh	石宀一疋

| dìng 锭 | QPgh | 钅宀一夂 |
| | QPgh | 钅宀一夂 |

DIU

| diū 丢 | TFCu | 丿土厶㇀ |
| | TFCu | 丿土厶㇀ |

丢失 TFRW 丢卒保车 TYWL

| diū 铥 | QTFC | 钅丿土厶 |
| | QTFC | 钅丿土厶 |

DONG

| dōng 东 | AIi | 七小㇀ |
| | AIi | 𠀎小㇀ |

东北 AIUX 东半球 AUGF
东边 AILP 东北风 AUMQ
东部 AIUK 东道主 AUYG
东方 AIYY 东施效颦 AYUH
东京 AIYI 东面 AIDM
东南 AIFM 东南风 AFMQ
东欧 AIAQ 东南亚 AFGO
东风 AIMQ 东山再起 AMGF
东西 AISG 东西方 ASYY

| dōng 岽 | MAIu | 山七小㇀ |
| | MAIu | 山𠀎小㇀ |

| dōng 鸫 | AIQg | 七小勹一 |
| | AIQg | 𠀎小鸟一 |

| dōng 冬 | TUU | 夂㇀㇀㇀ |
| | TUu | 夂㇀㇀ |

冬瓜 TURC 冬季 TUTB
冬眠 TUHN 冬天 TUGD
冬小麦 TIGT

| dōng 咚 | KTUY | 口夂㇀㇀ |
| | KTUY | 口夂㇀㇀ |

| dōng 氡 | RNTU | 𠂉乙夂㇀ |
| | RTUI | 气夂㇀㇀ |

| dǒng 董 | ATGf | 艹丿一土 |
| | ATGf | 艹丿一土 |

董事 ATGK 董事长 AGTA
董会 AGWF

| dǒng 懂 | NATf | 忄艹丿土 |
| | NATf | 忄艹丿土 |

懂事 NAGK 懂得 NATJ

| dòng 动 | FCLn | 二厶力㇉ |
| | FCEt | 二厶力㇒ |

动词 FCYN 动荡 FCAI
动工 FCAA 动机 FCSM
动静 FCGE 动力 FCLT
动脉 FCEY 动力学 FLIP
动身 FCTM 动脉硬化 FEDW
动手 FCRT 动脑筋 FETE
动态 FCDY 动手术 FRSY
动听 FCKR 动物 FCTR
动摇 FCRE 动物园 FTLF
动员 FCKM 动植物 FSTR
动作 FCWT

| dòng 冻 | UAIy | 冫七小㇀ |
| | UAIy | 冫𠀎小㇀ |

冻结 UAXF

| dòng 栋 | SAIy | 木七小㇀ |
| | SAIy | 木𠀎小㇀ |

栋梁 SAIV

dòng 胨	EAly	月七小[丶]
	EAly	月𠂉小[丶]
dòng 侗	WMGK	亻冂一口
	WMGk	亻冂一口
dòng 垌	FMGk	土冂一口
	FMGk	土冂一口
dòng 峒	MMGK	山冂一口
	MMGK	山冂一口
dòng 洞	IMGK	氵冂一口
	IMGK	氵冂一口

洞庭湖 IYID

dòng 恫	NMGk	忄冂一口
	NMGk	忄冂一口
dòng 胴	EMGk	月冂一口
	EMGk	月冂一口
dòng 硐	DMGk	石冂一口
	DMGk	石冂一口

DOU

dōu 都	FTJB	土丿日阝
	FTJB	土丿日阝

都要 FTSV 都有 FTDE

dōu 兜	QRNQ	𠂆 白コ儿
	RQNQ	白𠂆 コ儿
dōu 蔸	AQRQ	艹𠂆 白儿
	ARQQ	艹白𠂆 儿
dōu 篼	TQRQ	⺮𠂆 白儿
	TRQQ	⺮白𠂆 儿
dǒu 抖	RUFH	扌⺀十[丨]
	RUFh	扌⺀十[丨]

抖动 RUFC

dǒu 钭	QUFh	钅⺀十[丨]
	QUFh	钅⺀十[丨]
dǒu 蚪	JUFH	虫⺀十[丨]
	JUFH	虫⺀十[丨]
dǒu 陡	BFHy	阝土龰[丶]
	BFHy	阝土龰[丶]
dòu 斗	UFK	⺀十[川]
	UFk	⺀十[川]

斗争 UFQV 斗志 UFFN

斗志昂扬 UFJR

dòu 豆	GKUf	一口⺍[二]
	GKUf	一口⺍[二]

豆腐 GKYW 豆制品 GRKK

豆子 GKBB

dòu 逗	GKUP	一口⺍辶
	GKUP	一口⺍辶

逗号 GKKG 逗留 GKQY

dòu 痘	UGKU	疒一口⺍
	UGKU	疒一口⺍
dòu 窦	PWFD	宀八十大
	PWFD	宀八十大

DU

dū 都	FTJB	土丿日阝
	FTJB	土丿日阝

都城 FTFD　都督 FTHI
都市 FTYM

dū 嘟	KFTB	口土丿阝
	KFTB	口土丿阝

dū 督	HICH	上小又目
	HICH	上小又目

督促 HIWK

dú 毒	GXGU	圭口一丷
	GXU	圭母⑦

毒草 GXAJ　毒害 GXPD
毒辣 GXUG　毒素 GXGX
毒性 GXNT

dú 独	QTJy	丿丨虫⊙
	QTJy	犭ノ虫⊙

独白 QTRR　独创性 QWNT
独创 QTWB　独出心裁 QBNF
独裁 QTFA　独断专行 QOFT
独立 QTUU　独立核算 QUST
独特 QTTR　独立王国 QUGL
独自 QTTH　独立自主 QUTY
独生女 QTVV
独生子 QTBB
独生子女 QTBV
独树一帜 QSGM
独占鳌头 QHGU

dùn 顿	GBNM	一凵乙贝
	GBNM	一凵乚贝

dú 读	YFNd	讠十乙大
	YFNd	讠十一大

读报 YFRB　读后感 YRDG
读书 YFNN　读者来信 YFGW
读音 YFUJ　读者 YFFT
读物 YFTR　读者论坛 YFYF

dú 渎	IFND	氵十乙大
	IFND	氵十一大

渎职 IFBK

dú 椟	SFNd	木十乙大
	SFNd	木十一大

dú 犊	TRFD	丿扌十大
	CFNd	牜十一大

dú 牍	THGD	丿丨一大
	THGD	丿丨一大

dú 黩	LFOD	罒土灬大
	LFOD	罒土灬大

dú 髑	MELj	罒月罒虫
	MELj	罒月罒虫

dǔ 笃	TCF	⺮马一
	TCGf	⺮马一⊖

dǔ 堵	FFTj	土土丿日
	FFTj	土土丿日

堵塞 FFPF

dǔ 赌	MFTJ	贝土丿日
	MFTJ	贝土丿日

赌博 MFFG　赌徒 MFTF

dǔ 睹	HFTj	目土丿日
	HFTj	目土丿日

dù 芏	AFF	卄土㈠
	AFF	卄土㈠

dù 杜	SFG	木土㈠
	SFG	木土㈠

杜甫 SFGE　杜鹃 SFKE
杜绝 SFXQ

dù 肚	EFG	月土㈠
	EFg	月土㈠

肚皮 EFHC　肚子 EFBB

dù 妒	VYNT	女、尸㇒
	VYNT	女、尸㇒

妒忌 VYNN

dù 度	YAci	广廿又㈠
	OACi	广廿又㈠

度过 YAFP　度假 YAWN
度数 YAOV　度量衡 YJTQ

dù 渡	IYAc	氵广廿又
	IOac	氵广廿又

渡过 IYFP　渡海 IYIT
渡河 IYIS　渡假 IYWN
渡江 IYIA　渡口 IYKK

dù 镀	QYAc	钅广廿又
	QOAc	钅广廿又

镀金 QYQQ　镀钧 QYQU

dù 蠹	GKHJ	一口丨虫
	GKHJ	一口丨虫

DUAN

duān 端	UMDj	立山⺍丨
	UMdj	立山⺍丨

端详 UMYU　端正 UMGH

duǎn 短	TDGu	丿大一丷
	TDGu	丿大一丷

短波 TDIH　短程 TDTK
短促 TDWK　短短 TDTD
短工 TDAA　短路 TDKH
短评 TDYG　短期 TDAD
短文 TDYY　短小精悍 TION
短暂 TDLR　短训班 TYGY

duàn 段	WDMc	亻三几又
	THDC	丿丨三又

段落 WDAI

duàn 缎	XWDc	纟亻三又
	XTHc	纟丿丨三又

duàn 椴	SWDc	木亻三又
	STHC	木丿丨三又

duàn 煅	OWDc	火亻三又
	OTHC	火丿丨三又

duàn 锻	QWDc	钅亻三又
	QTHc	钅丿丨三又

锻炼 QWOA　锻造 QWTF

duàn 断	ONrh	米乙斤①
	ONrh	米乚斤①

断定 ONPG　断绝 ONXQ
断然 ONQD　断续续 OOXX
断送 ONUD　断章取义 OUBY

duàn 簖	TONR	⺮米乙斤
	TONk	⺮米乚斤

DUI

duī 堆	FWYg	土亻主⊖
	FWYg	土亻主⊖

堆栈 FWSG

duì 队	BWy	阝人⊙
	BWy	阝人⊙

队部 BWUK 队长 BWTA
队列 BWGQ 队伍 BWWG
队形 BWGA 队员 BWKM

duì 对	CFy	又寸⊙
	CFy	又寸⊙

对岸 CFMD 对比 CFXX
对称 CFTG 对不起 CGFH
对称 CFTQ 对待 CFTF
对敌 CFTD 对得起 CTFH
对方 CFYY 对付 CFWF
对话 CFYT 对换 CFRQ
对抗 CFRY 对角线 CQXG
对立 CFUU 对立面 CUDM
对联 CFBU 对牛弹琴 CRXG
对门 CFUY 对面 CFDM
对内 CFMW 对内搞活 CMRI
对流 CFIY 对手 CFRT
对外 CFQH 对外开放 CQGY
对象 CFQJ 对外贸易 CQQJ
对于 CFGF 对於 CFYW
对照 CFJV 对症下药 CUGA

duì 怼	CFNu	又寸心⑦
	CFNU	又寸心⑦

duī 敦	YBTy	亠子攵⊙
	YBTy	亠子攵⊙

duì 镦	QYBt	钅亠子攵
	QYBt	钅亠子攵

duì 憨	YBTN	亠子攵心
	YBTN	亠子攵心

duì 碓	DWYG	石亻主⊖
	DWYG	石亻主⊖

duì 兑	UKQB	⺌口儿⑩
	UKQB	⺌口儿⑩

兑换 UKRQ 兑现 UKGM

DUN

dūn 吨	KGBn	口一凵乙
	KGBn	口一凵乚

吨位 KGWU

dūn 敦	YBTy	亠子攵⊙
	YBTy	亠子攵⊙

敦促 YBWK

dūn 墩	FYBt	土亠子攵
	FYBt	土亠子攵

dūn 礅	DYBt	石亠子攵
	DYBt	石亠子攵

dūn 蹲	KHUF	口止⺌寸
	KHUF	口止⺌寸

蹲点 KHHK

dǔn 盹	HGBn	目一凵乙
	HGBn	目一凵乚

dùn 趸	DNKh	𠂎乙口疋
	GQKh	一力口疋

DUN-DUO

dùn 囤	LGBn	囗一凵乙
	LGBn	囗一凵㇄
dùn 沌	IGBn	氵一凵乙
	IGBn	氵一凵㇄
dùn 炖	OGBN	火一凵乙
	OGBn	火一凵㇄
dùn 砘	DGBn	石一凵乙
	DGBn	石一凵㇄
dùn 钝	QGBN	钅一凵乙
	QGBN	钅一凵㇄
dùn 顿	GBNM	一凵乙贝
	GBNM	一凵㇄贝

顿号 GBKG 顿时 GBJF

dùn 盾	RFHd	厂十目㊂
	RFHd	厂十目㊂
dùn 遁	RFHP	厂十目辶
	RFHP	厂十目辶

遁词 RFYN

DUO

| duō 多 | QQu | 夕夕㊇ |
| | QQu | 夕夕㊇ |

多半 QQUF 多才多艺 QFQA
多变 QQYO 多此一举 QHGI
多次 QQUQ 多愁善感 QTUD
多彩 QQES 多益善 QUU
多久 QQQY 多方面 QYDM
多么 QQTC 多方位 QYWU
多年 QQRH 多功能 QACE
多少 QQIT 多面手 QDRT
多数 QQOV 多年来 QRGO
多谢 QQYT 多学科 QITU
多余 QQWT 多样化 QSWX
多种 QQTK 多样性 QSNT
多元化 QFWX
多种多样 QTQS
多种经营 QTXA

| duō 哆 | KQQy | 口夕夕㊀ |
| | KQQy | 口夕夕㊀ |

哆嗦 KQQF

| duō 咄 | KBMh | 口凵山① |
| | KBMh | 口凵山① |

咄咄怪事 KKNG

duō 掇	RCCc	扌又又又
	RCCc	扌又又又
duō 裰	PUCC	衤㊁又又
	PUCC	衤㊁又又
duó 夺	DFu	大寸㊇
	DFu	大寸㊇

夺标 DFSF 夺冠 DFPF
夺取 DFBC 夺权 DFSC

duó 踱	KHYC	口止广又
	KHOC	口止广又
duó 铎	QCFh	钅又二丨
	QCGh	钅又十①
duǒ 朵	MSu	几木㊇
	WSu	几木㊇
duǒ 躲	TMDS	丿门三木
	TMDS	丿门三木

躲避 TMNK 躲藏 TMAD

duǒ 垛	FMSy	土几木⊙
	FWSy	土几木⊙
duǒ 哚	KMSy	口几木⊙
	KWSy	口几木⊙
duò 驮	CDY	马大⊙
	CGDY	马一大⊙
duò 剁	MSJh	几木刂①
	WSJh	几木刂①
duò 跺	KHMs	口止几木
	KHWS	口止几木
duò 沲	ITBn	氵𠂉也②
	ITBn	氵𠂉也②
duò 舵	TEPX	丿舟宀匕
	TUPx	丿舟宀匕
duò 堕	BDEF	阝ナ月土
	BDEF	阝ナ月土

堕落 BDAI 堕入 BDTY
堕胎 BDEC

duò 惰	NDAe	忄ナ工月
	NDAe	忄ナ工月

阿ē	BSkg	阝丁口⊖
	BSkg	阝丁口

阿弥陀佛 BXBW

屙ē	NBSk	尸阝丁口
	NBSk	尸阝丁口

姻ē	VBSk	女阝丁口
	VBSk	女阝丁口

讹é	YWXN	讠亻匕⊖
	YWXN	讠亻匕⊖

讹诈 YWYT

俄é	WTRt	亻丿扌丿
	WTRy	亻丿扌丶

俄国 WTLG 俄罗斯 WLAD
俄文 WTYY 俄语 WTYG

莪é	ATRt	艹丿扌丿
	ATRy	艹丿扌丶

哦é	KTRt	口丿扌丿
	KTRy	口丿扌丶

峨é	MTRt	山丿扌丿
	MTRy	山丿扌丶

峨眉山 MNMM

娥é	VTRt	女丿扌丿
	VTRy	女丿扌丶

锇é	QTRT	钅丿扌丿
	QTRY	钅丿扌丶

鹅é	TRNG	丿扌乙一
	TRNG	丿扌乚丶

蛾é	JTRt	虫丿扌丿
	JTRy	虫丿扌丶

额é	PTKM	宀夂口贝
	PTKM	宀夂口贝

额定 PTPG 额头 PTUD
额外 PTQH 额外负担 PQQR

苊è	ADBb	艹厂巳⓪
	ADBb	艹厂巳⓪

呃è	KDBn	口厂巳⓪
	KDBn	口厂巳⓪

轭è	LDBn	车厂巳⓪
	LDBn	车厂巳⓪

厄è	DBV	厂巳⓪

厄运 DBFC

扼è	RDBn	扌厂巳⓪
	RDBn	扌厂巳⓪

扼杀 RDQS 扼要 RDSV

垩è	GOGF	一业一土
	GOFf	一业土⊖

恶è	COGN	一业一心
	GONu	一业心⓪

恶霸 GOFA 恶毒 GOGX
恶果 GOJS 恶化 GOWX

恶劣 GOIT　恶习 GONU
恶意 GOUJ　恶性循环 GNTG

è 饿	QNTt	ノ乙ノノ
	QNTY	ノ乙ノ丶
è 鄂	KKFB	口口二阝
	KKFB	口口二阝
è 谔	YKKN	讠口口乙
	YKKN	讠口口㇕
è 萼	AKKN	艹口口乙
	AKKN	艹口口㇕
è 愕	NKKn	忄口口乙
	NKKn	忄口口㇕
è 腭	EKKN	月口口乙
	EKKn	月口口㇕
è 锷	QKKN	钅口口乙
	QKKN	钅口口㇕
è 颚	KKFM	口口二贝
	KKFM	口口二贝
è 鹗	KKFG	口口二一
	KKFG	口口二一
è 鳄	QGKN	鱼一口乙
	QGKn	鱼一口㇕

鳄鱼 QGQG

è 遏	JQWP	日勹人辶
	JQWp	日勹人辶
è 噩	GKKK	王口口口
	GKKK	王口口口

疆耗 GKDI

EI

| èi 诶 | YCTd | 讠厶ㄏ大 |
| | YCTd | 讠厶ㄏ大 |

EN

| ēn 恩 | LDNu | 囗大心㇀ |
| | LDNu | 囗大心㇀ |

恩爱 LDEP　恩赐 LDMJ
恩怨 LDQB　恩格斯 LSAD
恩情 LDNG

ēn 蒽	ALDN	艹囗大心
	ALDN	艹囗大心
èn 摁	RLDn	扌囗大心
	RLDN	扌囗大心

ER

| ér 儿 | QTn | 儿ノ乙 |
| | QTn | 儿ノ㇄ |

儿科 QTTU　儿女 QTVV
儿子 QTBB　儿童节 QUAB
儿媳妇 QVVV

| ér 而 | DMJj | 丆冂刂① |
| | DMjj | 丆冂刂① |

而后 DMRG　而且 DMEG

| ér 鸸 | DMJG | 丆冂刂一 |
| | DMJG | 丆冂刂一 |

ér 鲕	QGDJ	鱼一ア‖
	QGDJ	鱼ノア‖
ěr 尔	QIU	⁄小㋆
	QIu	⁄小㋆
ěr 迩	QIPi	⁄小辶㋆
	QIPI	⁄小辶㋆
ěr 耳	BGHg	耳一丨一
	BGHg	耳一丨一

耳朵 BGMS 耳环 BGGG
耳机 BGSM 耳目 BGHH
耳闻 BGUB 耳语 BGYG
耳闻目睹 BUHH

ěr 饵	QNBG	⁄乙耳㊀
	QNBG	⁄乚 耳㊀
ěr 洱	IBG	氵耳㊀
	IBG	氵耳㊀
ěr 珥	GBG	王耳㊀
	GBG	王耳㊀
ěr 铒	QBG	钅耳㊀
	QBG	钅耳㊀
èr 二	FGg	二一一
	FGG	二一一

二进 FGFJ 二把手 FRRT
二月 FGEE 二进制 FFRM
二氧化碳 FRWD

èr 贰	AFMi	弋二贝㋆
	AFMy	弋二贝、
èr 佴	WBG	亻耳㊀
	WBG	亻耳㊀

FA

发 fā	NTCy	乙丿又丶
	NTCy	一丿又丶

发报 NTRB 发报机 NRSM
发表 NTGE 发病率 NUYX
发布 NTDM 发财 NTMF
发愁 NTTO 发场光大 NFID
发出 NTBM 发达 NTDP
发电 NTJN 发达国家 NDLP
发抖 NTRU 发电机 NJSM
发放 NTYT 发电量 NJJG
发愤 NTNF 发动机 NFSM
发疯 NTUM 发奋图强 NDLX
发稿 NTTY 发光 NTIQ
发挥 NTRP 发号施令 NKYW
发回 NTLK 发火 NTOO
发货 NTWX 发货票 NWSF
发家 NTPE 发脾气 NERN
发觉 NTIP 发刊词 NFYN
发亮 NTYP 发明家 NJPE
发明 NTJE 发明创造 NJWT
发酵 NTSG 发明奖 NJUQ
发热 NTRV 发明者 NJFT
发烧 NTOA 发人深省 NWII
发射 NTTM 发生 NTTG
发誓 NTRR 发问 NTUK
发泄 NTIA 发现 NTGM
发信 NTWY 发行 NTTF
发言 NTYY 发行量 NTJG

发型 NTGA 发行人 NTWW
发音 NTUJ 发言权 NYSC
发扬 NTRN 发言人 NYWW
发育 NTYC 发扬光大 NRID
发源 NTID 发源地 NIFB
发展 NTNA 发展史 NNKQ
发作 NTWT 发展生产 NNTU
发展中国家 NNKP
发明家分会 NJPW

乏 fá	TPI	丿之①
	TPu	丿之②

伐 fá	WAT	亻戈丿
	WAY	亻戈丶

垡 fá	WAFF	亻戈土②
	WAFF	亻戈土②

阀 fá	UWAe	门亻戈㐅
	UWAi	门亻戈㐆

筏 fá	TWAr	⺮亻戈丿
	TWAu	⺮亻戈②

罚 fá	LYjj	罒讠刂①
	LYjj	罒讠刂①

罚款 LYFF

法 fǎ	IFcy	氵土厶丶
	IFCy	氵土厶丶

法案 IFPV 法办 IFLW
法宝 IFPG 法定 IFPG
法官 IFPN 法规 IFFW
法国 IFLG 法纪 IFXN
法郎 IFYV 法兰西 IUSG
法令 IFWY 法庭 IFTV
法权 IFSC 法律顾问 ITDU
法人 IFWW 法庭 IFYT

法文 IFYY 法西斯 ISAD
法语 IFYG 法院 IFBP
法则 IFMJ 法制 IFRM
法治 IFIC

fǎ 砝	DFCY	石土厶⊙
	DFCY	石土厶⊙

fà 珐	GFCy	王土厶⊙
	GFCy	王土厶⊙

FAN

fān 帆	MHMy	冂丨门丶
	MHWy	冂丨几丶

帆船 MHTE

fān 番	TOLf	丿米田㊀
	TOLf	丿米田㊀

番茄 TOAL

fān 幡	MHTL	冂丨丿田
	MHTL	冂丨丿田

fān 藩	AITL	艹氵丿田
	AITL	艹氵丿田

fān 翻	TOLN	丿米田羽
	TOLN	丿米田羽

翻案 TOPV 翻版 TOTH
翻滚 TOIU 翻江倒海 TIWI
翻身 TOTM 翻腾 TOEU
翻新 TOUS 翻天覆地 TGSF
翻译 TOYC 翻译片 TYIH
翻阅 TOUU

fán 凡	MYi	几丶②
	WYI	几丶②

凡事 MYGK 凡例 MYWG
凡是 MYJG

fán 矾	DMYy	石几丶⊙
	DWYy	石几丶⊙

fán 钒	QMYY	钅几丶⊙
	QWYY	钅几丶⊙

fán 烦	ODMy	火厂几贝
	ODMy	火厂几贝

烦闷 ODUN 烦恼 ODNY
烦琐 ODGI 烦躁 ODKH

fán 蕃	ATOl	艹丿米田
	ATOl	艹丿米田

fán 燔	OTOl	火丿米田
	OTOl	火丿米田

fán 蹯	KHTL	口止丿田
	KHTL	口止丿田

fán 樊	SQQD	木乂乂大
	SRRD	木乂乂大

fán 繁	TXGI	𠂉口一小
	TXTI	𠂉母攵小

繁多 TXQQ 繁华 TXWX
繁忙 TXNY 繁简共容 TTAP
繁荣 TXAP 繁荣昌盛 TAJD
繁体 TXWS 繁荣富强 TAPX
繁杂 TXVS 繁琐哲学 TGRI
繁重 TXTG

fán 蘩	ATXI	艹𠂉口小
	ATXI	艹𠂉母小

fǎn 反	RCi	厂又②
	RCi	厂又②

反比 RCXX　反比例 RXWG
反驳 RCCQ　反唇相讥 RDSY
反常 RCIP　反帝 RCUP
反动 RCFC　反动派 RFIR
反对 RCCF　反对派 RCIR
反而 RCDM　反封建 RFVF
反复 RCTJ　反复无常 RTFI
反感 RCDG　反革命 RAWG
反华 RCWX　反过来 RFGO
反悔 RCNT　反击 RCFM
反抗 RCRY　反馈 RCQN
反面 RCDM　反浪费 RIXJ
反叛 RCUD　反民主 RNYG
反思 RCIT　反恐 RCLN
反响 RCKT　反贪污 RWIF
反向 RCTM　反义词 RYYN
反映 RCJM　反应堆 RYFW
反正 RCGH　反之 RCPP
反作用 RWET

fǎn 返	RCPi	厂又辶⊙
	RCPi	厂又辶⊙

返航 RCTE　返回 RCLK
返乡 RCXT　返老还童 RFGU
返销 RCQI　返修 RCWH

fàn 犯	QTBn	犭丿㔾⊙
	QTBn	犭⓪㔾⊙

犯病 QTUG　犯错误 QQYK
犯法 QTIF　犯规 QTFW
犯罪 QTLD　犯人 QTWW

fàn 范	AIBb	艹氵㔾⊙
	AIBb	艹氵㔾⊙

范畴 AILD　范例 AIWG
范围 AILF

fàn 饭	QNRc	夂乙厂又
	QNRc	夕乙 厂又

饭菜 QNAE　饭店 QNYH
饭后 QNRG　饭前 QNUE
饭厅 QNDS　饭碗 QNDP

fàn 贩	MRcy	贝厂又⊙
	MRCy	贝厂又⊙

贩卖 MRFN　贩运 MRFC

fàn 畈	LRCy	田厂又⊙
	LRCy	田厂又⊙

fàn 泛	ITPy	氵丿之⊙
	ITPy	氵丿之⊙

泛滥 ITIJ

fàn 梵	SSMy	木木几丶
	SSWy	木木几丶

FANG

fāng 方	YYgn	方、一乙
	YYgt	方、一丿

方案 YYPV　方块字 YFPB
方法 YYIF　方便面 YWDM
方圆 YYWG　方括号 YRKG
方式 YYAA　方框图 YSLT
方向 YYTM　方面 YYDM
方位 YYWU　方面军 YDPL
方圆 YYLK　方向盘 YTTE
方针 YYQF　方兴未艾 YIFA
方针政策 YQGT

fāng 邡	YBH	方阝⓪
	YBH	方阝⓪

| fāng 坊 | FYN | 土方② |
| | FYt | 土方① |

| fāng 芳 | AYb | 卄方⑥ |
| | AYr | 卄方① |

芳菲 AYAD　芳龄 AYHW
芳香 AYTJ

| fāng 枋 | SYN | 木方② |
| | SYT | 木方① |

| fāng 钫 | QYN | 钅方② |
| | QYT | 钅方① |

| fáng 防 | BYn | 阝方② |
| | BYT | 阝方① |

防备 BYTL　防病 BYUG
防潮 BYIF　防弹 BYXU
防盗 BYUQ　防范 BYAI
防洪 BYIA　防护 BYRY
防火 BYOO　防护林 BRSS
防空 BYPW　防守 BYPF
防线 BYXG　防汛 BYIN
防疫 BYUM　防疫站 BUUH
防御 BYTR　防震 BYFD
防止 BYHH　防治 BYIC

| fáng 妨 | VYn | 女方② |
| | VYt | 女方① |

妨碍 VYDJ　妨害 VYPD

| fáng 肪 | EYN | 月方② |
| | EYt | 月方① |

| fáng 房 | YNYv | 、尸方⑥ |
| | YNYe | 、尸方③ |

房产 YNUT　房科 YUTU
房东 YNAI　房地产 YFUT
房间 YNUJ　房管科 YTTU
房客 YNPT　房屋 YNNG
房子 YNBB　房租 YNTE
房租费 YTXJ

| fǎng 鲂 | QGYN | 鱼一方② |
| | QGYT | 鱼一方① |

| fǎng 仿 | WYN | 亻方② |
| | WYT | 亻方① |

仿佛 WYWX　仿制 WYRM
仿宋体 WPWS

| fǎng 访 | YYN | 讠方② |
| | YYT | 讠方① |

访问 YYUK　访华团 YWLF

| fǎng 彷 | TYN | 彳方② |
| | TYT | 彳方① |

| fǎng 纺 | XYn | 纟方② |
| | XYt | 纟方① |

纺纱 XYXI　纺织厂 XXDG
纺织 XYXK　纺织品 XXKK

| fǎng 舫 | TEYN | 丿丹方② |
| | TUYT | 丿丹方① |

| fàng 放 | YTy | 方攵⊙ |
| | YTy | 方攵⊙ |

放大 YTDD　放大镜 YDQU
放荡 YTAI　放电 YTJN
放火 YTOO　放假 YTWN
放升 YTGA　放空 YTPW
放宽 YTPA　放慢 YTNJ
放牧 YTTR　放炮 YTOQ
放弃 YTYC　放任自流 YWTI

放射 YTTM　放射线 YTXG
放手 YTRT　放肆 YTDV
放松 YTSW　放像 YTWQ
放心 YTNY　放学 YTIP
放映 YTJM　放映机 YJSM
放置 YTLF　放纵 YTXW

FEI

fēi 飞	NUI	乙丶①
	NUI	乙丶②

飞奔 NUDF　飞机场 NSFN
飞船 NUTE　飞黄腾达 NAED
飞快 NUNN　飞速 NUGK
飞舞 NURL　飞翔 NUUD
飞行 NUTF　飞行员 NTKM
飞跃 NUKH　飞扬跋扈 NRKY

fēi 妃	VNN	女己②
	VNN	女己②

fēi 非	DJDd	三‖三㊀
	HDhd	｜三‖三

非常 DJIP　非党员 DIKM
非法 DJIF　非凡 DJMY
非洲 DJIY　非金属 DQNT
非同小可 DMIS

fēi 菲	ADJd	艹三‖三
	AHDd	艹｜三‖三

菲律宾 ATPR

fēi 啡	KDJd	口三‖三
	KHDD	口｜三‖

fēi 绯	XDJD	纟三‖三
	XHDd	纟｜三‖三

fēi 扉	YNDD	丶尸三三
	YNHD	丶尸｜三

fēi 蜚	DJDJ	三‖三虫
	HDHJ	｜三｜虫

fēi 霏	FDJD	雨三‖三
	FHDd	雨｜三‖三

fēi 鲱	QGDD	鱼一三三
	QGHD	鱼一｜三

féi 肥	ECn	月巴②

肥大 ECDD　肥厚 ECDJ
肥料 ECOU　肥胖 ECEU
肥肉 ECMW　肥胖症 EEUG
肥瘦 ECUV　肥沃 ECIT
肥皂 ECRA　肥猪 ECQT

féi 淝	IECn	氵月巴②
	IECn	氵月巴②

féi 腓	EDJD	月三‖三
	EHDd	月｜三‖三

fěi 诽	YDJd	讠三‖三
	YHDd	讠｜三‖三

诽谤 YDYU

fěi 斐	DJDY	三‖三文
	HDHY	｜三｜文

fěi 悱	NDJD	忄三‖三
	NHDD	忄｜三‖

fěi 榧	SADD	木匚三三
	SAHd	木匚｜三

fèi 篚	TADD	⺮匚三三
	TAHd	⺮匚丨三
fèi 匪	ADJD	匚三‖三
	AHDD	匚丨三三
fèi 翡	DJDN	三‖三羽
	HDHN	丨三丨羽
fèi 芾	AGMh	艹一冂丨
	AGMh	艹一冂丨
fèi 肺	EGMh	月一冂丨
	EGMh	月一冂丨

肺病 EGUG　肺部 EGUK

| fèi 费 | XJMu | 弓丨贝② |
| | XJMu | 弓丨贝② |

费话 XJYT　费用 XJET
费尽心机 XNNS

| fèi 沸 | IXJh | 氵弓丨① |
| | IXJh | 氵弓丨① |

沸腾 IXEU

| fèi 狒 | QTXj | 犭丿弓丨 |
| | QTXJ | 犭②弓丨 |

| fèi 镄 | QXJM | 钅弓丨贝 |
| | QXJm | 钅弓丨贝 |

| fèi 吠 | KDY | 口犬⊙ |
| | KDY | 口犬⊙ |

| fèi 废 | YNTY | 广乙丿⊙ |
| | ONTy | 广⺁丿⊙ |

废除 YNBW　废话 YNYT
废料 YNOU　废品 YNKK
废气 YNRN　废品率 YKYX
废弃 YNYC　废铁 YNQR
废物 YNTR　废寝忘食 YPYW
废纸 YNXQ

| fèi 痱 | UDJD | 疒三‖三 |
| | UHDd | 疒丨三三 |

痱子 UDBB

～ FEN ～

| fēn 分 | WVb | 八刀⑥ |
| | WVr | 八刀⑥ |

分贝 WVMH　分辨 WVUY
分别 WVKL　分辨率 WUYX
分兵 WVRG　分部 WVUK
分厂 WVDG　分成 WVDN
分寸 WVFG　分担 WVRJ
分档 WVSI　分店 WVYH
分队 WVBW　分道扬镳 WURQ
分割 WVPD　分工 WVAA
分会 WVWF　分化 WVWX
分解 WVQE　分阶段 WBWD
分界 WVLW　分开 WVGA
分类 WVOD　分毫 WVYB
分裂 WVGQ　分理处 WGTH
分米 WVOY　分泌 WVIN
分秒 WVTI　分秒必争 WTNQ
分明 WVJE　分配 WVSG
分批 WVRX　分期 WVAD
分歧 WVHF　分清 WVYQ
分散 WVAE　分数线 WOXG
分数 WVOV　分水岭 WIMW
分头 WVUD　分外 WVQH
分为 WVYL　分析 WVSR
分行 WVTF　分钟 WVQK
分子 WVBB

fēn 芬	AWVb	艹八刀⑫
	AWVr	艹八刀⓪

芬芳 AWAY

fēn 吩	KWVn	口八刀⑫
	KWVt	口八刀⓪

吩咐 KWKW

fēn 纷	XWVN	纟八刀⑫
	XWVt	纟八刀⓪

纷纭 XWXF 纷纷 XWXW
纷至沓来 XGIG

fēn 玢	GWVn	王八刀⑫
	GWVt	王八刀⓪

fēn 氛	RNWv	𠂉乙八刀
	RWVe	气八刀③

fēn 酚	SGWv	西一八刀
	SGWv	西一八刀

fén 坟	FYy	土文⊙
	FYY	土文⊙

坟墓 FYAJ

fén 汾	IWVn	氵八刀⑫
	IWVt	氵八刀⓪

fén 棼	SSWv	木木八刀
	SSWV	木木八刀

fén 鼢	VNUV	白乙丶八
	ENUV	白丶八

fén 焚	SSOu	木木火⑦
	SSOu	木木火⑦

焚毁 SSVA 焚烧 SSOA

fěn 粉	OWvn	米八刀⑫
	OWVt	米八刀⓪

粉笔 OWTT 粉身碎骨 OTDM
粉碎 OWDY 粉刷 OWNM

fèn 份	WWVn	亻八刀⑫
	WWVt	亻八刀⓪

fèn 忿	WVNU	八刀心⑦
	WVNU	八刀心⑦

忿恨 WVNV

fèn 奋	DLF	大田㊀
	DLF	大田㊀

奋斗 ULUF 奋不顾身 DGDT
奋力 DLLT 奋发图强 DNLX
奋起 DLFH 奋勇 DLCE
奋战 DLHK 奋勇当先 DCIT

fèn 债	WFAm	亻十廿贝
	WFAm	亻十廿贝

fèn 愤	NFAm	忄十廿贝
	NFAm	忄十廿贝

愤愤 NFNF 愤恨 NFNV
愤慨 NFNV 愤慨 NFVC

fèn 鲼	QGFM	鱼一十贝
	QGFM	鱼一十贝

fèn 粪	OAWU	米廿八⑦
	OAWu	米廿八⑦

粪便 OAWG

fèn 瀵	IOLw	氵米田八
	IOLw	氵米田八

FENG

fēng 丰	DHk	三丨⑩
	DHK	三丨⑩

丰碑 DHDR　丰采 DHES
丰产 DHUT　丰富 DHPG
丰厚 DHDJ　丰富多彩 DPQE
丰满 DHIA　丰年 DHRH
丰收 DHNH　丰硕 DHDD
丰姿 DHUQ　丰衣足食 DYKW

fēng 沣	IDHh	氵三丨①
	IDHh	氵三丨①

fēng 风	MQi	几乂②
	WRi	几乂②

风暴 MQJA　风波 MQIH
风采 MQES　风尘仆仆 MIWW
风尘 MQIF　风吹草动 MKAF
风光 MQIQ　风调雨顺 MYFK
风度 MQYA　风华 MQWX
风格 MQST　风华正茂 MWGA
风景 MQJY　风景区 MJAQ
风雷 MQFL　风起云涌 MFFI
风流 MQIY　风靡 MQYS
风力 MQLT　风靡一时 MYGJ
风气 MQRN　风趣 MQFH
风骚 MQCC　风沙 MQII
风扇 MQYN　风尚 MQIM
风声 MQFN　风湿病 MIUG
风湿 MQIJ　风霜 MQFS
风味 MQKF　风俗 MQWW
风险 MQBW　风行 MQTF
风雨 MQFG　风云 MQFC
风韵 MQUJ　风雨同舟 MFMT
风灾 MQPO

风马牛不相及 MCRE

fēng 枫	SMQy	木几乂①
	SWRy	木几乂①

枫叶 SMKF

fēng 砜	DMQY	石几乂①
	DWRY	石几乂①

fēng 疯	UMQi	疒几乂②
	UWRi	疒几乂②

疯狂 UMQT　疯人院 UWBP

fēng 封	FFFY	土土寸①
	FFFY	土土寸①

封闭 FFUF　封存 FFDH
封底 FFYQ　封建主义 FVYY
封建 FFVF　封面 FFDM
封锁 FFQI

fēng 葑	AFFF	艹土土寸
	AFFF	艹土土寸

fēng 峰	MTDh	山夂三丨
	MTDh	山夂三丨

fēng 烽	OTdh	火夂三丨
	OTDh	火夂三丨

fēng 锋	QTDh	钅夂三丨
	QTDh	钅夂三丨

锋芒毕露 QAXF

fēng 蜂	JTDh	虫夂三丨
	JTDh	虫夂三丨

蜂蜜 JTPN

fēng 酆	DHDB	三丨三阝
	MDHb	山三丨阝

féng 冯	UCg	冫马[一]
	UCGg	冫马一[一]
féng 逢	TDHp	夂三丨辶
	TDHp	夂三丨辶
féng 缝	XTDP	纟夂三辶
	XTDP	纟夂三辶

缝纫 XTXV 缝纫机 XXSM
缝隙 XTBI

fěng 讽	YMQy	讠几乂[丶]
	YWRy	讠几乂[丶]

讽刺 YMGM

fěng 唪	KDWh	口三人丨
	KDWG	口三人丰
fèng 凤	MCi	几又[氵]
	WCI	几又[氵]

凤凰 MCMR

fèng 奉	DWFh	三人二丨
	DWGj	三人丰[刂]

奉承 DWBD 奉命 DWWG
奉劝 DWCL 奉送 DWUD
奉献 DWFM 奉行 DWTF

fèng 俸	WDWH	亻三人丨
	WDWG	亻三人丰

FO

fó 佛	WXJh	亻弓丿丨[丨]
	WXJh	亻弓丿丨[丨]

佛教 WXFT

FOU

fǒu 缶	RMK	𠂉山[川]
	TFBK	𠂉十凵[川]
fǒu 否	GIKf	一小口[二]
	DHKF	丆卜口[二]

否定 GIPG 否认 GIYW
否则 GIMJ

FU

fū 夫	FWI	二人[氵]
	GGGY	夫一一㇏

夫妇 FWVV 夫妻 FWGV

fū 呋	KFWy	口二人[丶]
	KGY	口夫[丶]
fū 肤	EFWy	月二人[丶]
	EGY	月夫[丶]

肤色 EFQC

fū 麸	GQFW	龶夕二人
	GQGY	龶夕夫[丶]
fū 趺	KHFw	口止二人
	KHGY	口止夫[丶]
fū 跗	KHWF	口止亻寸
	KHWF	口止亻寸
fū 稃	TEBG	禾爫子[一]
	TEBG	禾爫子[一]
fū 孵	QYTB	𠂎丶丿子
	QYTB	𠂎丶丿子

FU-FU

fú 敷	GEHT	一月丨攵		fú 伏	WDY	亻犬⊙
	SYTY	甫方攵⊙			WDY	亻犬⊙

敷衍 GETI

伏特 WDTR　伏尔加 WQLK

fú 扶	RFWy	扌二人⊙		fú 莢	AWDu	艹亻犬②
	RGY	扌夫⊙			AWDu	艹亻犬②

扶持 RFRF

fú 芙	AFWU	艹二人⊙		fú 袯	PUWD	衤丶亻犬
	AGU	艹夫②			PUWD	礻②亻犬

芙蓉 AFAP

fú 蚨	JFWy	虫二人⊙		fú 凫	QYNM	勹、乙几
	JGY	虫夫⊙			QWB	鸟几⑥

fú 弗	XJK	弓丨⑩		fú 苻	AGMh	艹一门丨
	XJK	弓丨⑩			AGMh	艹一门丨

fú 佛	WXJh	亻弓丨①		fú 罘	LGIu	罒一小②
	WXJh	亻弓丨①			LDHu	罒丆卜②

fú 拂	RXJH	扌弓丨①		fú 孚	EBF	爫子㊀
	RXJH	扌弓丨①			EBF	爫子㊀

fú 俘	WEBg	亻爫子㊀				
	WEBg	亻爫子㊀				

拂晓 RXJA

俘虏 WEHA

fú 怫	NXJh	忄弓丨①		fú 郛	EBBh	爫子阝①
	NXJh	忄弓丨①			EBBh	爫子阝①

fú 绋	XXJh	纟弓丨①		fú 莩	AEBF	艹爫子㊀
	XXJh	纟弓丨①			AEBf	艹爫子㊀

fú 砩	DXJh	石弓丨①		fú 浮	IEBg	氵爫子㊀
	DXJh	石弓丨①			IEBg	氵爫子㊀

fú 氟	RNXj	匚乙弓丨				
	RXJK	气弓丨⑩				

浮雕 IEMF　浮夸风 IDMQ
浮动 IEFC　浮浅 IEIG
浮现 IEGM

fú 鲜	XJQc	弓丨勹巴				
	XJQc	弓丨勹巴				

字	编码	拆分
fú 枎	SEBg	木冖子㇀
	SEBg	木冖子㇀
fú 蜉	JEBg	虫冖子㇀
	JEBg	虫冖子㇀
fú 苻	AWFU	艹亻寸⑦
	AWFU	艹亻寸⑦
fú 符	TWFu	⺮亻寸⑦
	TWFu	⺮亻寸⑦

符号 TWKG 符合 TWWG

fú 服	EBcy	月卩又㇀
	EBcy	月卩又㇀

服从 EBWW 服务业 ETOG
服饰 EBQN 服务部 ETUK
服务 EBTL 服务费 ETXJ
服气 EBRN 服务台 ETCK
服装 EBUF 服务态度 ETDY
服用 EBET 服务员 ETKM
服务站 ETUH
服役期 ETAD
服装厂 EUDG

fú 菔	AEBC	艹月卩又
	AEBC	艹月卩又
fú 绂	XDCy	纟犬又㇀
	XDCy	纟犬又㇀
fú 袚	PYDC	衤丶犬又
	PYDY	衤⊙犬丶
fú 黻	OGUC	丵一丷又
	OIDy	业氺犬丶
fú 匐	QGKl	勹一口田
	QGKl	勹一口田
fú 幅	MHGl	冂丨一田
	MHGl	冂丨一田

幅度 MHYA

fú 辐	LGKl	车一口田
	LGKl	车一口田
fú 福	PYGl	礻丶一田
	PYGl	礻⊙一田

福建 PYVF 福建省 PVIT
福利 PYTJ 福州 PYYT
福州市 PYYM

fú 蝠	JGKL	虫一口田
	JGKL	虫一口田
fú 涪	IUKg	氵立口㇀
	IUKg	氵立口㇀
fú 幞	MHOy	冂丨丬丶
	MHOg	冂丨业夫
fǔ 斧	WQRj	八乂斤⑩
	WRRj	八乂斤⑩

斧头 WQUD 斧正 WQGH

fǔ 釜	WQFu	八乂干丷
	WRFu	八乂干丷

釜底抽薪 WYRA

fǔ 滏	IWQu	氵八乂丷
	IWRu	氵八乂丷
fǔ 抚	RFQn	扌二儿②
	RFQn	扌二儿②

抚摸 RFRA 抚恤金 RNQQ
抚养 RFUD

fǔ 甫	GEHy	一月丨、
	SGHY	甫一丨、

fǔ 辅	LGEY	车一月、
	LSY	车甫、

辅导 LGNF　辅导员 LNKM
辅助 LGEG

fǔ 脯	EGEy	月一月、
	ESY	月甫、

fǔ 黼	OGUY	卄一丷、
	OISy	业氺甫、

fǔ 抚	RWFy	扌亻寸、
	RWFy	扌亻寸、

fǔ 府	YWFi	广亻寸②
	OWfi	广亻寸②

fǔ 俯	WYWf	亻广亻寸
	WOWf	亻广亻寸

俯瞰 WYHN　俯视 WYPY

fǔ 腑	EYWf	月广亻寸
	EOWf	月广亻寸

fǔ 腐	YWFW	广亻寸人
	OWFW	广亻寸人

腐败 YWMT　腐化 YWWX
腐烂 YWOU　腐蚀 YWQN
腐朽 YWSG

fù 父	WQU	八乂②
	WRU	八乂②

父辈 WQDJ　父老 WQFT
父母 WQXG　父亲 WQUS
父兄 WQKQ　父子 WQBB

fù 讣	YHY	讠卜⊙
	YHY	讠卜⊙

讣告 YHTF

fù 赴	FHHi	土⺊卜②
	FHHi	土⺊卜②

赴宴 FHPJ

fù 付	WFY	亻寸⊙
	WFY	亻寸⊙

付出 WFBM　付款 WFFF
付清 WFIG　付印 WFQG

fù 驸	CWFy	马亻寸⊙
	CGWF	马一亻寸

fù 附	BWFy	阝亻寸⊙
	BWFy	阝亻寸⊙

附带 BWGK　附和 BWTK
附加 BWLK　附加费 BLXJ
附件 BWWR　附加税 BLTU
附近 BWRP　附录 BWVI
附图 BWLT　附言 BWYY
附属 BWNT　附注 BWIY

fù 鲋	QGWf	鱼一亻寸
	QGWF	鱼一亻寸

fù 负	QMu	夕贝②
	QMu	夕贝②

负担 QMRJ　负荷 QMAW
负伤 QMWT　负数 QMOV
负载 QMFA　负责人 QGWW
负责 QMGM 负责任 QGWT
负责制 QGRM

fù 妇	VVg	女彐⊖
	VVg	女彐⊖

妇科 VVTU　妇女节 VVAB
妇联 VVBU　妇女界 VVLW

fù 阜	WNNF	丿ココ十
	TNFj	丿日十⑩

fù 复	TJTu	𠂉日夂⑦
	TJTu	𠂉曰夂⑦

复辟 TJNK　复查 TJSJ
复合 TJWG　复活 TJIT
复习 TJNU　复写 TJPG
复兴 TJIW　复写纸 TPXQ
复印 TJQG　复印机 TQSM
复员 TJKM　复印件 TQWR
复杂 TJVS　复杂性 TVNT
复制 TJRM

fù 腹	ETJt	月𠂉日夂
	ETJt	月𠂉曰夂

腹腔 ETEP　腹痛 ETUC
腹泻 ETIP

fù 蝮	JTJT	虫𠂉日夂
	JTJt	虫𠂉曰夂

fù 鳆	QGTT	鱼一𠂉夂
	QGTT	鱼一𠂉夂

fù 覆	STTt	西彳𠂉夂
	STTt	西彳𠂉夂

覆盖 STUG　覆盖率 SUYX
覆灭 STGO

fù 馥	TJTT	禾日𠂉夂
	TJTT	禾日𠂉夂

fù 副	GKLj	一口田刂
	GKLj	一口田刂

副本 GKSG　副标题 GSJG
副词 GKYN　副产品 GUKK
副刊 GKFJ　副教授 GFRE
副食 GKWY　副经理 GXGJ
副手 GKRT　副局长 GNTA
副职 GKBK　副省长 GITA
副县长 GETA　副食店 GWYH
副总理 GUGJ
副主席 GYYA

fù 富	PGKl	宀一口田
	PGKl	宀一口田

富丽 PGGM　富强 PGXK
富饶 PGQN　富有 PGDE
富裕 PGPU

fù 赋	MGAh	贝一弋止
	MGay	贝一弋、

赋予 MGCB

fù 傅	WGEf	亻一月寸
	WSFy	亻甫寸⑤

fù 缚	XGEf	纟一月寸
	XSfy	纟甫寸⑤

fù 赙	MGEf	贝一月寸
	MSFy	贝甫寸⑤

fù 咐	KWFy	口亻寸⑤
	KWFy	口亻寸⑤

G

GA

gā 夹	GUWi	一丷人[氵]
	GUDi	一丷大[氵]
gā 旮	VJF	九日[二]
	VJF	九曰[二]
gā 咖	KLKg	口力口[一]
	KEKg	口力口[一]
gā 伽	WLKg	亻力口[一]
	WEKg	亻力口[一]
gā 嘎	KDHa	口丆目戈
	KDHa	口丆目戈
gá 轧	LNN	车乙[乙]
	LNN	车乚[乙]
gá 钆	QNN	钅乙[乙]
	QNN	钅乚[乙]
gá 尜	IDIu	小大小[冫]
	IDIu	小大小[冫]
gá 噶	KAJn	口艹日乙
	KAJn	口艹曰乚
gǎ 尕	EIU	乃小[冫]
	BIU	乃小[冫]

gà 尬	DNWj	九乙人川
	DNWj	九乚人川

GAI

gāi 该	YYNW	讠亠乙人
	YYNW	讠亠乚人
gāi 陔	BYNW	阝亠乙人
	BYNW	阝亠乚人
gāi 垓	FYNW	土亠乙人
	FYNw	土亠乚人
gāi 赅	MYNw	贝亠乙人
	MYNw	贝亠乚人
gǎi 改	NTY	己攵[丶]
	NTy	己攵[丶]

改编 NTXY　改朝换代 NFRW
改变 NTYO　改革派 NAIR
改革 NTAF　改革者 NAFT
改建 NTVF　改革开放 NAGY
改进 NTFJ　改头换面 NURD
改良 NTYV　改期 NTAD
改善 NTUD　改造 NTTF
改正 NTGH　改装 NTUF
改组 NTXE

gài 丐	GHNv	一⺊乙[巛]
	GHNv	一⺊㇉[巛]
gài 钙	QGHn	钅一⺊乙
	QGHN	钅一⺊㇉
gài 芥	AWJj	艹人丿丨[刂]
	AWJj	艹人丿丨[刂]

GAI-GAN

gài 盖	UGLf	⺌王皿㊀
	UGLf	⺌王皿㊀

盖印 UGQG　盖章 UGUJ
盖子 UGBB

gài 溉	IVCq	氵ヨム儿
	IVAq	氵ヨ匚儿

gài 概	SVCq	木ヨム儿
	SVAq	木ヨ匚儿

概况 SVUK　概括 SVRT
概率 SVYX　概略 SVLT
概论 SVYW　概貌 SVEE
概念 SVWY　概述 SVSY
概算 SVTH

gài 戤	ECLA	乃又皿戈
	BCLA	乃又皿戈

GAN

gān 干	FGGH	干一一丨
	FGGH	干一一丨

干杯 FGSG　干部 FGUK
干脆 FGEQ　干电池 FJIB
干旱 FGJF　干革命 FAWG
干活 FGIT　干劲 FGCA
干净 FGUQ　干劲十足 FCFK
干扰 FGRD　干涉 FGIH
干事 FGGK　干什么 FWTC
干线 FGXG　干校 FGSU
干预 FGCB　干燥 FGOK
干着急 FUQV

gān 杆	SFH	木干①
	SFH	木干①

杆菌 SFAL

gān 肝	EFh	月干①
	EFH	月干①

肝癌 EFUK　肝胆 EFEJ
肝火 EFOO　肝胆相照 EESJ
肝炎 EFOO　肝硬化 EDWX
肝脏 EFEY

gān 矸	DFH	石干①
	DFH	石干①

gān 竿	TFJ	⺮干①
	TFJ	⺮干①

gān 酐	SGFH	西一干①
	SGFH	西一干①

gān 甘	AFD	廿二㊀
	FGHG	甘一丨一

甘草 AFAJ　甘拜下风 ARGM
甘露 AFFK　甘肃 AFVI
甘心 AFNY　甘肃省 AVIT
甘愿 AFDR　甘蔗 AFAY

gān 坩	FAFG	土廿二㊀
	FFG	土甘㊀

gān 苷	AAFf	艹廿二㊀
	AFF	艹甘㊀

gān 泔	IAFg	氵廿二㊀
	IFG	氵甘㊀

gān 柑	SAFg	木廿二㊀
	SFG	木甘㊀

gān 疳	UAFd	疒廿二㊀
	UFD	疒甘㊀

gān 尴	DNJl	ナ乙丨丨皿		gàn 绀	XAFg	纟廿二⊖	
	DNJl	ナ乚丨丨皿			XFG	纟甘⊖	

尴尬 DNDN

gàn 淦	IQG	氵金⊖
	IQG	氵金⊖

gǎn 秆	TFH	禾干①
	TFH	禾干①

gàn 赣	UJTm	立早夂贝
	UJTm	立早夂贝

gǎn 赶	FHJK	土止干①
	FHJK	土止干①

GANG

赶集 FHWY 赶紧 FHJC
赶快 FHNN

gāng 冈	MQI	冂乂③
	MRi	冂乂③

gǎn 擀	RFJf	扌十早干
	RFJf	扌十早干

gāng 刚	MQJh	冂乂刂①
	MRJh	冂乂刂①

gǎn 敢	NBTy	乙耳夂⊙
	NBty	一耳夂⊙

刚才 MQFT 刚愎自用 MNTE
刚好 MQVB 刚刚 MQMQ
刚强 MQXK 刚巧 MQAG

敢干 NBFG 敢想 NBSH
敢于 NBGF 敢做 NBWD

gāng 钢	XMqy	纟冂乂⊙
	XMRy	纟冂乂⊙

gǎn 激	INBt	氵乙耳夂
	INBT	氵一耳夂

纲要 XMSV 纲举目张 XIHX

gāng 钢	QMQy	钅冂乂⊙
	QMRy	钅冂乂⊙

gǎn 橄	SNBt	木乙耳夂
	SNBt	木一耳夂

钢板 QMSR 钢笔 QMTT
钢材 QMSF 钢管 QMTP
钢筋 QMTE 钢结构 QXSQ
钢琴 QMGG 钢丝 QMXX
钢铁 QMQR

gǎn 感	DGKN	厂一口心
	DGKN	戊一口心

感动 DGFC 感激 DGIR
感觉 DGIP 感激涕零 DIIF
感慨 DGNV 感冒 DGJH
感情 DGNG 感染 DGIV
感受 DGEP 感叹 DGKC
感想 DGSH 感谢 DGYT
感应 DGYI 感兴趣 DIFH

gàng 扛	RAG	扌工⊖
	RAG	扌工⊖

gàn 旰	JFH	日干①
	JFH	日干①

gāng 肛	EAg	月工⊖
	EAg	月工⊖

肛门 EAUY

gāng 缸	RMAg	𠂉山工[一]
	TFBA	𠂉十凵工

gāng 罡	LGHf	罒一止[二]
	LGHf	罒一止[二]

gǎng 岗	MMQu	山冂乂[冫]
	MMRu	山冂乂[冫]

岗位 MMWU

G

gǎng 港	IAWN	氵龷八巳
	IAWN	氵龷八巳

港澳 IAIT　港澳同胞 IIME
港币 IATM　港督 IAHI
港客 IAPT　港府 IAYW
港口 IAKK　港商 IAUM
港务 IATL　港元 IAFQ

gàng 杠	SAG	木工[一]
	SAG	木工[一]

杠杆 SASF

gàng 筻	TGJQ	⺮一日乂
	TGJR	⺮一日乂

gàng 戆	UJTN	立早夂心
	UJTN	立早夂心

GAO

gāo 皋	RDFJ	白大十[丨丨]
	RDFJ	白大十[丨丨]

gāo 槔	SRDf	木白大十
	SRDf	木白大十

gāo 高	YMKf	亠冂口[二]
	YMKf	亠冂口[二]

高昂 YMJQ　高标准 YSUW
高傲 YMWG　高材生 YSTG
高层 YMNF　高层次 YNUQ
高产 YMUT　高产田 YULL
高超 YMFH　高潮 YMIF
高大 YMDD　高蛋白 YNRR
高档 YMSI　高等院校 YTBS
高等 YMTF　高等学校 YTIS
高度 YMYA　高低 YMWQ
高峰 YMMT　高尔夫球 YQFG
高干 YMFG　高分子 YWBB
高歌 YMSK　高官厚禄 YPDP
高喊 YMKD　高呼 YMKT
高级 YMXE　高加索 YLFP
高考 YMFT　高价 YMWW
高空 YMPW　高精尖 YOID
高粱 YMIV　高利贷 YTWA
高龄 YMHW　高利率 YTYX
高炉 YMOY　高密度 YPYA
高明 YMJE　高难度 YCYA
高能 YMCE　高年级 YRXE
高攀 YMSQ　高气压 YRDF
高频 YMHI　高强度 YXYA
高尚 YMIM　高山 YMMM
高烧 YMOA　高深莫测 YIAI
高深 YMIP　高水平 YIGU
高速 YMGK　高屋建瓴 YNVW
高温 YMIJ　高谈阔论 YYUY
高位 YMWU　高效能 YUCE
高消费 YIXJ　高效益 YUUW
高校 YMSU　高薪 YMAU
高兴 YMIW　高雄 YMDC
高压 YMDF　高血压 YTDF
高原 YMDR　高压锅 YDQK

高涨 YMIX　高瞻远瞩 YHFH
高招 YMRV　高质量 YRJG
高中 YMKH　高中生 YKTG
高姿态 YUDY

| 膏 gāo | YPKe | 亠广口月 |
| | YPKe | 亠广口月 |

膏药 YPAX

| 篙 gāo | TYMK | 竹亠冂口 |
| | TYMK | 竹亠冂口 |

| 羔 gāo | UGOu | 丷王灬 |
| | UGMRV | 丷王灬 |

| 糕 gāo | OUGO | 米丷王灬 |
| | OUGO | 米丷王灬 |

糕点 OUHK

| 睾 gāo | TLFF | 丿罒土十 |
| | TLFF | 丿罒土十 |

| 杲 gǎo | JSU | 日木⓪ |
| | JSU | 曰木⓪ |

| 搞 gǎo | RYMk | 扌亠冂口 |
| | RYmk | 扌亠冂口 |

搞到 RYGC　搞好 RYVB
搞活 RTIT　搞垮 RYFD
搞清 RYIG　搞活经济 RIXI
搞通 RYCE

| 缟 gǎo | XYMk | 纟亠冂口 |
| | XYMk | 纟亠冂口 |

| 槁 gǎo | SYMk | 木亠冂口 |
| | SYMk | 木亠冂口 |

| 稿 gǎo | TYMk | 禾亠冂口 |
| | TYMk | 禾亠冂口 |

稿费 TYXJ　稿件 TYWR
稿纸 TYXQ　稿子 TYBB

| 藁 gǎo | AYMS | 艹亠冂木 |
| | AYMS | 艹亠冂木 |

| 镐 gǎo | QYMk | 钅亠冂口 |
| | QYMk | 钅亠冂口 |

| 告 gào | TFKF | 丿土口㊀ |
| | TFKF | 丿土口㊀ |

告别 TFKL　告辞 TFTD
告急 TFQV　告诫 TFYA
告示 TFFI　告诉 TFYR
告状 YFUD

| 郜 gào | TFKB | 丿土口阝 |
| | TFKB | 丿土口阝 |

| 诰 gào | YTFK | 讠丿土口 |
| | YTFK | 讠丿土口 |

| 锆 gào | QTFK | 钅丿土口 |
| | QTFK | 钅丿土口 |

| 戈 gē | AGNT | 戈一乙丿 |
| | AGNY | 戈一丶 |

戈壁 AGNK　戈壁滩 ANIC
戈尔巴乔夫 AQCF

| 仡 gē | WTNn | 亻丿乙⓪ |
| | WTNN | 亻丿乙⓪ |

| 圪 gē | FTNn | 土丿乙⓪ |
| | FTNN | 土丿乙⓪ |

gē 纥	XTNN	纟𠂉乙[乙]
	XTNN	纟𠂉乙[乙]

gē 疙	UTNv	疒𠂉乙[巛]
	UTNv	疒𠂉乙[巛]

疙瘩 UTUA

gē 咯	KTKg	口夂口[一]
	KTKg	口夂口[一]

gē 胳	ETKg	月夂口[一]
	ETKg	月夂口[一]

胳臂 ETNK　胳膊 ETEG

gē 袼	PUTK	衤丶夂口
	PUTK	衤[丶]夂口

gē 搁	RUTk	扌门夂口
	RUTk	扌门夂口

gē 哥	SKSk	丁口丁口
	SKSK	丁口丁口

哥们 SKWU

gē 歌	SKSW	丁口丁人
	SKSw	丁口丁人

歌唱 SKKJ　歌唱家 SKPE
歌词 SKYN　歌剧 SKND
歌曲 SKMA　歌功颂德 SAWT
歌声 SKFN　歌颂 SKWC
歌舞 SKRL　歌舞升平 SRTG
歌星 SKJT　歌舞团 SRLF

gē 鸽	WGKG	人一口一
	WGKG	人一口一

gē 割	PDHJ	宀三丨刂
	PDHJ	宀三丨刂

gé 革	AFj	廿串[丨丨]
	AFj	廿串[丨丨]

革命 AFWG　革命化 AWWX
革新 AFUS　革命家 AWPE
革新派 AUIR
革委会 ATWF
革命战争 AWHQ

gé 蛤	JWgk	虫人一口
	JWgk	虫人一口

gé 颌	WGKM	人一口贝
	WGKM	人一口贝

gé 阁	UTKd	门夂口[三]
	UTKd	门夂口[三]

阁下 UTGH　阁员 UTKM

gé 格	STkg	木夂口[一]
	STKg	木夂口[一]

格调 STYM　格局 STNN
格律 STTV　格格不入 SSGT
格式 STAA　格外 STQH
格言 STYY

gé 骼	METk	冎月夂口
	METk	冎月夂口

gé 鬲	GKMH	一口冂丨
	GKMH	一口冂丨

gé 隔	BGKh	阝一口丨
	BGKh	阝一口丨

隔壁 BGNK　隔断 BGON
隔阂 BGUY　隔绝 BGXQ
隔离 BGYB

gé 塥	FGKh	土一口丨
	FGKh	土一口丨

GE-GEI

gé 嗝	KGKH	口一口丨
	KGKH	口一口丨
gé 膈	EGKh	月一口丨
	EGKh	月一口丨
gé 镉	QGKH	钅一口丨
	QGKH	钅一口丨
gé 搿	RWGR	手人一手
	RWGR	手人一手
gě 葛	AJQn	艹日勹乙
	AJQn	艹日勹乚
gě 合	WGKf	人一口口
	WGKF	人一口口
gě 舸	TESk	丿丹丁口
	TUSk	丿丹丁口
gě 哿	LKSK	力口丁口
	EKSK	力口丁口
gě 盖	UGLf	䒑王皿口
	UGLf	䒑王皿口
gè 个	WHj	人丨⑪
	WHj	人丨⑪

个别 WHKL 个人利益 WWTU
个数 WHOV 个体户 WWYN
个体 WHWS 个性 WHNT
个人成分 WWDW

| gè 各 | TKf | 夂口口 |
| | TKf | 夂口口 |

各处 TKTH 各部分 TUWV
各地 TKFB 各民族 TNYT
各个 TKWH 各处室 TTPG
各方 TKYY 各大军区 TDPA
各国 TKLG 各单位 TUWU
各级 TKXE 各地区 TFAQ
各界 TKLW 各方面 TYDM
各类 TKOD 各级党委 TXIT
各项 TKAD 各级领导 TXWN
各族 TKYT 各阶层 TBNF
各自 TKTH 各省市 TIYM
各部委 TUTV 各尽所能 TNRC
各市县 TYEG 各市地 TYFB
各locality TKWU 各式各样 TATS
各院校 TBSU 各抒己见 TRNM
各学科 TITU 各行其是 TTAJ
各种 TKTK 各县区 TEAQ
各行业 TTOG 各行各业 TTTO
各总部 TUUK
各种各样 TTTS
各自为政 TTYG

gè 硌	DTKg	石夂口口
	DTKg	石夂口口
gè 铬	QTKg	钅夂口口
	QTKg	钅夂口口
gè 虼	JTNn	虫丿乙乙
	JTNn	虫丿乙乚

GEI

| gěi 给 | XWgk | 纟人一口 |
| | XWgk | 纟人一口 |

给予 XWCB 给与 XWGN

GEN

gēn 根	SVEy	木彐㇏⊙
	SVy	木艮⊙

根本 SVSG　根本上 SSHH
根除 SVBW　根号 SVKG
根据 SVRN　根据地 SRFB
根源 SVID　根深蒂固 SIAL
根子 SVBB

gēn 跟	KHVe	口止彐㇏
	KHVy	口止艮⊙

跟前 KHUE　跟随 KHBD
跟着 KHUD　跟踪 KHKH

gén 哏	KVEy	口彐㇏⊙
	KVY	口艮⊙

gèn 亘	GJGf	一日一
	GJGf	一日一

gèn 艮	VEI	彐㇏
	VNGY	艮𠃌一丶

gèn 茛	AVEu	艹彐㇏⊙
	AVU	艹艮⊙

GENG

gēng 更	GJQi	一日乂⊙
	GJRi	一曰乂⊙

更多 GJQQ　更好 GJVB
更换 GJRQ　更何况 GWUK
更加 GJLK　更年期 GRAD
更新 GJUS　更衣室 GYPG
更上一层楼 GHGS

更新换代 GURW

gēng 庚	YVWi	广彐人⊙
	OVWi	广彐人⊙

gēng 赓	YVWM	广彐人贝
	OVWM	广彐人贝

gēng 耕	DIFj	三小二丨
	FSFJ	二木二丨

耕地 DIFB　耕种 DITK
耕作 DIWT

gēng 羹	UGOD	丷王灬大
	UGOD	丷王灬大

gěng 埂	FGJq	土一日乂
	FGJR	土一曰乂

gěng 哽	KGJq	口一日乂
	KGJr	口一曰乂

哽咽 KGKL

gěng 绠	XGJq	纟一日乂
	XGJr	纟一曰乂

gěng 梗	SGJQ	木一日乂
	SGJR	木一曰乂

gěng 鲠	QGGQ	鱼一一乂
	QGGR	鱼一一乂

gěng 耿	BOy	耳火⊙
	BOy	耳火⊙

耿直 BOFH

gěng 颈	CADm	又工丆贝
	CADm	又工丆贝

GONG-GONG

gōng 工	Aaaa	工工工工
	AAAa	工工工工

工本 AASG　工本费 ASXJ
工厂 AADG　工兵 AARG
工场 AAFN　工程 AATK
工党 AAIP　工程兵 ATRG
工地 AAFB　工程师 ATJG
工段 AAWD　工分 AAWV
工夫 AAFW　工会 AAWF
工件 AAWR　工匠 AAAR
工具 AAHW　工具书 AHNN
工龄 AAHW　工矿企业 ADWO
工农 AAPE　工农兵 APRG
工期 AAAD　工农业 APOG
工钱 AAQG　工农联盟 APBJ
工区 AAAQ　工商户 AUYN
工商 AAUM　工人阶级 AWBX
工人 AAWW　工商业 AUYN
工时 AAJF　工商银行 AUQT
工事 AAGK　工委 AATV
工序 AAYC　工学院 AIBP
工业 AAOG　工业国 AOLG
工艺 AAAN　工业化 AOWX
工友 AADC　工业局 AONN
工程 AATK　工业品 AOKK
工装 AAUF　工业区 AOAQ
工资 AAUQ　工艺品 AAKK
工作 AAWT　工资级别 AUXK
工作服 AWEB
工作间 AWIJJ
工作量 AWJG
工作台 AWCK
工作人员 AWWK
工作站 AWUH
工作者 AWFT
工作证 AWYG
工作组 AWXE
工作总结 AWUX

gōng 功	ALn	工力㋁
	AEt	工力㋀

功臣 ALAH　功败垂成 AMTD
功夫 ALFW　功课 ALYJ
功劳 ALAP　功率 ALYX
功名 ALQK　功能 ALCE
功效 ALUQ　功勋 ALKM

gōng 红	XAg	纟工㊀
	XAg	纟工㊀

gōng 攻	ATy	工攵
	ATy	工攵㊀

攻打 ATRS　攻读 ATYF
攻关 ATUD　攻击 ATFM
攻克 ATDQ　攻势 ATRV
攻占 ATHK

gōng 弓	XNGn	弓乙一乙
	XNGn	弓𠃌一乙

gōng 躬	TMDX	丿冂三弓
	TMDX	丿𠃌三弓

gōng 公	WCu	八厶㋆
	WCu	八厶㋆

公安 WCPV　公安部 WPUK
公报 WCRB　公安处 WPTH
公尺 WCNY　公安厅 WPDS
公道 WCUT　公德 WCTF
公费 WCXJ　公分 WCWV
公告 WCTF　公费医疗 WXAU
公共 WCAW　公共场所 WAFR
公馆 WCQN　公共汽车 WAIL

公家 WCPE 公检法 WSIF
公斤 WCRT 公开 WCGA
公款 WCFF 公里数 WJOV
公里 WCJF 公理 WCGJ
公历 WCDL 公粮 WCOY
公路 WCKH 公民 WCNA
公亩 WCYL 公平 WCGU
公顷 WCXD 公然 WCQD
公认 WCYW 公社 WCPY
公升 WCTA 公使馆 WWQN
公式 WCAA 公署 WCLF
公司 WCNG 公私 WCTC
公文 WCYY 公务 WCTL
公物 WCTR 公务员 WTKM
公休 WCWS 公演 WCIP
公用 WCET 公有 WCDE
公寓 WCPJ 公有制 WDRM
公元 WCFQ 公园 WCLF
公约 WCXQ 公债 WCWG
公章 WCUJ 公正 WCGH
公证 WCYG 公布 WCBK
公制 WCRM 公众 WCWW
公主 WCYG

gōng 蚣	JWCy	虫八厶⊙
	JWCy	虫八厶⊙

gōng 供	WAWy	亻卄八⊙
	WAWy	亻卄八⊙

供电 WAJN 供不应求 WGYF
供给 WAXW 供站 WJUH
供暖 WAJE 供求 WAFI
供水 WAII 供销 WAQI
供需 WAFD 供销科 WQTU
供应 WAYI 供销社 WQPY

gōng 龚	DXAw	广匕卄八
	DXYW	ナ匕、八

gōng 肱	EDCy	月ナ厶⊙
	EDCy	月ナ厶⊙

gōng 宫	PKkf	宀口口⊖
	PKkf	宀口口⊖

宫殿 PKNA

gōng 恭	AWNU	卄八小⊙
	AWNU	卄八小⊙

恭贺 AWLK 恭候 AWWH
恭敬 AWAQ 恭听 AWKR
恭喜 AWFK 恭维 AWXW

gōng 觥	QEIq	夕用亚儿
	QEIq	夕用亚儿

gōng 巩	AMYy	工几、⊙
	AWYY	工几、⊙

巩固 AMLD

gōng 汞	AIU	工水⊙
	AIU	工水⊙

gōng 拱	RAWy	扌卄八⊙
	RAWy	扌卄八⊙

gōng 珙	GAWy	王卄八⊙
	GAWy	王卄八⊙

gòng 共	AWu	卄八⊙
	AWu	卄八⊙

共处 AWTH 共产党 AUIP
共和 AWTK 共产党员 AUIK
共存 AWDH 共产主义 AUYY
共建 AWVF 共和国 ATLG
共事 AWGK 共和制 ATRM
共进 AWFJ 共患难 AKCW
共鸣 AWKQ 共青团 AGLF

共商 AWUM 共同 AWMG
共享 AWYB 共同社 AMPY
共性 AWNT 共同体 AMWS
共需 AWFD 共用 AWET
共有 AWDE

gòng 贡	AMu	工贝⑦
	AMu	工贝⑦

贡献 AMFM

gōu 勾	QCI	勹厶⑦
	QCI	勹厶⑦

勾当 QCIV 勾结 QCXF
勾通 QCCE

gōu 沟	IQCy	氵勹厶⊙
	IQcy	氵勹厶⊙

沟壑 IQHP 沟通 IQCE

gōu 钩	QQCy	钅勹厶⊙
	QQCy	钅勹厶⊙

gōu 句	QKD	勹口㊅
	QKD	勹口㊅

gōu 佝	WQKG	亻勹口㊀
	WQKG	亻勹口㊀

gōu 缑	XWNd	纟亻ユ大
	XWNd	纟亻ユ大

gōu 篝	TFJF	⺮二川土
	TAMF	⺮冓土

gōu 韝	AFFF	廿甲二土
	AFAF	廿甲廿土

gǒu 苟	AQKF	艹勹口㊁
	AQKF	艹勹口㊁

gǒu 岣	MQKg	山勹口㊀
	MQKg	山勹口㊀

gǒu 狗	QTQk	犭丿勹口
	QTQk	犭勹口

gǒu 枸	SQKg	木勹口㊀
	SQKG	木勹口㊀

gǒu 筍	TQKf	⺮勹口㊁
	TQKf	⺮勹口㊁

gòu 构	SQcy	木勹厶⊙
	SQcy	木勹厶⊙

构成 SQDN 构思 SQLN
构件 SQWR 构图 SQLT
构造 SQTF

gòu 购	MQCy	贝勹厶⊙
	MQCy	贝勹厶⊙

购买 MQNU 购买力 MNLT
购物 MQTR 购置 MQLF

gòu 诟	YRGk	讠厂一口
	YRGk	讠厂一口

gòu 垢	FRgk	土厂一口
	FRgk	土厂一口

gòu 够	QKQQ	勹口夕夕
	QKQQ	勹口夕夕

gòu 遘	FJGP	二川一辶
	AMFP	廿冂土辶

字	编码	拆分
gòu 媾	VFJf	女二刂土
	VAMf	女艹冂土
gòu 觏	FJGQ	二刂一儿
	AMFQ	艹冂土儿
gòu 彀	FPGC	士冖一又
	FPGC	士冖一又

GU

字	编码	拆分
gū 估	WDg	亻古⊖
	WDg	亻古⊖

估计 WDYF 估价 WDWW
估算 WDTH

字	编码	拆分
gū 咕	KDG	口古⊖
	KDG	口古⊖
gū 沽	IDG	氵古⊖
	IDG	氵古⊖
gū 姑	VDg	女古⊖
	VDg	女古⊖

姑表 VDGE 姑父 VDWQ
姑姑 VDVD 姑妈 VDVC
姑娘 VDVY 姑且 VDEG

字	编码	拆分
gū 轱	LDG	车古⊖
	LDG	车古⊖
gū 鸪	DQYG	古勹丶一
	DQGg	古鸟一⊖
gū 菇	AVDf	艹女古⊜
	AVDf	艹女古⊜
gū 蛄	JDG	虫古⊖
	JDG	虫古⊖
gū 酤	SGDG	西一古⊖
	SGDG	西一古⊖
gū 辜	DUJ	古辛⑪
	DUj	古辛⑪
gū 呱	KRCy	口厂厶㇏
	KRCy	口厂厶㇏
gū 孤	BRcy	子厂厶㇏
	BRcy	子厂厶㇏

孤单 BRUJ 孤儿院 BQBP
孤独 BRQT 孤芳自赏 BATI
孤立 BRUU 孤家寡人 BPPW
孤陋寡闻 BBPU
孤注一掷 BIGR

字	编码	拆分
gū 菰	ABRy	艹子厂㇏
	ABRY	艹子厂㇏
gū 觚	QERy	勹用厂㇏
	QERy	⺈用厂㇏
gū 箍	TRAh	⺮扌匚丨
	TRAh	⺮扌匚丨
gǔ 古	DGHg	古一丨一
	DGHg	古一丨一

古巴 DGCN 古代 DGWA
古典 DGMA 古董 DGAT
古迹 DGYO 古籍 DGTD
古老 DGFT 古人 DGWW
古书 DGNN 古色古香 DQDT
古文 DGYY 古物 DGTR
古装 DGUF

诂 gǔ	YDG	讠古⊖		**贾** gǔ	SMU	西贝⑦
	YDG	讠古⊖			SMu	西贝⑦
牯 gǔ	TRDG	丿扌古⊖		**蛊** gǔ	JLF	虫皿⊖
	CDG	牜古⊖			JLF	虫皿⊖
罟 gǔ	LDF	罒古⊖		**鸪** gū	TFKG	丿土口一
	LDF	罒古⊖			TFKG	丿土口一
钴 gǔ	QDG	钅古⊖		**鼓** gǔ	FKUC	士口䒑又
	QDG	钅古⊖			FKUC	士口䒑又
嘏 gǔ	DNHc	古丨又		鼓吹 FKKQ 鼓动 FKFC		
	DNHc	古丨又		鼓励 FKDD 鼓舞 FKRL		
				鼓掌 FKIP		
谷 gǔ	WWKf	八人口		**臌** gǔ	EFKC	月士口又
	WWKf	八人口			EFKC	月士口又
谷物 WWTR 谷子 WWBB				**瞽** gǔ	FKUH	士口䒑目
汩 gǔ	IJG	氵日⊖			FKUH	士口䒑目
	IJG	氵日⊖		**縠** gǔ	FPLc	士冖车又
股 gǔ	EMCy	月几又丶			FPLc	士冖车又
	EWCy	月几又丶		**故** gù	DTY	古攵丶
股长 EMTA 股份 EMWW					DTy	古攵丶
股东 EMAI 股分 EMWV				故地 DTFB 故宫 DTPK		
股金 EMQQ 股票 EMSF				故国 DTLG 故居 DTND		
股市 EMYM 股息 EMTH				故里 DTJF 故事 DTGK		
骨 gǔ	MEf	冎月⊖		故土 DTFF 故弄玄虚 DGYH		
	MEf	冎月⊖		故意 DTUJ 故事片 DGTH		
骨干 MEFG 骨科 METU				故乡 DTXT 故障 DTBU		
骨气 MERN 骨肉 MEMW				**固** gù	LDD	口古⊜
骨头 MEUD					LDD	口古⊜
鹘 gǔ	MEQg	冎月⺈一		固定 LDPG 固步自封 LHTF		
	MEQG	冎月⺈一		固化 LDWX 固定资产 LPUU		
				固然 LDQD 固态 LDDY		

固体 LDWS　固有 LDDE
固执 LDRV

<ruby>固<rt>gù</rt></ruby>	MLDf	冂口古㊀
	MLDf	冂口古㊀
<ruby>锢<rt>gù</rt></ruby>	QLDG	钅口古㊀
	QLDG	钅口古㊀
<ruby>痼<rt>gù</rt></ruby>	ULDd	疒口古㊀
	ULDd	疒口古㊀
<ruby>鲴<rt>gù</rt></ruby>	QGLD	鱼一口古
	QGLD	鱼一口古
<ruby>顾<rt>gù</rt></ruby>	DBdm	厂㔾ノ贝
	DBDm	厂㔾ノ贝

顾及 DBEY　顾此失彼 DHRT
顾客 DBPT　顾全 DBWG
顾虑 DBHA　顾名思义 DQLY
顾问 DBUK　顾全大局 DWDN
顾委 DBTV

<ruby>梏<rt>gù</rt></ruby>	STFK	木丿土口
	STFK	木丿土口
<ruby>雇<rt>gù</rt></ruby>	YNWY	、尸亻圭
	YNWy	、尸亻圭

雇员 YNKM

<ruby>牿<rt>gù</rt></ruby>	TRTK	丿扌丿口
	CTFk	牛丿土口

GUA

<ruby>瓜<rt>guā</rt></ruby>	RCYI	厂厶丶㊉
	RCYi	厂厶丶㊉

瓜分 RCWV　瓜果 RCJS
瓜子 RCBB　瓜熟蒂落 RYAA

<ruby>呱<rt>guā</rt></ruby>	KRCy	口厂厶丶
	KRCy	口厂厶丶
<ruby>胍<rt>guā</rt></ruby>	ERCy	月厂厶丶
	ERCy	月厂厶丶
<ruby>刮<rt>guā</rt></ruby>	TDJH	丿古刂丨
	TDJH	丿古刂丨

刮目相看 THSR

<ruby>括<rt>guā</rt></ruby>	RTDg	扌丿古㊀
	RTDg	扌丿古㊀
<ruby>栝<rt>guā</rt></ruby>	STDG	木丿古㊀
	STDG	木丿古㊀
<ruby>鸹<rt>guā</rt></ruby>	TDQg	丿古勹一
	TDQG	丿古鸟一
<ruby>剐<rt>guǎ</rt></ruby>	KMWJ	口冂人刂
	KMWJ	口冂人刂
<ruby>寡<rt>guǎ</rt></ruby>	PDEv	宀丆月刀
	PDEv	宀丆月刀

寡妇 PDVV

<ruby>卦<rt>guà</rt></ruby>	FFHY	土土卜㊉
	FFHY	土土卜㊉
<ruby>挂<rt>guà</rt></ruby>	RFFG	扌土土㊀
	RFFG	扌土土㊀

挂靠 RFTF　挂号费 RKXJ
挂历 RFDL　挂牌 RFTH
挂帅 RFJM　挂一漏万 RGID

<ruby>诖<rt>guà</rt></ruby>	YFFG	讠土土㊀
	YFFG	讠土土㊀

| guà 褂 | PUFH | 衤丶土卜 |
| | PUFH | 衤②土卜 |

GUAI

guāi 乖	TFUx	丿十丬匕
	TFUx	丿十丬匕
guāi 掴	RLGY	扌口王丶
	RLGY	扌口王丶
guǎi 拐	RKLn	扌口力②
	RKET	扌口力②

拐骗 RKCY　拐弯抹角 RYRQ

| guài 怪 | NCfg | 忄又土⊖ |
| | NCfg | 忄又土⊖ |

怪事 NCGK　怪物 NCTR

GUAN

| guān 关 | UDu | 丷大⑦ |
| | UDU | 丷大⑦ |

关闭 UDUF　关键 UDQV
关节 UDAB　关联 UDBU
关门 UDUY　关切 UDAV
关税 UDTU　关头 UDUD
关系 UDTX　关系户 UTYN
关心 UDNY　关于 UDGF
关於 UDYW　关照 UDJV
关注 UDIY

| guān 观 | CMqn | 又门儿② |
| | CMqn | 又门儿② |

观测 CMIM　观察家 CPPE
观察 CMPW　观察员 CPKM
观点 CMHK　观感 CMDG
观光 CMIQ　观看 CMRH
观礼 CMPY　观摩 CMYS
观念 CMWY　观赏 CMIP
观望 CMYN　观众 CMWW

guān 纶	XWXn	纟人匕②
	XWXn	纟人匕②
guān 官	PNHn	宀コ丨コ
	PNf	宀㠯⊖

官办 PNLW　官兵 PNRG
官场 PNFN　官方 PNYY
官府 PNYW　官僚 PNWD
官气 PNRN　官腔 PNEP
官商 PNUM　官司 PNNG
官衔 PNTQ　官员 PNKM
官职 PNBK

guǎn 倌	WPNn	亻宀コココ
	WPNg	亻宀㠯⊖
guān 棺	SPNn	木宀コココ
	SPNg	木宀㠯⊖

棺材 SPSF

guān 矜	CBTN	マアノ乙
	CNHN	マ乛丨亅
guān 鳏	QGLI	鱼一罒氺
	QGLI	鱼一罒氺
guǎn 莞	APFQ	艹宀二儿
	APFQ	艹宀二儿
guǎn 馆	QNPn	夕乙宀コ
	QNPn	夕乚宀㠯

guǎn 管	TPnn	⺮宀ㄇㄇ
	TPNf	⺮宀目㊀

管道 TPUT　管家 TPPE
管理 TPGJ　管理费 TGXJ
管辖 TPLP　管理体制 TGWR
管制 TPRM　管子 TPBB

guàn 贯	XFMu	乛十贝㋆
	XMu	母贝㋆

贯彻 XFTA　贯穿 XFPW
贯彻执行 XTRT

guàn 掼	RXFm	扌乛十贝
	RXMy	扌母贝⊙

guàn 惯	NXFm	忄乛十贝
	NXMy	忄母贝⊙

惯例 NXWG　惯用 NXET
惯用语 NEYG

guàn 冠	PFQF	冖二儿寸
	PFQF	冖二儿寸

冠军 PFPL　冠心病 PNUG
冠冕堂皇 PJIR

guàn 涫	IPNn	氵宀ㄇㄇ
	IPNg	氵宀目㊀

guàn 盥	QGIl	⺒一水皿
	EILf	⺒𠄌水皿

guàn 灌	IAKy	氵⺾口主
	IAKy	氵⺾口主

灌溉 IAIV　灌木 IASS
灌输 IALW

guàn 罐	RMAY	⺽山⺾主
	TFBY	⺽十凵主

guàn 鹳	AKKG	⺾口口一
	AKKG	⺾口口一

～ GUANG ～

guāng 光	IQb	⺌儿⑥
	IGqb	⺌一儿⑥

光彩 IQES　光彩夺目 IEDH
光电 IQJN　光顾 IQDB
光华 IQWX　光泽 IQIC
光滑 IQIM　光辉 IQIQ
光景 IQJY　光洁度 IIYA
光亮 IQYP　光临 IQJT
光芒 IQAY　光明磊落 IJDA
光明 IQJE　光明日报 IJJR
光荣 IQAP　光明正大 IJGD
光线 IQXG　光天化日 IGWJ
光学 IQIP　光阴 IQBE
光怪陆离 INBY

guǎng 咣	KIQn	口⺌儿㊁
	KIGq	口⺌一儿

guāng 胱	EIQn	月⺌儿㊁
	EIGq	月⺌一儿

guǎng 广	YYGT	广、一丿
	OYgt	广、一丿

广播 YYRT　广东 YYAI
广场 YYFN　广播电台 YRJC
广大 YYDD　广东省 YAIT
广度 YYYA　广大群众 YDVW
广泛 YYIT　广柑 YYSA
广告 YYTF　广告牌 YTTH
广阔 YYUI　广交会 YUWF
广西 YYSG　广义 YYYQ

广西壮族自治区 YSUA
广州 YYYT 广州市 YYYM

guǎng 犷	QTYT	丿丿广⊙
	QTOT	犭⊙广⊙
guǎng 桄	SIQN	木䒑儿丨
	SIGQ	木䒑一儿
guàng 逛	QTGP	彳丿王辶
	QTGP	犭⊙王辶

逛公园 QWLF
逛商店 QUYH

GUI

| guī 归 | JVg | 刂彐㊀ |
| | JVg | 刂彐㊀ |

归并 JVUA 归档 JVSI
归队 JVBW 归公 JVWC
归功 JVAL 归根到底 JSGY
归国 JVLG 归功于 JAGF
归还 JVGI 归类 JVOD
归纳 JVXM 归侨 JVWT
归宿 JVPW 归于 JVGF
归属 JVNT

guī 圭	FFF	土土㊁
	FFF	土土㊁
guī 闺	UFFD	门土土㊂
	UFFd	门土土㊂

闺女 UFVV

| guī 硅 | DFFg | 石土土㊀ |
| | DFFG | 石土土㊁ |

硅谷 DFWW

guī 鲑	QGFF	鱼一土土
	QGFF	鱼⼀土土
guī 龟	QJNb	夕曰乙丨
	QJNb	夕曰乚
guī 妫	VYLy	女丶力丶
	VYEy	女丶⼒丶
guī 规	FWMq	二人门儿
	GMQn	夫门几丨

规程 FWTK 规定 FWPG
规范 FWAI 规格 FWST
规划 FWAJ 规格化 FSWX
规矩 FWTD 规律 FWTV
规模 FWSA 规律性 FTNT
规则 FWMJ 规章 FWUJ
规章制度 FURY

guī 皈	RRCY	白厂又⊙
	RRCY	白厂又⊙
guī 瑰	GRQc	王白儿厶
	GRQc	王白儿厶
guī 宄	PVB	宀九㊁
	PVB	宀九㊁
guǐ 轨	LVn	车九丨
	LVn	车九丨

轨道 LVUT 轨迹 LVYO

guǐ 匦	ALVv	匚车九㊄
	ALVv	匚车九㊄
guǐ 庋	YFCi	广十又㊂
	OFCi	广十又㊂

guǐ 诡	YQDb	讠勹厂㔾
	YQDb	讠勹厂㔾

诡辩 YQUY　诡计 YQYF

guǐ 鬼	RQCi	白儿厶③
	RQCi	白儿厶③

鬼神 RQPY　鬼斧神工 RWPA

guǐ 癸	WGDu	癶一大③
	WGDu	癶一大③

guǐ 晷	JTHK	日夂卜口
	JTHK	日夂卜口

guǐ 簋	TVEL	⺮彐皿
	TVLf	⺮艮皿

guì 柜	SANg	木匚コ㇀
	SANg	木匚コ㇀

柜子 SABB

guì 炅	JOU	日火③
	JOU	日火③

guì 刿	MQJH	山夕刂①
	MQJH	山夕刂①

guì 刽	WFCJ	人二厶刂
	WFCJ	人二厶刂

guì 桧	SWFc	木人二厶
	SWFc	木人二厶

guì 贵	KHGM	口丨一贝
	KHGM	口丨一贝

贵宾 KHPR　贵客 KHPT
贵姓 KHVT　贵宾 KHBJ
贵州 KHYT　贵阳市 KBYM
贵州省 KYIT

guì 桂	SFFg	木土土㇀
	SFFg	木土土㇀

桂冠 SFPF　桂花 SFAW
桂林 SFSS

guì 跪	KHQB	口止勹㔾
	KHQB	口止勹㔾

guì 鳜	QGDW	鱼一厂人
	QGDW	鱼一厂人

GUN

gǔn 衮	UCEU	六厶𧘇③
	UCEU	六厶𧘇③

gǔn 滚	IUCe	氵六厶𧘇
	IUCe	氵六厶𧘇

滚蛋 IUNH　滚动 IUFC
滚滚 IUIU　滚瓜烂熟 IROY
滚珠 IUGR

gǔn 磙	DUCe	石六厶𧘇
	DUCe	石六厶𧘇

gǔn 绲	XJXx	纟日匕匕
	XJXx	纟日匕匕

gǔn 辊	LJXx	车日匕匕
	LJxx	车日匕匕

gǔn 鲧	QGTI	鱼一丿小
	QGTI	鱼一丿小

gùn 棍	SJXx	木日匕匕
	SJXx	木日匕匕

棍子 SJBB

GUO

字	编码	拆分
guǒ 呙	KMWU	口冂人⓶
	KMWU	口冂人⓶
guō 埚	FKMw	土口冂人
	FKMw	土口冂人
guō 涡	IKMw	氵口冂人
	IKMw	氵口冂人
guō 锅	QKMw	钅口冂人
	QKMw	钅口冂人

锅炉 QKOY

guō 郭	YBBh	亠子阝⓵
	YBBh	亠子阝⓵
guō 嶙	MYBg	山亠子㇀
	MYBg	山亠子㇀
guó 蝈	JLGy	虫口王、
	JLGy	虫口王、
guó 馘	BTDg	耳丿古㇀
	BTDg	耳丿古㇀
guó 国	Lgyi	口王、⓷
	LGYi	口王、⓷

国宝 LGPG 国宾馆 LPQN
国宾 LGPR 国策 LGTG
国产 LGUT 国都 LGFT
国法 LGIF 国防部 LBUK
国防 LGDY 国防大学 LBDI
国歌 LGSK 国画 LGGL
国徽 LGTM 国会 LGWF
国货 LGWX 国籍 LGTD
国际 LGBF 国计民生 LYNT
国家 LGPE 国际法 LBIF
国境 LGFU 国际歌 LBSK
国军 LGPL 国际性 LBNT
国君 LGVT 国际货币 LBWT
国库 LGYL 国际市场 LBYF
国力 LGLT 国际主义 LBYY
国民 LGNA 国库券 LYUD
国旗 LGYT 国家机关 LPSU
国情 LGNG 国家利益 LPTU
国民党 LNIP 国内外 LMQH
国体 LGWS 国民经济 LNXI
国外 LGQH 国民收入 LNNT
国土 LGFF 国内市场 LMYF
国庆 LGYD 国庆节 LYAB
国王 LGGG 国务卿 LTQT
国务 LGTL 国务委员 LTTK
国宴 LGPJ 国务院 LTBP
国营 LGAP 国有化 LDWX
国语 LGYG 国债 LGWG

国务院总理 LTBG

guó 掴	RLGY	扌口王、
	RLGY	扌口王、
guó 帼	MHLy	冂丨口、
	MHLy	冂丨口、
guó 虢	EFHM	爫寸广几
	EFHW	爫寸虍几
guó 啝	UTHG	丷丿目一
	UTHG	丷丿目
guǒ 果	JSi	日木⓷
	JSi	日木⓷

果断 JSON 果敢 JSNB
果木 JSSS 果品 JSKK
果然 JSQD 果实 JSPU

果树 JSSC　　果园 JSLF
果真 JSFH　　果子 JSBB

| guǒ 蜾 | JJSy | 虫日木⊙ |
| | JJSy | 虫曰木⊙ |

| guǒ 裹 | YJSE | 亠日木𠂇 |
| | YJSE | 亠曰木𠂇 |

| guǒ 椁 | SYBg | 木亠子㇉ |
| | SYBg | 木亠子㇉ |

| guǒ 猓 | QTJS | 丿丿日木 |
| | QTJS | 犭の曰木 |

| guò 过 | FPi | 寸辶② |
| | FPi | 寸辶② |

过程 FPTK　　过错 FPQA
过度 FPYA　　过渡 FPIY
过分 FPWV　　过后 FPRG
过节 FPAB　　过境 FPFU
过来 FPGO　　过滤 FPIH
过敏 FPTX　　过年 FPRH
过期 FPAD　　过去 FPFC
过时 FPJF　　过去时 FFJF
过问 FPUK　　过细 FPXL
过瘾 FPUB　　过硬 FPDG
过于 FPGF

HA

hā 哈	KWGk	口人一口
	KWGk	口人一口

哈尔滨 KQIP 哈密瓜 KPRC
哈尔滨市 KQIY

hā 铪	QWGK	钅人一口
	QWGK	钅人一口

	JGHY	虫一卜⊙
虾	JGHY	虫一卜⊙

há 蛤	JWgk	虫人一口
	JWgk	虫人一口

HAI

hāi 咳	KYNW	口亠乙人
	KYNW	口亠乚人

hāi 嗨	KITU	口氵一
	KITX	口氵丷母

hái 还	GIPi	一小辶⊙
	DHpi	丆卜辶⊙

还会 GIWF 还必须 GNED
还将 GIUQ 还不错 GGQA
还需 GIFD 还不够 GGQK
还想 GISH 还不能 GGCE
还是 GIJG 还将有 GUDE
还须 GIED 还可能 GSCE
还要 GISV 还可以 GSNY
还应 GIYI 还需要 GFSV
还有 GIDE

hái 孩	BYNW	子亠乙人
	BYNw	子亠乚人

孩儿 BYQT 孩子 BYBB

hái 骸	MEYw	严月亠人
	MEYw	严月亠人

hǎi 胲	EYND	月亠乙人
	EYNW	月亠乚人

hǎi 海	ITXu	氵一母
	ITXy	氵一母⊙

海拔 ITRD	海岸线 IMXG
海报 ITRB	海豹 ITEE
海边 ITLP	海滨 ITIP
海参 ITCD	海产 ITUT
海潮 ITIF	海带 ITGK
海鸟 ITQY	海防 ITBY
海风 ITMQ	海港 ITIA
海关 ITUD	海疆 ITXF
海军 ITPL	海口市 IKYM
海浪 ITIY	海阔天空 IUGP
海里 ITJF	海陆空 IBPW
海面 ITDM	海南岛 IFQY
海内 ITMW	海内外 IMQH
海南省 IFIT	海上 ITHH
海鸥 ITAQ	海市蜃楼 IYDS
海水 ITII	海外侨胞 IQWE
海外 ITQH	海峡两岸 IMGM
海湾 ITIY	海峡 ITMG
海鲜 ITQG	海域 ITFA
海洋 ITIU	海战 ITHK

hài 醢	SGDL	西一ナ皿
	SGDL	西一ナ皿
hài 亥	YNTW	亠乙丿人
	YNTW	亠乚丿人
hài 骇	CYNW	马亠乙人
	CGYW	马一亠人

骇人听闻 CWKU

hài 氦	RNYW	𠂉乙亠人
	RYNW	气亠乙人
hài 害	PDHK	宀三丨口
	PDhk	宀三丨口

害病 PDUG　害虫 PDJH
害处 PDTH　害怕 PDNR

 HAN

hān 犴	QTFH	犭丿干⓪
	QTFH	犭丿干⓪
hān 顸	FDMY	干厂贝丶
	FDMY	干厂贝丶
hān 鼾	THLF	丿目田干
	THLF	丿目田干
hān 蚶	JAFg	虫廿二❘
	JFG	虫甘一
hān 酣	SGAF	西一廿二
	SGFg	西一甘一
hān 憨	NBTN	乙耳攵心
	NBTN	𠃍耳攵心

hán 邗	FBH	干阝⓪
	FBH	干阝⓪
hán 邯	AFBh	廿二阝
	FBH	甘阝⓪
hán 含	WYNK	人、乙口
	WYNK	人、𠃍口

含糊 WYOD　含金量 WQJG
含有 WYDE　含沙射影 WITJ
含义 WYYQ　含水量 WIJG

hán 晗	JWYK	日人丶口
	JWYK	日人丶口
hán 焓	OWYk	火人丶口
	OWYk	火人丶口
hán 函	BIBk	了冫凵口
	BIBk	了冫凵口

函授 BIRE　函授生 BRTG

hán 涵	IBIb	氵了冫凵
	IBIb	氵了冫凵
hán 韩	FJFH	十早二丨
	FJFH	十早二丨
hán 寒	PFJu	宀二❘丶
	PAWu	宀共八丶

寒风 PFMQ　寒冷 PFUW
寒流 PFIY　寒暑假 PJWN

hǎn 罕	PWFj	冖八干⓪
	PWFj	冖八干⓪
hǎn 喊	KDGT	口厂一丿
	KDGK	口戊一丨

hàn 阚	UNBt	门乙耳攵
	UNBt	门丷耳攵
hàn 汉	ICy	氵又①

汉语 ICYG   汉字 ICPB
汉族 ICYT
汉字输入技术 IPLS

hàn 汗	IFH	氵干①
	IFh	氵干①

汗水 IFII   汗马功劳 ICAA

hàn 捍	RJFh	扌日干①
	RJFH	扌曰干①
hàn 悍	NJFh	忄日干①
	NJFh	忄曰干①
hàn 焊	OJFh	火日干①
	OJFh	火曰干①
hàn 菡	ABIB	艹了⺀凵
	ABIB	艹了⺀凵
hàn 颔	WYNM	人丶乙贝
	WYNM	人丶一贝
hàn 撼	RNBT	扌乙耳攵
	RNBT	扌一耳攵
hàn 撼	RDGN	扌厂一心
	RDGN	扌戊一心
hàn 憾	NDGN	忄厂一心
	NDGN	忄戊一心
hàn 翰	FJWn	十早人羽
	FJWn	十早人羽

hàn 瀚	IFJN	氵十早羽
	IFJN	氵十早羽
hàn 旱	JFJ	日干①
	JFJ	曰干①

HANG

hāng 夯	DLB	大力⑨
	DER	大力⑨
háng 行	TFhh	彳二丨①
	TGSh	彳一丁①

行业 TFOG

háng 绗	XTFH	纟彳二丨
	XTGS	纟彳一丁
háng 吭	KYMn	口亠几⑨
	KYWn	口亠几⑨
háng 杭	SYMn	木亠几⑨
	SYMn	木亠几⑨

杭州 SYYT   杭州市 SYYM

háng 航	TEYm	丿舟亠几
	TUYw	丿舟亠几

航空 TEPW   航天 TEGD
航天部 TGUK

háng 颃	YMDM	亠几ア贝
	YWDm	亠几ア贝
hàng 沆	IYMn	氵亠几⑨
	IYWN	氵亠几⑨
hàng 巷	AWNb	艹八巳⑨
	AWNb	艹八巳⑨

HAO

hāo 蒿	AYMk	艹亠门口
	AYMk	艹亠门口
hāo 嚆	KAYk	口艹亠口
	KAYk	口艹亠口
hāo 薅	AVDF	艹女厂寸
	AVDF	艹女厂寸
háo 嗥	KRDf	口白大十
	KRDF	口白大十
háo 貉	EETK	爫豸夂口
	ETKG	豸夂口㊀
háo 毫	YPTn	亠冖丿乙
	YPEb	亠冖毛

毫米 YPOY 毫米波 YOIH
毫微米 YTOY 毫微秒 YTTI
毫无疑问 YFXU
毫无疑义 YFXY

háo 蚝	JTFn	虫丿二乙
	JEN	虫毛㊁
háo 豪	YPEU	亠冖𧰨㊂
	YPGe	亠冖一𧰨

豪华 YPWX 豪华车 YWLG

háo 壕	FYPe	土亠冖𧰨
	FYPe	土亠冖𧰨
háo 嚎	KYPe	口亠冖𧰨
	KYPe	口亠冖𧰨
háo 濠	IYPe	氵亠冖𧰨
	IYPe	氵亠冖𧰨

hǎo 好	VBg	女子㊀
	VBg	女子㊀

好比 VBXX 好办法 VLIF
好吃 VBKT 好处 VBTH
好多 VBQQ 好大喜功 VDFA
好感 VBDG 好高骛远 VYCF
好汉 VBIC 好坏 VBFG
好看 VBRH 好莱坞 VAFQ
好奇 VBDS 好容易 VPJQ
好听 VBKR 好事多磨 VGQY
好象 VBQJ 好为人师 VYWJ
好些 VBHX 好心 VBNY
好转 VBLF 好样的 VSRQ
好逸恶劳 VQGA

hào 郝	FOBh	土小阝㊀
	FOBh	土小阝㊀
hào 号	KGNb	口一乙
	KGnb	口一乙

号码 KGDC 号召 KGVK

hào 昊	JGDu	日一大㊂
	JGDu	日一大㊂
hào 耗	DITN	三木丿乙
	FSEn	二木毛乙

耗电量 DJJG

hào 浩	ITFK	氵丿土口
	ITFK	氵丿土口

浩如烟海 IVOI

hào 皓	RTFK	白丿土口
	RTFK	白丿土口
hào 镐	QYMk	钅亠门口
	QYMk	钅亠门口

hào 颢	JYIM	日亠小贝
	JYIM	日亠小贝
hào 灏	IJYM	氵日亠贝
	IJYM	氵日亠贝

HE

hē 诃	YSKg	讠丁口⊖
	YSKg	讠丁口⊖
hē 呵	KSKg	口丁口⊖
	KSKg	口丁口⊖
hē 喝	KJQn	口日勹乙
	KJQn	口日勹乚
hē 嗬	KAWK	口艹亻口
	KAWK	口艹亻口
hē 禾	TTTt	禾禾禾禾
	TTTt	禾禾禾禾
hé 和	Tkg	禾口⊖
	TKG	禾口⊖

和蔼 TKAY 和风细雨 TMXF
和睦 TKHF 和平 TKGU
和气 TKRN 和平共处 TGAT
和谐 TKYX 和颜悦色 TUNQ

hé 合	WGKf	人一口⊖
	WGKF	人一口⊖

合并 WGUA 合唱团 WKLF
合成 WGDN 合肥 WGEC
合格 WGST 合肥市 WEYM
合计 WGYF 合格证 WSYG
合理 WGGJ 合理化 WGWX
合适 WGTD 合同法 WMIF
合同 WGMG 合同制 WMRM
合资 WGUQ 合同工 WMAA
合作 WGWT
合资企业 WUWO
合情合理 WNWG

hé 盒	WGKL	人一口皿
	WGKL	人一口皿
hé 颌	WGKM	人一口贝
	WGKM	人一口贝
hé 纥	XTNN	纟丿乙
	XTNN	纟丿乙
hé 何	WSKg	亻丁口⊖
	WSKg	亻丁口⊖

何必 WSNT 何等 WSTF
何况 WSUK
何去何从 WFWW

hé 河	ISKg	氵丁口⊖
	ISKg	氵丁口⊖

河北 ISUX 河北省 IUIT
河流 ISIY 河南 ISFM
河南省 IFIT

hé 荷	AWSK	艹亻丁口
	AWSK	艹亻丁口
hé 菏	AISk	艹氵丁口
	AISK	艹氵丁口
hé 劾	YNTL	亠乙丿力
	YNTF	亠乙丿力
hé 阂	UYNw	门亠乙人
	UYNw	门亠乚人

hé 核	SYNW	木冖乙人
	SYNw	木冖乚人

核对 SYCF	核爆炸 SOOT
核心 SYNY	核截军 SFPL
核算 SYTH	核导弹 SNXU
核反应 SRYI	核大国 SDLG
核战争 SHQV	核技术 SRSY
核发电 SNJN	核电站 SJUH
核弹头 SXUD	核辐射 SLTM
核工业 SAOG	核垄断 SDON
核试验 SYCW	核武器 SGKK

hé 曷	JQWN	日勹人乙
	JQWN	日勹人⑤

hé 盍	FCLF	土厶皿F
	FCLf	土厶皿㊀

hé 阖	UFCl	门土厶皿
	UFCl	门土厶皿

hé 涸	ILDg	氵口古g
	ILDg	氵口古g

hé 貉	EETK	爫豸夂口
	ETKG	豸夂口g

hé 翮	GKMN	一口冂羽
	GKMN	一口冂羽

hè 吓	KGHy	口一卜y
	KGHy	口一卜y

hè 贺	LKMu	力口贝⑦
	EKMu	力口贝⑦

贺年片 LRTH

hè 褐	PUJN	衤冖日乙
	PUJN	衤②日乚

hè 赫	FOFo	土小土小
	FOFo	土小土小

hè 鹤	PWYg	冖亻主一
	PWYg	冖亻主一

hè 壑	HPGf	卜冖一土
	HPGf	卜冖一土

hēi 黑	LFOu	四土灬⑦
	LFOu	四土灬⑦

黑暗 LFJU	黑板报 LSRB
黑板 LFSR	黑龙江 LDIA
黑人 LFWW	黑龙江省 LDII
黑色 LFQC	黑社会 LPWF
黑体字 LWPB	黑种人 LTWW

hēi 嘿	KLFo	口四土灬
	KLFo	口四土灬

hén 痕	UVEi	疒彐κ⑦
	UVI	疒艮i

hěn 很	TVEy	彳彐κy
	TVY	彳艮y

很大 TVDD	很必要 TNSV
很低 TVWQ	很多 TVQQ
很高 TVYM	很好 TVVB
很冷 TVUW	很可能 TSCE
很能 TVCE	很能够 TCQK
很热 TVRV	很容易 TPJQ
很小 TVIH	很需要 TFSV

hěn 狠	QTVe	⺨ョㅋ⺈
	QTVy	⺨彐艮⊙
hèn 恨	NVey	忄彐⺈
	NVy	忄艮⊙

恨不得 NGTJ

HENG

hēng 亨	YBJ	亠了⑪
	YBJ	亠了⑪
hēng 哼	KYBh	口亠了⑪
	KYBh	口亠了⑪
héng 恒	NGJg	忄一日一
	NGJg	忄一日一
héng 珩	GTFh	王彳二丨
	GTGs	王彳一丁
héng 桁	STFH	木彳二丨
	STGs	木彳一丁
héng 衡	TQDH	彳鱼大丨
	TQDs	彳鱼大丁
héng 蘅	ATQH	艹彳鱼丨
	ATQs	艹彳鱼丁
héng 横	SAMw	木艹由八
	SAMw	木艹由八

横向联合 STRW
横行霸道 STFU

HONG

| hōng 轰 | LCCu | 车又又㇀ |
| | LCCu | 车又又㇀ |

轰轰烈烈 LLGG

hōng 哄	KAWy	口艹八⊙
	KAWy	口艹八⊙
hōng 烘	OAWy	火艹八⊙
	OAWy	火艹八⊙
hōng 訇	QYD	勹言㊀
	QYD	勹言㊀
hōng 薨	ALPX	艹四冖匕
	ALPX	艹四冖匕
hóng 弘	XCY	弓厶丶
	XCy	弓厶⊙
hóng 泓	IXCy	氵弓厶⊙
	IXCy	氵弓厶⊙
hóng 红	XAg	纟工一
	XAg	纟工一

红旗 XAYT 红领巾 XWMH
红色 XAQC 红楼梦 XSSS
红绿灯 XXOS 红外线 XQXG
红细胞 XXEQ 红眼病 XHUG

hóng 荭	AXAf	艹纟工土
	AXAf	艹纟工土
hóng 虹	IAg	虫工一
	JAg	虫工一

| hóng 鸿 | IAQG | 氵工勹一 |
| | IAQg | 氵工鸟一 |

| hóng 闳 | UDCi | 门ナム② |
| | UDCi | 门ナム② |

| hóng 宏 | PDCu | 宀ナム② |
| | PDCu | 宀ナム② |

宏观 PDCM

| hóng 洪 | IAWy | 氵艹八⊙ |
| | IAWy | 氵艹八⊙ |

| hóng 蕻 | ADAW | 艹镸艹八 |
| | ADAW | 艹镸艹八 |

| hóng 薨 | IPAw | 氵冖艹八 |
| | IPAw | 氵冖艹八 |

| hòng 讧 | YAG | 讠工㇔ |
| | YAG | 讠工㇔ |

HOU

| hóu 侯 | WNTd | 亻㇕广大 |
| | WNTd | 亻㇗广大 |

| hóu 喉 | KWNd | 口亻㇕大 |
| | KWND | 口亻㇗大 |

| hóu 猴 | QTWd | 犭丿亻大 |
| | QTWd | 犭①亻大 |

| hóu 瘊 | UWNd | 疒亻㇕大 |
| | UWNd | 疒亻㇗大 |

| hóu 篌 | TWNd | 竹亻㇕大 |
| | TWNd | 竹亻㇗大 |

| hóu 糇 | OWNd | 米亻㇕大 |
| | OWNd | 米亻㇗大 |

| hóu 骺 | MERk | 罒月厂口 |
| | MERk | 罒月厂口 |

| hǒu 吼 | KBNn | 口子乙② |
| | KBNn | 口子乚② |

| hòu 后 | RGkd | 厂一口㊂ |
| | RGkd | 厂一口㊂ |

后边 RGLP　后备军 RTPL
后方 RGYY　后发制人 RNRW
后果 RGJS　后顾之忧 RDPN
后悔 RGNT　后起之秀 RFPT
后来 RGGO　后来居上 RGNH
后面 RGDM　后期 RGAD
后勤 RGAK　后勤部 RAUK
后天 RGGD　后头 RGUD
后退 RGVE　后遗症 RKUG
后者 RGFT

| hòu 逅 | RGKP | 厂一口辶 |
| | RGKP | 厂一口辶 |

| hòu 厚 | DJBd | 厂日子㊂ |
| | DJBd | 厂曰子㊂ |

| hòu 候 | WHNd | 亻丨㇕大 |
| | WHNd | 亻丨㇗大 |

候车室 WLPG　候机室 WSPG
候选人 WTWW

| hòu 堠 | FWND | 土亻㇕大 |
| | FWNd | 土亻㇗大 |

| hòu 鲎 | IPQG | 冖冖鱼一 |
| | IPQG | 冖冖鱼一 |

HOU-HU

hòu 後	TXTy	彳幺夊㇏
	TXTY	彳幺夊㇏

HU

hū 乎	TUHk	ノ丷丨㇒
	TUFK	ノ丷十㇒

hū 呼	KTuh	口ノ丷丨
	KTUf	口ノ丷十

呼吸 KTEK 呼和浩特 KTIT

hū 轷	LTUH	车ノ丷丨
	LTUF	车ノ丷十

hū 烀	OTUh	火ノ丷丨
	OTUf	火ノ丷十

hū 滹	IHAH	氵虍七一
	IHTF	氵虍丿十

hū 戏	CAt	又戈㇒
	CAy	又戈㇏

hū 忽	QRNu	勹丿心㇒
	QRNu	勹丿心㇒

忽然 QRQD

hū 嗡	KQRN	口勹丿心
	KQRN	口勹丿心

hū 惚	NQRn	忄勹丿心
	NQRn	忄勹丿心

hú 囫	LQRe	囗勹丿㇒
	LQRe	囗勹丿㇒

hú 和	Tkg	禾口一
	TKG	禾口一

hú 狐	QTRy	犭丿厂㇏
	QTRy	犭⺨厂㇏

狐假虎威 QWHD

hú 弧	XRCy	弓厂厶㇏
	XRCy	弓厂厶㇏

hú 胡	DEg	古月一
	DEG	古月一

胡萝卜 DAHH
胡作非为 DWDY

hú 葫	ADEF	艹古月一
	ADEF	艹古月一

葫芦 ADAY

hú 猢	QTDE	犭丿古月
	QTDE	犭⺨古月

hú 湖	IDEg	氵古月一
	IDEg	氵古月一

湖北 IDUX   湖北省 IUIT
湖泊 IDIR   湖南 IDFM
湖南省 IFIT

hú 瑚	GDEg	王古月一
	GDEg	王古月一

hú 糊	ODEg	米古月一
	ODEg	米古月一

糊涂 ODIW

hú 鹕	DEQg	古月勹一
	DEQg	古月鸟一

hú 蝴	JDEg	虫古月㊀
	JDEg	虫古月㊀

hú 煳	ODEG	火古月㊂
	ODEG	火古月㊂

hú 醐	SGDE	西一古月
	SGDE	西一古月

hú 壶	FPOg	士冖业一
	FPOf	士冖业十

hú 核	SYNW	木亠乙人
	SYNw	木亠乚人

hú 斛	QEUf	夕用丷十
	QEUf	夕用丷十

hú 槲	SQEF	木夕用十
	SQEF	木夕用十

hú 鹄	TFKG	丿土口一
	TFKG	丿土口一

hú 鹘	MEQg	冎月勹一
	MEQG	冎月鸟一

hú 縠	FPGC	士冖一又
	FPGC	士冖一又

hǔ 虎	HAmv	广七几㊄
	HWV	虍几㊄

虎头蛇尾 HUJN

hǔ 唬	KHAM	口广七几
	KHWN	口虍几㊁

hǔ 琥	GHAm	王广七几
	GHWn	王虍几㊁

hǔ 浒	IYTF	氵讠丿十
	IYTF	氵讠丿十

hù 互	GXgd	一彐一㊀
	GXd	一彐㊀

互相 GXSH 互助 GXEG
互助组 GEXE

hù 冱	UGXg	冫一彐
	UGXG	冫一彐一

hù 户	YNE	丶尸㊂
	YNE	丶尸㊂

户口 YNKK

hù 护	RYNt	扌丶尸丿
	RYNt	扌丶尸丿

护士 RYFG 护照 RYJV

hù 沪	IYNt	氵丶尸丿
	IYNt	氵丶尸丿

hù 岵	YNUf	丶尸丷十
	YNUf	丶尸丷十

hù 扈	YNKC	丶尸口巴
	YNKC	丶尸口巴

hù 岵	MDG	山古一
	MDG	山古㊀

hù 怙	NDG	忄古一
	NDG	忄古一

hù 祜	PYDG	礻丶古一
	PYDG	礻㊀古一

hù 笏	TQRr	竹勹勿丿
	TQRr	竹勹勿丿

hù 瓠	DFNY	大二乙㇏
	DFNY	大二ㄣ㇏

hù 鳠	QYNC	勹丶乙又
	QGAC	鸟一廾又

HUA

huā 花	AWXb	艹亻匕[巜]
	AWXb	艹亻匕[巜]

花朵 AWMS 花名册 AQMM
花生米 ATOY 花生油 ATIM
花天酒地 AGIF
花言巧语 AYAY

huā 砉	DHDF	三丨石[二]
	DHDF	三丨石[二]

huá 华	WXFj	亻匕十[刂]
	WXFj	亻匕十[刂]

华北 WXUX 华而不实 WDGP
华东 WXAI 华丽 WXGM
华南 WXFM 华侨 WXWT
华沙 WXII 华人 WXWW
华裔 WXYE 华盛顿 WDGB

huá 哗	KWXf	口亻匕十
	KWXf	口亻匕十

huá 骅	CWXf	马亻匕十
	CGWF	马一亻十

huá 铧	QWXf	钅亻匕十
	QWXf	钅亻匕十

huá 猾	QTMe	犭丿冎月
	QTME	犭の冎月

huá 滑	IMEg	氵冎月[一]
	IMEg	氵冎月[一]

huà 化	WXn	亻匕[乙]
	WXn	亻匕[乙]

化肥 WXEC 化肥厂 WEDG
化工 WXAA 化验室 WCPG
化学 WXIP 化学家 WIPE
化验 WXCW 化学系 WITX
化纤 WXXT 化学元素 WIFG
化妆品 WUKK

huà 桦	SWXf	木亻匕十
	SWXf	木亻匕十

huà 划	AJh	戈刂[丨]
	AJh	戈刂[丨]

划时代 AJWA

huà 画	GLbj	一田凵[刂]
	GLbj	一田凵[刂]

画报 GLRB 画地为牢 GFYP
画家 GLPE 画龙点睛 GDHH
画面 GLDM 画蛇添足 GJIK

huà 话	YTDg	讠丿古[一]
	YTDg	讠丿古[一]

话务员 YTKM

HUAI

huái 怀	NGiy	忄一小[丶]
	NDHy	忄𠂇卜[丶]

怀念 NGWY 怀疑 NGXI

huái 徊	TLKg	彳囗口[一]
	TLKg	彳囗口[一]

| huái 淮 | IWYg | 氵亻圭㊀ |
| | IWYg | 氵亻圭㊀ |

| huái 槐 | SRQc | 木白儿厶 |
| | SRQc | 木白儿厶 |

| huái 踝 | KHJS | 口止日木 |
| | KHJS | 口止曰木 |

| huài 坏 | FGIy | 土一小㊀ |
| | FDHy | 土丆卜㊀ |

坏蛋 FGNH 坏东西 FASG

| huai 划 | AJh | 戈刂① |
| | AJh | 戈刂① |

~ HUAN ~

| huān 欢 | CQWy | 又𠂉人㊀ |
| | CQWy | 又𠂉人㊀ |

欢呼 CQKT 欢乐 CQQI
欢送 CQUD 欢喜 CQFK
欢笑 CQTT 欢迎 CQQB
欢欣鼓舞 CRFR

| huán 獾 | QTAY | 犭丿卄圭 |
| | QTAY | 犭の卄圭 |

| huán 还 | GIPi | 一小辶㊆ |
| | DHpi | 丆卜辶㊆ |

还价 GIWW 还乡团 GXLF
还清 GIIG 还原 GIDR
还帐 GIMH

| huán 环 | GGIy | 王一小㊀ |
| | GDHy | 王丆卜㊀ |

环保 GGWK 环境局 GWNN

环境 GGFU 环境保护 GFWR
环境污染 GFII

| huán 郇 | QJBh | 勹日阝① |
| | QJBh | 勹日阝① |

| huán 洹 | IGJg | 氵一日一 |
| | IGJg | 氵一日一 |

| huán 桓 | SGJG | 木一日一 |
| | SGJG | 木一曰一 |

| huán 萑 | AWYF | 卄亻圭㊀ |
| | AWYF | 卄亻圭㊀ |

| huán 锾 | QEFC | 钅爫二又 |
| | QEGC | 钅爫一又 |

| huán 圜 | LLGe | 囗罒一衣 |
| | LLGe | 囗罒一衣 |

| huán 寰 | PLGe | 宀罒一衣 |
| | PLGe | 宀罒一衣 |

| huán 缳 | XLGE | 纟罒一衣 |
| | XLGE | 纟罒一衣 |

| huán 鬟 | DELe | 镸彡罒衣 |
| | DELe | 镸彡罒衣 |

| huǎn 缓 | XEFc | 纟爫二又 |
| | XEGC | 纟爫一又 |

缓和 XETK

| huàn 幻 | XNN | 幺乙㊋ |
| | XNN | 幺乛㊋ |

幻想 XNSH 幻想曲 XSMA

| huàn 奂 | QMDu | 𠂊冂大㊅ |
| | QMDu | 𠂊冂大㊅ |

huàn 换	RQmd	扌⺆冂大
	RQmd	扌⺆冂大

换言之 RYPP

huàn 唤	KQMd	口⺆冂大
	KQMd	口⺆冂大

huàn 涣	IQMd	氵⺆冂大
	IQMd	氵⺆冂大

huàn 焕	OQMd	火⺆冂大
	OQMd	火⺆冂大

huàn 痪	UQMd	疒⺆冂大
	UQMd	疒⺆冂大

huàn 宦	PAHh	宀匚丨丨
	PAHh	宀匚丨丨

huàn 浣	IPFQ	氵宀二儿
	IPFQ	氵宀二儿

huàn 鲩	QGPq	鱼一宀儿
	QGPQ	鱼一宀儿

huàn 患	KKHN	口口丨心
	KKHN	口口丨心

患得患失 KTKR
患难与共 KCGA
患难之交 KCPU

huàn 漶	IKKN	氵口口心
	IKKN	氵口口心

huàn 逭	PNHP	宀⺕辶
	PNPd	宀目辶

huàn 豢	UDEu	丷大豕
	UGGe	丷夫一豕

huàn 擐	RLGE	扌囗一衣
	RLGe	扌囗一衣

HUANG

huāng 肓	YNEF	亠乙月
	YNEF	亠乚月

huāng 荒	AYNQ	艹亠乙儿
	AYNK	艹亠乚儿

huāng 慌	NAYq	忄艹亠儿
	NAYk	忄艹亠儿

慌乱 NATD 慌忙 NANY

huáng 皇	RGF	白王
	RGF	白王

皇帝 RGUP

huáng 凰	MRGd	几白王
	WRGD	几白王

huáng 隍	BRGg	阝白王
	BRGg	阝白王

huáng 徨	TRGg	彳白王
	TRGg	彳白王

huáng 遑	RGPd	白王辶
	RGPd	白王辶

huáng 湟	IRGG	氵白王
	IRGG	氵白王

huáng 煌	ORGG	火白王
	ORGG	火白王

huáng 蝗	JRGg	虫白王⊖
	JRGG	虫白王⊖

huáng 篁	TRGF	⺮白王⊖
	TRGF	⺮白王⊖

huáng 惶	NRGG	忄白王⊖
	NRGG	忄白王⊖

huáng 黄	AMWu	廿由八⑦
	AMWu	廿由八⑦

黄河 AMIS 黄花菜 AAAE
黄金 AMQQ 黄金时代 AQJW
黄色 AMQC 黄连素 ALGX

huáng 潢	IAMw	氵廿由八
	IAMw	氵廿由八

huáng 璜	GAMW	王廿由八
	GAMW	王廿由八

huáng 磺	DAMw	石廿由八
	DAMW	石廿由八

huáng 癀	UAMw	疒廿由八
	UAMw	疒廿由八

huáng 蟥	JAMw	虫廿由八
	JAMw	虫廿由八

huáng 簧	TAMW	⺮廿由八
	TAMW	⺮廿由八

huǎng 恍	NIQn	忄⺍儿②
	NIGq	忄⺍一儿

恍然大悟 NQDN

huǎng 晃	JIqb	日⺍儿⑥
	JIgq	日⺍一儿

huǎng 幌	MHJQ	冂丨日⺍
	MHJQ	冂丨日⺍

huǎng 谎	YAYq	讠艹亡儿
	YAYk	讠艹亡儿

HUI

huī 灰	DOu	ナ火⑦
	DOU	ナ火⑦

huī 诙	YDOy	讠ナ火⊙
	YDOy	讠ナ火⊙

huī 咴	KDOy	口ナ火⊙
	KDOy	口ナ火⊙

huī 恢	NDOy	忄ナ火⊙
	NDOy	忄ナ火⊙

恢复 NDTJ

huī 挥	RPLh	扌冖车①
	RPLh	扌冖车①

挥金如土 RQVF

huī 珲	GPlh	王冖车①
	GPlh	王冖车①

huī 晖	JPLH	日冖车①
	JPLH	日冖车①

huī 辉	IQPL	⺍儿冖车
	IGQL	⺍一儿车

辉煌 IQOR

huī 麾	YSSN	广木木乙
	OSSE	广木木毛

huī 徽	TMGT	彳山一攵
	TMGT	彳山一攵

徽标 TMSF

huī 隳	BDAN	阝ナ工小
	BDAN	阝ナ工小

huí 回	LKD	囗口㊀
	LKd	囗口㊀

回避 LKNK 回答 LKTW
回顾 LKDB 回家 LKPE
回来 LKGO 回去 LKFC
回想 LKSH 回忆 LKNN
回忆录 LNVI

huí 茴	ALKF	艹囗口㊀
	ALKF	艹囗口㊀

huí 洄	ILKg	氵囗口㊀
	ILKg	氵囗口㊀

huí 蛔	JLKg	虫囗口㊀
	JLKg	虫囗口㊀

huǐ 虺	GQJI	一儿虫㊂
	GQJI	一儿虫㊂

huǐ 悔	NTXy	忄𠂉勹丶
	NTXy	忄𠂉母㊀

huǐ 毁	VAmc	臼工几又
	EAWc	臼工几乂

毁灭 VAGO

huì 卉	FAJ	十廾㊀
	FAJ	十廾㊀

huì 汇	IAN	氵匚乙
	IAN	氵匚乙

汇报 IARB 汇报会 IRWF
汇款单 IFUJ 汇丰银行 IDQT

huì 会	WFcu	人二厶㊂
	WFCu	人二厶㊂

会长 WFTA 会场 WFFN
会见 WFMQ 会谈 WFYO
会议 WFYY 会议厅 WYDS
会员 WFKM

huì 荟	AWFC	艹人二厶
	AWFC	艹人二厶

huì 绘	XWFc	纟人二厶
	XWFc	纟人二厶

绘画 XWGL 绘图仪 XLWY
绘声绘色 XFXQ

huì 桧	SWFc	木人二厶
	SWFc	木人二厶

huì 烩	OWFc	火人二厶
	OWFc	火人二厶

huì 讳	YFNH	讠二乙丨
	YFNH	讠二丁丨

讳疾忌医 YUNA
讳莫如深 YAVI

huì 诲	YTXu	讠𠂉勹丶
	YTXy	讠𠂉母㊀

诲人不倦 YWGW

huì 晦	JTXu	日𠂉勹丶
	JTXy	日𠂉母㊀

huì 恚	FFNU	土土心[冫]
	FFNU	土土心[冫]
huì 贿	MDEg	贝𠂇月[一]
	MDEg	贝𠂇月[一]

贿赂 MDMT

huì 慧	DHDn	三丨三心
	DHDn	三丨三心
huì 彗	DHDV	三丨三彐
	DHDV	三丨三彐
huì 秽	TMQy	禾山夕[丶]
	TMQy	禾山夕[丶]
huì 惠	GJHn	一日丨心
	GJHn	一曰丨心
huì 蕙	AGJn	廾一日心
	AGJn	廾一曰心
huì 螅	JGJN	虫一日心
	JGJN	虫一曰心
huì 喙	KXEy	口彑 豕[丶]
	KXEy	口彑豕[丶]
huì 缋	XKHm	纟口丨贝
	XKHM	纟口丨贝

HUN

hūn 昏	QAJF	𠂆 七日[二]
	QAJF	𠂆 七日[二]
hūn 婚	VQaj	女𠂆 七日
	VQaj	女𠂆 七日

婚姻 VQVL 婚姻法 VVIF

hūn 阍	UQAj	门𠂆 七日
	UQAJ	门𠂆 七日
hūn 荤	APLJ	艹冖车[‖]
	APLj	艹冖车[‖]
hún 浑	IPLh	氵冖车[丨]
	IPLh	氵冖车[丨]

浑水摸鱼 IIRQ

hún 珲	GPlh	王冖车[丨]
	GPLh	王冖车[丨]
hún 馄	QNJX	夕乙日匕
	QNJX	⺈乚 曰匕
hún 魂	FCRc	二厶白厶
	FCRc	二厶白厶
hùn 诨	YPLh	讠冖车[丨]
	YPLh	讠冖车[丨]
hùn 混	IJXx	氵日匕 匕
	IJXx	氵曰匕 匕

混合物 IWTR 混凝土 IUFF

hùn 溷	ILEY	氵口豕[丶]
	ILGE	氵口一豕

HUO

huō 耠	DIWk	三朩人口
	FSWk	二木人口
huō 锪	QQRn	钅勹丿心
	QQRn	钅勹丿心

huō 豁	PDHk	宀三丨口
	PDHk	宀三丨口

huō 劐	AWYJ	廿亻主刂
	AWYJ	廿亻主刂

huó 攉	RFWY	扌雨亻主
	RFWy	扌雨亻主

huó 和	TKg	禾口⊖
	TKG	禾口⊖

huó 活	ITDg	氵丿古⊖
	ITDg	氵丿古⊖

活动 ITFC 活动家 IFPE
活泼 ITIN 活见鬼 IMRQ
活受罪 IELD 活灵活现 IVIG
活页纸 IDXQ

huǒ 火	OOOo	火火火火
	OOOo	火火火火

火柴 OOHX 火车头 OLUD
火车 OOLG 火车站 OLUH
火花 OOAW 火电厂 OJDG
火炉 OOOY 火焰 OOOQ

huǒ 伙	WOy	亻火⊙
	WOy	亻火⊙

伙伴 WOWU 伙计 WOYF
伙食 WOWY 伙食费 WWXJ

huǒ 钬	QOY	钅火⊙
	QOY	钅火⊙

huǒ 夥	JSQq	日木夕夕
	JSQq	曰木夕夕

huò 惑	AKGN	戈口一心
	AKGN	戈口一心

huò 或	AKgd	戈口一⊖
	AKgd	戈口⌒⊖

或是 AKJG 或多或少 AQAI
或许 AKYT 或者 AKFT
或者说 AFYU

huò 货	WXMu	亻匕贝⊘
	WXMu	亻匕贝⊘

货物 WXTR

huò 获	AQTd	廿犭丿犬
	AQTD	廿犭の犬

获得 AQTJ 获得者 ATFT
获奖 AQUQ 获奖者 AUFT
获取 AQBC 获胜 AQET
获准 AQUW

huò 祸	PYKW	礻口人
	PYKW	礻⊙口人

祸害 PYPD 祸国殃民 PLGN

huò 霍	FWYF	雨亻主⊖
	FWYF	雨亻主⊖

huò 藿	AFWY	廿雨亻主
	AFWY	廿雨亻主

huò 嚯	KFWY	口雨亻主
	KFWy	口雨亻主

huò 镬	QAWC	钅廿亻又
	QAWc	钅廿亻又

huò 蠖	JAWC	虫廿亻又
	JAWC	虫廿亻又

JI

jī 讥	YMN	讠几⊘
	YWN	讠几⊘
jī 叽	KMN	口几⊘
	KWN	口几⊘
jī 饥	QNMn	勹乙几⊘
	QNWn	勹乀几⊘
jī 玑	GMN	王几⊘
	GWN	王几⊘
jī 机	SMn	木几⊘
	SWn	木几⊘

机场 SMFN　机车 SMLG
机床 SMYS　机电 SMJN
机动 SMFC　机动性 SFNT
机房 SMYN　机构 SMSQ
机关 SMUD　机构改革 SSNA
机会 SMWF　机关报 SURB
机警 SMAQ　机关枪 SUSW
机密 SMPN　机能 SMCE
机器 SMKK　机器人 SKWW
机时 SMJF　机务 SMTL
机械 SMSA　机务段 STWD
机修 SMWH　机械化 SSWX
机要 SMSV　机制 SMRM
机智 SMTD　机组 SMXE

jī 肌	EMn	月几⊘
	EWN	月几⊘

肌肉 EMMW

jī 矶	DMN	石几⊘
	DWN	石几⊘
jī 击	FMK	二山⑩
	GBk	十山⑩
jī 圾	FEyy	土乃⊙
	FBYY	土乃⊙
jī 芨	AEYu	廿乃丶
	ABYu	廿乃丶
jī 乩	HKNn	卜口乙⊘
	HKNn	卜口乙⊘
jī 鸡	CQYg	又勹丶
	CQGg	又鸟一㊀

鸡蛋 CQNH　鸡毛 CQTF
鸡肉 CQMW　鸡毛蒜皮 CTAH
鸡犬不宁 CDGP

jī 奇	DSKF	大丁口F
	DSKF	大丁口F
jī 剞	DSKJ	大丁口刂
	DSKJ	大丁口刂
jī 犄	TRDk	丿扌大口
	CDSk	牛大丁口
jī 畸	LDSk	田大丁口
	LDSk	田大丁口
jī 咭	KFKG	口士口㊀
	KFKG	口士口㊀

jī 喞	KVCB	口ヨ厶卩
	KVBh	口艮卩①

jī 积	TKWy	禾口八⊙
	TKWy	禾口八⊙

积肥 TKEC　积分 TKWV
积极 TKSE　积极性 TSNT
积累 TKLX　积极因素 TSLG
积木 TKSS　积蓄 TKAY
积雪 TKFV　积压 TKDF
积重难返 TTCR

jī 笄	TGAJ	⺮一廾①
	TGAJ	⺮一廾①

jī 屐	NTFC	尸彳十又
	NTFC	尸彳十又

jī 姬	VAHh	女匚丨丨
	VAHh	女匚丨丨

jī 基	ADwf	廾三八土
	DWFf	其八土⊖

基本 ADSG　基本法 ASIF
基层 ADNF　基本功 ASAL
基础 ADDB　基本国策 ASLT
基地 ADFB　基本建设 ASVY
基点 ADHK　基本路线 ASKX
基建 ADVF　基本原则 ASDM
基金 ADQQ　基础理论 ADGY
基因 ADLD　基督教 AHFT
基调 ADYM
基数 ADOV　基金会 AQWF
基于 ADGF

jī 期	ADWE	廾三八月
	DWEg	其八月⊖

jī 箕	TADw	⺮廾三八
	TDWu	⺮其八⑦

jī 赍	FWWm	十人人贝
	FWWm	十人人贝

jī 穄	TDNM	禾厂乙山
	TDNM	禾ナ乚山

jī 稽	TDNJ	禾厂乙日
	TDNJ	禾ナ乚日

jī 缉	XKBg	纟口耳⊖
	XKBg	纟口耳⊖

jī 跻	KHYJ	口止文刂
	KHYJ	口止文刂

jī 齑	YDJJ	文三刂刂
	YHDJ	文丨三刂

jī 畿	XXAl	幺幺戈田
	XXAl	幺幺戈田

jī 墼	GJFF	一日十土
	LBWf	車凵几土

jī 激	IRYt	氵白方攵
	IRYt	氵白方攵

激昂 IRJQ　激动 IRFC
激发 IRNT　激光 IRIQ
激化 IRWX　激光器 IIKK
激励 IRDD　激烈 IRGQ
激怒 IRVC　激起 IRFH
激情 IRNG　激素 IRGX

jī 羁	LAFc	罒廾革马
	LAFg	罒廾革一

jí 及	EYi	乃乁 [氵]
	BYi	乃乁 [氵]

及格 EYST　及时 EYJF
及时性 EJNT

jí 岌	MEYU	山乃乁 [冫]
	MBYu	山乃乁 [冫]

jí 汲	IEYy	氵乃乁 [丶]
	IBYY	氵乃乁 [丶]

汲取 IEBC

jí 级	XEyy	纟乃乁 [丶]
	XByy	纟乃乁 [丶]

级别 XEKL

jí 极	SEyy	木乃乁 [丶]
	SBYy	木乃乁 [丶]

极大 SEDD　极点 SEHK
极度 SEYA　极端 SEUM
极力 SELT　极其 SEAD
极限 SEBV　极左 SEDA

jí 笈	TEYU	⺮乃乁 [丶]
	TBYU	⺮乃乁 [丶]

jí 吉	FKf	士口[二]
	FKf	士口[二]

吉利 FKTJ　吉林省 FSIT
吉林 FKSS　吉普车 FULG
吉祥 FKPY　吉祥物 FPTR

jí 佶	WFKG	亻士口[一]
	WFKG	亻士口[一]

jí 诘	YFKg	讠士口[一]
	YFKg	讠士口[一]

jí 即	VCBh	彐厶卩[丨]
	VBH	艮 卩[丨]

即将 VCUQ　即刻 VCYN
即日 VCJJ　即时 VCJF
即席 VCYA　即使 VCWG

jí 亟	BKCg	了口又一
	BKCg	了口又一

jí 殛	GQBg	一夕了一
	GQBg	一夕了一

jí 革	AFj	廿中[刂]
	AFj	廿中[刂]

jí 急	QVNu	⺈彐心[冫]
	QVNu	⺈彐心[冫]

急病 QVUG　急促 QVWK
急电 QVJN　急件 QVWR
急剧 QVND　急风暴雨 QMJF
急流 QVIY　急流勇退 QICV
急忙 QVNY　急起直追 QFFW
急切 QVAV　急刹车 QQLG
急速 QVGK　急性病 QNUG
急需 QVFD　急于 QVGF
急躁 QVKH　急诊 QVYW

jí 疾	UTDi	疒𠂉大[氵]
	UTDi	疒𠂉大[氵]

疾病 UTUG　疾苦 UTAD
疾恶如仇 UGVW
疾风知劲草 UMTA

jí 蒺	AUTd	艹疒𠂉大
	AUTd	艹疒𠂉大

jí 嫉	VUTd	女疒𠂉大
	VUTd	女疒𠂉大

JI-JI 127

嫉妒 VUVY

| jí 棘 | GMII | 一冂木木 |
| | SMSm | 木冂木冂 |

| jí 集 | WYSu | 亻圭木① |
| | WYSu | 亻圭木① |

集成 WYDN 集合 WYWG
集锦 WYQR 集成电路 WDJK
集权 WYSC 集腋成裘 WEDF
集体 WYWS 集市贸易 WYQJ
集训 WYYK 集思广益 WLYU
集团 WYLF 集体化 WWWX
集邮 WYMB 集体舞 WWRL
集镇 WYQF 集体利益 WWTU
集中 WYKH 集体制 WWRM
集资 WYUQ 集中营 WKAP
集市 WYYM 集装箱 WUTS
集邮册 WMMM
集体所有制 WWRR

| jí 楫 | SKBg | 木口耳㊀ |
| | SKBg | 木口耳㊀ |

| jí 辑 | LKBg | 车口耳㊀ |
| | LKBg | 车口耳㊀ |

| jí 戢 | KBNT | 口耳乙丿 |
| | KBNY | 口耳、 |

| jí 蕺 | AKBT | 艹口耳丿 |
| | AKBY | 艹口耳、 |

| jí 嵴 | MIWe | 山丷人月 |
| | MIWe | 山丷人月 |

| jí 瘠 | UIWe | 疒丷人月 |
| | UIWe | 疒丷人月 |

| jí 籍 | TDIJ | 竹三木日 |
| | TFSj | 竹二木日 |

籍贯 TDXF

| jí 藉 | ADIj | 艹三木日 |
| | AFSj | 艹二木日 |

| jǐ 几 | MTn | 几丿乙 |
| | WTN | 几丿乙 |

几度 MTYA 几何 MTWS
几乎 MTTU 几何学 MWIP
几年 MTRH 几时 MTJF

| jǐ 虮 | JMN | 虫几② |
| | JWN | 虫几② |

| jǐ 麂 | YNJM | 广ヨ刂几 |
| | OXXW | 声匕匕几 |

| jǐ 己 | NNGn | 己乙一乙 |
| | NNGn | 己丁一乚 |

| jǐ 挤 | RYJh | 扌文刂① |
| | RYJh | 扌文刂① |

| jǐ 济 | IYJh | 氵文刂① |
| | IYjh | 氵文刂① |

济南 IYFM 济南市 IFYM

| jǐ 给 | XWgk | 纟人一口 |
| | XWgk | 纟人一口 |

给养 XWUD

| jǐ 脊 | IWEf | 丷人月㊀ |
| | IWEf | 丷人月㊀ |

脊背 IWUX 脊梁 IWIV

| jǐ 掎 | RDSk | 扌大丁口 |
| | RDSk | 扌大丁口 |

jǐ 戟	FJAt	十早戈②
	FJAy	十早戈⊙

jì 计	YFh	讠十①
	YFh	讠十①

计策 YFTG 计算所 YTRN
计划 YFWJ 计分表 YWGE
计量 YFJG 计划处 YATH
计谋 YFYA 计划内 YAMW
计较 YFLU 计划生育 YATY
计时 YFJF 计划外 YAQH
计算 YFTH 计数器 YOKK
计分 YFWV 计算机 YTSM
计算中心 YTKN

jì 记	YNn	讠己②
	YNn	讠己②

记分 YNWV 记分册 YWMM
记功 YNAL 记工员 YAKM
记号 YNKG 记录本 YVSG
记录 YNVI 记录片 YVTH
记要 YNSV 记忆 YNNN
记载 YNFA 记忆犹新 YNQU
记者 YNFT 记帐 YNMH
记者证 YFYG

jì 纪	XNn	纟己②
	XNn	纟己②

纪录 XNVI 纪录片 XVTH
纪律 XNTV 纪律性 XTNT
纪念 XNWY 纪念碑 XWDR
纪实 XNPU 纪念品 XWKK
纪委 XNTV 纪念日 XWJJ
纪要 XNSV 纪元 XNFQ

jì 忌	NNU	己心①
	NNU	己心①

忌妒 NNVY

jì 跽	KHNN	口止己心
	KHNN	口止己心

jì 伎	WFCY	亻十又⊙
	WFCY	亻十又⊙

伎俩 WFWG

jì 技	RFCy	扌十又⊙
	RFCy	扌十又⊙

技工 RFAA 技术革命 RSAW
技能 RFCE 技术革新 RSAU
技巧 RFAG 技术性 RSNT
技术 RFSY 技术员 RSKM
技艺 RFAN 技术咨询 RSUY
技校 RFSU

jì 芰	AFCU	艹十又①
	AFCU	艹十又①

jì 妓	VFCy	女十又⊙
	VFCy	女十又⊙

妓女 VFVV 妓院 VFBP

jì 系	TXIu	丿幺小①
	TXIu	丿幺小①

jì 际	BFiy	阝二小⊙
	BFiy	阝二小⊙

jì 季	TBf	禾子㊀
	TBF	禾子㊀

季度 TBYA 季节 TBAB
季刊 TBFJ 季节性 TANT

jì 悸	NTBg	忄禾子㊀
	NTBg	忄禾子㊀

继往开来 XTGG

jì 剂	YJJH	文刂刂①
	YJJH	文刂刂①
jì 荠	AYJJ	艹文刂刂
	AYJJ	艹文刂刂
jì 霁	FYJj	雨文刂j
	FYJJ	雨文刂刂
jì 鲚	QGYJ	鱼一文刂
	QGYJ	鱼丶文刂
jì 洎	ITHG	氵丿目一
	ITHG	氵丿目一
jì 迹	YOPi	亠小辶②
	YOPi	亠小辶②
jì 既	VCAq	ヨム匚儿
	VAqn	艮二儿乙

既然 VCQD　既往不咎 VTGT
既是 VCJG　既然如此 VQVH
既要 VCSV

jì 暨	VCAG	ヨム匚一
	VAQg	艮二儿一
jì 鲫	QGVB	鱼一ヨ卩
	QGVb	鱼丶卩②
jì 觊	MNMQ	山己门儿
	MNMq	山己门儿
jì 继	XOnn	纟米乙②
	XOnn	纟米乙②

继承 XOBD　继承法 XBIF
继续 XOXF　继承权 XBSC
继电器 XJKK 继承人 XBWW

jì 偈	WJQn	亻日勹乙
	WJQn	亻日勹乚
jì 寄	PDSk	宀大丁口
	PDSk	宀大丁口

寄存 PDDH　寄存器 PDKK
寄费 PDXJ　寄人篱下 PWTG
寄生 PDTG　寄生虫 PTJH
寄送 PDUD　寄托 PDRT
寄信 PDWY　寄予 PDCB
寄语 PDYG

jì 祭	WFIu	夂二小②
	WFIu	夂二小②
jì 寂	PHic	宀上小又
	PHic	宀上小又

寂静 PHGE　寂寞 PHPA

jì 绩	XGMy	纟圭贝①
	XGMy	纟圭贝①
jì 蓟	AQGJ	艹鱼一刂
	AQGJ	艹鱼丶刂
jì 稷	TLWt	禾田八夂
	TLWt	禾田八夂
jì 髻	DEFK	镸彡士口
	DEFK	镸彡士口
jì 冀	UXLw	丬匕田八
	UXLw	丬匕田八
jì 骥	CUXw	马丬匕八
	CGUw	马一丬八

| jī 唧 | KYJh | 口文刂丨① |
| | KYJh | 口文刂丨① |

| jiā 加 | LKg | 力口㊀ |
| | EKg | 力口㊀ |

加班 LKGY　加班费 LGXJ
加工 LKAA　加工厂 LADG
加急 LKWX　加减 LKUD
加紧 LKJC　加剧 LKND
加仑 LKWX　加密 LKPN
加强 LKXK　加拿大 LWDD
加入 LKTY　加强团结 LXLX
加深 LKIP　加上 LKHH
加速 LKGK　加速度 LGYA
加元 LKFQ　加油站 LIUH
加重 LKTG

| jiā 伽 | WLKg | 亻力口㊀ |
| | WEKg | 亻力口㊀ |

| jiā 茄 | ALKF | 艹力口㊀ |
| | AEKf | 艹力口㊀ |

| jiā 迦 | LKPd | 力口辶㊁ |
| | EKPd | 力口辶㊁ |

| jiā 珈 | GLKg | 王力口㊀ |
| | GEKg | 王力口㊀ |

| jiā 枷 | SLKg | 木力口㊀ |
| | SEKg | 木力口㊀ |

| jiā 痂 | ULKD | 疒力口㊂ |
| | UEKD | 疒力口㊂ |

| jiā 笳 | TLKF | 竹力口㊀ |
| | TEKf | 竹力口㊀ |

| jiā 袈 | LKYe | 力口一衣 |
| | EKYe | 力口一衣 |

| jiā 跏 | KHLK | 口止力口 |
| | KHEK | 口止力口 |

| jiā 嘉 | FKUK | 士口䒑口 |
| | FKUK | 士口䒑口 |

嘉宾 FKPR　嘉奖 FKUQ
嘉陵江 FBIA

| jiā 夹 | GUWi | 一丷人① |
| | GUDi | 一丷大① |

| jiā 浃 | IGUw | 氵一丷人 |
| | IGUD | 氵一丷大 |

| jiā 佳 | WFFG | 亻土土㊀ |
| | WFFg | 亻土土㊀ |

佳话 WFYT　佳句 WFQK
佳期 WFAD　佳音 WFUJ
佳作 WFWT

| jiā 家 | PEu | 宀豕② |
| | PGeu | 宀一豕② |

家产 PEUT　家长 PETA
家电 PEJN　家伙 PEWO
家具 PEHW　家史 PEKQ
家庭 PEYT　家庭副业 PYGO
家用 PEET　家庭出身 PYBT
家务 PETL　家用电器 PEJK
家乡 PEXT　家务各 PTGK
家畜 PEYX　家喻户晓 PKYJ
家属 PENT　家属楼 PNSO

家属区 PNAQ
家庭联产承包责任制 PYBR

jiā 镓	QPEy	钅宀豕⊙
	QPGE	钅宀一豕

jiā 葭	ANHC	艹乛丨又
	ANHC	艹乛丨又

jiá 郏	GUWB	一䒑人阝
	GUDB	一丷大阝

jiá 荚	AGUW	艹一䒑人
	AGUD	艹一丷大

jiá 铗	QGUW	钅一䒑人
	QGUD	钅一丷大

jiá 颊	GUWM	一䒑人贝
	GUDM	一丷大贝

jiá 蛱	JGUw	虫一䒑人
	JGUd	虫一丷大

jiá 恝	DHVN	三丨刀心
	DHVN	三丨刀心

jiá 戛	DHAr	厂目戈⊙
	DHAu	厂目戈⑦

jiǎ 甲	LHNH	甲丨乙丨
	LHNH	甲丨门丨

甲骨文 LMYY

jiǎ 岬	MLH	山甲①
	MLII	山甲⑩

jiǎ 胛	ELH	月甲①
	ELH	月甲①

jiǎ 钾	QLH	钅甲①
	QLH	钅甲①

jiǎ 贾	SMU	西贝②
	SMu	覀贝②

jiǎ 假	WNHc	亻乛丨又
	WNHc	亻乛丨又

假定 WNPG 假公济私 WWIT
假借 WNWA 假面具 WDHW
假冒 WNJH 假名 WNQK
假日 WNJJ 假期 WNAD
假如 WNVK 假设 WNYM
假若 WNAD 假使 WNWG
假说 WNYU 假象 WNQJ
假装 WNUF

jià 嘏	DNHc	古乛丨又
	DNHc	古乛丨又

jià 瘕	UNHC	疒乛丨又
	UNHC	疒乛丨又

jià 价	WWJh	亻人刂丨
	WWJh	亻人刂丨

价格 WWST 价目 WWHH
价钱 WWQG 价值 WWWF

jià 驾	LKCf	力口马㊀
	EKCg	力口马一

驾驶 LKCK 驾驶员 LCKM
驾驭 LKCC 驾驶证 LCYG

jià 架	LKSu	力口木②
	EKSu	力口木②

架子 LKBB

jià 嫁	VPEy	女宀豕⊙
	VPGe	女宀一豕

jià 稼	TPEy	禾宀豕㇀
	TPGe	禾宀一豕

JIAN

jiān 戋	GGGT	戈一一丿
	GAI	一戈②

jiān 浅	IGT	氵戈②
	IGAy	氵一戈㇀

jiān 笺	TGR	竹戈②
	TGAu	竹一戈②

jiān 尖	IDu	小大②
	IDu	小大②

尖端 IDUM 尖锐 IDQU

jiān 奸	VFH	女干①
	VFH	女干①

奸商 VFUM 奸污 VFIF

jiān 歼	GQTf	一夕丿十
	GQTF	一夕丿十

歼击 GQFM 歼灭 GQGO

jiān 坚	JCFf	刂又土㇁
	JCff	刂又土㇁

坚持 JCRF 坚定 JCPG
坚持改革开放 JRNY
坚持四项基本原则 JRLM
坚固 JCLD 坚定不移 JPGT
坚韧 JCFN 坚固耐用 JLDE
坚决 JCUN 坚强不屈 JXGN
坚强 JCXK 坚忍不拔 JVGR
坚实 JCPU 坚如磐石 JVTD
坚守 JCPF 坚信 JCWY

坚硬 JCDG

jiān 鲣	QGJF	鱼一刂土
	QGJF	鱼一刂土

jiān 间	UJd	门日㊂
	UJd	门日㊂

间谍 UJYA 间断 UJON
间隔 UJBG 间接 UJRU
间接税 URTU

jiān 肩	YNED	丶尸月㊂
	YNED	丶尸月㊂

肩膀 YNEU 肩负 YNQM

jiān 艰	CVey	又彐κ㇀
	CVy	又艮㇀

艰巨 CVAN 艰巨性 CANT
艰苦 CVAD 艰苦奋斗 CADU
艰难 CVCW 艰苦卓绝 CAHX
艰险 CVBW 艰难险阻 CCBB
艰辛 CVUY

jiān 监	JTYL	刂丿丶皿
	JTYL	刂丿丶皿

监察 JTPW 监察院 JPBP
监督 JTHI 监禁 JTSS
监视 JTPY 监视器 JPKK
监狱 JTQT

jiān 兼	UVOu	丷彐⺗②
	UVJw	丷彐丨八

兼顾 UVDB 兼任 UVWT
兼容 UVPW 兼容性 UPNT
兼职 UVBK 兼收并蓄 UNUA

jiān 菅	APNN	艹宀ココ
	APNf	艹宀日㊂

JIAN-JIAN

jiǎn 犍	TRVp	ノ扌彐ㄓ
	CVGp	牜彐ㄓ

jiǎn 湔	IUEj	氵丷月刂
	IUEj	氵丷月刂

jiǎn 煎	UEJO	丷月刂灬
	UEJO	丷月刂灬

jiǎn 缄	XDGt	纟厂一丿
	XDGk	纟戊一口

jiǎn 鞯	AFAb	廿甲廿子
	AFAb	廿甲廿子

jiǎn 囝	LBd	口子㊂
	LBd	口子㊂

jiǎn 拣	RANW	扌七乙八
	RANW	扌ㄗ门八

jiǎn 枧	SMQN	木门儿㇆
	SMQn	木门儿㇆

jiǎn 笕	TMQB	⺮门儿㉒
	TMQB	⺮门儿㉒

jiǎn 茧	AJU	廿虫㊅
	AJU	廿虫㊅

jiǎn 柬	GLIi	一囗八㊂
	SLd	木囗㊂

jiǎn 俭	WWGI	亻人一丷
	WWGG	亻人一一

俭朴 WWSH

jiǎn 捡	RWGI	扌人一丷
	RWGg	扌人一一

jiǎn 检	SWgi	木人一丷
	SWGg	木人一一

检测 SWIM　检查站 SSUH
检查 SWSJ　检察官 SPPN
检察 SWPW　检察署 SPLF
检举 SWIW　检察厅 SPDS
检索 SWFP　检察员 SPKM
检修 SWWH 检察院 SPBP
检验 SWCW　检疫 SWUM
检阅 SWUU　检疫站 SUUH
检字 SWPB　检字法 SPIF

jiǎn 硷	DWGI	石人一丷
	DWGG	石人一一

jiǎn 睑	HWGI	目人一丷
	HWGG	目人一一

jiǎn 趼	KHGA	口止一廾
	KHGA	口止一廾

jiǎn 减	UDGt	冫厂一丿
	UDGk	冫戊一口

减产 UDUT　减低 UDWQ
减法 UDIF　减肥 UDEC
减免 UDQK　减价 UDWW
减轻 UDLC　减弱 UDXU
减少 UDIT　减速 UDGK
减退 UDVE

jiǎn 碱	DDGt	石厂一丿
	DDGk	石戊一口

jiǎn 剪	UEJV	丷月刂刀
	UEJV	丷月刂刀

剪彩 UEES

jiàn 谫	YUEv	讠丷月刀
	YUEv	讠丷月刀
jiàn 謇	UEJN	丷月刂羽
	UEJN	丷月刂羽
jiàn 裥	PUUJ	衤丷门日
	PUUJ	衤②门日
jiǎn 简	TUJf	𥫗门日㈠
	TUJf	𥫗门日㈠

简报 TURB 简编 TUXY
简便 TUWG 简称 TUTQ
简单 TUUJ 简短 TUTD
简化 TUWX 简单扼要 TURS
简捷 TURG 简介 TUWJ
简历 TUDL 简练 TUXA
简陋 TUBG 简略 TULT
简明 TUJE 简明扼要 TJRS
简朴 TUSH 简讯 TUYN
简要 TUSV 简易 TUJQ
简装 TUUF

jiǎn 戬	GOGA	一业一戈
	GOJA	一业日戈
jiǎn 蹇	PFJH	宀二刂止
	PAWH	宀䒑八止
jiǎn 謇	PFJY	宀二刂言
	PAWY	宀䒑八言
jiàn 见	MQB	门儿⑩

见面 MQDM 见风使舵 MMWT
见解 MQQE 见缝插针 MXRQ
见识 MQYK 见面礼 MDPY
见闻 MQUB 见习期 MNAD
见效 MQUQ 见习生 MNTG
见义勇为 MYCY
见异思迁 MNLT

| jiàn 舰 | TEMQ | 丿舟门儿 |
| | TUMq | 丿舟门儿 |

舰队 TEBW 舰艇 TETE

jiàn 件	WRHh	亻𠂉丨㈠
	WTGh	亻丿キ㈠
jiàn 健	WARh	亻廴𠂉㈠
	WAYG	亻廴、キ
jiàn 涧	IUJG	氵丷门日
	IUJG	氵丷门日
jiàn 锏	QUJG	钅丷门日
	QUJG	钅丷门日
jiàn 饯	QNGT	夕乙一丿
	QNGa	夕乚一戈
jiàn 贱	MGT	贝一丿
	MGAy	贝一戈⊙
jiàn 践	KHGt	口止一丿
	KHGa	口止一戈
jiàn 溅	IMGT	氵贝一丿
	IMGA	氵贝一戈
jiàn 建	VFHP	ヨ二丨廴
	VGpk	ヨキ㇆㇑

建材 VFST 建成 VFDN
建党 VFIP 建国 VFLG
建军 VFPL 建交 VFUQ
建立 VFUU 建军节 VPAB
建设 VFYM 建设者 VYFT

JIAN-JIANG 135

建树 VFSC　建议 VFYY
建造 VFTF　建筑材料 VTSO
建筑 VFTA　建筑队 VTBW
建筑物 VTTR

jiàn 健	WVFp	亻ヨ二廴
	WVGp	亻ヨ丰廴

健康 WVYV　健康状况 WYUU
健美 WVUG　健美操 WURK
健全 WVWG　健身 WVTM
健忘 WVYN　健壮 WVUF

jiàn 楗	SVFP	木ヨ二廴
	SVGp	木ヨ丰廴

jiàn 毽	TFNP	ノ二乙廴
	EVGP	毛ヨ丰廴

jiàn 腱	EVFP	月ヨ二廴

jiàn 键	QVFP	钅ヨ二廴
	QVGP	钅ヨ丰廴

键盘 QVTE

jiàn 踺	KHVP	口止ヨ廴
	KHVP	口ヨ丰廴

jiàn 荐	ADHb	艹ナ丨子
	ADHb	艹ナ丨子

jiàn 剑	WGIj	人一丷刂
	WGIj	人一丷刂

jiàn 槛	SJTl	木刂𠂉皿
	SJTl	木刂𠂉皿

jiàn 鉴	JTYQ	刂𠂉丶、
	JTyq	刂𠂉丶、

鉴别 JTKL　鉴定 JTPG
鉴定会 JPWF

jiàn 渐	ILrh	氵车斤①
	ILRh	氵车斤①

渐渐 ILIL　渐进 ILFJ

jiàn 箭	TUEj	⺮丷月刂
	TUEj	⺮丷月刂

jiàn 谏	YGLi	讠一口木
	YSLg	讠木口⊖

jiàn 僭	WAQJ	亻匚儿日
	WAQJ	亻二儿日

～ JIANG ～

jiāng 江	IAg	氵工⊖

江河 IAIS　江南 IAFM
江山 IAMM　江苏 IAAL
江西 IASG　江苏省 IAIT
江西省 ISIT　江泽民 IINA

jiāng 茳	AIAf	艹氵工⊖
	AIAf	艹氵工⊖

jiāng 豇	GKUA	一口丷工
	GKUA	一口丷工

jiāng 将	UQFy	丬夕寸⊙
	UQFy	丬夕寸⊙

将近 UQRP　将功赎罪 UAML
将军 UQPL　将米 UQGO
将士 UQFG　将帅 UQJM
将要 UQSV

| jiāng 浆 | UQIu | ⺡夕水㇀ |
| | UQIu | ⺡夕水㇀ |

| jiāng 僵 | WGLg | 亻一田一 |
| | WGLg | 亻一田一 |

| jiāng 缰 | XGLg | 纟一田一 |
| | XGLg | 纟一田一 |

| jiāng 礓 | DGLg | 石一田一 |
| | DGLg | 石一田一 |

| jiāng 疆 | XFGg | 弓土一一 |
| | XFGG | 弓土一一 |

| jiāng 姜 | UGVf | 丷王女㇀ |
| | UGVF | 丷王女㇀ |

| jiǎng 讲 | YFJh | 讠二刂① |
| | YFJh | 讠二刂① |

讲稿 YFTY　讲话 YFYT
讲解 YFQE　讲究 YFPW
讲课 YFYJ　讲理 YFGJ
讲师 YFJG　讲授 YFRE
讲述 YFSY　讲卫生 YBTG
讲学 YFIP　讲演 YFIP
讲义 YFYQ　讲议 YFYY
讲座 YFYW

| jiǎng 奖 | UQDu | ⺡夕大㇀ |
| | UQDu | ⺡夕大㇀ |

奖惩 UQTG　奖金 UQQQ
奖励 UQDD　奖品 UQKK
奖赏 UQIP　奖勤罚懒 UALN
奖章 UQUJ　奖学金 UIQQ
奖状 UQUD

| jiǎng 桨 | UQSu | ⺡夕木㇀ |
| | UQSu | ⺡夕木㇀ |

| jiǎng 蒋 | AUQf | 艹⺡夕寸 |
| | AUqf | 艹⺡夕寸 |

| jiǎng 耩 | DIFF | 三小二土 |
| | FSAF | 二木艹土 |

| jiàng 匠 | ARk | 匚斤⑩ |
| | ARK | 匚斤⑩ |

| jiàng 降 | BTah | 阝夂㇄丨 |
| | BTgh | 阝夂㇄丨 |

降低 BTWQ　降价 BTWW
降临 BTJT　降低成本 BWDS
降落 BTAI　降水 BTII
降温 BTIJ　降压 BTDF
降雨 BTFG　降雨量 BFJG
降职 BTBK

| jiàng 泽 | ITAh | 氵夂㇄丨 |
| | ITGh | 氵夂㇄丨 |

| jiàng 绛 | XTAh | 纟夂㇄丨 |
| | XTGh | 纟夂㇄丨 |

| jiàng 虹 | JAg | 虫工㇀ |
| | JAG | 虫工㇀ |

| jiàng 酱 | UQSG | ⺡夕西一 |
| | UQSG | ⺡夕西一 |

酱油 UQIM

| jiàng 强 | XKjy | 弓口虫、 |
| | XKjy | 弓口虫、 |

| jiàng 犟 | XKJH | 弓口虫丨 |
| | XKJG | 弓口虫十 |

| jiāng 糨 | OXkj | 米弓口虫 |
| | OXkj | 米弓口虫 |

～ JIAO ～

| jiāo 艽 | AVB | 艹九⑱ |
| | AVB | 艹九⑱ |

| jiāo 交 | UQu | 六乂⑦ |
| | URu | 六乂⑦ |

交班 UQGY　交谊舞 UYRL
交待 UQTF　交易会 UJWF
交互 UQGX　交换 UQRQ
交货 UQWX　交换机 URSM
交际 UQBF　交换台 URCK
交替 UQRU　交际花 UBAW
交界 UQLW　交际舞 UBRL
交流 UQIY　交接班 URGY
交纳 UQXM　交流电 UIJN
交情 UQNG　交流会 UIWF
交涉 UQIH　交响乐 UKQI
交替 UQFW　交通部 UCUK
交通 UQCE　交通警 UCAQ
交易 UQJQ　交通规则 UCFM
交谈 UQYO　交响曲 UKMA
交锋 UQQT　交易额 UJPT
交代 UQWA　交易所 UJRN
交战 UQHK

| jiāo 郊 | UQBh | 六乂阝① |
| | URBh | 六乂阝① |

郊区 UQAQ　郊外 UQQH

| jiāo 茭 | AUQU | 艹六乂⑦ |
| | AURu | 艹六乂⑦ |

| jiāo 姣 | VUQy | 女六乂⊙ |
| | VURy | 女六乂⊙ |

| jiāo 胶 | EUqy | 月六乂⊙ |
| | EUry | 月六乂⊙ |

胶卷 EUUD　胶印 EUQG

| jiāo 蛟 | JUqy | 虫六乂⊙ |
| | JURy | 虫六乂⊙ |

| jiāo 跤 | KHUQ | 口止六乂 |
| | KHUR | 口止六乂 |

| jiāo 鲛 | QGUQ | 鱼一六乂 |
| | QGUR | 鱼一六乂 |

| jiāo 浇 | IATq | 氵七丿儿 |
| | IATq | 氵七丿儿 |

浇灌 IAIA

| jiāo 娇 | VTDJ | 女丿大川 |
| | VTDJ | 女丿大川 |

娇气 VTRN　娇柔 VTCB
娇艳 VTDH

| jiāo 骄 | CTDJ | 马丿大川 |
| | CGTj | 马一丿川 |

骄傲 CTWG　骄兵必败 CRNM
骄奢淫逸 CDIQ

| jiāo 教 | FTBT | 土丿孑攵 |
| | FTBT | 土丿孑攵 |

教材 FTSF　教育部 FYUK
教导 FTNF　教育界 FYLW
教练 FTXA　教练机 FXSM
教师 FTJG　教练员 FXKM
教室 FTPG　教职工 FBAA
教条 FTTS　教务长 FTTA

教学 FTIP　教学法 FIIF
教训 FTYK　教学楼 FISO
教养 FTUD　教学相长 FIST
教育 FTYC　教研室 FDPG
教程 FTTK　教研组 FDXE
教课 FTYJ　教育处 FYTH
教员 FTKM　教育局 FYNN
教授 FTRE　教职员 FBKM

jiāo 椒	SHIc	木上小又
	SHIc	木上小又

jiāo 焦	WYOu	亻主灬②
	WYOu	亻主灬②

焦点 WYHK　焦化厂 WWDG
焦急 WYQV　焦虑 WYHA
焦炭 WYMD　焦头烂额 WUOP

jiāo 僬	WWYO	亻亻主灬
	WWYO	亻亻主灬

jiāo 蕉	AWYo	艹亻主灬
	AWYO	艹亻主灬

jiāo 礁	DWYo	石亻主灬
	DWYO	石亻主灬

jiāo 鹪	WYOG	亻主灬一

jiāo 噍	KELf	口四四寸
	KELf	口四四寸

jiǎo 角	QEj	夕用①
	QEj	夕用①

角度 QEYA　角落 QEAI

jiǎo 侥	WATQ	亻弋丿儿
	WATq	亻弋丿儿

侥幸 WAFU

jiǎo 狡	QTUq	犭六乂
	QTUr	犭六乂

狡猾 QTQT

jiǎo 饺	QNUQ	夕乙六乂
	QNUR	夕乙六乂

饺子 QNBB

jiǎo 绞	XUQy	纟六乂⊙
	XURy	纟六乂⊙

绞尽脑汁 XNEI

jiǎo 皎	RUQy	白六乂⊙
	RURy	白六乂⊙

皎皎 RURU

jiǎo 矫	TDTJ	广大丿川
	TDTJ	广大丿川

矫枉过正 TSFG

jiǎo 挢	RTDJ	扌丿大川
	RTDJ	扌丿大川

jiǎo 铰	QUQy	钅六乂⊙
	QURy	钅六乂⊙

jiǎo 脚	EFCB	月土厶卩
	EFCB	月土厶卩

脚步 EFHI　脚踏实地 EKPF

jiǎo 搅	RIPQ	扌⺌冖儿
	RIPQ	扌⺌冖儿

搅拌 RIRU

jiǎo 湫	ITOY	氵禾火⊙
	ITOY	氵禾火⊙

jiǎo	RYTY	白方攵⊙
敫	RYTY	白方攵⊙

jiǎo	TRYt	彳白方攵
徼	TRYt	彳白方攵

jiǎo	XRYt	纟白方攵
缴	XRYt	纟白方攵

缴获 XRAQ 缴纳 XRXM

jiǎo	VJSJ	巛日木刂
剿	VJSJ	巛日木刂

剿匪 VJAD

jiào	KNhh	口乙丨①
叫	KNhh	口乙丨①

叫喊 KNKD 叫做 KNWD

jiào	MTDJ	山丿大刂
峤	MTDJ	山丿大刂

jiào	LTDj	车丿大刂
轿	LTDj	车丿大刂

轿车 LTLG

jiào	IPMQ	丷宀冂儿
觉	IPMq	丷宀冂儿

jiào	SUQy	木㐅义⊙
校	SURy	木㐅义⊙

校对 SUCF 校正 SUGH

jiào	LUqy	车六义⊙
较	LUry	车六义⊙

较低 LUWQ 较多 LUQQ
较高 LUYM 较量 LUJG
较少 LUIT

jiào	SGFB	西一土子
酵	SGFB	西一土子

jiào	PWTK	宀八丿口
窖	PWTK	宀八丿口

jiào	KWYO	口亻主灬
噍	KWYO	口亻主灬

jiào	SGWO	西一亻灬
醮	SGWO	西一亻灬

～ JIE ～

jiē	ABj	艹卩①
节	ABj	艹卩①

节目 ABHH 节俭 ABWW
节能 ABCE 节日 ABJJ
节省 ABIT 节外生枝 AQTS
节水 ABII 节衣缩食 AYXW
节余 ABWT 节育 ABYC
节约 ABXQ 节制 ABRM
节奏 ABDW

jiē	UBK	疒卩⑩
疖	UBK	疒卩⑩

jiē	BWJh	阝人刂丨
阶	BWJh	阝人刂丨

阶层 BWNF 阶段 BWWD
阶级 BWXE

jiē	XXRf	匕匕白㇐
皆	XXRf	匕匕白㇐

jiē	KXXR	口匕匕白
喈	KXXR	口匕匕白

| jiē 楷 | SXxr | 木匕白 |
| | SXxr | 木匕白 |

| jiē 秸 | TFKG | 禾土口⊖ |
| | TFKG | 禾土口⊖ |

| jiē 接 | RUVg | 扌立女⊖ |

接班 RUGY 接班人 RGWW
接触 RUQE 接待室 RTPG
接待 RUTF 接待站 RTUH
接近 RURP 接见 RUMQ
接连 RULP 接洽 RUIW
接生 RUTG 接收 RUNH
接受 RUEP 接替 RUFW
接吻 RUKQ 接下来 RGGO
接线 RUXG 接线员 RXKM
接续 RUXF 接着 RUUD

| jiē 揭 | RJQn | 扌日勹乙 |
| | RJQn | 扌日勹乚 |

揭穿 RJPW 揭发 RJNT
揭开 RJGA 揭露 RJFK
揭幕 RJAJ 揭晓 RJJA

| jiē 嗟 | KUDA | 口丷手工 |
| | KUAg | 口羊工⊖ |

| jiē 街 | TFFH | 彳土土丨 |
| | TFFS | 彳土土丁 |

街道 TFUT 街市 TFYM
街头 TFUD

| jié 结 | XFkg | 纟土口⊖ |
| | XFkg | 纟土口⊖ |

结构 XFSQ 结党营私 XIAT
结果 XFJS 结合 XFWG
结核 XFSY 结合实际 XWPB
结婚 XFVQ 结核病 XSUG
结晶 XFJJ 结局 XFNN
结社 XFPY 结论 XFYW
结实 XFPU 结束 XFGK
结算 XFTH 结束语 XGYG
结业 XFOG 结帐 XFMH

| jié 子 | BNHG | 子乙丨一 |
| | BNHG | 孑一丨一 |

| jié 计 | YFH | 讠干① |
| | YFH | 讠干① |

| jié 劫 | FCLN | 土厶力② |
| | FCET | 土厶力① |

| jié 杰 | SOu | 木灬② |
| | SOu | 木灬② |

杰出 SOBM 杰作 SOWT

| jié 桀 | QAHS | 夕匚丨木 |
| | QGSu | 夕牛木② |

| jié 诘 | YFKg | 讠土口⊖ |
| | YFKg | 讠土口⊖ |

| jié 拮 | RFKg | 扌土口⊖ |
| | RFKg | 扌土口⊖ |

| jié 洁 | IFKg | 氵土口⊖ |
| | IFKg | 氵土口⊖ |

| jié 桔 | SFKg | 木土口⊖ |
| | SFKg | 木土口⊖ |

| jié 颉 | FKDm | 土口丆贝 |
| | FKDm | 土口丆贝 |

| jié 鲒 | QGFK | 鱼一土口 |
| | QGFK | 鱼丶土口 |

jié 捷	RGVh	扌一彐疋
	RGVh	扌一彐疋

捷报 RGRB　捷径 RGTC
捷足先登 RKTW

jié 睫	HGVh	目一彐疋
	HGVh	目一彐疋

jié 婕	VGVh	女一彐疋
	VGVh	女一彐疋

jié 偈	WJQn	亻日勹乙
	WJQn	亻曰勹乙

jié 碣	DJQn	石日勹乙
	DJQn	石曰勹乙

jié 竭	UJQN	立日勹乙
	UJQN	立曰勹乙

竭诚 UJYD　竭力 UJLT

jié 羯	UDJN	丷手日乙
	UJQN	羊曰勹乙

jié 截	FAWy	十戈亻主
	FAWY	十戈亻主

截止 FAHH　截长补短 FTPT

jiě 姐	VEGg	女月一⊖
	VEgg	女月一⊖

姐夫 VEFW　姐姐 VEVE
姐妹 VEVF

jiě 解	QEVh	夕用刀丨
	QEVg	𠂊用刀丨

解除 QEBW　解放军 QYPL
解放 QEYT　解放初 QYPU
解答 QETW　解放后 QYRG
解说 QEYU　解放军报 QYPR
解雇 QEYN　解放前 QYUE
解决 QEUN　解放区 QYAQ
解剖 QEUK　解剖学 QUIP
解散 QEAE　解释 QETO
解说词 QYYN

jiè 介	WJj	人丨⊕
	WJj	人丨⊕

介词 WJYN　介入 WJTY
介绍 WJXV　介绍人 WXWW
介意 WJUJ　介绍信 WXWY
介于 WJGF　介质 WJRF

jià 价	WWJh	亻人丨⊕
	WWJh	亻人丨⊕

jiè 芥	AWJj	艹人丨⊕
	AWJj	艹人丨⊕

jiè 界	LWJj	田人丨⊕
	LWjj	田人丨⊕

界线 LWXG　界限 LWBV

jiè 疥	UWJk	疒人丨⊕
	UWJk	疒人丨⊕

jiè 蚧	JWJh	虫人丨⊕
	JWJh	虫人丨⊕

jiè 戒	AAK	戈廾⊕
	AAK	戈廾⊕

戒烟 AAOL　戒骄戒躁 ACAK
戒严 AAGO

jiè 诫	YAAH	讠戈廾⊕
	YAAh	讠戈廾⊕

jiè 届	NMd	尸由⊜
	NMd	尸由⊜

届时 NMJF

| jiè 借 | WAJg | 亻⺦日 |
| | WAJg | 亻⺦日 |

借调 WAYM 借书证 WNYG
借故 WADT 借题发挥 WJNR
借鉴 WAJT 借据 WARN
借口 WAKK 借条 WATS
借用 WAET 借债 WAWG
借支 WAFC 借助 WAEG
借古讽今 WDYW

| jiè 藉 | ADIj | 艹三人日 |
| | AFSj | 艹二木日 |

| jiè 骱 | MEWj | 冎月人丨 |
| | MEWJ | 冎月人丨 |

| jiè 家 | PEu | 宀豕② |
| | PGeu | 宀一豕② |

JIN

| jīn 巾 | MHK | 冂丨⑩ |
| | MHK | 冂丨⑩ |

| jīn 斤 | RTTh | 斤丿丿丨 |
| | RTTh | 斤丿丿丨 |

斤斤计较 RRYL

| jīn 今 | WYNb | 人、乙⑩ |
| | WYNb | 人、一⑩ |

今后 WYRG 今年 WYRH
今晚 WYJQ 今年内 WRMW
今日 WYJJ 今天 WYGD

| jīn 衿 | PUWN | 礻冫人乙 |
| | PUWN | 衤②人一 |

| jīn 矜 | CBTN | 乛卩丿乙 |
| | CNHN | 乛一丨一 |

| jīn 金 | QQQq | 金金金金 |
| | QQQq | 金金金金 |

金杯 QQSG 金笔 QQTT
金币 QQTM 金碧辉煌 QGIO
金额 QQPT 金刚石 QMDG
金刚 QQMQ 金工 QQAA
金黄 QQAM 金黄色 QAQC
金库 QQWW 金戒指 QARX
金矿 QQDY 金霉素 QFGX
金牌 QQTH 金钱 QQGG
金融 QQGK 金融市场 QGYF
金色 QQQC 金星 QQJT
金银 QQQV 金鱼 QQQG
金属 QQNT 金质奖 QRUQ
金子 QQBB 金字塔 QPFA

| jīn 津 | IVFH | 氵⇒二丨 |
| | IVGH | 氵⇒十丨 |

津贴 IVMH 津津有味 IIDK
津贴费 IMXJ

| jīn 筋 | TELB | 竹月力⑩ |
| | TEER | 竹月力 |

| jīn 禁 | SSFi | 木木二小 |
| | SSFi | 木木二小 |

禁忌 SSNN 禁令 SSWY
禁区 SSAQ 禁止 SSHH

| jīn 襟 | PUSi | 礻⑩木小 |
| | PUSi | 衤②木小 |

襟怀 PUNG 襟怀坦白 PNFR

| jǐn 仅 | WCY | 亻又⊙ |
| | WCY | 亻又⊙ |

仅此 WCHX 仅次于 WUGF
仅仅 WCWC 仅供参考 WWCF

jǐn 尽	NYUu	尸乀⺀[⺀]
	NYUu	尸乀⺀[⺀]

尽管 NYTP 尽可能 NSCE
尽力 NYLT 尽善尽美 NUNU

jǐn 巹	BIGB	了八一巳
	BIGB	了八一巳

jǐn 紧	JCxi	刂又幺小
	JCXi	刂又幺小

紧凑 JCUD 紧急措施 JQRY
紧急 JCQV 紧接 JCRU
紧紧 JCJC 紧接着 JRUD
紧密 JCPN 紧迫 JCRP
紧缺 JCRM 紧缩 JCXP
紧张 JCXT

jǐn 堇	AKGF	廿口龶[二]
	AKGF	廿口龶[二]

jǐn 谨	YAKg	讠廿口龶
	YAKg	讠廿口龶

谨防 YABY 谨慎 YANF
谨小慎微 YINT

jǐn 馑	QNAG	⺈乙廿龶
	QNAG	⺈乚 廿龶

jǐn 瑾	GAKG	王廿口龶
	GAKG	王廿口龶

jǐn 槿	SAKg	木廿口龶
	SAKg	木廿口龶

jǐn 锦	QRMh	钅白冂丨
	QRMh	钅白冂丨

锦标 QRSF 锦标赛 QSPF
锦纶 QRXW 锦旗 QRYT
锦绣 QRXT 锦上添花 QHIA

jǐn 廑	YAKG	广廿口龶
	OAKg	广廿口龶

jìn 荩	ANYU	艹尸乀⺀
	ANYu	艹尸乀⺀

jìn 烬	ONYu	火尸乀⺀
	ONYu	火尸乀⺀

jìn 赆	MNYu	贝尸乀⺀
	MNYu	贝尸乀⺀

jìn 进	FJpk	二丿丨辶[川]
	FJPk	二丿丨辶[川]

进步 FJHI 进餐 FJHQ
进程 FJTK 进出 FJBM
进度 FJYA 进出口 FBKK
进而 FJDM 进化论 FWYW
进货 FJWX 进军 FJPL
进口 FJKK 进口车 FKLG
进来 FJGO 进口货 FKWX
进取 FJBC 进去 FJFC
进入 FJTY 进退 FJVE
进行 FJTF 进退维谷 FVXW
进修 FJWH 进行曲 FTMA
进展 FJNA 进修生 FWTG
进驻 FJCY 进一步 FGHI

jìn 近	RPk	斤辶[川]
	RPk	斤辶[川]

近程 RPTK 近几年 RMRH
近况 RPUK 近几年来 RMRG
近来 RPGO 近两年 RGRH
近年 RPRH 近日 RPJJ

近期 RPAD　近年来 RRGO
近视 RPPY　近视眼 RPHV
近水楼台 RISC

jìn 靳	AFRh	廿甲斤①
	AFRh	廿甲斤①

jìn 妗	VWyn	女人乙
	VWyn	女人一

jìn 劲	CALn	マ工力②
	CAEt	マ工力③

劲头 CAUD

jìn 晋	GOGJ	一卄一曰
	GOJf	一业曰

晋升 GOTA

jìn 缙	XGOJ	纟一卄日
	XGOj	纟一业日

jìn 浸	IVPc	氵彐冖又
	IVPc	氵彐冖又

jìn 噤	KSSI	口木木小
	KSSI	口木木小

jìn 觐	AKGQ	廿口圭儿
	AKGQ	廿口圭儿

JING

jīng 茎	ACAf	艹マ工一
	ACAf	艹マ工一

jīng 泾	ICAg	氵マ工一
	ICAg	氵マ工一

jīng 经	Xcag	纟マ工一
	XCAg	纟マ工一

经办 XCLW　经济基础 XIAD
经典 XCMA　经济危机 XIQS
经过 XCFP　经济杠杆 XISS
经济 XCIY　经济学 XIIP
经纪 XCXN　经济管理 XITG
经常 XCIP　经济核算 XIST
经费 XCXJ　经济特区 XITA
经理 XCGJ　经济效益 XIUU
经历 XCDL　经济制裁 XIRF
经络 XCXT　经贸部 XQUK
经贸 XCQY　经手人 XRWW
经商 XCUM　经受 XCEP
经纬 XCXF　经纬度 XXYA
经线 XCXG　经销 XCQI
经验 XCCW　经销部 XQUK
经营 XCAP

jīng 京	YIU	亠小②
	YIU	亠小②

京城 YIFD　京都 YIFT
京剧 YIND　京广线 YYXG
京戏 YICA

jīng 惊	NYIY	忄亠小①
	NYIY	忄亠小①

惊诧 NYYP　惊动 NYFC
惊慌 NYNA　惊惶失措 NNRF
惊奇 NYDS　惊叹 NYKC
惊喜 NYFK　惊天动地 NGFF
惊险 NYBW　惊心动魄 NNFR
惊醒 NYSG　惊讶 NYYA

jīng 鲸	QGYi	鱼一亠小
	QGYi	鱼一亠小

jīng 荆	AGAj	艹一艹刂
	AGAj	艹一升刂
jīng 菁	AGEF	艹圭月㇐
	AGEf	艹圭月㇐
jīng 睛	HGeg	目㇐月㇐
	HGeg	目㇐月㇐
jīng 腈	EGEG	月㇐月㇐
	EGEG	月㇐月㇐
jīng 精	OGEg	米㇐月㇐
	OGeg	米㇐月㇐

精辟 OGNK　精选 OGTF
精彩 OGES　精兵简政 ORTG
精诚 OGYD　精打细算 ORXT
精度 OGYA　精雕细刻 OMXY
精干 OGFG　精耕细作 ODXW
精华 OGWX　精简 OGTU
精力 OGLT　精良 OGYV
精美 OGUG　精密 OGPN
精巧 OGAG　精疲力竭 OULU
精确 OGDQ　精确度 ODYA
精锐 OGQU　精神病 OPUG
精神 OGPY　精神财富 OPMP
精髓 OGME　精神文明 OPYJ
精通 OGCE　精细 OGXL
精心 OGNY　精益求精 OUFO
精英 OGAM　精致 OGGC
精装 OGUF　精子 OGBB

jīng 旌	YTTG	方㇝丿圭
	YTTG	方㇝丿圭
jīng 晶	JJJf	日日日㇐
	JJJf	日日日㇐

晶体 JJWS　晶体管 JWTP

jīng 粳	OGJq	米一日乂
	OGJr	米一曰乂
jīng 兢	DQDq	古儿古儿
	DQDq	古儿古儿

兢兢业业 DDOO

jǐng 井	FJK	二刂⑩
	FJK	二刂⑩

井冈山 FMMM
井井有条 FFDT

jǐng 阱	BFJh	阝二刂①
	BFJh	阝二刂①
jǐng 肼	EFJh	月二刂①
	EFJh	月二刂①
jǐng 刭	CAJH	又工刂①
	CAJH	又工刂①
jǐng 颈	CADm	又工𠂉贝
	CADm	又工𠂉贝
jǐng 景	JYIu	日亠小㇀
	JYIu	日亠小㇀

景气 JYRN　景德镇 JTQF
景色 JYQC　景物 JYTR
景象 JYQJ

jǐng 憬	NJYi	忄日亠小
	NJYi	忄日亠小
jìng 做	WAQT	亻艹勹夂
	WAQt	亻艹勹夂
jǐng 警	AQKY	艹勹口言
	AQKy	艹勹口言

警备 AQTL　警备区 ATAQ

警察 AQPW　警告 AQTF
警戒 AQAA　警句 AQQK
警惕 AQNJ　警惕性 ANNT
警卫 AQBG　警卫连 ABLP
警钟 AQQK　警卫员 ABKM

| jìng 劲 | CALn | ス 工 力 ⊘ |
| | CAEt | ス 工 力 ⓓ |

| jìng 径 | TCAg | 彳 ス 工 ⊖ |
| | TCAg | 彳 ス 工 ⊖ |

| jìng 胫 | ECAg | 月 ス 工 ⊖ |
| | ECAg | 月 ス 工 ⊖ |

| jìng 痉 | UCAd | 疒 ス 工 ㊂ |
| | UCAd | 疒 ス 工 ㊂ |

| jìng 净 | UQVh | 冫 ク ヨ │ |
| | UQVh | 冫 ク ヨ │ |

净利 UQTJ

| jìng 竞 | UKQB | 立 口 儿 ㊃ |
| | UKQb | 立 口 儿 ㊃ |

竞赛 UKPF　竞选 UKTF
竞争 UKQV

| jìng 竟 | UJQb | 立 日 儿 ㊃ |
| | UJQb | 立 曰 儿 ㊃ |

竟敢 UJNB　竟然 UJQD

| jìng 境 | FUJq | 土 立 日 儿 |
| | FUJq | 土 立 曰 儿 |

境地 FUFB　境界 FULW

| jìng 獍 | QTUQ | 犭 丿 立 儿 |
| | QTUQ | 犭 の 立 儿 |

| jìng 镜 | QUJq | 钅 立 日 儿 |
| | QUJq | 钅 立 曰 儿 |

镜头 QUUD　镜子 QUBB

| jìng 婧 | VGEg | 女 圭 月 ⊖ |
| | VGEg | 女 圭 月 ⊖ |

| jìng 靓 | GEMq | 圭 月 冂 儿 |
| | GEMq | 圭 月 冂 儿 |

| jìng 靖 | UGEg | 立 圭 月 ⊖ |
| | UGEg | 立 圭 月 ⊖ |

| jìng 静 | GEQh | 圭 月 ク │ |
| | GEQh | 圭 月 ク │ |

静电 GEJN　静静 GEGE
静止 GEHH

| jìng 敬 | AQKt | 廿 勹 口 攵 |
| | AQKT | 廿 勹 口 攵 |

敬爱 AQEP　敬而远之 ADFP
敬酒 AQIS　敬佩 AQWM
敬献 AQFM　敬仰 AQWQ
敬意 AQUJ　敬重 AQTG

| jìng 迳 | CAPD | ス 工 辶 ⊖ |
| | CAPD | ス 工 辶 ⊖ |

| jìng 弪 | XCAG | 弓 ス 工 ⊖ |
| | XCAG | 弓 ス 工 ⊖ |

JIONG

| jiǒng 扃 | YNMK | 、 尸 冂 口 |
| | YNMK | 、 尸 冂 口 |

jiǒng	MKpd	冂口辶㊀
迥	MKpd	冂口辶㊀
jiǒng	OMKg	火冂口㊀
炯	OMKg	火冂口㊀

炯炯 OMOM

jiǒng	JOU	日火㊄
炅	JOU	日火㊄
jiǒng	PWVK	宀八彐口
窘	PWVK	宀八彐口

~ JIU ~

jiū	XNHh	纟乙丨①
纠	XNHh	纟乙丨①

纠缠 XNXY 纠纷 XNXW
纠正 XNGH

jiū	FHNH	土疋乙丨
赳	FHNH	土疋乚丨
jiū	VQYG	九勹丶一
鸠	VQGg	九鸟一一
jiū	PWVb	宀八九⑩
究	PWVb	宀八九⑩
jiū	UQJn	门夕日乙
阄	UQJn	门夕曰乚
jiū	RTOy	扌禾火丶
揪	RTOY	扌禾火丶
jiū	KTOy	口禾火丶
啾	KTOy	口禾火丶

jiū	DETO	镸彡禾火
鬏	DETO	镸彡禾火
jiǔ	VTn	九丿乙
九	VTn	九丿乙

九龙 VTDX 九霄 VTFI
九月 VTEE 九霄云外 VFFQ

jiǔ	QYi	夂丶㊂
久	QYi	夂丶㊂

久经 QYXC 久远 QYFQ

jiǔ	GQYy	王夂丶⊙
玖	GQYy	王夂丶⊙
jiǔ	DJDG	三刂三一
韭	HDHG	丨三丨一
jiǔ	QYOu	夂丶火㊄
灸	QYOu	夂丶火㊄
jiǔ	ISGG	氵西一㊀
酒	ISGG	氵西一㊀

酒巴 SICN   酒杯 ISSG
酒厂 ISDG   酒店 ISYH
酒会 ISWF   酒类 ISOD

jiù	HJg	丨日㊀
旧	HJg	丨日㊀

旧金山 HQMM 旧中国 HKLG
旧调重弹 HYTX
旧社会 HPWF

jiù	VTHg	臼丿丨一
臼	ETHg	臼丿丨一
jiù	SVG	木臼㊀
桕	SEG	木臼㊀

jiù 舅	VLlb	臼田力⑫
	ELEr	臼田力⑰

舅父 YLWQ　舅舅 VLVL
舅母 VLXG

jiù 咎	THKf	夂卜口㊂
	THKf	夂卜口㊂

jiù 疚	UQYi	疒夂丶㊉
	UQYi	疒夂丶㊉

jiù 柩	SAQY	木匚夂丶
	SAQY	木匚夂丶

jiù 救	FIYT	十⺀丶夂
	GIYT	一氺丶夂

救国 FILG　救护车 FRLG
救护 FIRY　救济金 FIQQ
救济 FIIY　救世主 FAYG
救灾 FIPO　救死扶伤 FGRW

jiù 厩	DVCq	厂彐厶儿
	DVAq	厂卩㇉儿

jiù 就	YIDN	亠小尢乙
	YIdy	亠小丆丶

就此 YIHX　就近 YIRP
就任 YIWT　就是 YIJG
就算 YITH　就是说 YJYU
就绪 YIXF　就业 YIOG
就职 YIBK　就座 YIYW

jiù 僦	WYIn	亻亠小乙
	WYIY	亻亠小丶

jiù 鹫	YIDG	亠小丆一
	YIDG	亠小丆一

JU

jū 车	LGnh	车一乙丨
	LGnh	车一㇄丨

jū 且	EGd	月一㊂
	EGd	月一㊂

jū 狙	QTEG	犭丿月一
	QTEg	犭丿月一

jū 苴	AEGf	艹月一㊁
	AEGf	艹月一㊁

jū 疽	UEGd	疒月一㊂
	UEGd	疒月一㊂

jū 趄	FHEg	土止月一
	FHEg	土止月一

jū 雎	EGWy	月一亻主
	EGWy	月一亻主

jū 拘	RQKg	扌勹口一
	RQKg	扌勹口一

拘留 RQQY　拘留证 RQYG
拘泥 RQIN　拘束 RQGK

jū 驹	CQKg	马勹口一
	CGQk	马一勹口

jū 居	NDd	尸古㊂
	NDd	尸古㊂

居留 NDQY　居民 NDNA
居然 NDQD　居心叵测 NNAI
居中 NDKH　居住 NDWY

琚 jū	GNDg	王尸古㇏		咀 jǔ	KEGg	口月一㇏
	GNDg	王尸古㇏			KEGg	口月一㇏
裾 jū	PUND	衤⒉尸古		沮 jǔ	IEGg	氵月一㇏
	PUND	衤⒉尸古			IEGg	氵月一㇏
掬 jū	RQOy	扌勹米⊙		龃 jǔ	HWBG	止人凵一
	RQOy	扌勹米⊙			HWBG	止人凵一
鞠 jū	AFQo	廿革勹米		莒 jǔ	AKKF	艹口口㇏
	AFQO	廿革勹米			AKKF	艹口口㇏

鞠躬 AFTM 鞠躬尽瘁 ATNU

鞫 jū	AFQY	廿革勹言		枸 jǔ	SQKg	木勹口㇏
	AFQY	廿革勹言			SQKG	木勹口㇏
局 jú	NNKd	尸乙口㇏		举 jǔ	IWFh	丷八二丨
	NNKd	尸丨口㇏			IGWG	丷一八十

局部 NNUK 局长 NNTA
局面 NNDM 局势 NNRV
局限 NNBV 局限性 NBNT

举办 IWLW 举国 IWLG
举例 IWWG 举足轻重 IKLT
举行 IWTF 举棋不定 ISGP
举重 IWTG 举世闻名 IAUQ
举世 IWAN 举一反三 IGRD

菊 jú	AQOu	艹勹米⒉		榉 jǔ	SIWh	木丷八丨
	AQOu	艹勹米⒉			SIGg	木丷一十

菊花 AQAW

桔 jú	SFKg	木士口㇏		踽 jǔ	KHTY	口止丿丶
	SFKg	木士口㇏			KHTY	口止丿丶
橘 jú	SCBK	木マ阝口		巨 jù	AND	匚コ㇏
	SCNK	木マ乛口			AND	匚コ㇏

橘子 SCBB 橘子汁 SBIF

巨变 ANYO 巨大 ANDD
巨额 ANPT 巨响 ANKT
巨型 ANGA 巨著 ANAF

柜 jǔ	SANg	木匚コ㇏		讵 jù	YANG	讠匚コ㇏
	SANg	木匚コ㇏			YANG	讠匚コ㇏
矩 jǔ	TDAn	𠂉大匚コ				
	TDAn	𠂉大匚コ				

矩形 TDGA 矩阵 TDBL

| jù 拒 | RANg | 扌匚コ㊀ |
| | RANg | 扌匚コ㊀ |

拒绝 RAXQ

| jù 苣 | AANf | 艹匚コ㊁ |
| | AANf | 艹匚コ㊁ |

| jù 炬 | OANg | 火匚コ㊀ |
| | OANg | 火匚コ㊀ |

| jù 距 | KHAn | 口止匚コ |
| | KHAn | 口止匚コ |

距离 KHYB

| jù 句 | QKD | 勹口㊂ |
| | QKD | 勹口㊂ |

句子 QKBB

| jù 具 | HWu | 且八⑦ |
| | HWu | 且八⑦ |

具备 HWTL 具体 HWWS
具有 HWDE 具体化 HWWX

| jù 俱 | WHWy | 亻且八㊀ |
| | WHWy | 亻且八㊀ |

俱全 WHWG 俱乐部 WQUK

| jù 惧 | NHWy | 忄且八㊀ |
| | NHWy | 忄且八㊀ |

惧怕 NHNR

| jù 犋 | TRHW | 丿扌且八 |
| | CHwy | 牜且八㊀ |

| jù 飓 | MQHw | 几乂且八 |
| | WRHw | 几乂且八 |

| jù 剧 | NDJh | 尸古刂① |
| | NDJh | 尸古刂① |

剧本 NDSG 剧烈 NDGQ
剧情 NDNG 剧团 NDLF
剧院 NDBP

| jù 倨 | WNDg | 亻尸古㊀ |
| | WNDg | 亻尸古㊀ |

| jù 据 | RNDg | 扌尸古㊀ |
| | RNDg | 扌尸古㊀ |

据此 RNHX 据点 RNHK
据说 RNYU 据理力争 RGLQ
据悉 RNTO

| jù 锯 | QNDg | 钅尸古㊀ |
| | QNDg | 钅尸古㊀ |

| jù 踞 | KHND | 口止尸古 |
| | KHND | 口止尸古 |

| jù 聚 | BCTi | 耳又丿氺 |
| | BCIu | 耳又氺⑦ |

聚集 BCWY 聚精会神 BOWP

| jù 窭 | PWOv | 宀八米女 |
| | PWOv | 宀八米女 |

| jù 屦 | NTOV | 尸彳米女 |
| | NTOV | 尸彳米女 |

| jù 遽 | HAEp | 广七豕辶 |
| | HGEP | 虍一豕辶 |

| jù 醵 | SGHE | 西一广豕 |
| | SGHE | 西一虍豕 |

JUAN

juān 捐	RKEg	扌口月㊀
	RKEg	扌口月㊀

捐款 RKFF 捐献 RKFM
捐赠 RKMU

juān 涓	IKEg	氵口月㊀
	IKEg	氵口月㊀

juān 娟	VKEg	女口月㊀
	VKEg	女口月㊀

juān 鹃	KEQg	口月勹一
	KEQg	口月鸟一

juān 镌	QWYE	钅亻圭乃
	QWYB	钅亻圭乃

juān 蠲	UWLJ	丷八皿虫
	UWLJ	丷八皿虫

juǎn 卷	UDBB	丷大㔾㊵
	UGBb	丷夫㔾㊵

卷宗 UDPF 卷土重来 UFTG

juǎn 锩	QUDB	钅丷大㔾
	QUGB	钅丷夫㔾

juàn 倦	WUDb	亻丷大㔾
	WUGB	亻丷夫㔾

juàn 圈	LUDB	囗丷大㔾
	LUGB	囗丷夫㔾

juàn 隽	WYEB	亻圭乃㉝
	WYBr	亻圭乃㊀

juàn 狷	QTKE	犭丿口月
	QTKE	犭の口月

juàn 绢	XKEg	纟口月㊀
	XKEg	纟口月㊀

juàn 桊	UDSu	丷大木㊅
	UGSu	丷夫木㊅

juàn 眷	UDHF	丷大目㊀
	UGHF	丷夫目㊀

juàn 鄄	SFBh	西土阝①
	SFBh	覀土阝①

JUE

juē 撅	RDUW	扌厂丷人
	RDUW	扌厂丷人

jué 孑	BYI	了丶㊂
	BYI	了丶㊂

jué 决	UNwy	冫㇗人㊀
	UNWy	冫㇗人㊀

决策 UNTG 决定 UNPG
决裂 UNGQ 决赛 UNPF
决算 UNTH 决心 UNNY
决议 UNYY 决心书 UNNN
决战 UNHK

jué 诀	YNWY	讠㇗人㊀
	YNWY	讠㇗人㊀

jué 抉	RNWY	扌㇗人㊀
	RNWy	扌㇗人㊀

抉择 RNRC

jué 觖	QENw	⺈用コ人
	QENw	⺈用⊥人

jué 角	QEj	⺈用[〢]
	QEj	⺈用[〢]

角色 QEQC　角逐 QEEP

jué 桷	SQEh	木⺈用[丨]
	SQEh	木⺈用[丨]

jué 珏	GGYy	王王丶[丶]
	GGYy	王王丶[丶]

jué 觉	IPMQ	⺍冖冂儿
	IPMq	⺍冖冂儿

觉察 IPPW　觉得 IPTJ
觉悟 IPNG

jué 绝	XQCn	纟⺈巴[乙]
	XQCn	纟⺈巴[乙]

绝对 XQCF　绝大部分 XDUW
绝缘 XQXX　绝大多数 XDQO
绝密 XQPN　绝对化 XCWX
绝妙 XQVI　绝对值 XCWF
绝望 XQYN　绝无仅有 XFWD

jué 倔	WNBm	亻尸凵山
	WNBm	亻尸凵山

jué 掘	RNBM	扌尸凵山
	RNBm	扌尸凵山

jué 崛	MNBM	山尸凵山
	MNBM	山尸凵山

jué 脚	EFCB	月土厶卩
	EFCB	月土厶卩

jué 厥	DUBw	厂⺌凵人
	DUBw	厂⺌凵人

jué 劂	DUBJ	厂⺌凵刂
	DUBJ	厂⺌凵刂

jué 蕨	ADUw	艹厂⺌人
	ADUW	艹厂⺌人

jué 橛	SDUw	木厂⺌人
	SDUw	木厂⺌人

jué 镢	QDUW	钅厂⺌人
	QDUW	钅厂⺌人

jué 蹶	KHDW	口止厂人
	KHDW	口止厂人

jué 谲	YCBK	讠マ卩口
	YCNK	讠マ乛口

jué 噱	KHAE	口广七豕
	KHGE	口虍一豕

jué 爵	ELVf	⺤罒彐寸
	ELVf	⺤罒艮寸

jué 嚼	KELf	口⺤罒寸
	KELf	口⺤罒寸

jué 爝	OELf	火⺤罒寸
	OELf	火⺤罒寸

jué 矍	HHWc	目目亻又
	HHWC	目目亻又

jué 攫	RHHc	扌目目又
	RHHc	扌目目又

JUN

jūn 军	PLj	宀车⑩
	PLj	宀车⑩

军备 PLTL　军部 PLUK
军长 PLTA　军车 PLLG
军队 PLBW　军阀 PLUW
军方 PLYY　军费 PLXJ
军工 PLAA　军分区 PWAQ
军官 PLPN　军火 PLOO
军籍 PLTD　军纪 PLXN
军舰 PLTE　军乐队 PQBW
军龄 PLHW　军令 PLWY
军民 PLNA　军区 PLAQ
军权 PLSC　军人 PLWW
军事 PLGK　军事家 PGPE
军团 PLLF　军委 PLTV
军衔 PLTQ　军衔制 PTRM
军校 PLSU　军训 PLYK
军医 PLAT　军用 PLET
军种 PLTK　军政府 PGYW
军属 PLNT　军装 PLUF
军事委员会 PGTW

jūn 皲	PLHc	宀车广又
	PLBY	宀车皮⊙

jūn 均	FQUg	土勺丷
	FQUg	土勺丷

均等 FQTF　均衡 FQTQ
均匀 FQQU

jūn 钧	QQUG	钅勺丷
	QQUG	钅勺丷

jūn 筠	TFQU	⺮土勺
	TFQU	⺮土勺

jūn 君	VTKD	ヨノ口㊀
	VTKf	ヨノ口㊀

君主 VTYG

jūn 菌	ALTu	艹囗禾⑦
	ALTu	艹囗禾⑦

jūn 麇	YNJT	广コ刂禾
	OXXT	声匕匕禾

jùn 俊	WCWt	亻厶八夂
	WCWt	亻厶八夂

jùn 峻	MCWt	山厶八夂
	MCwt	山厶八夂

jùn 浚	ICWT	氵厶八夂
	ICWT	氵厶八夂

jùn 骏	CCWt	马厶八夂
	CGCT	马一厶夂

骏马 CCCN

jùn 竣	UCWt	立厶八夂
	UCWt	立厶八夂

竣工 UCAA

jùn 郡	VTKB	ヨノ口阝
	VTKB	ヨノ口阝

jùn 捃	RVTk	扌ヨノ口
	RVTk	扌ヨノ口

K

KA

kā 咖	KLKg	口力日
	KEKg	口力日

咖啡 KLKD 咖啡因 KKLD

kā 喀	KPTk	口宀夂口
	KPTk	口宀夂口

kǎ 卡	HHU	上卜㊀
	HHU	上卜㊀

卡拉奇 HRDS

kǎ 佧	WHHy	亻上卜㊀
	WHHy	亻上卜㊀

kǎ 咔	KHHY	口上卜㊀
	KHHY	口上卜㊀

kǎ 胩	EHHy	月上卜㊀
	EHHy	月上卜㊀

kà 咯	KTKg	口夂口日
	KTKg	口夂口日

KAI

kāi 开	GAk	一卄⑩
	GAk	一卄⑩

开办 GALW 开辟 GANK
开采 GAES 开场白 GFRR
开车 GALG 开除 GABW
开创 GAWB 开刀 GAVN
开端 GAUM 开发 GANT
开放 GAYT 开发利用 GNTE
开封 GAFF 开后门 GRUY
开户 GAYN 开花 GAAW
开会 GAWF 开垦 GAVE
开阔 GAUI 开朗 GAYV
开幕 GAAJ 开绿灯 GXOS
开设 GAYM 开门见山 GUMM
开始 GAVC 开幕词 GAYN
开水 GAII 开天辟地 GGNF
开头 GAUD 开拓 GARD
开往 GATY 开玩笑 GGTT
开心 GANY 开学 GAIP
开业 GAOG 开源节流 GIAI
开展 GANA 开展业务 GNOT
开支 GAFC 开展工作 GNAW

kāi 锎	QUGA	钅门一卄
	QUGA	钅门一卄

kāi 揩	RXXR	扌匕匕白
	RXXR	扌匕匕白

kǎi 剀	MNJh	山己刂①
	MNJh	山己刂①

kǎi 凯	MNNn	山己几㊀
	MNWn	山己几㊀

凯歌 MNSK 凯旋 MNYT

kǎi 垲	FMNn	土山己㊀
	FMNn	土山己㊀

kǎi 恺	NMNn	忄山己㊀
	NMNn	忄山己㊀

KAI-KAN

| kǎi 铠 | QMNn | 钅山己㇈ |
| | QMNn | 钅山己㇈ |

| kǎi 锴 | AXXR | 艹匕 匕白 |
| | AXXR | 艹匕 匕白 |

| kǎi 楷 | SXxr | 木匕 匕白 |
| | SXxr | 木匕 匕白 |

楷模 SXSA　楷书 SXNN
楷体 SXWS

| kǎi 锴 | QXxr | 钅匕 匕白 |
| | QXxr | 钅匕 匕白 |

| kǎi 慨 | NVCq | 忄彐厶 |
| | NVAq | 忄彐乚几 |

| kài 忾 | NRNn | 忄𠂉乙㇈ |
| | NRN | 忄气 |

| kān 刊 | FJH | 干刂① |
| | FJh | 干刂① |

刊登 FJWG　刊物 FJTR
刊载 FJFA

| kān 看 | RHF | 手目㇐ |
| | RHf | 手目㇐ |

看病 RHUG　看不起 RGFH
看出 RHBM　看待 RHTF
看到 RHGC　看法 RHIF
看见 RHMQ　看来 RHGO
看守 RHPF　看书 RHNN
看望 RHYN　看样子 RSBB
看作 RHWT　看做 RHWD

| kān 勘 | ADWL | 廿三八力 |
| | DWNE | 其八乚力 |

勘测 ADIM　勘察 ADPW
勘探 ADRP　勘误 ADYK
勘误表 AYGE

| kān 堪 | FADn | 土廿三㇈ |
| | FDWn | 土其八乚 |

堪称 FATQ

| kān 戡 | ADWA | 廿三八戈 |
| | DWNA | 其八乚戈 |

| kān 龛 | WGKX | 人一口匕 |
| | WGKY | 人一口丶 |

| kǎn 坎 | FQWy | 土𠂊人㇈ |
| | FQWy | 土𠂊人㇈ |

| kǎn 砍 | DQWy | 石𠂊人㇈ |
| | DQWy | 石𠂊人㇈ |

| kǎn 莰 | AFQW | 艹土𠂊人 |
| | AFQW | 艹土𠂊人 |

| kǎn 侃 | WKQn | 亻口儿 |
| | WKKN | 亻口口㇈ |

侃侃 WKWK

| kǎn 槛 | SJTI | 木刂攵皿 |
| | SJTI | 木刂攵皿 |

| kàn 阚 | UNBt | 门乙耳攵 |
| | UNBt | 门一耳攵 |

| kàn 瞰 | HNDt | 目乙耳攵 |
| | HNBt | 目一耳攵 |

KANG

kāng 闶	UYMV	门一几⓪
	UYWV	门一几⓪
kāng 康	YVIi	广彐水㊂
	OVIi	广彐水㊂

康复 YVTJ

kāng 慷	NYVi	忄广彐水
	NOVi	忄广彐水

慷慨 NYNV

kāng 糠	OYVI	米广彐水
	OOVI	米广彐水

káng 扛	RAG	扌工㊀
	RAG	扌工㊀
kàng 亢	YMB	亠几⓪
	YWB	亠几⓪
kàng 伉	WYMN	亻亠几⓪
	WYWN	亻亠几⓪
kàng 抗	RYMN	扌亠几⓪
	RYWn	扌亠几⓪

抗病 RYUG　抗拒 RYRA
抗议 RYYY　抗菌素 RAGX
抗灾 RYPO　抗日战争 RJHQ

kàng 炕	OYMn	火亠几⓪
	OYWn	火亠几⓪
kàng 钪	QYMN	钅亠几⓪
	QYWn	钅亠几⓪

KAO

kāo 尻	NVV	尸九⓪
	NVV	尸九⓪
kǎo 考	FTGn	土丿一乙
	FTGn	土丿一㇗

考查 FTSJ　考察 FTPW
考古 FTDG　考核 FTSY
考虑 FTHA　考勤 FTAK
考取 FTBC　考试 FTYA
考验 FTCW　考证 FTYG

kǎo 拷	RFTn	扌土丿乙
	RFTn	扌土丿㇗

拷贝 RFMH

kǎo 栲	SFTN	木土丿乙
	SFTN	木土丿㇗
kǎo 烤	OFTn	火土丿乙
	OFTn	火土丿㇗
kǎo 铐	QFTN	钅土丿乙
	QFTN	钅土丿㇗
kào 犒	TRYK	丿扌亠口
	CYMk	牛亠冂口

犒劳 TRAP

kào 靠	TFKD	丿土口三
	TFKD	丿土口三

靠边 TFLP　靠得住 TTWY
靠近 TFRP　靠山 TFMM

KE

kē 坷	FSKg	土丁口⊖
	FSKg	土丁口⊖
kē 苛	ASKf	艹丁口⊖
	ASKf	艹丁口⊖

苛刻 ASYN

kē 珂	GSKg	王丁口⊖
	GSKg	王丁口⊖
kē 柯	SSKg	木丁口⊖
	SSKg	木丁口⊖
kē 轲	LSKg	车丁口⊖
	LSKg	车丁口⊖
kē 疴	USKD	疒丁口⊖
	USKD	疒丁口⊖
kē 钶	QSKg	钅丁口⊖
	QSKg	钅丁口⊖
kē 科	TUfh	禾丶十⊖
	TUFH	禾丶十⊖

科长 TUTA 科技人员 TRWK
科技 TURF 科技日报 TRJR
科目 TUHH 科技市场 TRYF
科普 TUUO 科教片 TFTH
科室 TUPG 科威特 TDTR
科委 TUTV 科学分析 TIWS
科协 TUFL 科学管理 TITG
科学 TUIP 科学技术 TIRS
科研 TUDG 科学研究 TIDP
科学家 TIPE 科学界 TILW
科学院 TIBP 科研成果 TDDJ
科学技术委员会 TIRW

kē 棵	SJSy	木日木⊙
	SJSy	木曰木⊙
kē 稞	TJSY	禾日木⊙
	TJSY	禾曰木⊙
kē 窠	PWJs	宀八日木
	PWJs	宀八曰木
kē 颗	JSDm	日木丆贝
	JSDm	曰木丆贝
kē 髁	MEJs	骨月日木
	MEJs	骨月曰木
kē 颏	YNTM	亠乙丿贝
	YNTM	亠乚丿贝
kē 磕	DFCl	石土厶皿
	DFCl	石土厶皿

磕头 DFUD

kē 瞌	HFCL	目土厶皿
	HFCL	目土厶皿

瞌睡 HFHT

kē 蝌	JTUf	虫禾丶十
	JTUf	虫禾丶十
ké 咳	KYNW	口亠乙人
	KYNW	口亠乚人

咳嗽 KYKG

ké 壳	FPMb	士冖几⑥
	FPWb	士冖几⑥
kě 可	SKd	丁口⊜
	SKd	丁口⊜

可爱 SKEP 可比 SKXX

可鄙 SKKF　可歌可泣 SSSI
可变 SKYO　可耻 SKBH
可恶 SKGO　可否 SKGI
可观 SKCM　可贵 SKKH
可恨 SKNV　可见 SKMQ
可敬 SKAQ　可靠性 STNT
可靠 SKTF　可乐 SKQI
可怜 SKNW　可能 SKCE
可怕 SKNR　可能性 SCNT
可亲 SKUS　可是 SKJG
可惜 SKNA　可想而知 SSDT
可喜 SKFK　可笑 SKTT
可行 SKTF　可行性 STNT
可疑 SKXT　可以 SKNY
可知 SKTD
可望而不可及 SYDE

kě 岿	MSKf	山丁口㊀
	MSKf	山丁口㊀

kě 渴	IJQn	氵日勹乙
	IJQn	氵曰勹乚

渴望 IJYN

kè 克	DQb	古儿⑩
	DQb	古儿⑩

克服 DQEB　克服困难 DELC
克制 DQRM　克格勃 DSFP
克勤克俭 DADW
克己奉公 DNDW

kè 氪	RNDQ	𠂉乙古儿
	RDQv	气古儿⑩

kè 刻	YNTj	亠乙丿丨
	YNTj	亠乚丿丨

刻度 YNYA　刻不容缓 YGPX
刻划 YNAJ　刻苦 YNAD
刻舟求剑 YTFW

kè 恪	NTKG	忄夂口㊀
	NTKG	忄夂口㊀

kè 客	PTkf	宀夂口㊀
	PTkf	宀夂口㊀

客车 PTLG　客店 PTYH
客房 PTYN　客观 PTCM
客户 PTYN　客观存在 PCDD
客货 PTWX　客票 PTSF
客气 PTRN　客人 PTWW
客商 PTUM　客厅 PTDS
客运 PTFC

kè 课	YJSy	讠日木㊀
	YJSy	讠曰木㊀

课本 YJSG　课程 YJTK
课时 YJJF　课堂 YJIP
课题 YJJG　课文 YJYY
课余 YJWT

kè 骒	CJsy	马日木
	CGJs	马一曰木

kè 锞	QJSy	钅日木
	QJSy	钅曰木

kè 缂	XAFH	纟廿中丨
	XAFh	纟廿中丨

kè 嗑	KFCL	口土厶皿
	KFCL	口土厶皿

kè 溘	IFCL	氵土厶皿
	IFCL	氵土厶皿

KEN

kěn 肯	HEf	止月㊀
	HEf	止月㊀

肯定 HEPG

kěn 恳	VENu	ヨκ心⑦
	VNu	艮心⑦

恳切 VEAV 恳请 VEYG
恳求 VEFI

kěn 啃	KHEg	口止月㊀
	KHEg	口止月㊀

kěn 垦	VEFf	ヨκ土㊀
	VFF	艮土㊀

kěn 裉	PUVE	衤ヨκ
	PUVY	衤⑦艮⊙

KENG

kēng 坑	FYMn	土亠几②
	FYWn	土亠几②

kēng 吭	KYMn	口亠几②
	KYWn	口亠几②

kēng 铿	QJCf	钅J又土
	QJCf	钅J又土

KONG

kōng 空	PWaf	宀八工㊀
	PWaf	宀八工㊀

空白 PWRR 空调机 PYSM
空洞 PWIM 空话 PWYT
空姐 PWVE 空军 PWPL
空气 PWRN 空前 PWUE
空头 PWUD 空前绝后 PUXR
空隙 PWBI 空头支票 PUFS
空闲 PWUS 空想 PWSH
空心 PWNY 空虚 PWHA
空运 PWFC 空中楼阁 PKSU

kōng 崆	MPWa	山宀八工
	MPWa	山宀八工

kōng 箜	TPWa	⺮宀八工
	TPWa	⺮宀八工

kōng 倥	WPWa	亻宀八工
	WPWa	亻宀八工

kǒng 孔	BNN	子乙
	BNN	子乚

孔隙 BNBI 孔夫子 BFBB
孔子 BNBB

kǒng 恐	AMYN	工几丶心
	AWYn	工几丶心

恐怖 AMND 恐慌 AMNA
恐惧 AMNH 恐怕 AMNR
恐吓 AMKG

kòng 控	RPWa	扌宀八工
	RPWa	扌宀八工

控告 RPTF 控诉 RPYR
控制 RPRM 控制台 RRCK

KOU

kōu 抠	RAQy	扌匚乂⊙
	RARy	扌匚乂⊙

kōu 眍	HAQy	目匚乂[丶]
	HARy	目匚乂[丶]

kǒu 口	KKKK	口口口口
	KKKK	口口口口

口岸 KKMD 口才 KKFT
口袋 KKWA 口号 KKKG
口气 KKRN 口是心非 KJND
口腔 KKEP 口若悬河 KAEI
口头 KKUD 口头禅 KUPY
口音 KKUJ 口头语 KUYG
口语 KKYG

kòu 叩	KBH	口卩[丨]
	KBH	口卩[丨]

kòu 扣	RKg	扌口[一]
	RKg	扌口[一]

扣除 RKBW

kòu 筘	TRKf	⺮扌口[二]
	TRKf	⺮扌口[二]

kòu 寇	PFQC	宀二儿又
	PFQC	宀二儿又

kòu 蔻	APFC	艹宀二又
	APFC	艹宀二又

KU

kū 刳	DFNJ	大二乙刂
	DFNJ	大二㇉刂

kū 枯	SDg	木古[一]
	SDG	木古[一]

枯燥 SDOK 枯木逢春 SSTD

kū 骷	MEDG	冎月古[一]
	MEDG	冎月古[一]

kū 哭	KKDU	口口犬[冫]
	KKDU	口口犬[冫]

哭泣 KKIU

kū 窟	PWNm	宀八尸山
	PWNm	宀八尸山

kǔ 苦	ADF	艹古[二]
	ADf	艹古[二]

苦闷 ADUN 苦口婆心 AKIN
苦难 ADCW 苦恼 ADNY

kù 库	YLK	广车[川]
	OLk	广车[川]

库存 YLDH 库房 YLYN

kù 裤	PUYl	衤丶广车
	PUOl	衤[冫]广车

裤子 PUBB

kù 绔	XDFn	纟大二乙
	XDFN	纟大二㇉

kù 酷	SGTK	西一丿口
	SGTk	西一丿口

酷爱 SGEP 酷热 SGRV
酷暑 SGJF

KUA

kuā 夸	DFNb	大二乙[巜]
	DFNB	大二㇉[巜]

夸大 DFDD 夸奖 DFUQ

夸耀 DFIQ　夸夸其谈 DDAY
夸张 DFXT

kuā 侉	WDFn / WDFn	亻大二乙 / 亻大二㇈
kuā 垮	FDFN / FDFN	土大二乙 / 土大二㇈

垮台 DFCK

kuǎ 挎	RDFN / RDFn	扌大二乙 / 扌大二㇈
kuǎ 胯	EDfn / EDFn	月大二乙 / 月大二㇈
kuà 跨	KHDn / KHDn	口止大乙 / 口止大㇈

～ KUAI ～

kuǎi 蒯	AEEJ / AEEJ	艹月月刂 / 艹月月刂
kuài 会	WFcu / WFCu	人二厶㇀ / 人二厶㇀

会计 WFYF　会计师 WYJG
会计室 WYPG

kuài 侩	WWFC / WWFC	亻人二厶 / 亻人二厶
kuài 郐	WFCB / WFCB	人二厶阝 / 人二厶阝
kuài 哙	KWFC / KWFC	口人二厶 / 口人二厶

kuài 狯	QTWC / QTWC	犭丿人厶 / 犭の人厶
kuài 浍	IWFC / IWFc	氵人二厶 / 氵人二厶
kuài 脍	EWFC / EWFc	月人二厶 / 月人二厶

脍炙人口 EQWK

kuài 块	FNWy / FNWy	土コ人㇀ / 土㇈人㇀
kuài 快	NNWy / NNWy	忄コ人㇀ / 忄㇈人㇀

快报 NNRB　快餐 NNHQ
快活 NNIT　快车 NNLG
快乐 NNQI　快马加鞭 NCLA
快慢 NNNJ　快速 NNGK
快刀斩乱麻 NVLY

kuài 筷	TNNw / TNNW	竹忄コ人 / 竹忄㇈人

筷子 TNBB

～ KUAN ～

kuān 宽	PAmq / PAMq	宀艹门儿 / 宀艹门儿

宽敞 PAIM　宽大 PADD
宽度 PAYA　宽广 PAYY
宽阔 PAUI　宽容 PAPW
宽松 PASW　宽慰 PANF
宽余 PAWT

kuān 髋	MEPQ / MEPq	骨月宀儿 / 骨月宀儿

kuǎn 款	FFIw	士二小人
	FFIw	士二小人

款待 FFTF　款式 FFAA
款项 FFAD

KUANG

kuāng 匡	AGD	匚王[三]
	AGD	匚王[三]

kuāng 诓	YAGG	讠匚王[一]
	YAGG	讠匚王[一]

kuāng 哐	KAGg	口匚王[一]
	KAGg	口匚王[一]

kuāng 筐	TAGf	⺮匚王[二]
	TAGf	⺮匚王[二]

kuáng 狂	QTGg	犭丿王[一]
	QTGG	犭[丿]王[一]

狂风 QTMQ　狂热 QTRV
狂妄 QTYN

kuáng 诳	YQTg	讠犭丿王
	YQTg	讠犭[丿]王

kuǎng 夼	DKJ	大川[丨丨]
	DKJ	大川[丨丨]

kuàng 邝	YBH	广阝[丨]
	OBH	广阝[丨]

kuàng 圹	FYT	土广[丿]
	FOT	土广[丿]

kuàng 纩	XYT	纟广[丿]
	XOT	纟广[丿]

kuàng 旷	JYT	日广[丿]
	JOT	日广[丿]

kuàng 矿	DYT	石广[丿]
	DOt	石广[丿]

矿藏 DYAD　矿产 DYUT
矿区 DYAQ　矿山 DYMM
矿石 DYDG　矿物 DYTR
矿业 DYOG　矿物质 DTRF

kuàng 况	UKQn	冫口儿[乙]
	UKQN	冫口儿[乙]

况且 UKEG

kuàng 贶	MKQn	贝口儿[乙]
	MKQn	贝口儿[乙]

kuàng 框	SAGG	木匚王[一]
	SAGG	木匚王[一]

框图 SALT

kuàng 眶	HAGg	目匚王[一]
	HAGG	目匚王[一]

KUI

kuī 亏	FNV	二乙[乙乙乙]
	FNB	二㇉[乙乙]

亏损 FNRK

kuī 岿	MJVf	山刂 彐[二]
	MJVf	山刂 彐[二]

kuī 悝	NJFG	忄日土[一]
	NJFG	忄曰土[一]

kuī 盔	DOLf	𠂇火皿[二]
	DOLf	𠂇火皿[二]

K

KUI-KUI

盔甲 DOLH

kuī 窥	PWFQ	宀八人儿
	PWGq	宀八夫九
kuí 奎	DFFF	大土土㠯
	DFFf	大土土㠯
kuí 喹	KDFf	口大土土
	KDFf	口大土土
kuí 蝰	JDFF	虫大土土
	JDFF	虫大土土
kuí 逵	FWFP	土八土辶
	FWFp	土八土辶
kuí 馗	VUTH	九丷丿目
	VUTH	九丷丿目
kuí 隗	BRQc	阝白儿厶
	BRQc	阝白儿厶
kuí 魁	RQCF	白儿厶十
	RQCF	白儿厶十

魁伟 RQWF 魁梧 RQSG

kuí 揆	RWGD	扌癶一大
	RWGD	扌癶一大
kuí 葵	AWGd	艹癶一大
	AWGd	艹癶一大
kuí 暌	JWGD	日癶一大
	JWGD	日癶一大
kuí 睽	HWGD	目癶一大
	HWGD	目癶一大

kuí 夔	UHTt	丷止丿夂
	UTHT	丷丿目夂
kuǐ 傀	WRQc	亻白儿厶
	WRQC	亻白儿厶
kuǐ 跬	KHFF	口止土土
	KHFf	口止土土
kuì 匮	AKHm	匚口丨贝
	AKHm	匚口丨贝
kuì 蒉	AKHM	艹口丨贝
	AKHM	艹口丨贝
kuì 馈	QNKm	夂乙口贝
	QNKm	𠂊乚口贝
kuì 溃	IKHm	氵口丨贝
	IKhm	氵口丨贝
kuì 愦	NKHm	忄口丨贝
	NKHm	忄口丨贝
kuì 聩	BKHm	耳口丨贝
	BKHm	耳口丨贝
kuì 愧	NRQc	忄白儿厶
	NRQc	忄白儿厶

愧疚 NRUQ

kuì 篑	TKHM	竹口丨贝
	TKHM	竹口丨贝
kuì 喟	KLEg	口田月一
	KLEg	口田月一

KUN

kūn 坤	FJHH	土丿丨⓵
	FJHH	土曰丨⓵
kūn 昆	JXxb	日匕匕⑩
	JXxb	曰匕匕⑩

昆虫 JXJH 昆仑 JXWX
昆明 JXJE

kūn 琨	GJXx	王日匕匕
	GJXx	王曰匕匕
kūn 锟	QJXx	钅日匕匕
	QJXx	钅曰匕匕
kūn 醌	SGJX	西一日匕
	SGJX	西一曰匕
kūn 鲲	QGJX	鱼一日匕
	QGJX	鱼一曰匕
kūn 髡	DEGQ	镸彡一儿
	DEGQ	镸彡一儿
kǔn 捆	RLSy	扌囗木⊙
	RLSy	扌囗木⊙
kǔn 阃	ULSi	门囗木③
	ULSi	门囗木③
kǔn 悃	NLSy	忄囗木⊙
	NLSy	忄囗木⊙
kùn 困	LSi	囗木③
	LSi	囗木③

困乏 LSTP 困惑 LSAK
困境 LSFU 困难 LSCW
困扰 LSRD

KUO

| kuò 扩 | RYt | 扌广⓪ |
| | ROt | 扌广⓪ |

扩充 RYYC 扩大 RYDD
扩建 RYVF 扩大化 RDWX
扩军 RYPL 扩散 RYAE
扩印 RYQG 扩音机 RUSM
扩展 RYNA 扩张 RYXT

| kuò 括 | RTDg | 扌丿古㊀ |
| | RTDg | 扌丿古㊀ |

括号 RTKG 括弧 RTXR

kuò 适	TDPd	丿古辶㊂
	TDPd	丿古辶㊂
kuò 阔	UITd	门氵丿古
	UITd	门氵丿古

阔步 UIHI 阔气 UIRN

kuò 蛞	JTDG	虫丿古㊀
	JTDG	虫丿古㊀
kuò 栝	STDG	木丿古㊀
	STDG	木丿古㊀
kuò 廓	YYBb	广亠孑阝
	OYBb	广亠孑阝

LA

lā 垃	FUG	土立㇕
	FUG	土立㇕

垃圾 FUFE

lā 拉	RUg	扌立㇕
	RUg	扌立㇕

拉萨 RUAB 拉丁美洲 RSUI
拉拢 RURD 拉丁文 RSYY
拉圾箱 RFTS 拉萨市 RAYM
拉关系 RUTX

lā 啦	KRUg	口扌立㇕
	KRUg	口扌立㇕

lǎ 邋	VLQp	巛口乂辶
	VLRp	巛口乂辶

lǎ 晃	JVB	日九⑭
	JVB	日九⑭

lá 砬	DUG	石立㇕
	DUG	石立㇕

là 喇	KGKj	口一口刂
	KSKJ	口木口刂

là 剌	GKIJ	一口朿刂
	SKJh	木口刂①

là 辣	UGKi	辛一口朿
	USKG	辛木口㇕

辣椒 UGSH

là 瘌	UGKJ	疒一口刂
	USKJ	疒木口刂

là 落	AITk	艹氵夂口
	AITK	艹氵夂口

là 腊	EAJg	月艹日㇕
	EAJG	月艹日㇕

là 蜡	JAJg	虫艹日㇕
	JAJg	虫艹日㇕

蜡烛 JAOJ

LAI

lái 来	GOi	一米③
	GUsi	一丷木③

来宾 GOPR 来到 GOGC
来电 GOJN 来得及 GTEY
来访 GOYY 来函 GOBI
来回 GOLK 来历 GODL
来临 GOJT 来龙去脉 GDFE
来年 GORH 来人来函 GWGB
来往 GOTY 来日方长 GJYT
来信 GOWY 来源 GOID
来自 GOTH

lái 莱	AGOu	艹一米③
	AGUS	艹一丷木

lái 崃	MGOy	山一米③
	MGUS	山一丷木

lái 徕	TGOy	彳一米⊙
	TGUS	彳一丷木
lái 涞	IGOy	氵一米⊙
	IGUs	氵一丷木
lái 铼	QGOY	钅一米⊙
	QGUS	钅一丷木
lài 赉	GOMu	一米贝②
	GUSM	一丷木贝
lài 睐	HGOy	目一米⊙
	HGUs	目一丷木
lài 赖	GKIM	一口木贝
	SKQm	木口㇈贝
lài 濑	IGKM	氵一口贝
	ISKM	氵木口贝
lài 癞	UGKM	疒一口贝
	USKM	疒木口贝
lài 籁	TGKM	竹一口贝
	TSKm	竹木口贝

～ LAN ～

lán 兰	UFF	丷二㊀
	UDF	丷三㊀
lán 拦	RUFg	扌丷二㊀
	RUDg	扌丷三㊀
lán 栏	SUFg	木丷二㊀
	SUDg	木丷三㊀
lán 岚	MMQU	山几乂②
	MWRu	山几乂②
lán 楼	SSVf	木木女㊀
	SSVf	木木女㊀
lán 阑	UGLI	门一 木
	USLd	门木 ㊀

阑尾炎 UNOO

lán 谰	YUGi	讠门一木
	YUSl	讠门木㊃
lán 澜	IUGI	氵门一木
	IUSl	氵门木㊃
lán 斓	YUGI	文门一木
	YUSL	文门木
lán 镧	QUGI	钅门一木
	QUSl	钅门木
lán 蓝	AJTl	艹丨㇉皿
	AJTl	艹丨㇉皿

蓝色 AJQC　蓝天 AJGD
蓝图 AJLT

lán 褴	PUJL	衤丨㇉皿
	PUJL	衤②丨皿
lán 篮	TJTL	竹丨㇉皿
	TJTL	竹丨㇉皿

篮球赛 TGPF

lǎn 览	JTYQ	丨㇉丶儿
	JTYq	丨丶㇉儿
lǎn 揽	RJTq	扌丨㇉儿
	RJTq	扌丨㇉儿

LAN-LAO

lǎn 缆	XJTq	纟刂𠂇儿
	XJTq	纟刂𠂇儿
lǎn 懒	NGKM	忄一口贝
	NSkm	忄木口贝

懒惰 NGND　懒汉 NGIC

lǎn 罱	LFMf	罒十门十
	LFMf	罒十门十
lǎn 漤	ISSV	氵木木女
	ISSV	氵木木女
làn 烂	OUFG	火丷二㇀
	OUDg	火丷三㇀

烂漫 OUIJ

làn 滥	IJTl	氵刂丿皿
	IJTl	氵刂丿皿

滥竽充数 ITYO

~ LANG ~

lāng 啷	KYVb	口丶ヨߓ
	KYVb	口丶艮ߓ
láng 郎	YVCB	丶ヨㄙ阝
	YVBh	丶艮阝①
láng 廊	YYVb	广丶ヨߓ
	OYVB	广丶艮ߓ
láng 榔	SYVb	木丶ヨߓ
	SYVb	木丶艮ߓ
láng 螂	JYVb	虫丶ヨߓ
	JYVb	虫丶艮ߓ

láng 狼	QTYe	犭丿丶㇄
	QTYV	犭⺈艮

狼狈 QTQT　狼狈为奸 QQYV
狼籍 QTTD　狼心狗肺 QNQE
狼子野心 QBJN

láng 阆	UYVe	门丶ヨ㇄
	UYVi	门丶艮⓪
láng 琅	GYVe	王丶ヨ㇄
	GYVy	王丶艮⓪
láng 锒	QYVE	钅丶ヨ㇄
	QYVY	钅丶艮⓪
láng 稂	TYVe	禾丶ヨ㇄
	TYVy	禾丶艮⓪
lǎng 朗	YVCe	丶ヨㄙ月
	YVEg	丶艮月㇀

朗读 YVYF

làng 莨	AYVe	艹丶ヨ㇄
	AYVu	艹丶艮⑥
làng 浪	IYVe	氵丶ヨ㇄
	IYVy	氵丶艮⓪

浪潮 IYIF　　浪费 IYXJ
浪花 IYAW　浪头 IYUD

làng 蒗	AIYE	艹氵丶㇄
	AIYV	艹氵丶艮

~ LAO ~

lāo 捞	RAPl	扌艹冖力
	RAPe	扌艹冖力

láo 劳	APLb	艹冖力㊣
	APEr	艹冖力㊀

劳动 APFC 劳动保护 AFWR
劳资 APUQ 劳动纪律 AFXT
劳改 APNT 劳动局 AFNN
劳工 APAA 劳动力 AFLT
劳驾 APLK 劳动模范 AFSA
劳累 APLX 劳动人民 AFWN
劳力 APLT 劳动日 AFJJ
劳苦 APAD 劳动者 AFFT
劳模 APSA 劳民伤财 ANWM
劳务 APTL 劳资科 AUTU

láo 唠	KAPl	口艹冖力
	KAPe	口艹冖力

láo 崂	MAPl	山艹冖力
	MAPE	山艹冖力

láo 铹	QAPl	钅艹冖力
	QAPe	钅艹冖力

láo 痨	UAPL	疒艹冖力
	UAPE	疒艹冖力

痨病 UAUG

láo 牢	PRHj	宀牛丨㊣
	PTGj	宀丿キ㊣

牢固 PRLD 牢不可破 PGSD
牢记 PRYN 牢牢 PRPR
牢骚 PRCC

láo 醪	SGNE	西一羽彡
	SGNE	西一羽彡

lǎo 老	FTxb	土丿匕
	FTxb	土丿匕

老汉 FTIC 老八路 FWKH
老板 FTSR 老百姓 FDVT
老师 FTJG 老板娘 FVTV
老大哥 FDSK 老大难 FDCW
老家 FTPE 老大娘 FDVY
老年 FTRH 老大爷 FDWQ
老婆 FTIH 老当益壮 FIUU
老实 FTPU 老掉牙 FRAH
老爷 FTWQ 老虎巨猾 FVAQ
老黄牛 FARH 老好人 FVWW
老乡 FTXT 老马识途 FCYW
老太婆 FDIH 老生常谈 FTIY
老先生 FTTG 老羞成怒 FUDV
老古董 FDAT 老规矩 FFTD
老头儿 FUQT 老谋深算 FYIT
老奶奶 FVVE 老婆婆 FIIH
老婆子 FIBB 老气横秋 FRST
老前辈 FUDJ 老人家 FWPE
老太太 FDDY 老天爷 FGWQ
老一辈 FGDJ 老爷爷 FWWQ
老资格 FUST 老祖宗 FPPF

lǎo 佬	WFTx	亻土丿匕
	WFTx	亻土丿匕

lǎo 姥	VFTx	女土丿匕
	VFTx	女土丿匕

lǎo 栳	SFTX	木土丿匕
	SFTX	木土丿匕

lǎo 铑	QFTX	钅土丿匕
	QFTX	钅土丿匕

lǎo 潦	IDUI	氵大丷小
	IDUI	氵大丷小

lào 烙	OTKg	火夂口㊣
	OTKg	火夂口㊣

LAO-LEI

烙印 OTQG

lào 落	AITk	艹氵夂口
	AITK	艹氵夂口

lào 酪	SGTK	西一夂口
	SGTK	西一夂口

lào 涝	IAPI	氵艹冖力
	IAPe	氵艹冖力

lào 耢	DIAL	三木艹力
	FSAe	二木艹力

lē 肋	ELn	月力②
	EET	月力①

lè 仂	WLN	亻力②
	WET	亻力①

lè 叻	KLN	口力②
	KET	口力①

lè 泐	IBLn	氵阝力②
	IBEt	氵阝力①

lè 勒	AFLn	艹革力②
	AFEt	艹革力①

勒索 AFFP

lè 鳓	QGAL	鱼一艹力
	QGAE	鱼⺀艹力

lè 乐	QIi	⺁小
	TNii	丿乚小①

乐队 QIBW 乐观 QICM
乐器 QIKK 乐极生悲 QSTD
乐曲 QIMA 乐趣 QIFH
乐团 QILF 乐意 QIUJ
乐于 QIGF 乐园 QILF

le 了	Bnh	了乙丨
	BNH	了⺄丨

LEI

lēi 勒	AFLn	艹革力②
	AFEt	艹革力①

léi 累	LXiu	田幺小①
	LXiu	田幺小①

累计 LXYF 累加 LXLK
累赘 LXGQ

léi 嫘	VLXi	女田幺小
	VLXi	女田幺小

léi 缧	XLXI	纟田幺小
	XLXi	纟田幺小

léi 雷	FLF	雨田⊖
	FLf	雨田⊖

雷达 FLDP 雷达站 FDUH
雷电 FLJN 雷厉风行 FDMT
雷锋 FLQT 雷霆万钧 FFDQ
雷雨 FLFG 雷阵雨 FBFG

léi 檑	SFLg	木雨田⊖
	SFLg	木雨田⊖

léi 镭	QFLg	钅雨田⊖
	QFLg	钅雨田⊖

字	编码	拆分
léi 嬴	YNKY / YEUY	亠乙口、/ 亠月羊、
lěi 诔	YDIY / YFSY	讠三小⊙ / 讠二木⊙
lěi 耒	DII / FSI	三木㍿ / 二木㍿
lěi 垒	CCCF / CCCF	ムムム土 / ムムム土
lěi 磊	DDDf / DDDf	石石石㊀ / 石石石㊀
lěi 蕾	AFLF / AFLf	艹雨田F / 艹雨田f
lěi 儡	WLLl / WLLl	亻田田田 / 亻田田田
lèi 肋	ELn / EET	月力⒉ / 月力⒐
lèi 泪	IHG / IHG	氵目㊀ / 氵目㊀

泪水 IHII

lèi 类	ODu / ODu	米大㋿ / 米大㋿

类别 ODKL 类似 ODWN
类同 ODMG 类推 ODRW
类型 ODGA

lèi 擂	RFLg / RFLg	扌雨田㊀ / 扌雨田㊀
lèi 酹	SGEf / SGEf	西一㿟寸 / 西一㿟寸
lei 嘞	KAFl / KAFe	口廿甲力 / 口廿甲力

LENG

léng 塄	FLYn / FLYt	土四方⒉ / 土四方⒐
léng 楞	SLyn / SLYt	木四方⒉ / 木四方⒐
léng 棱	SFWt / SFWt	木土八夂 / 木土八夂

棱角 SFQE

lěng 冷	UWYC / UWYc	冫人、マ / 冫人、マ

冷藏 UWAD 冷嘲热讽 UKRY
冷淡 UWIO 冷冻 UWUA
冷静 UWGE 冷风 UWMQ
冷落 UWAI 冷漠 UWIA
冷暖 UWJE 冷气 UWRN
冷却 UWFC 冷谈 UWYO
冷笑 UWTT 冷饮 UWQN
冷言冷语 UYUY

lèng 愣	NLYn / NLYt	忄四方⒉ / 忄四方⒐

LI

lī 哩	KJFg / KJFg	口日土㊀ / 口日土㊀
lí 丽	GMYy / GMYy	一冂、、 / 一冂、、

LI-LI 171

骊	CGmy	马一冂丶
	CGGy	马⺋一丶

鹂	GMYG	一冂丶
	GMYG	一冂丶

鲡	QGGY	鱼一一丶
	QGGy	鱼⺋一丶

厘	DJFD	厂日土㊂
	DJFD	厂日土㊂

厘米 DJOY

喱	KDJF	口厂日土
	KDJf	口厂日土

狸	QTJF	犭丿日土
	QTJF	犭㇙日土

离	YBmc	文凵冂厶
	YRBc	亠乂凵厶

离队 YBBW 离婚 YBVQ
离家 YBPE 离开 YBGA
离任 YBWT 离散 YBAE
离校 YBSU 离心 YBNY
离休 YBWS 离职 YBBK

漓	IYBC	氵文凵厶
	IYRc	氵亠乂厶

缡	XYBc	纟文凵厶
	XYRc	纟亠乂厶

篱	TYBc	⺮文凵厶
	TYRc	⺮亠乂厶

篱笆 TYTC

蜊	JTJh	虫禾刂㊀
	JTJH	虫禾刂㊀

璃	GYBc	王文凵厶
	GYRc	王亠乂厶

梨	TJSu	禾刂木㊄
	TJSu	禾刂木㊄

犁	TJRh	禾刂𠂉丨
	TJTG	禾刂丿丯

嫠	FITv	二木攵女
	FTDv	未攵厂女

黎	TQTi	禾勹丿水
	TQTi	禾勹丿水

黎明 TQJE

藜	ATQi	艹禾勹水
	ATQi	艹禾勹水

黧	TQTO	禾勹丿灬
	TQTO	禾勹丿灬

罹	LNWy	罒忄亻丶
	LNWy	罒忄亻丶

蠡	XEJj	彑豕虫虫
	XEJj	彑豕虫虫

礼	PYNN	礻丶乙㊀
	PYNN	礻㊀乚㊀

礼拜 PYRD 礼拜天 PRGD
礼节 PYAB 礼宾司 PPNG
礼貌 PYEE 礼品 PYKK
礼堂 PYIP 礼物 PYTR

李	SBf	木子㊁
	SBf	木子㊁

李鹏 SBEE 李瑞环 SGGG
李先念 STWY 李铁映 SQJM

| 里 lǐ | JFD | 日土㊀ |
| | JFD | 曰土㊀ |

里边 JFLP　里程碑 JTDR
里程 JFTK　里面 JFDM
里应外合 JYQW

| 俚 lǐ | WJFg | 亻日土㊀ |
| | WJFg | 亻曰土㊀ |

俚语 WJYG

| 娌 lǐ | VJFG | 女日土㊀ |
| | VJFG | 女曰土㊀ |

| 理 lǐ | GJfg | 王日土㊀ |
| | GJfg | 王曰土㊀ |

理睬 GJHE　理发师 GNJG
理发 GJNT　理工科 GATU
理解 GJQE　理科 GJTU
理论 GJYW　理屈词穷 GNYP
理事 GJGK　理事长 GGTA
理顺 GJKD　理事会 GGWF
理想 GJSH　理所当然 GRIQ
理应 GJYI　理由 GJMH
理智 DJTD　理直气壮 GFRU
理论联系实际 GYBB

| 鲤 lǐ | QGJF | 鱼一日土 |
| | QGJF | 鱼⼀曰土 |

鲤鱼 QGQG

| 锂 lǐ | QJFg | 钅日土㊀ |
| | QJFg | 钅曰土㊀ |

| 逦 lǐ | GMYP | 一门丶辶 |
| | GMYP | 一门丶辶 |

| 澧 lǐ | IMAu | 氵门卄 |
| | IMAu | 氵门卄 |

| 醴 lǐ | SGMU | 西一门丷 |
| | SGMU | 西一门丷 |

| 鳢 lǐ | QGMU | 鱼一门丷 |
| | QGMU | 鱼⼀门丷 |

| 力 lì | LTn | 力ノ乙 |
| | ENt | 力ノノ |

力量 LTJG　力不从心 LGWN
力气 LTRN　力挽狂澜 LRQI
力学 LTIP　力争上游 LQHI
力争 LTQV

| 荔 lì | ALLl | 艹力力力 |
| | AEEe | 艹力力力 |

荔枝 ALSF

| 历 lì | DLv | 厂力⑨ |
| | DEe | 厂力⑨ |

历程 DLTK　历史意义 DKUY
历届 DLNM　历史潮流 DKII
历年 DLRH　历时 DLJF
历史 DLKQ　历史剧 DKND
历来 DLGO　历史性 DKNT
历代 DLWA
历史唯物主义 DKKY

| 坜 lì | FDLn | 土厂力⑨ |
| | FDET | 土厂力⑨ |

| 苈 lì | ADLb | 艹厂力⑨ |
| | ADER | 艹厂力⑨ |

| 呖 lì | KDLn | 口厂力⑨ |
| | KDEt | 口厂力⑨ |

| 沥 lì | IDLn | 氵厂力⑨ |
| | IDET | 氵厂力⑨ |

沥青 IDGE

lì 枥	SDLn	木厂力乙
	SDEt	木厂力㇈

lì 疬	UDLv	疒厂力㠯
	UDEe	疒厂力㇈

lì 雳	FDLB	雨厂力㇈
	FDEr	雨厂力㇈

lì 砺	DDDN	石厂𠂉乙
	DDGQ	石厂一力

lì 蛎	JDDn	虫厂𠂉乙
	JDGQ	虫厂一力

lì 粝	ODDn	米厂𠂉乙
	ODGQ	米厂一力

lì 疠	UDNV	疒厂乙㠯
	UGQE	疒一力㇈

lì 厉	DDNv	厂𠂉乙㠯
	DGQe	厂一力㇈

厉害 DDPD

lì 励	DDNL	厂𠂉乙力
	DGQE	厂一力㇈

励精图治 DOLI

lì 立	UUuu	立立立立
	UUuu	立立立立

立场 UUFN 立春 UUDW
立冬 UUTU 立法 UUIF
立方 UIIYY 立方根 UYSV
立功 UUAL 立方体 UYWS
立即 UUVC 立竿见影 UTMJ
立刻 UUYN 立交桥 UUST

立秋 UUTO 立体 UUWS
立夏 UUDH 立体声 UWFN
立足点 UKHK

lì 苈	AWUF	艹亻立㇈
	AWUF	艹亻立㇈

苈临 AWJT

lì 粒	OUG	米立㇈
	OUg	米立㇈

lì 笠	TUF	⺮立㇈
	TUF	⺮立㇈

lì 吏	GKQi	一口乂㇈
	GKRi	一口乂㇈

lì 郦	GMYB	一门丶阝
	GMYB	一门丶阝

lì 俪	WGMY	亻一门丶
	WGMY	亻一门丶

lì 利	TJH	禾刂㇈
	TJH	禾刂㇈

利弊 TJUM 利国福民 TLPN
利害 TJPD 利令智昏 TWTQ
利率 TJYX 利润率 TIYX
利民 TJNA 利润 TJIU
利索 TJFP 利息 TJTH
利益 TJUW 利用职权 TEBS
利用 TJET 利欲熏心 TWTN

lì 俐	WTJh	亻禾刂㇈
	WTJh	亻禾刂㇈

lì 莉	ATIj	艹禾刂㇈
	ATJj	艹禾刂㇈

狸 lì	QTTj	犭丿禾刂
	QTTJ	犭の禾刂

痢 lì	UTJk	疒禾刂⑩
	UTJk	疒禾刂⑩

痢疾 UTUT

例 lì	WGQj	亻一夕刂
	WGQj	亻一夕刂

例如 WGVK 例题 WGJG
例外 WGQH 例行 WGTF
例子 WGBB

戾 lì	YNDi	、尸犬③
	YNDi	、尸犬③

唳 lì	KYND	口、尸犬
	KYND	口、尸犬

栎 lì	SQIy	木 小⊙
	STNI	木丿乚小

轹 lì	LQIy	车 小⊙
	LTNi	车丿乚小

跞 lì	KHQI	口止
	KHTI	口止丿小

砾 lì	DQIy	石 小⊙
	DTNi	石丿乚小

隶 lì	VII	彐水③
	VII	彐水③

隶属 VINT

咼 lì	GKMH	一口冂丨
	GKMH	一口冂丨

栗 lì	SSU	西木②
	SSU	覀木②

傈 lì	WSSy	亻西木②
	WSSy	亻覀木②

溧 lì	ISSY	氵西木②
	ISSY	氵覀木②

篥 lì	TSSu	⺮西木②
	TSSu	⺮覀木②

詈 lì	LYF	罒言㊀
	LYF	罒言㊀

LIA

俩 liǎ	WGMw	亻一冂人
	WGMW	亻一冂人

LIAN

奁 lián	DAQu	大匚乂②
	DARu	大匚乂②

连 lián	LPK	车辶⑩
	LPk	车辶⑩

连长 LPTA 连队 LPBW
连接 LPRU 连连 LPLP
连忙 LPNY 连篇累牍 LTLT
连绵 LPXR 连锁反应 LQRY
连同 LPMG 连续剧 LXND
连续 LPXF 连云港 LFIA
连衣裙 LYPU

LIAN-LIAN 175

lián 莲	ALPu	艹车辶㊀
	ALPu	艹车辶㊀

莲花 ALAW

lián 涟	ILPy	氵车辶㊀
	ILPy	氵车辶㊀

lián 鲢	QGLP	鱼一车辶
	QGLP	鱼一车辶

lián 怜	NWYC	忄人丶マ
	NWYC	忄人丶マ

怜悯 NWNU 怜惜 NWNA

lián 帘	PWMh	宀八门丨
	PWMh	宀八门丨

lián 联	BUdy	耳丷大㊀
	BUdy	耳丷大㊀

联邦 BUDT 联播 BURT
联贯 BUXF 联合体 BWWS
联队 BUBW 联合会 BWLG
联欢 BUCQ 联欢会 BCWF
联机 BUSM 联系业务 BTOT
联结 BUXF 联络 BUXT
联名 BUQK 联络员 BXKM
联网 BUMQ 联席 BUYA
联系 BUTX 联席会 BYWF
联营 BUAP 联系群众 BTVW
联想 BUSH 联系人 BTWW
联接 BURU 联系实际 BTPB

lián 廉	YUVo	广丷彐小
	OUVw	广丷彐八

廉洁 YUIF 廉价 YUWW
廉政 YUGH 廉洁奉公 YIDW

lián 濂	IYUo	氵广丷小
	IOUw	氵广丷八

lián 臁	EYUo	月广丷小
	EOUw	月广丷八

lián 镰	QYUo	钅广丷小
	QOUw	钅广丷八

镰刀 QYVN

lián 蠊	JYUo	虫广丷小
	JOUw	虫广丷八

lián 裢	PULp	衤丷车辶
	PULp	衤㊀车辶

lián 琏	GLPy	王车辶㊀
	GLPy	王车辶㊀

liǎn 敛	WGIT	人一丷攵
	WGIT	人一丷攵

liǎn 脸	EWgi	月人一丷
	EWGg	月人一一

脸盆 EWWV 脸皮 EWHC
脸色 EWQC

liǎn 裣	PUWI	衤丷人丷
	PUWG	衤㊀人一

liǎn 蔹	AWGT	艹人一攵
	AWGT	艹人一攵

liàn 练	XANw	纟七乙八
	XANw	纟七乙八

练兵 XARG 练习本 XNSG
练习 XANU 练习薄 XNAI
练习曲 XNMA 练习题 XNJG

liàn 炼	OANW	火七乙八
	OANW	火𠂇丆八

炼钢 OAQM 炼铁 OAQR

liàn 恋	YONu	亠小心㋆
	YONu	亠小心㋆

恋爱 YOEP 恋恋不舍 YYGW

liàn 殓	GQWi	一夕人丷
	GQWg	一夕人一

liàn 链	QLPy	钅车辶㋄
	QLPy	钅车辶㋄

链锁 QLQI 链子 QLBB

liàn 潋	IWGT	氵人一攵
	IWGT	氵人一攵

liàn 楝	SGLi	木一䒑丷
	SSLg	木木䒑日

LIANG

liáng 良	YVei	丶彐𧘇㋆
	YVi	丶艮㋆

良好 YVVB 良机 YVSM
良心 YVNY 良药 YVAX
良种 YVTK

liáng 粮	OYVe	米丶彐𧘇
	OYVy	米丶艮㋄

粮店 OYYH 粮库 OYYL
粮棉 OYSR 粮票 OYSF
粮食 OYWY 粮食局 OWNN
粮油 OYIM 粮站 OYUH

liáng 凉	UYIY	冫亠小㋆
	UYIY	冫亠小㋆

凉爽 UYDQ

liáng 椋	SYIY	木亠小㋆
	SYIY	木亠小㋆

liáng 梁	IVWs	氵刀八木
	IVWs	氵刀八木

liáng 粱	IVWO	氵刀八米
	IVWO	氵刀八米

liǎng 两	GMWW	一门人人
	GMWW	一门人人

两边 GMLP 两个 GMWH
两间 GMUJ 两面 GMDM
两年 GMRH 两面派 GDIR
两旁 GMUP 两面三刀 GDDV
两手 GMRT 两全其美 GWAU
两性 GMNT 两样 GMSU
两者 GMFT

liǎ 俩	WGMw	亻一门人
	WGMW	亻一门人

liǎng 魉	RQCW	白儿厶人
	RQCW	白儿厶人

liàng 踉	KHYE	口止丶𧘇
	KHYV	口止丶艮

liàng 亮	YPMb	亠冖几㋂
	YPwb	亠冖几㋂

亮度 YPYA 亮光 YPIQ
亮相 YPSH

liàng 谅	YYIy / YYIy	讠亠小⊙ / 讠亠小⊙

谅解 YYQE

liàng 辆	LGMw / LGMw	车一门人 / 车一门人

liàng 量	JGjf / JGjf	日一日土 / 曰一日土

量变 JGYO   量度 JGYA
量体裁衣 JWFY

liàng 靓	GEMq / GEMq	丰月门儿 / 丰月门儿

LIAO

liáo 撩	RDUi / RDUi	扌大丷小 / 扌大丷小

liáo 辽	BPk / BPk	了辶⑩ / 了辶⑩

辽阔 BPUI   辽宁 BPPS
辽宁省 BPIT

liáo 疗	UBK / UBk	疒了⑩ / 疒了⑩

疗程 UBTK   疗效 UBUQ
疗养 UBUD   疗养院 UUBP

liáo 聊	BQTb / BQTb	耳𠃌丿㔾 / 耳𠃌丿㔾

聊天 BQGD   聊斋 BQYD

liáo 僚	WDUi / WDUi	亻大丷小 / 亻大丷小

liáo 嘹	KDUI / KDUi	口大丷小 / 口大丷小

liáo 獠	QTDI / QTDI	犭丿大小 / 犭の大小

liáo 潦	IDUI / IDUI	氵大丷小 / 氵大丷小

liáo 寮	PDUi / PDUi	宀大丷小 / 宀大丷小

liáo 缭	XDUi / XDUi	纟大丷小 / 纟大丷小

缭绕 XDXA

liáo 燎	ODUI / ODUI	火大丷小 / 火大丷小

liáo 鹩	DUJG / DUJG	大丷日一 / 大丷日一

liáo 寥	PNWe / PNWe	宀羽人彡 / 宀羽人彡

寥寥 PNPN

liǎo 了	Bnh / BNH	了乙一 / 了乛丨

了解 BNQE   了解情况 BQNU
了望 BNYN   了如指掌 BVRI

liǎo 钌	QBH / QBH	钅了⑩ / 钅了⑩

liǎo 蓼	ANWe / ANWe	艹羽人彡 / 艹羽人彡

liào 料	OUfh / OUFh	米丷十⑩ / 米丷十⑩

料理 OUGJ

liào 撩	RLTk	扌田夂口
	RLTk	扌田夂口
liào 廖	YNWe	广羽人彡
	ONWE	广羽人彡

廖若晨星 YAJJ

liào 镣	QDUi	钅大丷小
	QDUi	钅大丷小

LIE

liè 咧	KGQj	口一夕刂
	KGQj	口一夕刂
liè 裂	GQJE	一夕刂衣
	GQJE	一夕刂衣
liè 列	GQjh	一夕刂①
	GQJh	一夕刂①

列车 GQLG 列车长 GLTA
列宁 GQPS 列车员 GLKM
列强 GQXK 列宁主义 GPYY
列席 GQYA

liè 冽	UGQj	冫一夕刂
	UGQj	冫一夕刂
liè 洌	IGQj	氵一夕刂
	IGQJ	氵一夕刂
liè 烈	GQJO	一夕刂灬
	GQJO	一夕刂灬

烈火 GQOO 烈军属 GPNT
烈士 GQFG 烈属 GQNT

liè 趔	FHGJ	土走一刂
	FHGJ	土走一刂
liè 劣	ITLb	小丿力⑥
	ITER	小丿力⑥

劣势 ITRV 劣根性 ISNT

liè 埒	FEFy	土爫寸⊙
	FEFy	土爫寸⊙
liè 捩	RYND	扌、尸犬
	RYND	扌、尸犬
liè 猎	QTAj	犭丿廿日
	QTAJ	犭丿廿日
liè 鬣	DEVN	镸彡巛乙
	DEVn	镸彡巛乚
liè 躐	KHVN	口止巛乙
	KHVN	口止巛乚

LIN

līn 拎	RWYC	扌人、マ
	RWYC	扌人、マ
lín 邻	WYCB	人、マ阝
	WYCB	人、マ阝

邻邦 WYDT 邻近 WYRP
邻居 WYND

lín 林	SSy	木木⊙
	SSy	木木⊙

林立 SSUU 林区 SSAQ
林业 SSOG 林业部 SOUK
林荫道 SAUT

LIN-LING

字	编码	拆分
lín 啉	KSSy	口木木⊙
	KSSy	口木木⊙
lín 淋	ISSy	氵木木⊙
	ISSy	氵木木⊙

淋漓尽致 IING

字	编码	拆分
lín 琳	GSSy	王木木⊙
	GSSy	王木木⊙
lín 霖	FSSu	雨木木②
	FSSu	雨木木②
lín 临	JTYj	丨亻丶囗
	JTYj	丨亻丶囗

临床 JTYS　临界状态 JLUD
临界 JTLW　临时性 JJNT
临时 JTJF　临时工 JJAA
临近 JTRP　临危不惧 JQGN

字	编码	拆分
lín 粼	OQAB	米夕匚巛
	OQGB	米夕牛巛
lín 嶙	MOQh	山米夕丨
	MOQg	山米夕牛
lín 遴	OQAp	米夕匚辶
	OQGp	米夕牛辶
lín 辚	LOqh	车米夕丨
	LOQg	车米夕牛
lín 磷	DOQh	石米夕丨
	DOQg	石米夕牛
lín 鳞	QGOl	鱼一米丨
	QGOg	鱼一米牛
lín 麟	YNJH	广⺄丨丨
	OXXG	严匕匕牛
lǐn 凛	UYLi	冫亠口小
	UYLi	冫亠口小
lǐn 廪	YYLI	广亠口小
	OYLi	广亠口小
lǐn 懔	NYLi	忄亠口小
	NYLi	忄亠口小
lǐn 檩	SYLI	木亠口小
	SYLI	木亠口小
lìn 赁	WTFM	亻丿士贝
	WTFM	亻丿士贝
lìn 蔺	AUWy	艹门亻主
	AUWy	艹门亻主
lìn 躏	KHAY	口止艹主
	KHAY	口止艹主
lìn 膦	EOQh	月米夕丨
	EOQg	月米夕牛
lìn 吝	YKF	文口㊀
	YKF	文口㊀

吝啬 YKFU

字	编码	拆分
líng 伶	WWYC	亻人丶マ
	WWYC	亻人丶マ
líng 苓	AWYC	艹人丶マ
	AWYC	艹人丶マ

líng		
囹	LWYc	囗人丶マ
	LWYc	囗人丶マ
泠	IWYC	氵人丶マ
	IWYC	氵人丶マ
玲	GWYc	王人丶マ
	GWYc	王人丶マ
柃	SWYC	木人丶マ
	SWYC	王人丶マ
瓴	WYCN	人丶マ乙
	WYCY	人丶マ丶
聆	BWYC	耳人丶マ
	BWYC	耳人丶マ

聆听 BWKR

蛉	JWYC	虫人丶マ
	JWYC	虫人丶マ
翎	WYCN	人丶マ羽
	WYCN	人丶マ羽
羚	UDWC	⺶手人マ
	UWYC	羊人丶マ
零	FWYC	雨人丶マ
	FWyc	雨人丶マ

零点 FWHK 零件 FWWR
零售 FWWY 零售价 FWWW
零碎 FWDY 零星 FWJT

龄	HWBC	止人凵マ
	HWBC	止人凵マ
灵	VOu	彐火㇏
	VOu	彐火㇏

灵感 VODG 灵丹妙药 VMVA
灵魂 VOFC 灵活 VOIT
灵敏 VOTX 灵机一动 VSGF
灵巧 VOAG 灵敏度 VTYA

棂	SVOy	木彐火㇏
	SVOy	木彐火㇏
凌	UFWt	冫土八夊
	UFWt	冫土八夊

凌晨 UFJD

陵	BFWt	阝土八夊
	BFWt	阝土八夊

陵墓 BFAJ 陵园 BFLF

菱	AFWT	艹土八夊
	AFWT	艹土八夊
绫	XFWt	纟土八夊
	XFWt	纟土八夊
鲮	QGFT	鱼一土夊
	QGFT	鱼一土夊
酃	FKKb	雨口口阝
	FKKb	雨口口阝
铃	QWYC	钅人丶マ
	QWYC	钅人丶マ
岭	MWYC	山人丶マ
	MWYC	山人丶マ
领	WYCM	人丶マ贝
	WYCM	人丶マ贝

领导 WYNF 领导干部 WNFU
领海 WYIT 领导权 WNSC
领土 WYFF 领导者 WNFT

LING-LIU

领域 WYFA　领事馆 WGQN
领先 WYTF　领土完整 WFPG
领袖 WYPU

lìng 令	WYCu	人、マ①
	WYCu	人、マ

lìng 另	KLb	口力⑬
	KEr	口力②

另外 KLQH　另辟蹊径 KNKT
另一方面 KGYD

lìng 呤	KWYC	口人、マ
	KWYC	口人、マ

～ LIU ～

liú 溜	IQYL	氵𠂊、田
	IQYL	氵𠂊、田

liú 熘	OQYL	火𠂊、田
	OQYL	火𠂊、田

liú 刘	YJh	文刂①
	YJh	文刂①

liú 浏	IYJH	氵文刂①
	IYJH	氵文刂①

浏览 IYJT

liú 留	QYVL	𠂊、刀田
	QYVL	𠂊、刀田

留成 QYDN　留存 QYDH
留底 QYYQ　留恋 QYYO
留美 QYUG　留名 QYQK
留念 QYWY　留任 QYWT
留校 QYSU　留心 QYNY
留学 QYIP　留学生 QITG

留言 QYYY　留言簿 QYTI
留意 QYUJ　留影 QYJY
留用 QYET　留职 QYBK

liú 馏	QNQL	𠂊乙𠂊田
	QNQL	𠂊乚𠂊田

liú 骝	CQYL	马𠂊、田
	CGQL	马一𠂊田

liú 榴	SQYI 	木𠂊、田
	SQYl	木𠂊、田

liú 镏	QQYL	钅𠂊、田
	QQYL	钅𠂊、田

liú 瘤	UQYL	疒𠂊、田
	UQYL	疒𠂊、田

liú 流	IYCq	氵亠厶儿
	IYCk	氵亠厶儿

流产 IYUT　流程 IYTK
流动 IYFC　流毒 IYGX
流利 IYTJ　流量 IYJG
流露 IYFK　流通渠道 ICIU
流水 IYII　流水线 IIXG
流速 IYGK　流水帐 IIMH
流通 IYCE　流水作业 IIWO
流氓 IYYN　流行病 ITUG
流域 IYFA　流行性 ITNT
流血 IYTL　流言蜚语 IYDY

liú 琉	GYCq	王亠厶儿
	GYCk	王亠厶儿

liú 硫	DYCq	石亠厶儿
	DYCk	石亠厶儿

硫磺 DYDA　硫酸 DYSG

LIU-LONG

liú 旒	YTYQ	方⺁亠儿
	YTYK	方⺁亠儿
liú 鎏	IYCQ	氵亠厶金
	IYCQ	氵亠厶金
liǔ 柳	SQTb	木⺁丿卩
	SQTb	木⺁丿卩

柳暗花明 SJAJ

liǔ 绺	XTHk	纟攵卜口
	XTHK	纟攵卜口
liǔ 锍	QYCQ	钅亠厶儿
	QYCK	钅亠厶儿
liù 六	UYgy	六、一丶
	UYgy	六、一丶

六月 UYEE

liù 陆	BFMh	阝二山①
	BGBh	阝⼀山
liù 碌	DVIy	石⺕水①
	DVIy	石⺕水①
liù 鹨	NWEG	羽人彡一
	NWEG	羽人彡一
liù 遛	QYVP	⺁、刀辶
	QYVP	⺁、刀辶

LO

lo 咯	KTKg	口夂口㊀
	KTKg	口夂口㊀

LONG

lóng 龙	DXv	ナヒ⑩
	DXyi	ナヒ、①

龙门 DXUY 龙飞凤舞 DNMR
龙头 DXUD 龙卷风 DUMQ
龙王爷 DGWQ

lóng 茏	ADXb	艹ナヒ⑩
	ADXy	艹ナヒ、
lóng 咙	KDXn	口ナヒ⑮
	KDXy	口ナヒ、
lóng 泷	IDXn	氵ナヒ⑮
	IDXy	氵ナヒ、
lóng 珑	GDXn	王ナヒ⑮
	GDXy	王ナヒ、
lóng 栊	SDXn	木ナヒ⑮
	SDXy	木ナヒ、
lóng 胧	EDXn	月ナヒ⑮
	EDXy	月ナヒ、
lóng 聋	DXBf	ナヒ耳⊜
	DXYB	ナヒ、耳
lóng 砻	DXDf	ナヒ石⊜
	DXYD	ナヒ、石
lóng 隆	BTGg	阝夂一㆗
	BTGg	阝夂一㆗

隆隆 BTBT 隆重 BTTG
隆重开幕 BTGA

lóng 窿	PWBg	宀八阝 丰
	PWBG	宀八阝 丰
lóng 癃	UBTG	疒阝 夂丰
	UBTG	疒阝 夂丰
lǒng 陇	BDXn	阝𠂇匕[乙]
	BDXy	阝ナ匕丶
lǒng 垅	FDXn	土𠂇匕[乙]
	FDXy	土ナ匕丶
lǒng 拢	RDXn	扌𠂇匕[乙]
	RDXy	扌ナ匕丶
lǒng 笼	TDXb	𥫗扌匕[巛]
	TDXy	𥫗ナ匕丶

笼罩 TDLH

lǒng 垄	DXFf	𠂇匕土㊁
	DXYF	ナ匕丶土

垄断 DXON

lòng 弄	GAJ	王廾[丨丨]
	GAJ	王廾[丨丨]

LOU

lóu 娄	OVf	米女㊁
	OVF	米女㊁
lóu 偻	WOVg	亻米女㊀
	WOVg	亻米女㊀
lóu 蒌	AOvf	艹米女㊁
	AOVF	艹米女㊁
lóu 喽	KOVg	口米女㊀
	KOVg	口米女㊀
lóu 楼	SOVg	木米女㊀
	SOVg	木米女㊀

楼板 SOSR　楼房 SOYN
楼群 SOVT　楼台 SOCK
楼梯 SOSU　楼下 SOGH

lóu 耧	DIOv	三木米女
	FSOv	二木米女
lóu 蝼	JOVg	虫米女㊀
	JOVg	虫米女㊀
lóu 髅	MEOv	冎月米女
	MEOv	冎月米女
lǒu 搂	ROvg	扌米女㊀
	ROVg	扌米女㊀
lǒu 嵝	MOvg	山米女㊀
	MOVg	山米女㊀
lǒu 篓	TOVf	𥫗米女㊁
	TOVf	𥫗米女㊁
lòu 陋	BGMn	阝一冂乙
	BGMn	阝一冂乚
lòu 镂	QOVg	钅米女㊀
	QOVG	钅米女㊀
lòu 瘘	UOVd	疒米女㊂
	UOVd	疒米女㊂
lòu 漏	INFY	氵尸雨[丶]
	INFy	氵尸雨[丶]

漏税 INTU

LOU-LU

字	编码	拆分
lòu 露	FKHK	雨口止口
	FKHK	雨口止口

LU

字	编码	拆分
lū 噜	KQGj	口鱼一日
	KQGJ	口鱼一日
lū 撸	RQGj	扌鱼一日
	RQGj	扌鱼一日
lú 卢	HNe	卜尸㊂
	HNR	卜尸㊀

卢森堡 HSWK

字	编码	拆分
lú 垆	FHNT	土卜尸㊃
	FHNT	土卜尸㊃
lú 泸	IHNt	氵卜尸㊃
	IHNT	氵卜尸㊃
lú 栌	SHNT	木卜尸㊃
	SHNT	木卜尸㊃
lú 胪	EHNT	月卜尸㊃
	EHNt	月卜尸㊃
lú 鸬	HNQg	卜尸勹一
	HNQg	卜尸鸟一
lú 颅	HNDM	卜尸丆贝
	HNDM	卜尸丆贝
lú 舻	TEHn	丿舟卜尸
	TUHN	丿舟卜尸
lú 芦	AYNR	艹、尸㊁
	AYNr	艹、尸㊁

芦苇 AYAF

字	编码	拆分
lú 庐	YYNE	广、尸㊂
	OYNE	广、尸㊂

庐山 YYMM

字	编码	拆分
lú 炉	OYNt	火、尸㊃
	OYNt	火、尸㊃

炉子 OYBB

字	编码	拆分
lú 轳	LHNT	车卜尸㊃
	LHNT	车卜尸㊃
lǔ 卤	HLqi	卜口乂㊂
	HLru	卜口乂㊂
lǔ 虏	HALV	广七力㊄
	HEE	虍力㊂
lǔ 掳	RHAl	扌广七力
	RHEt	扌虍力㊃
lǔ 鲁	QGJf	鱼一日二
	QGJf	鱼一日二

鲁莽 QGAD

字	编码	拆分
lǔ 橹	SQGj	木鱼一日
	SQGj	木鱼一曰
lǔ 镥	QQGj	钅鱼一日
	QQGj	钅鱼一曰
lù 陆	BFMh	阝二山①
	BGBh	阝卝山①

陆地 BFFB　陆海空 BIPW
陆军 BFPL　陆续 BFXF

字	编码	拆分
lù 六	UYgy	六、一、
	UYgy	六、一、

| 录 lù | VIu | ⼹⽔㋀ |
| | VIu | ⼺⽔㋀ |

录取 VIBC　录相带 VSGK
录入 VITY　录像 VIWQ
录音 VIUJ　录像机 VQSM
录用 VIET　录像片 VWTH
录制 VIRM　录音机 VUSM
录音带 VUGK

| 渌 lù | IVIy | 氵⼹⽔㋀ |
| | IVIy | 氵⼺⽔㋀ |

| 逯 lù | VIPI | ⼹⽔辶㋀ |
| | VIPI | ⼺⽔辶㋀ |

| 禄 lù | PYVi | 礻⼹⽔ |
| | PYVi | 礻㋀⼺⽔ |

| 碌 lù | DVIy | 石⼹⽔㋀ |
| | DVIy | 石⼺⽔㋀ |

| 绿 lù | XVIy | 纟⼹⽔㋀ |
| | XVIy | 纟⼺⽔㋀ |

| 辂 lù | LTKG | 车夊口⊖ |
| | LTKG | 车夊口⊖ |

| 赂 lù | MTKg | 贝夊口⊖ |
| | MTKg | 贝夊口⊖ |

| 鹿 lù | YNJx | 广⼹刂匕 |
| | OXxv | 声⼺匕⑱ |

鹿茸 YNAB

| 漉 lù | IYNX | 氵广⼹匕 |
| | IOXx | 氵声⼺匕 |

| 辘 lù | LYNx | 车广⼹匕 |
| | LOxx | 车声⼺匕 |

| 簏 lù | TYNX | 竹广⼹匕 |
| | TOXx | 竹声⼺匕 |

| 麓 lù | SSYX | 木木广匕 |
| | SSOX | 木木声匕 |

| 路 lù | KHTk | 口止夂口 |
| | KHTk | 口止夂口 |

路费 KHXJ　路透社 KTPY
路过 KHFP　路途 KHWT
路线 KHXG　路子 KHBB

| 潞 lù | IKHK | 氵口止口 |
| | IKHK | 氵口止口 |

| 璐 lù | GKHK | 王口止口 |
| | GKHK | 王口止口 |

| 鹭 lù | KHTG | 口止夂一 |
| | KHTG | 口止夂一 |

| 露 lù | FKHK | 雨口止口 |
| | FKHK | 雨口止口 |

露骨 FKME

| 戮 lù | NWEa | 羽人彡戈 |
| | NWEa | 羽人彡戈 |

| 氇 lu | TFNJ | 丿二乙日 |
| | EQGj | 毛鱼一日 |

LÜ

| 驴 lǘ | CYNt | 马丶尸㋀ |
| | CGYn | ⼉丶尸 |

| 闾 lǘ | UKKD | 门口口㊂ |
| | UKKD | 门口口㊂ |

LÜ-LUAN

lú	SUKk	木门口口
桐	SUKk	木门口口

lǚ	KKf	口口二
吕	KKf	口口二

lǚ	WKKg	亻口口㇐
侣	WKKg	亻口口㇐

lǚ	QKKg	钅口口㇐
铝	QKKg	钅口口㇐

lǚ	TKKg	禾口口㇐
稆	TKKg	禾口口㇐

lǚ	REFY	扌罒寸⊙
挕	REFy	扌罒寸⊙

lǚ	YTEY	方𠂉𠄌⊙
旅	YTEy	方𠂉𠄌⊙

旅伴 YTWU　旅程 YTTK
旅馆 YTQN　旅客 YTPT
旅社 YTPY　旅顺 YTKD
旅途 YTWT　旅行 YTTF
旅游 YTIY　旅行社 YTPY

lǚ	YTEE	方𠂉𠄌月
膂	YTEE	方𠂉𠄌月

lǚ	NOvd	尸米女㊀
屡	NOvd	尸米女㊀

屡次 NOUQ　屡见不鲜 NMGQ
屡教不改 NFGN

lǚ	XOVg	纟米女㊀
缕	XOVg	纟米女㊀

lǚ	PUOv	衤米女
褛	PUOV	衤⊙米女

lǚ	NTTt	尸彳𠂉夂
履	NTTt	尸彳𠂉夂

履历 NTDL　履历表 NDGE

lǜ	TVFH	彳彐二丨
律	TVGh	彳彐十①

律师 TVJG

lǜ	HANi	广七心⊙
虑	HNi	虍心⊙

lǜ	IHAn	氵广七心
滤	IHNy	氵虍心⊙

lǜ	YXif	亠幺䒑十
率	YXif	亠幺䒑十

lǜ	XViy	纟彐水⊙
绿	XVIy	纟彐水⊙

绿茶 XVAW　绿色 XVQC

lǜ	RNVi	𠂉乙彐水
氯	RVIi	气彐水⊙

LUAN

luán	YOMj	亠朩山①
峦	YOMj	亠朩山①

luán	YOBf	亠朩子二
孪	YOBf	亠朩子二

luán	YOVf	亠朩女二
娈	YOVf	亠朩女二

luán 栾	YOSu	亠小木[冫]
	YOSu	亠小木[冫]

luán 挛	YORj	亠小手[刂]
	YORj	亠小手[刂]

luán 鸾	YOQg	亠小勹一
	YOQG	亠小鸟一

luán 脔	YOMW	亠小冂人
	YOMW	亠小冂人

luán 滦	IYOS	氵亠小木
	IYOS	氵亠小木

luán 銮	YOQF	亠小金[二]
	YOQf	亠小金[二]

luǎn 卵	QYTy	ㄈ丶丿丶
	QYTY	ㄈ丶丿丶

卵巢 QYVJ　卵子 QYBB

luàn 乱	TDNn	丿古乙[乙]
	TDNn	丿古乚[乙]

乱七八糟 TAWO

LÜE

lüè 掠	RYIY	扌亠小[丶]
	RYIY	扌亠小[丶]

掠夺 RYDF

lüè 略	LTKg	田夂口[一]
	LTkg	田夂口[一]

略微 LTTM　略多于 LQGF
略语 LTYG　略高于 LYGF

lüè 锊	QEFy	钅爫寸[丶]
	QEFy	钅爫寸[丶]

LUN

lún 抡	RWXn	扌人匕[乙]
	RWXn	扌人匕[乙]

lún 仑	WXB	人匕[巜]
	WXB	人匕[巜]

lún 伦	WWXn	亻人匕[乙]
	WWXn	亻人匕[乙]

伦敦 WWYB

lún 囵	LWXV	囗人匕[巛]
	LWXV	囗人匕[巛]

lún 沦	IWXn	氵人匕[乙]
	IWXn	氵人匕[乙]

lún 纶	XWXn	纟人匕[乙]
	XWXn	纟人匕[乙]

lún 轮	LWXn	车人匕[乙]
	LWXn	车人匕[乙]

轮船 LWTE　轮换 LWRQ
轮廓 LWYY　轮流 LWIY
轮子 LWBB

lùn 论	YWXn	讠人匕[乙]
	YWXn	讠人匕[乙]

论点 YWHK　论调 YWYM
论断 YWON　论据 YWRN
论述 YWSY　论题 YWJG
论文 YWYY　论著 YWAF
论文集 YYWY

LUO

luó 罗	LQu	⃞夕⊙
	LQu	⃞夕

罗列 LQGQ 罗马 LQCN

luó 萝	ALQu	艹⃞夕⊙
	ALQu	艹⃞夕

luó 逻	LQPi	⃞夕辶
	LQPi	⃞夕辶

逻辑 LQLK 逻辑性 LLNT

luó 猡	QTLQ	犭丿⃞夕
	QTLQ	犭の⃞夕

luó 椤	SLQy	木⃞夕⊙
	SLQy	木⃞夕⊙

luó 锣	QLQy	钅⃞夕⊙
	QLQy	钅⃞夕⊙

luó 箩	TLQu	⺮⃞夕⊙
	TLQU	⺮⃞夕⊙

箩筐 TLTA

luó 脶	EKMw	月口冂人
	EKMW	月口冂人

luó 骡	CLXi	马田幺小
	CGLi	马一田小

骡马 CLCN 骡子 CLBB

luó 螺	JLXi	虫田幺小
	JLXi	虫田幺小

螺丝 JLXX 螺丝钉 JXQS
螺纹 JLXY 螺旋 JLYT

luǒ 倮	WJSy	亻日木⊙
	WJSy	亻日木⊙

luǒ 裸	PUJS	衤丷日木
	PUJS	衤⊙日木

luǒ 瘰	ULXi	疒田幺小
	ULXi	疒田幺小

luǒ 蠃	YNKY	亠乙口丶
	YEJy	亠月虫丶

luò 泺	IQIy	氵亅小⊙
	ITNI	氵丿乚小

luò 跞	KHQI	口止亅小
	KHTI	口止丿小

luò 荦	APRh	艹冖扌丨
	APTg	艹冖丿丰

luò 洛	ITKg	氵夂口⊖
	ITKg	氵夂口⊖

洛阳 ITBJ 洛杉矶 ISDM

luò 骆	CTKg	马夂口⊖
	CGTK	马一夂口

骆驼 CTCP

luò 络	XTKg	纟夂口⊖
	XTKg	纟夂口⊖

luò 珞	GTKg	王夂口⊖
	GTKg	王夂口⊖

luò 烙	OTKg	火夂口⊖
	OTKg	火夂口⊖

| luò 硌 | DTKg | 石夂口㊀ |
| | DTKg | 石夂口㊀ |

| luò 落 | AITk | 艹氵夂口 |
| | AITK | 艹氵夂口 |

落成 AIDN　落地 AIFB
落后 AIRG　落花流水 AAII
落空 AIPW　落款 AIFF
落实 AIPU　落选 AITF

| luò 摞 | RLXi | 扌田幺小 |
| | RLXi | 扌田幺小 |

| luò 漯 | ILXi | 氵田幺小 |
| | ILXi | 氵田幺小 |

| luò 雒 | TKWY | 夂口亻主 |
| | TKWY | 夂口亻主 |

MA

mā 妈	VCg	女马⊖
	VCgg	女马一⊖

妈妈 VCVC

mǒ 抹	RGSy	扌一木⊙
	RGSy	扌一木⊙

mó 摩	YSSR	广木木手
	OSSR	广木木手

má 麻	YSSi	广木木⊙
	OSSi	广木木⊙

麻痹 YSUL 麻痹大意 YUDU
麻袋 YSWA 麻烦 YSOD
麻风 YSMQ 麻将 YSUQ
麻木 YSSS 麻雀 YSIW
麻子 YSBB 麻醉 YSSG

má 蟆	JAJD	虫廿日大
	JAJD	虫廿曰大

mǎ 马	CNng	马乙乙⊖
	CGd	马一⊖

马车 CNLG 马不停蹄 CGWK
马达 CNDP 马到成功 CGDA
马虎 CNHA 马克思 CDLN
马克 CNDQ 马拉松 CRSW
马力 CNLT 马来西亚 CGSG
马列 CNGQ 马列主义 CGYY
马路 CNKH 马铃薯 CQAL
马匹 CNAQ 马尼拉 CNRU
马上 CNHH
马克思主义 CDLY
马克思列宁主义 CDLY

mǎ 玛	GCG	王马⊖
	GCGg	王马一⊖

mǎ 犸	QTCG	犭丿马⊖
	QTCg	犭丿马一

mǎ 蚂	JCG	虫马⊖
	JCGg	虫马一⊖

mǎ 码	DCG	石马⊖
	DCGg	石马一⊖

mà 骂	KKCf	口口马⊖
	KKCf	口口马⊖

mà 杩	SCG	木马⊖
	SCGg	木马一⊖

ma 吗	KCG	口马⊖
	KCGg	口马一⊖

ma 嘛	KYss	口广木木
	KOss	口广木木

mái 埋	FJFg	土日土⊖
	FJFg	土日土⊖

埋藏 FJAD 埋伏 FJWD
埋没 FJIM 埋头工作 FUAW
埋头 FJUD 埋头苦干 FUAF
埋葬 FJAG 埋怨 FJQB

MAI-MAN

mái 霾	FEEF	雨⺳犭土
	FEJf	雨豸曰土

mǎi 买	NUDU	乙丶大㇏
	NUDU	乛丶大㇏

买卖 NUFN　买空卖空 NPFP

mǎi 荬	ANUD	艹乙丶大
	ANUD	艹乛丶大

mài 唛	KGTy	口圭夂㇒
	KGTy	口圭夂㇒

mài 劢	DNLn	厂乙力㇈
	GQET	一力力㇈

mài 迈	DNPv	厂乙⻌⺄
	GQPe	一力⻌㇈

迈步 DNHI　迈进 DNFJ

mài 麦	GTU	圭夂㇒
	GTu	圭夂㇒

麦收 GTNH　麦克风 GDMQ
麦子 GTBB　麦乳精 GEOG

mài 卖	FNUD	十乙丶大
	FNUD	十乛丶大

卖给 FNXW

mài 脉	EYNI	月丶乙八
	EYNi	月丶冂八

脉搏 EYRG　脉络 EYXT

～MAN～

mān 颟	AGMM	廿一门贝
	AGMM	廿一门贝

mán 蛮	YOJu	亠䒑虫㇒
	YOJu	亠䒑虫㇒

蛮干 YOFG　蛮横 YOSA

mán 馒	QNJC	勹乙日又
	QNJC	勹乚日又

mán 瞒	HAGw	目廿一人
	HAgw	目廿一人

mán 鞔	AFQQ	廿半⺈儿
	AFQQ	廿半⺈儿

mǎn 满	IAGW	氵廿一人
	IAGW	氵廿一人

满怀 IANG　满城风雨 IFMF
满面 IADM　满怀信心 INWN
满腔 IAEP　满面春风 IDDM
满意 IAUJ　满腔热情 IERN
满员 IAKM　满州里 IYJF
满足 IAKH　满族 IAYT

mǎn 螨	JAGW	虫廿一人
	JAGW	虫廿一人

màn 曼	JLCu	日罒又㇒
	JLCu	日罒又㇒

曼谷 JLWW

màn 谩	YJLc	讠日罒又
	YJLc	讠日罒又

谩骂 YJKK

màn 墁	FJLc	土日罒又
	FJLc	土日罒又

màn 蔓	AJLc	艹日罒又
	AJLc	艹日罒又

màn 幔		
	MHJC	冂丨日又
	MHJC	冂丨曰又

màn 漫		
	IJLC	氵日罒又
	IJLC	氵曰罒又

漫长 IJTA　漫不经心 IGXN
漫画 IJGL　漫山遍野 IMYJ
漫漫 IJIJ　漫无边际 IFLB

màn 慢		
	NJlc	忄日罒又
	NJlc	忄曰罒又

慢慢 NJNJ　慢性病 NNUG
慢性 NJNT

màn 缦		
	XJLc	纟日罒又
	XJLc	纟曰罒又

màn 熳		
	OJLc	火日罒又
	OJLc	火曰罒又

màn 镘		
	QJLc	钅日罒又
	QJLc	钅曰罒又

MANG

máng 邙		
	YNBh	亠乙阝[丨]
	YNBH	亠乚阝[丨]

máng 忙		
	NYNN	忄亠乙[乙]
	NYNn	忄亠乚[乙]

忙碌 NYDV　忙乱 NYTD
忙于 NYGF

máng 盲		
	YNHf	亠乙目[二]
	YNHf	亠乚目[二]

盲从 YNWW 盲肠炎 YEOO
盲打 YNRS　盲目 YNHH
盲文 YNYY　盲目性 YHNT

máng 氓		
	YNNA	亠乙巳七
	YNNA	亠乚巳七

máng 茫		
	AIYn	艹氵亠乙
	AIYn	艹氵亠乚

茫茫 AIAI　茫茫然 AAQD
茫然 AIQD

máng 硭		
	DAYn	石艹亠乙
	DAYn	石艹亠乚

mǎng 莽		
	ADAj	艹犬廾[丨丨]
	ADAj	艹犬廾[丨丨]

mǎng 漭		
	IADA	氵艹犬廾
	IADa	氵艹犬廾

mǎng 蟒		
	JADA	虫艹犬廾
	JADa	虫艹犬廾

MAO

māo 猫		
	QTAL	犭丿艹田
	QTAl	犭[丿]艹田

máo 毛		
	TFNv	丿二乙[巛]
	ETGN	毛丿一乚

毛巾 TFMH　毛泽东思想 TIAS
毛皮 TFHC　毛线 TFXG
毛衣 TFYE　毛泽东 TIAI
毛料 TFOU　毛主席 TYYA

máo 牦		
	TRTN	丿扌丿乙
	CEN	牛毛[乙]

máo 旄		
	YTTN	方𠂉丿乙
	YTEN	方𠂉毛[乙]

máo 髦	DETN	镸彡丿乙
	DEEB	镸彡毛㉔
máo 矛	CBTr	亅㇇丿㇀
	CNHT	亅㇇丨㇀

矛盾 CBRF

máo 茅	ACBT	艹亅㇇丿
	ACNt	艹亅㇇丿

茅盾 ACRF 茅台 ACCK
茅屋 ACNG 茅台酒 ACIS

máo 蟊	CBTJ	亅㇇丿虫
	CNHJ	亅㇇丨虫
máo 茆	AQTB	艹𠄌丿卩
	AQTB	艹𠄌丿卩
máo 锚	QALg	钅艹田㇀
	QALg	钅艹田㇀
mǎo 卯	QTBH	𠄌丿卩丨
	QTBH	𠄌丿卩丨
mǎo 峁	MQTb	山𠄌丿卩
	MQTb	山𠄌丿卩
mǎo 泖	IQTb	氵𠄌丿卩
	IQTb	氵𠄌丿卩
mǎo 昴	JQTb	日𠄌丿卩
	JQTb	日𠄌丿卩
mǎo 铆	QQTb	钅𠄌丿卩
	QQTb	钅𠄌丿卩
mào 耄	FTXN	土丿匕乙
	FTXE	土丿匕毛
mào 茂	ADNt	艹厂乙丿
	ADU	艹戊㉗

茂密 ADPN 茂盛 ADDN

mào 瑁	GJHG	王曰目㇀
	GJHG	王曰目㇀
mào 冒	JHF	曰目㇒
	JHF	曰目㇒

冒号 JHKG 冒进 JHFJ
冒昧 JHJF 冒名顶替 JQSF
冒牌 JHTH 冒险 JHBW

mào 帽	MHJh	冂丨曰目
	MHJh	冂丨曰目

帽子 MHBB

mào 贸	QYVm	𠄌丶刀贝
	QYVm	𠄌丶刀贝

贸易 QYJQ 贸易额 QJPT

mào 袤	YCBE	亠矛卩衣
	YCNe	亠矛㇇衣
mào 瞀	CBTH	矛卩丿目
	CNHH	矛㇇丨目
mào 懋	SCBN	木矛卩心
	SCNN	木矛㇇心
mào 貌	EERQ	豸白儿
	ERqn	豸白儿㉔

貌合神离 EWPY

~ MF ~

me 么	TCu	丿厶㉗
	TCu	丿厶㉗

me 麼	YSSC	广木木厶		méi 莓	ATXu	艹𠂉口丶
	OSSC	广木木厶			ATXu	艹𠂉母⊙
				méi 梅	STXu	木𠂉口丶
					STXy	木𠂉母⊙

梅毒 STGX　梅花 STAW

méi 没	IMcy	氵几又⊙
	IWcy	氵几又⊙

没有 IMDE　没关系 IUTX
没收 IMNH　没出息 IBTH
没办法 ILIF　没精打采 IORE

méi 酶	SGTU	西一𠂉丶
	SGTX	西一𠂉母

méi 霉	FTXU	雨𠂉口丶
	FTXU	雨𠂉母⊙

霉素 FTGX

méi 玫	GTy	王攵⊙
	GTY	王攵⊙

玫瑰 GTGR

méi 媒	VAFs	女廿二木
	VFSy	女甘木⊙

媒介 VAWJ

méi 枚	STy	木攵⊙
	STy	木攵⊙

méi 煤	OAfs	火廿二木
	OFSy	火甘木⊙

煤矿 OADY　煤气 OARN
煤炭 OAMD　煤炭部 OMUK
煤田 OALL　煤油 OAIM

méi 眉	NHD	尸目㈢
	NHD	尸目㈢

眉头 NHUD　眉飞色舞 NNQR

méi 嵋	MNHg	山尸目⊖
	MNHg	山尸目⊖

méi 糜	YSSO	广木木米
	OSSO	广木木米

méi 猸	QTNH	犭丿尸目
	QTNH	犭の尸目

méi 每	TXGu	𠂉口一丶
	TXu	𠂉母⊙

每当 TXIV　每回 TXLK
每秒 TXTI　每年 TXRH
每日 TXJJ　每人 TXWW
每时 TXJF　每天 TXGD
每项 TXAD　每月 TXEE

méi 湄	INHg	氵尸目⊖
	INHg	氵尸目⊖

méi 楣	SNHg	木尸目⊖
	SNHg	木尸目⊖

méi 鹛	NHQg	尸目勹一
	NHQg	尸目鸟一

měi 美	UGDU	丷王大㈢
	UGDU	丷王大㈢

美德 UGTF　美观 UGCM

MEI-MENG

美国 UGLG　美好 UGVB
美化 UGWX　美金 UGQQ
美酒 UGIS　美丽 UGGM
美满 UGIA　美联社 UBPY
美貌 UGEE　美梦 UGSS
美妙 UGVI　美名 UGQK
美容 UGPW　美术 UGSY
美味 UGKF　美术界 USLW
美言 UGYY　美育 UGYC
美元 UGFQ　美洲 UGIY
美中不足 UKGK

| mě i 镁 | QUGd | 钅丷王大 |
| | QUGd | 钅丷王大 |

| měi 浼 | IQKq | 氵勹口儿 |
| | IQKq | 氵勹口儿 |

| mèi 妹 | VFIy | 女二木⊙ |
| | VFY | 女未⊙ |

妹夫 VFFW　妹妹 VFVF
妹子 VFBB

| mèi 昧 | JFIy | 日二木⊙ |
| | JFY | 日未⊙ |

| mèi 寐 | PNHI | 宀乙丨人 |
| | PUFU | 宀丬未② |

| mèi 魅 | RQCI | 白儿厶人 |
| | RQCF | 白儿厶未 |

| mèi 袂 | PUNw | 衤乛㇇人 |
| | PUNw | 衤乛㇇人 |

| mèi 媚 | VNHg | 女尸目⊖ |
| | VNHg | 女尸目⊖ |

MEN

mēn 闷	UNI	门心③
	UNi	门心③
mén 门	UYHn	门、丨乙
	UYHn	门、丨

门户 UYYN　门道若市 UUAY
门类 UYOD　门路 UYKH
门面 UYDM　门牌 UYTH
门票 UYSF　门牌号 UTKG
门市 UYYM　门市部 UYUK
门厅 UYDS　门庭若市 UYAY
门徒 UYTF　门诊 UYYW
门诊部 UYUK

| mén 扪 | RUN | 扌门② |
| | RUN | 扌门② |

| mén 钔 | QUN | 钅门② |
| | QUN | 钅门② |

| mèn 焖 | OUNy | 火门心② |
| | OUNy | 火门心② |

| mèn 懑 | IAGN | 氵卄一心 |
| | IAGN | 氵卄一心 |

| men 们 | WUn | 亻门② |
| | WUn | 亻门② |

MENG

| méng 蒙 | APGe | 卄冖一豕 |
| | APFe | 卄冖二豕 |

蒙蔽 APAU　蒙古包 ADQN

蒙古 APDG　蒙古族 ADYT
蒙胧 APED　蒙昧 APJF
蒙蒙 APAP　蒙族 APYT

| méng 氓 | YNNA | 一乙尸七 |
| | YNNA | 一乚尸七 |

| méng 虻 | JYNn | 虫亠乙② |
| | JYNN | 虫亠乚 |

| méng 萌 | AJEf | 艹日月㊀ |
| | AJEf | 艹日月㊀ |

萌芽 AJAA

| méng 盟 | JELf | 日月皿㊀ |
| | JELf | 日月皿㊀ |

盟友 JEDC

| méng 檬 | SAPe | 木艹冖豕 |
| | SAPe | 木艹冖豕 |

| méng 朦 | EAPe | 月艹冖豕 |
| | EAPe | 月艹冖豕 |

朦胧 EAED

| méng 礞 | DAPe | 石艹冖豕 |
| | DAPe | 石艹冖豕 |

| méng 艨 | TEAE | 丿舟艹豕 |
| | TUAe | 丿舟艹豕 |

| méng 甍 | ALPN | 艹罒冖乙 |
| | ALPY | 艹罒冖丶 |

| měng 勐 | BLLn | 子皿力② |
| | BLEt | 子皿力㇂ |

| měng 猛 | QTBL | 犭丿子皿 |
| | QTBL | 犭㇂子皿 |

猛烈 QTGQ　猛然 QTQD

猛增 QTFU

| měng 锰 | QBLg | 钅子皿㊀ |
| | QBLg | 钅子皿㊀ |

| měng 蜢 | JBLg | 虫子皿㊀ |
| | JBLg | 虫子皿㊀ |

| měng 艋 | TEBL | 丿舟子皿 |
| | TUBl | 丿舟子皿 |

| měng 蠓 | JAPe | 虫艹冖豕 |
| | JAPE | 虫艹冖豕 |

| měng 懵 | NALh | 忄艹罒目 |
| | NALh | 忄艹罒目 |

| mèng 孟 | BLF | 子皿 |
| | BLF | 子皿 |

孟子 BLBB

| mèng 梦 | SSQu | 木木夕⑦ |
| | SSQu | 木木夕⑦ |

梦想 SSSH

MI

| mī 咪 | KOY | 口米㊀ |
| | KOY | 口米㊀ |

| mī 眯 | HOy | 目米㊀ |
| | HOY | 目米㊀ |

| mí 弥 | XQIy | 弓勹小㊀ |
| | XQIy | 弓勹小㊀ |

弥补 XQPU　弥漫 XQIJ

| mí 祢 | PYQi | 礻丶勹小 |
| | PYQI | 礻㊀勹小 |

MI-MI 197

mī 猕	QTXI	犭丿弓小
	QTXi	犭⑦弓小

mí 迷	OPi	米辶②
	OPi	米辶②

迷惑 OPAK　迷恋 OPYO
迷茫 OPAI　迷人 OPWW
迷失 OPRW　迷惘 OPNM
迷雾 OPFT　迷信 OPWY

mí 谜	YOPY	讠米辶②
	YOPY	讠米辶②

谜语 YOYG

mí 醚	SGOp	西一米辶
	SGOp	西一米辶

mí 糜	YSSO	广木木米
	OSSO	广木木米

糜烂 YSOU

mí 靡	YSSI	广木木小
	OSSI	广木木小

mí 麋	YSSD	广木木三
	OSSD	广木木三

mí 蘼	AYSD	廿广木三
	AOSD	廿广木三

mí 麋	YNJO	广コ川米
	OXXO	声匕匕米

mǐ 米	OYty	米、丿八
	OYTy	米、丿八

米饭 OYQN　米粉 OYOW

mǐ 脒	EOy	月米②
	EOY	月米②

mǐ 敉	OTY	米攵②
	OTY	米攵②

mǐ 芈	GJGH	一刂一丨
	HGHG	丨一卜干

mǐ 弭	XBG	弓耳⊖
	XBG	弓耳⊖

mì 汨	IJG	氵日⊖
	IJG	氵日⊖

mì 觅	EMQb	爫冂儿⑱
	EMqb	爫冂儿⑱

mì 泌	INTt	氵心丿②
	INTt	氵心丿②

mì 宓	PNTR	宀心丿⊖
	PNTR	宀心丿⊖

mì 秘	TNtt	禾心丿②
	TNTt	禾心丿②

秘方 TNYY　秘书室 TNPG
秘密 TNPN　秘书长 TNTA
秘书 TNNN　秘书处 TNTH
秘诀 TNYN

mì 密	PNTM	宀心丿山
	PNTm	宀心丿山

密闭 PNUF　密布 PNDM
密电 PNJN　密电码 PJDC
密度 PNYA　密封 PNFF
密集 PNWY　密件 PNWR
密码 PNDC　密谋 PNYA
密切 PNAV

mì 谧	YNTL	讠心丿皿
	YNTL	讠心丿皿

mì 嘧	KPNm	口宀心山
	KPNm	口宀心山

mì 蜜	PNTj	宀心丿虫
	PNTJ	宀心丿虫

蜜蜂 PNJT　蜜月 PNEE

mì 幂	PJDh	冖日大丨
	PJDh	冖日大丨

MIAN

mián 眠	HNAN	目尸七⊘
	HNAn	目尸七⊘

mián 绵	XRmh	纟白冂丨
	XRmh	纟白冂丨

绵绵 XRXR

mián 棉	SRMh	木白冂丨
	SRMh	木白冂丨

棉被 SRPU　棉布 SRDM
棉纺 SRXY　棉花 SRAW
棉纱 SRXI　棉毛衫 STPU
棉田 SRLL　棉线 SRXG
棉衣 SRYE　棉织品 SXKK

miǎn 沔	IGHn	氵一丨乙
	IGHn	氵一丨冂

miǎn 免	QKQb	勹口儿⑭
	QKQb	勹口儿⑭

免除 QKBW　免得 QKTJ
免费 QKXJ　免税 QKTU
免职 QKBK　免疫 QKUM
免疫力 QULT

miǎn 勉	QKQL	勹口儿力
	QKQE	勹口九力

勉励 QKDD　勉强 QKXK

miǎn 娩	VQKq	女勹口儿
	VQKq	女勹口儿

miǎn 冕	JQKq	曰勹口儿
	JQKq	曰勹口儿

miǎn 湎	IDMd	氵厂门三
	IDLf	氵厂口二

miǎn 缅	XDMD	纟厂门三
	XDLf	纟厂口二

缅甸 XDQL　缅怀 XDNG

miǎn 腼	EDMD	月厂门三
	EDLf	月厂口二

miǎn 渑	IKJn	氵口日乙
	IKJn	氵口曰乚

miàn 面	DMjd	厂门‖三
	DLjf	厂口‖二

面部 DMUK　面包车 DQLG
面对 DMCF　面粉 DMOW
面积 DMTK　面交 DMUQ
面孔 DMBN　面料 DMOU
面临 DMJT　面貌 DMEE
面目 DMHH　面貌一新 DEGU
面部 DMPW　面目一新 DHGH
面前 DMUE　面色 DMQC
面条 DMTS　面向 DMTM
面子 DMBB

miàn	HGHn	目一丨乙
眄	HGHN	目一丨冂

～ MIAO ～

miāo	KALg	口艹田㇀
喵	KALg	口艹田㇀
miáo	ALF	艹田
苗	ALf	艹田

苗条 ALTS　苗头 ALUD

miáo	RALg	扌艹田㇀
描	RALg	扌艹田㇀

描绘 RAXW　描述 RASY
描图 RALT　描写 RAPG

miáo	ALQG	艹田勹一
鹋	ALQG	艹田鸟一
miáo	HALg	目艹田㇀
瞄	HALg	目艹田㇀
miǎo	IIIU	水水水㇀
淼	IIIU	水水水㇀
miǎo	SITt	木小丿㇀
杪	SITt	木小丿㇀
miǎo	HITt	目小丿㇀
眇	HITt	目小丿㇀
miǎo	TItt	禾小丿㇀
秒	TItt	禾小丿㇀
miǎo	IHIT	氵目小丿
渺	IHIT	氵目小丿

渺茫 IHAI

miǎo	XHIt	纟目小丿
缈	XHIt	纟目小丿
miǎo	AEEq	艹罒豸儿
藐	AERq	艹豸白儿
miǎo	EERP	罒豸白辶
邈	ERQP	豸白儿辶
miào	VITt	女小丿㇀
妙	VITt	女小丿㇀

妙龄 VIHW　妙用 VIET
妙趣横生 VFST

miào	YMD	广由
庙	OMD	广由

庙会 YMWF

miào	XNWe	纟羽人彡
缪	XNWe	纟羽人彡

 MIE ～

miē	NNV	乙乙
乜	NNV	冂乚
miē	KUDh	口丷手①
咩	KUH	口羊①
miè	GOI	一火
灭	GOI	一火

灭亡 GOYN

miè	ALDT	艹罒厂丿
蔑	ALAw	艹罒戈人

蔑视 ALPY

miè 篾	TLDT	⺮四厂丿
	TLAw	⺮四戈人
miè 蠛	JALt	虫卄四丿
	JALw	虫卄四人

MIN

mín 民	Nav	尸七⑩
	NAV	尸七⑩

民办 NALW　民兵 NARG
民法 NAIF　民办科技 NLTR
民歌 NASK　民工 NAAA
民航 NATE　民族团结 NYLX
民警 NAAQ　民盟 NAJE
民情 NANG　民权 NASC
民委 NATV　民用 NAET
民政 NAGH　民众 NAWW
民主 NAYG　民主党 NYIP
民族 NAYT　民主党派 NYII
民间 NAUJ
民主集中制 NYWR

mín 苠	ANAb	卄尸七⑩
	ANAb	卄尸七⑩
mín 岷	MNAn	山巳七⑩
	MNAn	山尸七⑩
mín 珉	GNAn	王巳七⑩
	GNAn	王尸七⑩
mín 缗	XNAj	纟巳七日
	XNAj	纟尸七日
mín 皿	LHNg	皿丨乙一
	LHNg	皿丨门一

mǐn 闵	UYI	门文⑦
	UYI	门文⑦
mǐn 悯	NUYy	忄门文⑦
	NUYy	忄门文⑦
mǐn 闽	UJI	门虫⑦
	UJI	门虫⑦
mǐn 抿	RNAn	扌巳七⑩
	RNAn	扌尸七⑩
mǐn 泯	INAn	氵巳七⑩
	INAn	氵尸七⑩
mǐn 愍	NATN	尸七攵心
	NATN	尸七攵心
mǐn 黾	KJNb	口日乙
	KJNb	口曰乚
mǐn 敏	TXGT	勹母一攵
	TXTy	勹母攵①

敏感 TXDG　敏捷 TXRG
敏锐 TXQU

mǐn 鳘	TXGG	勹母一一
	TXTG	勹母攵一

MING

míng 茗	AQKF	卄夕口㊀
	AQKF	卄夕口㊀
míng 铭	QQKg	钅夕口㊀
	QQKg	钅夕口㊀

铭记 QQYN

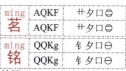

MING-MO

ming 名	QKf	夕口㠯
	QKf	夕口㠯

名菜 QKAE　名册 QKMM
名茶 QKAW　名称 QKTQ
名词 QKYN　名次 QKUQ
名单 QKUJ　名额 QKPT
名贵 QKKH　名符其实 QTAP
名家 QKPE　名副其实 QGAP
名酒 QKIS　名牌 QKTH
名气 QKRN　名列前茅 QGUA
名声 QKRN　名人 QKWW
名胜 QKET　名胜古迹 QEDY
名堂 QKIP　名烟 OKOL
名言 QKYY　名义 QKYQ
名优 QKWD　名誉 QKIW
名著 QKAF　名正言顺 QGYK
名字 QKPB

ming 明	JEg	日月㠯
	JEg	日月㠯

明暗 JEJU　明白 JERR
明辨 JEUY　明朗 JEYV
明亮 JEYP　明辨是非 JUJD
明媚 JEVN　明明 JEJE
明年 JERH　明目张胆 JHXE
明确 JEDQ　明天 JEGD
明细 JEXL　明知故犯 JTDQ
明显 JEJO　明信片 JWTH

ming 鸣	KQYg	口勹丶一
	KQGg	口鸟一㠯

ming 冥	PJUu	冖日六㠯
	PJUu	冖日六㠯

ming 溟	IPJU	氵冖日六
	IPJu	氵冖日六

ming 瞑	JPJU	目冖日六
	JPJU	目冖日六

ming 瞑	HPJu	目冖日六
	HPJu	目冖日六

ming 螟	JPJu	虫冖日六
	JPJu	虫冖日六

ming 酩	SGQK	西一夕口
	SGQK	西一夕口

ming 命	WGKB	人一口卩
	WGKB	人一口卩

命令 WGWY　命脉 WGEY
命名 WGQK　命运 WGFC

MIU

miù 谬	YNWE	讠羽人彡
	YNWE	讠羽人彡

谬论 YNYW

miù 缪	XNWe	纟羽人彡
	XNWe	纟羽人彡

MO

mō 摸	RAJD	扌廿日大
	RAJD	扌廿日大

摸索 RAFP

mó 谟	YAJd	讠廿日大
	YAJd	讠廿日大

202 MO-MO

mó 馍	QNAD	勹乙艹大
	QNAD	𠂉卄艹大
mó 嫫	VAJD	女艹日大
	VAJd	女艹曰大
mó 摹	AJDR	艹日大手
	AJDR	艹曰大手

摹仿 AJWY

mó 模	SAJd	木艹日大
	SAjd	木艹曰大

模范 SAAI　模仿 SAWY
模糊 SAOD　模块 SAFN
模拟 SARN　模棱两可 SSGS
模式 SAAA　模特 SATR
模型 SAGA

mó 膜	EAJD	月艹日大
	EAJD	月艹曰大

mó 摩	YSSR	广木木手
	OSSR	广木木手

摩登 YSWG　摩仿 YSWY
摩托 YSRT　摩托车 YRLG

mó 磨	YSSD	广木木石
	OSSD	广木木石

磨擦 YSRP　磨拳擦掌 YURI
磨练 YSXA　磨灭 YSGO

mó 蘑	AYSd	艹广木石
	AOsd	艹广木石

蘑菇 AYAV

mó 魔	YSSC	广木木厶
	OSSC	广木木厶

魔鬼 YSRQ　魔术 YSSY

魔王 YSGG

mò 抹	RGSy	扌一木⊙
	RGSy	扌一木⊙

抹杀 RGQS

mò 末	GSi	一木㇇
	GSi	一木㇇

mò 茉	AGSu	艹一木㇇
	AGSu	艹一木㇇

mò 沫	IGSy	氵一木⊙
	IGSy	氵一木⊙

mò 秣	TGSy	禾一木⊙
	TGSY	禾一木⊙

mò 没	IMcy	氵几又⊙
	IWcy	氵几又⊙

mò 殁	GQMC	一夕几又
	GQWC	一夕几又

mò 陌	BDJg	阝丆日㊀
	BDJg	阝丆日㊀

陌生 BDTG

mò 貊	EEDJ	罒豸丆日
	EDJG	豸丆日㊀

mò 脉	EYNI	月、乙氺
	EYNi	月、冂氺

mò 莫	AJDu	艹日大㇇
	AJDu	艹曰大㇇

莫大 AJDD　莫不是 AGJG
莫过于 AFGF　莫名其妙 AQAV
莫须有 AEDE　莫明其妙 AJAV
莫斯科 AATU　莫衷一是 AYGJ

MO-MU

mò 摹	AJDC	艹日大马
	AJDG	艹日大一

mò 漠	IAJd	氵艹日大
	IAJd	氵艹日大

漠不关心 IGUN

mò 寞	PAJd	宀艹日大
	PAJd	宀艹日大

mò 镆	QAJD	钅艹日大
	QAJD	钅艹日大

mò 瘼	UAJD	疒艹日大
	UAJD	疒艹日大

mò 貘	EEAd	罒豸艹大
	EAJD	豸艹日大

mò 墨	LFOF	罒土灬土
	LFOF	罒土灬土

墨水 LFII　墨守成规 LPDF

mò 默	LFOD	罒土灬犬
	LFOD	罒土灬犬

默默 LFLF　默默无闻 LLFU
默契 LFDH　默认 LFYW

mò 耱	DIYd	三木广石
	FSOD	二木广石

MOU

mōu 哞	KCRh	口厶𠂉丨
	KCTG	口厶丿𠄌

móu 牟 	CRhj	厶𠂉丨⑩
	CTGJ	厶丿𠄌⑩

牟取 CRBC

móu 侔	WCRh	亻厶𠂉丨
	WCTG	亻厶丿𠄌

móu 眸	HCRh	目厶𠂉丨
	HCtg	目厶丿𠄌

móu 蛑	JCRh	虫厶𠂉丨
	JCTg	虫厶丿𠄌

móu 谋	YAFs	讠艹二木
	YFSy	讠甘木⊙

móu 缪	XNWe	纟羽人彡
	XNWe	纟羽人彡

móu 鍪	CBTQ	厶卩攵金
	CNHQ	厶𠄌丨金

mǒu 某 	AFSu	艹二木㍿
	FSu	甘木㍿

某种 AFTK　某人 AFWW

MU

mú 毪	TFNH	丿二乙丨
	ECTg	毛厶丿𠄌

mú 模	SAJd	木艹日大
	SAjd	木艹日大

mǔ 母	XGUi	口一丷⊙
	XNNY	母乚丿丶

母子 XGBB

mǔ 拇	RXGu	扌口一丷
	RXY	扌母⊙

mǔ 姆	VXgu	女口一丶
	VXy	女母⊙
mǔ 坶	FXgu	土口一丶
	FXy	土母⊙
mǔ 牡	TRFG	丿扌土㊀
	CFG	牛土㊀

牡丹 TRMY

mǔ 亩	YLF	亠田㊀
	YLf	亠田㊀
mǔ 姥	VFTx	女土丿匕
	VFTx	女土丿匕
mǔ 木	SSSS	木木木木
	SSSS	木木木木

木棒 SSSD　木材 SSSF
木雕 SSMF　木耳 SSBG
木工 SSAA　木偶戏 SWCA
木匠 SSAR　木器厂 SKDG
木炭 SSMD　木头 SSUD
木箱 SSTS　木已成舟 SNDT

mù 沐	ISY	氵木⊙
	ISY	氵木⊙

沐浴 ISIW

mù 目	HHHH	目目目目
	HHHh	目目目目

目标 HHSF　目瞪口呆 HHKK
目的 HHRQ　目不暇接 HGJR
目次 HHUQ　目的地 HRFB
目睹 HHHF　目光短浅 HITI
目光 HHIQ　目空一切 HPGA
目录 HHVI　目中无人 HKFW

目前 HHUE

mù 苜	AHF	艹目㊀
	AHF	艹目㊀
mù 钼	QHG	钅目㊀
	QHG	钅目㊀
mù 仫	WTCY	亻丿厶丶
	WTCy	亻丿厶丶
mù 牟	CRhj	厶𠂉丨⑩
	CTGJ	厶丿キ⑩
mù 牧	TRTy	丿扌攵丶
	CTY	牛攵⊙

牧场 TRFN　牧民 TRNA
牧师 TRJG　牧业 TROG

mù 募	AJDL	艹日大力
	AJDE	艹曰大力

募捐 AJRK

mù 墓	AJDF	艹日大土
	AJDF	艹曰大土
mù 幕	AJDH	艹日大丨
	AJDH	艹曰大丨

幕后 AJRG

mù 暮	AJDJ	艹日大日
	AJDJ	艹曰大日
mù 慕	AJDN	艹日大⺗
	AJDN	艹曰大⺗

慕名 AJQK　慕尼黑 ANLF

mù 睦	HFwf	目土八土
	HFwf	目土八土

睦邻 HFWY

mù 穆	TRIe	禾白小彡
	TRIe	禾白小彡

穆斯林 TASS

NA

ná 拿	WGKR	人一口手
	WGKR	人一口手

拿来 WGGO

ná 镎	QWGR	钅人一手
	QWGR	钅人一手

nǎ 哪	KVfb	口刀二阝
	KNGB	口刀丰阝

哪儿 KVQT　哪个 KVWH
哪里 KVJF　哪能 KVCE
哪怕 KVNR　哪样 KVSU

nà 那	VFBh	刀二阝 ①
	NGbh	刁丰阝 ①

那儿 VFQT　那当然 VIQD
那个 VFWH　那么 VFTC
那麼 VFYS　那么样 VTSU
那是 VFJG　那时候 VJWH
那些 VFHX　那样 VFSU
那种 VFTK

nà 娜	VVFb	女刀二阝
	VNGb	女刁丰阝

nà 呐	KMWy	口冂人⊙
	KMWy	口冂人⊙

呐喊 KMKD

nà 纳	XMWy	纟冂人⊙
	XMWy	纟冂人⊙

纳粹 XMOY　纳入 XMTY
纳税 XMTU

nà 肭	EMWy	月冂人⊙
	EMWy	月冂人⊙

nà 钠	QMWy	钅冂人⊙
	QMWy	钅冂人⊙

nà 衲	PUMW	衤冂人
	PUMW	衤⊙冂人

nà 捺	RDFI	扌大二小
	RDFI	扌大二小

NAI

nǎi 乃	ETN	乃丿乙
	BNT	乃乙丿

乃是 ETJG　乃至 ETGC

nǎi 艿	AEB	艹乃⑥
	ABR	艹乃⊙

nǎi 奶	VEn	女乃⑥
	VBT	女乃丿

奶粉 VEOW　奶油 VEIM

nǎi 氖	RNEv	匚乙乃⑥
	RBE	气乃

nài 奈	DFIu	大二小⑥
	DFIu	大二小⑦

nài 奈	SFIU	木二小⑦
	SFIU	木二小⑦
nài 萘	ADFI	廿大二小
	ADFI	廿大二小
nài 佴	WBG	亻耳㊀
	WBG	亻耳㊀
nài 耐	DMJF	丆门刂寸
	DMJF	丆门刂寸

耐心 DMNY 耐人寻味 DWVK
耐用 DMET

nài 鼐	EHNn	乃目乙乙
	BHNn	乃目乚丁

 NAN

nān 囡	LVD	囗女㊂
	LVD	囗女㊂
nán 男	LLb	田力㊄
	LEr	田力㊉

男儿 LLQT 男方 LLYY
男孩 LLBY 男孩子 LBQT
男女 LLVV 男女老少 LVFI
男排 LLRD 男朋友 LEDC
男生 LLTG 男人 LLWW
男子 LLBB 男同志 LMFN
男子汉 LBIC

nán 南	FMuf	十冂丷十
	FMuf	十冂丷十

南北 FMUX 南边 FMLP
南部 FMUK 南昌 FMJJ
南方 FMYY 南昌市 FJYM
南非 FMDJ 南瓜 FMRC
南海 FMIT 南极 FMSE
南疆 FMXF 南极洲 FSIY
南京 FMYI 南京市 FYYM
南美 FMUG 南美洲 FUIY
南宁 FMPS 南宁市 FPYM
南面 FMDM 南腔北调 FEUY
南征北战 FTUH

nán 喃	KFMf	口十冂十
	KFMf	口十冂十
nán 楠	SFMf	木十冂十
	SFMf	木十冂十
nán 难	CWyg	又亻主㊀
	CWyg	又亻主㊀

难办 CWLW 难处 CWTH
难道 CWUT 难道说 CUYU
难得 CWTJ 难点 CWHK
难度 CWYA 难怪 CWNC
难关 CWUD 难过 CWFP
难堪 CWFA 难看 CWRH
难免 CWQK 难民 CWNA
难受 CWEP 难能可贵 CCSK
难说 CWYU 难题 CWJG
难听 CWKR 难忘 CWYN
难闻 CWUB 难以 CWNY

nǎn 赧	FOBc	土少㇉又
	FOBC	土少㇉又
nǎn 腩	EFMf	月十冂十
	EFMf	月十冂十
nǎn 蝻	JFMf	虫十冂十
	JFMf	虫十冂十

NANG

nāng 囔	KGKE	口一口𧘇
	KGKE	口一口𧘇
náng 囊	GKHe	一口丨𧘇
	GKHe	一口丨𧘇
náng 馕	QNGE	勹乙一𧘇
	QNGE	⺈乚一𧘇
nǎng 曩	JYKe	日亠口𧘇
	JYKe	日亠口𧘇
nǎng 攮	RGKE	扌一口𧘇
	RGKE	扌一口𧘇

NAO

náo 孬	GIVb	一小女子
	DHVB	ア卜女子
náo 呶	KVCy	口女又⊙
	KVCy	口女又⊙
náo 挠	RATQ	扌弋丿儿
	RATQ	扌弋丿儿
náo 铙	QATq	钅弋丿儿
	QATq	钅弋丿儿
náo 蛲	JATQ	虫弋丿儿
	JATQ	虫弋丿儿
náo 硇	DTLq	石丿囗乂
	DTLr	石丿囗乂

náo 猱	QTCS	犭丿マ木
	QTCS	犭⺄マ木
nǎo 脑	EYBh	月文凵①
	EYRb	月亠乂凵

脑袋 EYWA 脑海 EYIT
脑筋 EYTE 脑力 EYLT
脑炎 EYOO 脑子 EYBB

nǎo 恼	NYBh	忄文凵①
	NYRb	忄亠乂凵

恼火 NYOO 恼怒 NYVC

nào 垴	FYBH	土文凵①
	FYRb	土亠乂凵
nào 瑙	GVTq	王巛丿乂
	GVTr	王巛丿乂
nào 闹	UYMh	门亠冂丨
	UYMh	门亠冂丨

闹剧 UYND 闹事 UYGK
闹钟 UYQK

nào 淖	IHJh	氵卜早①
	IHJh	氵卜早①

NE

nē 哪	KVfb	口刀二阝
	KNGB	口𠃌一阝
nè 讷	YMWy	讠冂人⊙
	YMWy	讠冂人⊙
ne 呢	KNXn	口尸匕②
	KNXn	口尸匕②

NEI

nǎi 哪	KVFb	口刀二阝
	KNGB	口冂丨一
nèi 馁	QNEv	勹乙⺥女
	QNEv	勹⺂⺥女
nèi 内	MWi	冂人③
	MWi	冂人③

内宾 MWPR 内部 MWUK
内参 MWCD 内部矛盾 MUCR
内存 MWDH 内地 MWFB
内弟 MWUX 内分泌 MWIN
内阁 MWUT 内涵 MWIB
内奸 MWVF 内疚 MWUQ
内科 MWTU 内科学 MTIP
内陆 MWBF 内蒙 MWAP
内容 MWPW 内燃机 MOSM
内线 MWXG 内燃机车 MOSL
内外 MWQH 内外交困 MQUL
内务 MWTL 内务部 MTUK
内销 MWQI 内向 MWTM
内行 MWTF 内心 MWNY
内脏 MWEY 内忧外患 MNQK
内战 MWHK 内债 MWWG
内政 MWGH
内蒙古自治区 MADA

nèi 那	VFBh	刀二阝①
	NGbh	冂一阝①

NEN

nèn 恁	WTFN	亻丿士心
	WTFN	亻丿士心

nèn 嫩	VGKt	女一口攵
	VSKt	女木口攵

NENG

néng 能	CExx	厶月匕匕
	CExx	厶月匕匕

能动 CEFC　能否 CEGI
能干 CEFG　能够 CEQK
能力 CELT　能工巧匠 CAAA
能量 CEJG　能耐 CEDM
能手 CERT　能上能下 CHCG
能源 CEID　能源部 CIUK
能者多劳 CFQA

NI

nī 妮	VNXn	女尸匕②
	VNXn	女尸匕②

ní 尼	NXv	尸匕⑩
	NXv	尸匕⑩

尼龙袜 NDPU

ní 坭	FNXn	土尸匕②
	FNXn	土尸匕②

ní 呢	KNXn	口尸匕②
	KNXn	口尸匕②

ní 泥	INXn	氵尸匕②
	INXn	氵尸匕②

泥沙 INII　泥土 INFT

ní 怩	NNXn	忄尸匕②
	NNXn	忄尸匕②

ní 铌	QNXn	钅尸匕[乙]
	QNXn	钅尸匕[乙]
ní 倪	WVQn	亻臼儿[乙]
	WEQn	亻臼儿[乙]
ní 猊	QTVQ	犭丿臼儿
	QTEQ	犭の臼儿
ní 霓	FVQb	雨臼儿[巜]
	FEQb	雨臼儿[巜]
ní 鲵	QGVQ	鱼一臼儿
	QGEq	鱼㇀臼儿
nǐ 拟	RNYw	扌乙丶人
	RNYw	扌ㄴ丶人

拟订 RNYS 拟定 RNPG
拟议 RNYY

nǐ 你	WQiy	亻⺈小[丶]
	WQiy	亻⺈小[丶]

你们 WQWU 你俩 WQWG
你我 WQTR

nì 旎	YTNX	方𠂉尸匕
	YTNX	方𠂉尸匕
nì 昵	JNXn	日尸匕[乙]
	JNXn	日尸匕[乙]
nì 逆	UBTp	丷凵丿辶
	UBTP	丷凵丿辶

逆境 UBFU 逆流 UBIY
逆水行舟 UITT

nì 匿	AADK	匚艹𠂇口
	AADk	匚艹𠂇口

匿名 AAQK 匿名信 AQWY

nì 睨	HVQn	目臼儿[乙]
	HEQn	目臼儿[乙]
nì 腻	EAFm	月弋二贝
	EAFy	月弋二丶
nì 溺	IXUu	氵弓冫冫
	IXUu	氵弓冫冫

溺爱 IXEP

NIAN

niān 拈	RHKG	扌⺊口[一]
	RHKg	扌⺊口[一]

拈轻怕重 RLNT

niān 蔫	AGHO	艹一止灬
	AGHo	艹一止灬
nián 年	RHfk	𠂉丨十[川]
	TGj	𠂉㐄[刂]

年报 RHRB 年产值 RUWF
年初 RHPU 年代 RHWA
年底 RHYQ 年度 RHYA
年会 RHWF 年份 RHWW
年级 RHXE 年富力强 RPLX
年纪 RHXN 年老体弱 RFWX
年龄 RHHW 年利润 RTIU
年年 RHRH 年平均 RGFQ
年青 RHGE 年轻化 RLWX
年轻 RHLC 年轻人 RLWW
年头 RHUD 年月日 REJJ
年月 RHEE 年终 RHXT
年终奖 RXUQ

N

nián 粘	OHkg	米⺊口[一]
	OHKG	米⺊口[一]
nián 鲇	QGHK	鱼一⺊口
	QGHK	鱼㇀⺊口
nián 鲶	QGWN	鱼一人心
	QGWn	鱼㇀人心
nián 黏	TWIK	禾人氺口
	TWIK	禾人氺口
niǎn 捻	RWYN	扌人丶心
	RWYN	扌人丶心
niǎn 撵	RFWL	扌二人车
	RGGl	扌夫夫车
niǎn 辇	FWFL	二人二车
	GGLJ	夫夫车[丨丨]
niǎn 碾	DNAe	石尸龷𠄌
	DNAe	石尸龷𠄌
niàn 廿	AGHg	廿一丨一
	AGHG	廿一丨一
niàn 念	WYNN	人丶乙心
	WYNN	人丶乛心

念头 WYUD

niàn 埝	FWYN	土人丶心
	FWYN	土人丶心

NIANG

niáng 娘	VYVe	女丶彐𠄌
	VYVy	女丶艮[丶]
niàng 酿	SGYE	西一丶𠄌
	SGYV	西一丶艮

NIAO

niǎo 鸟	QYNG	勹丶乙一
	QGD	鸟一[三]
niǎo 茑	AQYG	艹勹丶一
	AQGF	艹鸟一[二]
niǎo 袅	QYNE	勹丶乙𧘇
	QYEU	鸟亠𧘇[冫]
niǎo 嬲	LLVl	田力女力
	LEVe	田力女力
niào 尿	NII	尸水[氵]
	NIi	尸水[氵]
niào 脲	ENIy	月尸水[丶]
	ENIy	月尸水[丶]
niào 溺	IXUu	氵弓冫冫
	IXUu	氵弓冫冫

NIE

niē 捏	RJFG	扌日土[一]
	RJFg	扌曰土[一]

捏造 RJTF

niè 乜	NNV	乙乙[巛]
	NNV	乛丨,[巛]
niè 陧	BJFg	阝日土[一]
	BJFg	阝曰土[一]

NIE-NING

涅 niè	IJFG	冫日土㇇
	IJFG	冫日土㇇
聂 niè	BCCu	耳又又⑦
	BCCu	耳又又⑦
嗫 niè	KBCc	口耳又又
	KBCc	口耳又又
镊 niè	QBCc	钅耳又又
	QBCc	钅耳又又
颞 niè	BCCM	耳又又贝
	BCCM	耳又又贝
蹑 niè	KHBc	口止耳又
	KHBc	口止耳又
臬 niè	THSu	丿目木⑦
	THSu	丿目木⑦
镍 niè	QTHs	钅丿目木
	QTHS	钅丿目木
啮 niè	KHWB	口止人凵
	KHWB	口止人凵
孽 niè	AWNB	艹亻㇇子
	ATNB	艹丿目子
蘖 niè	AWNS	艹亻㇇木
	ATNS	艹丿目木

NIN

| 您 nín | WQIN | 亻ク小心 |
| | WQIN | 亻ク小心 |

NING

| 宁 níng | PSj | 宀丁① |
| | PSj | 宀丁① |

宁静 PSGE　宁可 PSSK
宁肯 PSHE　宁夏回族 PDLY
宁夏 PSDH　宁愿 PSDR
宁夏回族自治区 PDLA

咛 níng	KPSh	口宀丁①
	KPSh	口宀丁①
狞 níng	QTPs	丿丿宀丁
	QTPs	犭①宀丁
柠 níng	SPSh	木宀丁①
	SPSh	木宀丁①

柠檬 SPSA

聍 níng	BPSh	耳宀丁①
	BPSh	耳宀丁①
凝 níng	UXTh	冫匕⺹疋
	UXTh	冫匕⺹疋

凝固 UXLD　凝聚 UXBC
凝聚力 UBLT

拧 níng	RPSh	扌宀丁①
	RPSh	扌宀丁①
泞 nìng	IPSh	氵宀丁①
	IPSh	氵宀丁①
佞 nìng	WFVg	亻二女㇇
	WFVg	亻二女㇇

NIU

niū 妞	VNFg	女乙土[一]
	VNHG	女冂丨一

niú 牛	RHK	𠂉丨[川]
	TGK	丿扌[川]

牛顿 RHGB 牛鬼蛇神 RRJP
牛马 RHCN 牛奶 RHVE
牛肉 RHMW 牛仔裤 RWPU

niǔ 扭	RNFg	扌乙土[一]
	RNHg	扌冂丨一

扭转 RNLF 扭亏为盈 RFYE

niǔ 狃	QTNF	犭丿乙二
	QTNG	犭[丿]冂一

niǔ 忸	NNFg	忄乙土[一]
	NNHG	忄冂丨一

niǔ 纽	XNFg	纟乙土[一]
	XNHG	纟冂丨一

纽带 XNGK 纽约 XNXQ

niǔ 钮	QNFg	钅乙土[一]
	QNHg	钅冂丨一

niù 拗	RXLn	扌幺力[乙]
	RXEt	扌幺力[丿]

NONG

nóng 农	PEI	冖𧘇[氵]
	PEi	冖𧘇[氵]

农场 PEFN 农产品 PUKK
农村 PESF 农副产品 PGUK
农夫 PEFW 农副业 PGOG
农户 PEYN 农工商 PAUM
农会 PEWF 农机具 PSHW
农活 PEIT 农机站 PSUH
农历 PEDL 农具厂 PHDG
农忙 PENY 农科院 PTBP
农民 PENA 农贸市场 PQYF
农田 PELL 农民日报 PNJR
农行 PETF 农学院 PIBP
农药 PEAX 农业局 PONN
农业 PEOG 农业生产 POTU
农艺师 PAJG 农作物 PWTR

nóng 侬	WPEy	亻冖𧘇[丶]
	WPEy	亻冖𧘇[丶]

nóng 哝	KPEy	口冖𧘇[丶]
	KPEy	口冖𧘇[丶]

nóng 浓	IPEy	氵冖𧘇[丶]
	IPEy	氵冖𧘇[丶]

浓度 IPYA 浓度 IPDJ
浓缩 IPXP

nóng 脓	EPEy	月冖𧘇[丶]
	EPEY	月冖𧘇[丶]

nòng 弄	GAJ	王艹[刂]
	GAJ	王廾[刂]

弄清 GAIG 弄得好 GTVB
弄虚作假 GHWW

NOU

nòu 耨	DIDf	三⺌厂寸
	FSDf	二木厂寸

NU

nú 奴	VCY	女又⊙
	VCY	女又⊙

奴隶 VCVI

nú 孥	VCBF	女子㊀
	VCBf	女子㊀

nú 驽	VCCf	女又马㊀
	VCCg	女又马一

nǔ 努	VCLb	女又力⑩
	VCEr	女又力⑦

努力 VCLT

nǔ 弩	VCXb	女又弓⑩
	VCXb	女又弓⑩

nǔ 胬	VCMW	女又冂人
	VCMW	女又冂人

nù 怒	VCNu	女又心⑦
	VCNu	女又心⑦

怒吼 VCKB　怒发冲冠 VNUP
怒火 VCOO　怒气 VCRN

NÜ

nǚ 女	VVVv	女女女女
	VVVv	女女女女

女兵 VVRG　女儿 VVQT
女工 VVAA　女强人 VXWW
女排 VVRD　女孩子 VBBB
女孩 VVBY　女青年 VGRH
女神 VVPY　女人 VVWW
女生 VVTG　女士 VVFG
女子 VVBB　女同胞 VMEQ
女王 VVGG　女同志 VMFN
女性 VVNT　女婿 VVVN
女装 VVUF　女主人 VYWW

nǚ 钕	QVG	钅女㊀
	QVG	钅女㊀

nǜ 恧	DMJN	丆冂刂心
	DMJN	丆冂刂心

nǜ 衄	TLNF	丿皿乙二
	TLNG	丿皿乙一

NUAN

nuǎn 暖	JEFc	日爫二又
	JEGC	日爫一又

暖和 JETK　暖流 JEIY
暖气 JERN

NÜE

nüè 虐	HAAg	广七匚一
	HAGd	虍匚一㊀

虐待 HATF

nüè 疟	UAGD	疒匚一㊀
	UAGd	疒匚一㊀

疟疾 UAUT

NUO

nuó 挪	RVFb	扌刀二阝
	RNGB	扌𠃌丨阝

挪用 RVET

nuó 娜	VVFb	女刀二阝
	VNGb	女刁ㄎ阝
nuó 傩	WCWY	亻又亻主
	WCWY	亻又亻主
nuò 诺	YADk	讠艹ナ口
	YADk	讠艹ナ口

诺言 YAYY

nuò 喏	KADk	口艹ナ口
	KADk	口艹ナ口
nuò 锘	QADk	钅艹ナ口
	QADk	钅艹ナ口
nuò 搦	RXUu	扌弓冫冫
	RXUu	扌弓冫冫
nuò 懦	NFDJ	忄雨ブ刂
	NFDj	忄雨ブ刂
nuò 糯	OFDj	米雨ブ刂
	OFDJ	米雨ブ刂

O

o

ō 噢	KTMD	口丿冂大
	KTMD	口丿冂大
ò 哦	KTRt	口丿扌丿
	KTRy	口丿扌丶

OU

ōu 区	AQi	匚乂②
	ARi	匚乂②
ōu 讴	YAQy	讠匚乂⊙
	YARy	讠匚乂⊙
ōu 沤	IAQy	氵匚乂⊙
	IARy	氵匚乂⊙
ōu 瓯	AQGN	匚乂一乙
	ARGy	匚乂一、
ōu 欧	AQQw	匚乂⺈人
	ARQw	匚乂⺈人

欧美 AQUG 欧共体 AAWS
欧阳 AQBJ 欧姆 AQVX
欧洲 AQIY

| ōu 殴 | AQMc | 匚乂几又 |
| | ARWc | 匚乂几又 |

殴打 AQRS

ōu 鸥	AQQG	匚乂⺈一
	ARQG	匚乂鸟一
ōu 呕	KAQY	口匚乂⊙
	KARY	口匚乂⊙

呕吐 KAKF 呕心沥血 KNIT

| ǒu 偶 | WJMy | 亻日冂、 |
| | WJMy | 亻日冂、 |

偶尔 WJQI 偶然 WJQD
偶像 WJWQ 偶然性 WQNT

| ǒu 耦 | DIJy | 三小日、 |
| | FSJy | 二木曰、 |

| ǒu 藕 | ADIY | 艹三小、 |
| | AFSY | 艹二木、 |

| ǒu 怄 | NAQy | 忄匚乂⊙ |
| | NARy | 忄匚乂⊙ |

P

PA

pā 趴	KHWy	口止八[丶]
	KHWy	口止八[丶]
pā 啪	KRRg	口扌白[一]
	KRRg	口扌白[一]
pā 葩	ARCb	艹白巴[巜]
	ARCb	艹白巴[巜]
pá 扒	RWY	扌八[丶]
	RWY	扌八[丶]
pá 杷	SCN	木巴[乙]
	SCN	木巴[乙]
pá 爬	RHYC	厂丨乀 巴
	RHYC	厂丨乀 巴

爬山 RHMM

pá 钯	QCN	钅巴[乙]
	QCN	钅巴[乙]
pá 筢	TRCb	⺮扌巴[巜]
	TRCB	⺮扌巴[巜]
pá 琶	GGCb	王王巴[巜]
	GGCb	王王巴[巜]
pà 帕	MHRg	冂丨白[一]
	MHRg	冂丨白[一]
pà 怕	NRg	忄白[一]
	NRg	忄白[一]

PAI

pāi 拍	RRG	扌白[一]
	RRG	扌白[一]

拍卖 RRFN　拍摄 RRRB
拍照 RRJV　拍手称快 RRTN

pái 俳	WDJD	亻三刂 三
	WHDd	亻丨三三
pái 排	RDJd	扌三刂 三
	RHDd	扌丨三三

排版 RDTH　排长 RDTA
排除 RDBW　排队 RDBW
排列 RDGQ　排球队 RGBW
排球 RDGF　排球赛 RGPF
排泄 RDIA　排山倒海 RMWI
排字 RDPB

pái 徘	TDJD	彳三刂 三
	THDD	彳丨三三
pái 牌	THGF	丿丨一十
	THGF	丿丨一十

牌号 THKG　牌价 THWW
牌照 THJV　牌子 THBB

pǎi 迫	RPD	白辶[二]
	RPD	白辶[二]
pài 哌	KREy	口厂𧘇[丶]
	KREy	口厂K[丶]
pài 派	IREy	氵厂𧘇[丶]
	IREy	氵厂K[丶]

| 派别 IRKL | 派出所 IBRN |
| 派遣 IRKH | 派生 IRTG |

| pài 蒎 | AIRe | 艹氵厂𧘇 |
| | AIRe | 艹氵厂长 |

| pài 湃 | IRDf | 氵手三十 |
| | IRDF | 氵手三十 |

PAN

| pān 番 | TOLf | 丿米田㇐ |
| | TOLf | 丿米田㇐ |

| pān 潘 | ITOL | 氵丿米田 |
| | ITOl | 氵丿米田 |

| pān 攀 | SQQr | 木乂乂手 |
| | SRRr | 木乂乂手 |

攀登 SQWG

| pán 爿 | NHDE | 乙丨𠂆㇏ |
| | UNHT | 丬𠄌丨丨 |

| pán 胖 | EUFh | 月丷十① |
| | EUGh | 月丷キ① |

| pán 盘 | TELf | 丿舟皿㇐ |
| | TULf | 丿舟皿㇐ |

盘存 TEDH 盘点 TEHK
盘货 TEWX 盘旋 TEYT
盘子 TEBB

| pán 磐 | TEMD | 丿舟几石 |
| | TUWD | 丿舟几石 |

| pán 蟠 | JTOL | 虫丿米田 |
| | JTOl | 虫丿米田 |

| pán 蹒 | KHAW | 口止廿人 |
| | KHAW | 口止廿人 |

| pàn 判 | UDJH | 丷ナ刂① |
| | UGJH | 丷キ刂① |

判别 UDKL 判断 UDON
判决 UDUN 判决书 UUNN
判罪 UDLD

| pàn 泮 | IUFh | 氵丷十① |
| | IUGH | 氵丷キ① |

| pàn 叛 | UDRC | 丷ナ厂又 |
| | UGRC | 丷キ厂又 |

叛变 UDYO 叛党 UDIP
叛国 UDLG 叛乱 UDTD
叛徒 UDTF

| pàn 畔 | LUFh | 田丷十① |
| | LUGh | 田丷キ① |

| pàn 袢 | PUUf | 衤丷十 |
| | PUUg | 衤②丷キ |

| pàn 拚 | RCAh | 扌厶廿① |
| | RCAH | 扌厶廾① |

| pàn 盼 | HWVn | 目八刀㇏ |
| | HWVT | 目八刀㇏ |

盼望 HWYN

| pàn 襻 | PUSR | 衤 木手 |
| | PUSR | 衤②木手 |

PANG

| pāng 乓 | RGYu | 斤一㇏② |
| | RYU | 丘丶② |

pāng 滂	IUPy	氵立冖方
	IYUY	氵亠丷方

滂沱 IUIP

páng 膀	EUPy	月立冖方
	EYUy	月亠丷方

páng 彷	TYN	彳方[乙]
	TYT	彳方[丿]

páng 庞	YDXv	广ナ匕[巛]
	ODXy	广ナ匕丶

庞大 YDDD　庞杂 YDVS
庞然大物 YQDT

páng 逄	TAHp	夂匚丨辶
	TGPK	夂丰辶[川]

páng 旁	UPYb	立冖方[巛]
	YUPy	亠丷冖方

旁边 UPLP　旁若无人 UAFW

páng 磅	DUPy	石立冖方
	DYUy	石亠丷方

páng 螃	JUPy	虫立冖方
	JYUy	虫亠丷方

pǎng 耪	DIUY	三木立方
	FSYY	二木亠方

pàng 胖	EUFh	月丷十[丨]
	EUGh	月丷丰[丨]

胖子 EUBB

PAO

pāo 抛	RVLn	扌九力[乙]
	RVEt	扌九力[丿]

抛弃 RVYC　抛物线 RTXG
抛头露面 RUFD
抛砖引玉 RDXG

pāo 脬	EEBg	月爫子[一]
	EEBg	月爫子[一]

páo 刨	QNJH	勹巳刂[丨]
	QNJH	勹巳刂[丨]

páo 咆	KQNn	口勹巳[乙]
	KQNn	口勹巳[乙]

páo 狍	QTQN	犭丿勹巳
	QTQN	犭[丿]勹巳

páo 庖	YQNv	广勹巳[巛]
	OQNV	广勹巳[巛]

páo 袍	PUQn	衤丶勹巳
	PUQn	衤[丶]勹巳

páo 匏	DFNN	大二乙巳
	DFNN	大二ㄣ巳

pǎo 跑	KHQn	口止勹巳
	KHQn	口止勹巳

跑步 KHHI　跑龙套 KDDD
跑马 KHCN　跑买卖 KNFN

pào 泡	IQNn	氵勹巳[乙]
	IQNn	氵勹巳[乙]

泡沫 IQIG 泡沫塑料 IIUO

pào 炮	OQNn	火勺巳㇏
	OQNn	火勺巳㇏

炮兵 OQRG　炮弹 OQXU
炮制 OQRM

PEI

pēi 呸	KGIg	口一小一
	KDHG	口ナ丆卜

pēi 胚	EGIg	月一小一
	EDHg	月ナ丆卜

胚胎 EGEC

péi 醅	SGUK	西一立口
	SGUK	西一立口

péi 陪	BUKg	阝立口㇀
	BUKg	阝立口㇀

陪同 BUMG

péi 培	FUKg	土立口㇀
	FUKg	土立口㇀

培训 FUYK　培训班 FYGY
培养 FUUD　培训中心 FYKN
培育 FUYC　培养费 FUXJ
培植 FUSF

péi 赔	MUKg	贝立口㇀
	MUKg	贝立口㇀

赔偿 MUWI　赔款 MUFF

péi 锫	QUKG	钅立口㇀
	QUKG	钅立口㇀

péi 裴	DJDE	三丨三衣
	HDHE	丨三丨衣

pèi 沛	IGMH	氵一冂丨
	IGMH	氵一冂丨

pèi 旆	YTGh	方𠂉一
	YTGh	方𠂉一

pèi 霈	FIGh	雨氵一
	FIGh	雨氵一

pèi 帔	MHHC	冂丨广又
	MHBy	冂丨皮㇀

pèi 佩	WMGh	亻几一
	WWGh	亻几一

佩服 WMEB

pèi 配	SGNn	西一己㇏
	SGNn	西一己㇏

配备 SGTL　配合 SGWG
配件 SGWR　配角 SGQE
配偶 SGWJ　配套 SGDD
配音 SGUJ　配制 SGRM
配置 SGLF

pèi 辔	XLXk	纟车纟口
	LXXK	车纟纟口

PEN

pēn 喷	KFAm	口十卄贝
	KFAm	口十卄贝

喷泉 KFRI　喷射 KFTM

pén 盆	WVLf	八刀皿二
	WVLf	八刀皿二

盆地 WVFB

PEN-PI

pén 溢	IWVL	氵八刀皿
	IWVL	氵八刀皿

PENG

pēng 抨	RGUH	扌一丷丨
	RGUF	扌一丷十

抨击 RGFM

pēng 怦	NGUh	忄一丷丨
	NGUf	忄一丷十

pēng 砰	DGUh	石一丷丨
	DGUf	石一丷十

pēng 烹	YBOu	亠了灬㇆
	YBOu	亠了灬㇆

烹调 YBYM 烹饪 YBQN

pēng 嘭	KFKE	口士口彡
	KFKE	口士口彡

péng 澎	IFKE	氵土口彡
	IFKE	氵土口彡

澎湃 IFIR

péng 朋	EEg	月月㇆
	EEg	月月㇆

朋友 EEDC 朋友们 EDWU

péng 堋	FEEg	土月月㇆
	FEEg	土月月㇆

péng 硼	DEEg	石月月㇆
	DEEg	石月月㇆

péng 棚	SEEg	木月月㇆
	SEEg	木月月㇆

péng 鹏	EEQg	月月勹一
	EEQg	月月鸟一

péng 彭	FKUE	士口䒑彡
	FKUE	士口䒑彡

péng 膨	EFKe	月士口彡
	EFKe	月士口彡

膨胀 EFET

péng 蟛	JFKe	虫士口彡
	JFKe	虫士口彡

péng 蓬	ATDP	艹夂三辶
	ATDP	艹夂三辶

蓬头垢面 AUFD

péng 篷	TTDP	竹夂三辶
	TTDP	竹夂三辶

péng 捧	RDWh	扌三人丨
	RDWg	扌三人𠂇

pèng 碰	DUOg	石䒑䒑一
	DUOg	石䒑业㇆

碰撞 DURU 碰运气 DFRN

PI

pī 丕	GIGF	一小一一
	DHGD	丆卜一一

pī 邳	GIGB	一小一阝
	DHGB	丆卜一阝

pī 坯	FGIG	土一小一
	FDHG	土丆卜一

PI-PI

pī 批	RXxn	扌乂匕⊙
	RXXn	扌乂匕⊘

批斗 RXUF　批发价 RNWW
批发 RXNT　批发商 RNUM
批复 RXTJ　批件 RXWR
批判 RXUD　批评 RXYG
批示 RXFI　批评家 RYPE
批语 RXYG　批转 RXLF
批准 RXUW

pī 纰	XXXN	纟乂匕⊘
	XXXn	纟乂匕⊘

pī 砒	DXXn	石乂匕⊘
	DXXn	石乂匕⊘

pī 披	RHCy	扌广又⊙
	RBY	扌皮⊙

披肝沥胆 REIE　披星戴月 RJFE

pī 劈	NKUV	尸口辛刀
	NKUV	尸口辛刀

pī 噼	KNKu	口尸口辛
	KNKu	口尸口辛

pī 霹	FNKu	雨尸口辛
	FNKu	雨尸口辛

霹雳舞 FFRL

pí 皮	HCi	广又⊘
	BNTY	皮乛丨八

皮包 HCQN　皮肤 HCEF
皮革 HCAF　皮病 HEUG
皮货 HCWX　皮毛 HCTF
皮棉 HCSR

pí 陂	BHCy	阝广又⊙
	BBY	阝皮⊙

pí 疲	UHCi	疒广又⊘
	UBI	疒皮⊘

疲惫 UHTL　疲乏 UHTP
疲倦 UHWU　疲劳 UHAP
疲软 UHLQ　疲于奔命 UGDW

pí 铍	QHCy	钅广又⊙
	QBY	钅皮⊙

pí 枇	SXXN	木匕匕
	SXXN	木匕匕

pí 毗	LXXn	田匕匕⊘
	LXXn	田匕匕⊘

pí 蚍	JXXN	虫匕匕⊘
	JXXN	虫匕匕⊘

pí 琵	GGXx	王王匕
	GGXx	王王匕

pí 貔	EETX	罒丬匕
	ETLx	豸冂匕

pí 鼙	RTFB	白丿十卩
	RTFB	白丿十卩

pí 陴	BRtf	阝白丿十
	BRtf	阝白丿十

pí 埤	FRTf	土白丿十
	FRTf	土白丿十

pí 裨	PURf	衤白十
	PURf	衤⊘白十

PI-PIAN

蜱 pí	JRTf	虫白丿十
	JRTf	虫白丿十
釐 pí	FKUF	士口丷土
	FKUF	士口丷土
羆 pí	LFCO	罒土厶灬
	LFCO	罒土厶灬
啤 pí	KRTf	口白丿十
	KRTf	口白丿十

啤酒 KRIS

脾 pí	ERTf	月白丿十
	ERTf	月白丿十

脾气 ERRN

匹 pǐ	AQV	匚儿⑩
	AQv	匚儿⑩

匹配 AQSG

庀 pǐ	YXV	广匕⑩
	OXV	广匕⑩
圮 pǐ	FNN	土己㇏
	FNN	土己㇏
仳 pǐ	WXXn	亻匕匕
	WXXN	亻匕匕
否 pǐ	GIKf	一小口
	DHKF	丆丨口⊜
痞 pǐ	UGIk	疒一小口
	UDHk	疒丆丨口
擗 pǐ	RNKu	扌尸口辛
	RNKu	扌尸口辛

疋 pǐ	UNKu	疒尸口辛
	UNKu	疒尸口辛
屁 pì	NXXv	尸匕匕⑩
	NXXv	尸匕匕⑩

屁股 NXEM

媲 pì	VTLx	女丿囗匕
	VTLx	女丿囗匕
淠 pì	ILGJ	氵田一刂
	ILGJ	氵田一刂
睥 pì	HRtf	目白丿十
	HRtf	目白丿十
辟 pì	NKUh	尸口辛
	NKUH	尸口辛
僻 pì	WNKu	亻尸口辛
	WNKu	亻尸口辛
甓 pì	NKUN	尸口辛乙
	NKUY	尸口辛丶
譬 pì	NKUY	尸口辛言
	NKUY	尸口辛言

譬如 NKVK

PIAN

扁 piān	YNMA	丶尸门卄
	YNMA	丶尸门卄
编 piān	TRYA	丿扌丶卄
	CYNa	牛丶尸卄

piān 偏	WYNA	亻丶尸艹
	WYNA	亻丶尸艹

偏爱 WYEP 偏差 WYUD
偏旁 WYUP 偏见 WYMQ
偏偏 WYWY 偏僻 WYWN
偏向 WYTM
偏听偏信 WKWW

piān 篇	TYNA	𥫗丶尸艹
	TYNa	𥫗丶尸艹

篇幅 TYMH 篇章 TYUJ

piān 翩	YNMN	丶尸冂羽
	YNMN	丶尸冂羽

pián 便	WGJq	亻一日乂
	WGJr	亻一曰乂

便宜 WGPE

pián 骈	CUah	马丷廾①
	CGUA	马一丷廾

pián 胼	EUAh	月丷廾①
	EUAh	月丷廾①

pián 蹁	KHYA	口止丶艹
	KHYA	口止丶艹

piǎn 谝	YYNA	讠丶尸艹
	YYNA	讠丶尸艹

piàn 片	THGn	丿丨一乙
	THGn	丿丨一乛

片段 THWD 片断 THON
片刻 THYN 片面 THDM
片面性 TDNT

piàn 骗	CYNA	马丶尸艹
	CGYA	马一丶艹

骗子 CYBB

PIAO

piāo 剽	SFIJ	西二小刂
	SFIJ	覀二小刂

剽窃 SFPW

piāo 漂	ISFi	氵西二小
	ISFi	氵覀二小

漂亮 ISYP

piāo 缥	XSFi	纟西二小
	XSFI	纟覀二小

piāo 飘	SFIQ	西二小乂
	SFIR	覀二小乂

飘带 SFGK 飘荡 SFAI
飘浮 SFIE 飘渺 SFIH
飘然 SFQD 飘舞 SFRL
飘扬 SFRN 飘逸 SFQK

piāo 螵	JSFi	虫西二小
	JSFi	虫覀二小

piáo 朴	SHY	木卜⊙
	SHY	木卜⊙

piáo 嫖	VSFi	女西二小
	VSFi	女覀二小

嫖客 VSPT

piáo 瓢	SFIY	西二小㇏
	SFIY	覀二小㇏

piǎo 莩	AEBF	艹爫子⊜
	AEBf	艹爫子⊜

P

piǎo 殍	GQEB	一夕罒子
	GQEB	一夕罒子
piǎo 瞟	HSFi	目西二小
	HSFi	目覀二小
piào 票	SFIU	西二小㇒
	SFiu	覀二小㇒

票价 SFWW 票据 SFRN
票面 SFDM

piào 嘌	KSFi	口西二小
	KSFi	口覀二小
piào 骠	CSfi	马西二小
	CGSi	马一覀小

PIE

piě 气	RNTR	二乙丿二
	RTE	气丿二
piē 瞥	UMIH	丷冂小目
	ITHF	尚攵目二
piě 撇	RUMT	扌丷冂攵
	RITY	扌尚攵丶
piě 苤	AGIg	艹一小一
	ADHG	艹丆卜一

PIN

pīn 拚	RCAh	扌厶廾①
	RCAH	扌厶廾①
pīn 拼	RUAh	扌䒑廾①
	RUAh	扌䒑廾①

拼搏 RURG 拼命 RUWG
拼写 RUPG 拼音 RUUJ

pīn 姘	VUAh	女䒑廾①
	VUAh	女䒑廾①
pín 贫	WVMu	八刀贝㇒
	WVMu	八刀贝㇒

贫乏 WVTP 贫富 WVPG
贫寒 WVPF 贫贱 WVMG
贫苦 WVAD 贫困 WVLS
贫民 WVNA 贫农 WVPE
贫血 WVTL 贫穷 WVPW
贫下中农 WGKP

pín 频	HIDm	止少丆贝
	HHDm	止少丆贝

频道 HIUT 频度 HIYA
频繁 HITX 频率 HIYX

pín 颦	HIDF	止少丆十
	HHDF	止少丆十
pín 嫔	VPRw	女宀丘八
	VPRw	女宀丘八
pǐn 品	KKKf	口口口㊀
	KKKf	口口口㊀

品德 KKTF 品格 KKST
品质 KKRF 品种 KKTK

pǐn 榀	SKKk	木口口口
	SKKk	木口口口
pìn 牝	TRXn	丿扌匕②
	CXn	牛匕②

pīn	BMGn	耳由一乙
聘	BMGn	耳由一ㄣ

聘请 BMYG 聘任 BMWT
聘用 BMET 聘书 BMNN
聘用制 BERM

PING

pīng	RGTr	丘一丿⊙
兵	RTR	丘丿⊙

乒乓球 RRGF

pīng	WMGN	亻由一乙
俜	WMGN	亻由一ㄣ

píng	GUhk	一丷丨⑩
平	GUFk	一丷十⑩

平安 GUPV 平常 GUIP
平淡 GUIO 平步青云 GHGF
平等 GUTF 平等互利 GTGT
平地 GUFB 平凡 GUMY
平方 GUYY 平方米 GYOY
平房 GUYN 平方公里 GYWJ
平衡 GUTQ 平价 GUWW
平静 GUGE 平分秋色 GWTQ
平局 GUNN 平均 GUFQ
平炉 GUOY 平均奖 GFUQ
平面 GUDM 平均数 GFOV
平民 GUNA 平均值 GFWF
平壤 GUFY 平日 GUJJ
平时 GUJF 平台 GUCK
平坦 GUFJ 平易 GUJQ
平原 GUDR 平易近人 GJRW
平整 GUGK

píng	YGUh	讠一丷丨
评	YGUf	讠一丷十

评比 YGXX 评定 YGPG
评分 YGWV 评功 YGAL
评估 YGWD 评级 YGXE
评价 YGWW 评奖 YGUQ
评理 YGGJ 评语 YGYW
评判 YGUD 评家 YYPE
评审 YGPJ 评论员 YYKM
评述 YGSY 评选 YGTF
评议 YGYY 评语 YGYG
评阅 YGUU
评论员文章 YYKU

píng	FGUh	土一丷丨
坪	FGUf	土一丷十

píng	AGUh	艹一丷丨
苹	AGUF	艹一丷十

苹果 AGJS

píng	SGUh	木一丷丨
枰	SGUf	木一丷十

píng	AIGH	艹氵一丨
萍	AIGf	艹氵一十

萍水相逢 AIST

píng	QGGh	鱼一一丨
鲆	QGGF	鱼一一十

píng	WTFM	亻丿士几
凭	WTFW	亻丿士几

凭借 WTWA 凭据 WTRN
凭空 WTPW 凭证 WTYG

píng	NUAk	尸丷卄⑩
屏	NUAk	尸丷卄⑩

屏蔽 NUAU 屏幕 NUAJ
屏障 NUBU

píng 瓶	UAGn	⺍丗一乙
	UAGY	⺍丗一、

瓶子 UABB

PO

pō 朴	SHY	木卜⊙
	SHY	木卜⊙

pō 钋	QHY	钅卜⊙
	QHY	钅卜⊙

pō 陂	BHCy	阝广又⊙
	BBY	阝皮⊙

pō 坡	FHCy	土广又⊙
	FBy	土皮⊙

pō 颇	HCDm	广又丆贝
	BDMy	皮丆贝⊙

pō 泊	IRg	氵白⊖
	IRG	氵白⊖

pō 泼	INTY	氵乙丿、
	INTY	氵⺁丿、

pó 婆	IHCV	氵广又女
	IBVf	氵皮女⊙

婆婆 IHIH

pó 鄱	TOLB	丿米田阝
	TOLB	丿米田阝

pó 蟠	RTOL	白丿米田
	RTOL	白丿米田

pó 繁	TXGI	⺈口一小
	TXTI	⺈母攵小

pǒ 叵	AKD	匚口㈢
	AKD	匚口㈢

pǒ 钷	QAKg	钅匚口⊖
	QAKg	钅匚口⊖

pǒ 笸	TAKF	⺮匚口F
	TAKF	⺮匚口F

pò 迫	RPD	白辶㈢
	RPD	白辶㈢

迫害 RPPD   迫不及待 RGET
迫切 RPAV   迫使 RPWG
迫在眉睫 RDNH

pò 珀	GRG	王白⊖
	GRg	王白⊖

pò 粕	ORG	米白⊖
	ORg	米白⊖

pò 破	DHCy	石广又⊙
	DBy	石皮⊙

破案 DHPV   破产 DHUT
破除 DHBW   破格 DHST
破坏 DHFG   破釜沉舟 DWIT
破获 DHAQ   破旧 DHHJ
破烂 DHOU   破例 DHWG
破裂 DHGQ   破灭 DHGO
破碎 DHDY

pò 魄	RRQC	白白儿厶
	RRQC	白白儿人

魄力 RRLT

POU

pōu 剖	UKJh	立口刂①
	UKJh	立口刂①

剖析 UKSR

póu 裒	YVEU	亠臼𠄌㋆
	YEEu	亠白𠄌㋆

pŏu 掊	RUKg	扌立口㊀
	RUKG	扌立口㊀

PU

pū 扑	RHY	扌卜⊙
	RHY	扌卜⊙

扑克 RHDQ

pū 铺	QGEy	钅一月、
	QSY	钅甫⊙

铺张 QGXT 铺张浪费 QXIX

pū 噗	KOgy	口䒑一丷
	KOUg	口业丷夫

pú 仆	WHY	亻卜⊙
	WHY	亻卜⊙

pú 匍	QGEY	勹一月、
	QSI	勹甫㋆

pú 葡	AQGy	艹勹一、
	AQSu	艹勹甫㋆

葡萄 AQAQ 葡萄酒 AAIS

pú 莆	AGEy	艹一月、
	ASu	艹甫㋆

pú 脯	EGEy	月一月、
	ESY	月甫⊙

pú 蒲	AIGY	艹氵一、
	AISu	艹氵甫㋆

pú 菩	AUKF	艹立口十
	AUKf	艹立口十

菩萨 AUAB

pú 璞	GOGY	王䒑一丷
	GOUg	王业丷夫

pú 濮	IWOy	氵亻䒑丷
	IWOg	氵亻业夫

pǔ 普	UOgj	䒑䒑一日
	UOjf	䒑业日㊀

普遍 UOYN 普查 UOSJ
普及 UOEY 普通 UOCE
普选 UOTF 普通话 UCYT

pǔ 谱	YUOj	讠䒑䒑日
	YUOj	讠䒑䒑日

谱曲 YUMA 谱写 YUPG

pǔ 氆	TFNJ	丿二乙日
	EUOj	毛䒑业日

pǔ 镨	QUOj	钅䒑䒑日
	QUOj	钅䒑业日

pǔ 蹼	KHOy	口止䒑丷
	KHOG	口止业夫

pǔ 朴	SHY	木卜⊙
	SHY	木卜⊙

朴素 SHGX

pǔ 埔	FGEY	土一月丶
	FSY	土甫⊙
pǔ 圃	LGEY	囗一月丶
	LSI	囗甫③
pǔ 浦	IGEY	氵一月丶
	ISy	氵甫⊙
pǔ 溥	IGEF	氵一月寸
	ISFY	氵甫寸⊙
pù 堡	WKSF	亻口木土
	WKSF	亻口木土
pù 瀑	IJAi	氵日丗氺
	IJAi	氵日丗氺

瀑布 IJDM

pù 曝	JJAi	日日丗氺
	JJAi	日日丗氺

曝露 JJFK

Q

QI

qī 七	AGn	七一乙
	AGn	七一乚

七绝 AGXQ 七律 AGTV
七一 AGGG 七月 AGEE

qī 柒	IASu	氵七木[冫]
	IASu	氵七木[冫]

qī 沏	IAVn	氵七刀[乙]
	IAVt	氵七刀[丿]

qī 妻	GVhv	一彐丨女
	GVhv	一彐丨女

妻子 GVBB

qī 凄	UGVV	冫一彐女
	UGVV	冫一彐女

凄惨 UGNC 凄凉 UGUY

qī 萋	AGVv	艹一彐女
	AGVv	艹一彐女

qī 栖	SSG	木西[一]
	SSG	木西[一]

qī 桤	SMNN	木山己[乙]
	SMNn	木山己[乙]

qī 戚	DHIt	厂上小丿
	DHII	戊上小[氵]

qī 期	ADWE	艹三八月
	DWEg	甘八月[一]

期待 ADTF 期货 ADWX
期间 ADUJ 期刊 ADFJ
期满 ADIA 期望 ADYN
期限 ADBV

qī 欺	ADWW	艹三八人
	DWQw	甘八⺈人

欺骗 ADCY 欺人之谈 AWPY

qī 缉	XKBg	纟口耳[一]
	XKBg	纟口耳[一]

qī 蹊	KHED	口止爫大
	KHED	口止爫大

qī 漆	ISWi	氵木人氺
	ISWi	氵木人氺

漆黑 ISLF

qí 亓	FJJ	二丿[丨]
	FJJ	二丿[丨]

qí 齐	YJJ	文丿[丨]
	YJJ	文丿[丨]

齐备 YJTL 齐全 YJWG
齐心协力 YNFL

qí 脐	EYJh	月文丿[丨]
	EYJh	月文丿[丨]

qí 蛴	JYJh	虫文丿[丨]
	JYJh	虫文丿[丨]

qí 祁	PYBh	礻丶阝[丨]
	PYBh	礻[丶]阝[丨]

QI-QI 231

qī 圻	FRH	土斤①
	FRH	土斤①

qí 祈	PYRh	礻、斤①
	PYRh	衤、斤①

祈求 PYFI

qí 颀	RDMy	斤厂贝⊙
	RDMY	斤厂贝⊙

qí 蕲	AUJR	艹丷日斤
	AUJR	艹丷日斤

qí 芪	AQAb	艹匚七⑩
	AQAb	艹匚七⑩

qí 岐	MFCy	山十又⊙
	MFCy	山十又⊙

qí 歧	HFCy	止十又⊙
	HFCy	止十又⊙

歧视 HFPY 歧途 HFWT

qí 其	ADWu	艹三八⑦
	DWu	甘八⑦

其次 ADUQ 其貌不扬 AEGR
其实 ADPU 其实不然 APGQ
其它 ADPX 其他 ADWB
其中 ADKH

qí 萁	AADW	艹艹三八
	ADWU	艹甘八⑦

qí 淇	IADW	氵艹三八
	IDWY	氵甘八⊙

qí 骐	CADW	马艹三八
	CGDW	马一甘八

qí 琪	GADw	王艹三八
	GDWy	王甘三⊙

qí 棋	SADw	木艹三八
	SDWy	木甘八⊙

棋逢对手 STCR

qí 祺	PYAw	礻、艹八
	PYDW	衤⊙甘八

qí 綦	ADWI	艹三八小
	DWXi	甘八幺小

qí 旗	YTAw	方⸝艹八
	YTDW	方⸝甘八

qí 蜞	JADw	虫艹三八
	JDWy	虫甘八⊙

旗袍 YTPU 旗鼓相当 YFSI
旗帜 YTMH 旗开得胜 YGTE
旗子 YTBB 旗帜鲜明 YMQJ

qí 麒	YNJW	广ヨ刂八
	OXXW	严匕匕八

qí 奇	DSKF	大丁口⊜
	DSKF	大丁口⊜

奇怪 DSNC 奇迹 DSYO
奇妙 DSVI 奇特 DSTR
奇闻 DSUB 奇异 DSNA
奇形怪状 DGNU

qí 崎	MDSk	山大丁口
	MDSk	山大丁口

崎岖 MDMA

qí 骑	CD3k	马大丁口
	CGDK	马一大口

骑马 CDCN

琦 qí	GDSk	王大丁口
	GDSk	王大丁口

俟 qí	WCTd	亻厶丿大
	WCTd	亻厶丿大

耆 qí	FTXJ	土丿匕日
	FTXJ	土丿匕日

鳍 qí	QGFJ	鱼一土日
	QGFJ	鱼⺀土日

畦 qí	LFFg	田土土㊀
	LFFg	田土土㊀

荠 qí	AYJJ	艹文刂⑩
	AYJJ	艹文刂⑩

乞 qǐ	TNB	⺅乙⑩
	TNB	⺅乙⑩

乞丐 TNGH 乞求 TNFI
乞讨 TNYF

芑 qǐ	ANB	艹己⑩
	ANB	艹己⑩

屺 qǐ	MNN	山己⑩
	MNN	山己⑩

岂 qǐ	MNb	山己⑩
	MNb	山己⑩

岂非 MNDJ 岂敢 MNNB
岂能 MNCE 岂止 MNHH
岂有此理 MDHG

杞 qǐ	SNN	木己⑩
	SNN	木己⑩

杞人忧天 SWNG

起 qǐ	FHNv	土⺊己⑩
	FHNv	土⺊己⑩

起草 FHAJ 起点 FHHK
起飞 FHNU 起家 FHPE
起劲 FHCA 起来 FHGO
起立 FHUU 起码 FHDC
起诉 FHYR 起死回生 FGLT
起义 FHYQ 起因 FHLD
起用 FHET 起重机 FTSM
起源 FHID 起作用 FWET

企 qǐ	WHF	人止㊀
	WHF	人止㊀

企求 WHFI 企业管理 WOTG
企业 WHOG 企业家 WOPE
企图 WHLT 企业界 WOLW

启 qǐ	YNKD	、尸口㊀
	YNKd	、尸口㊀

启动 YNFC 启发 YNNT
启蒙 YNAP 启示 YNFI
启用 YNET 启示录 YFVI

绮 qǐ	XDSk	纟大丁口
	XDSk	纟大丁口

稽 qǐ	TDNJ	禾尤乙日
	TDNJ	禾尤匕日

气 qì	RNB	⺊乙⑩
	RTGn	气丿一乙

气氛 RNRN 气愤 RNNF
气功 RNAL 气管炎 RTOO
气候 RNWH 气慨 RNNV
气流 RNIY 气急败坏 RQMF
气门 RNUY 气派 RNIR
气泡 RNIQ 气魄 RNRR

气势 RNRV 气势磅礴 RRDD
气体 RNWS 气势汹汹 RRII
气味 RNKF 气温 RNIJ
气息 RNTH 气象 RNQJ
气压 RNDF 气象台 RQCK
气质 RNRF 气象万千 RQDT
气壮山河 RUMI

| qì 汽 | IRNn | 氵 ⺧ 乙 ⓪ |
| | IRn | 氵 气 |

汽车 IRLG 汽船 IRTE
汽笛 IRTM 汽水 IRII
汽油 IRIM

| qì 讫 | YTNN | 讠 ⺧ 乙 ⓪ |
| | YTNn | 讠 ⺧ 乙 ⓪ |

| qì 迄 | TNPv | ⺧ 乙 辶 ⓪ |
| | TNPV | ⺧ 乙 辶 ⓪ |

迄今为止 TWYH

| qì 汔 | ITNn | 氵 ⺧ 乙 ⓪ |
| | ITNN | 氵 ⺧ 乙 ⓪ |

| qì 弃 | YCAj | 亠 厶 廾 ① |
| | YCAj | 亠 厶 廾 ① |

弃权 YCSC

| qì 泣 | IUG | 氵 立 ㊀ |
| | IUG | 氵 立 ㊀ |

| qì 呕 | BKCg | 了 口 又 一 |
| | BKCg | 了 口 又 一 |

| qì 契 | DHVd | 三 丨 刀 大 |
| | DHVd | 三 丨 刀 大 |

契约 DHXQ

| qì 砌 | DAVn | 石 七 刀 ⓪ |
| | DAVt | 石 七 刀 ⓪ |

| qì 葺 | AKBf | 艹 口 耳 ㊁ |
| | AKBf | 艹 口 耳 ㊁ |

| qì 碛 | DGMy | 石 丰 贝 ⊙ |
| | DGMy | 石 丰 贝 ⊙ |

| qì 械 | SDHT | 木 厂 丨 丿 |
| | SDHI | 木 戊 上 小 |

| qì 器 | KKDk | 口 口 犬 口 |
| | KKDk | 口 口 犬 口 |

器材 KKSF 器官 KKPN
器件 KKWR 器具 KKHW
器皿 KKLH 器械 KKSA

| qì 憩 | TDTN | 丿 古 丿 心 |
| | TDTN | 丿 古 丿 心 |

QIA

| qiā 掐 | RQVg | 扌 ⺈ 臼 ㊀ |
| | RQEg | 扌 ⺈ 臼 ㊀ |

| qiā 袷 | PUWK | 衤 人 口 |
| | PUWK | 衤 ⓪ 人 口 |

| qiā 挈 | ADHD | 艹 三 丨 大 |
| | ADHD | 艹 三 丨 大 |

| qiǎ 卡 | HHU | 上 卜 ⓪ |
| | HHU | 上 卜 ⓪ |

| qià 恰 | NWGk | 忄 人 一 口 |
| | NWgk | 忄 人一 口 |

恰当 NWIV　恰好 NWVB
恰巧 NWAG　恰恰 NWNW
恰似 NWWN　恰恰相反 NNSR
恰如 NWVK　恰如其分 NVAW

qià	IWGk	氵人一口
洽	IWGk	氵人一口

洽谈 IWYO　洽谈室 IYPG

qià	MEPk	骨月宀口
髂	MEPK	骨月宀口

QIAN

qiān	TFK	丿十⑩
千	TFK	丿十⑩

千古 TFDG　千百万 TDDN
千克 TFDQ　千锤百炼 TQDO
千金 TFQQ　千方百计 TYDY
千米 TFOY　千钧一发 TQGN
千秋 TFTO　千里马 TJCN
千瓦 TFGN　千篇一律 TTGT
千周 TFMF　千丝万缕 TXDX
千头万绪 TUDX
千载难逢 TFCT

qiān	WTFH	亻丿十⑩
仟	WTFH	亻丿十⑩

qiān	BTFH	阝丿十⑩
阡	BTFH	阝丿十⑩

qiān	RTFH	扌丿十⑩
扦	RTFH	扌丿十⑩

qiān	ATFj	艹丿十⑩
芊	ATFj	艹丿十⑩

qiān	TFPk	丿十辶⑩
迁	TFPk	丿十辶⑩

迁居 TFND　迁移 TFTQ

qiān	QTFh	钅丿十⑩
钎	QTFH	钅丿十⑩

qiān	MGAH	山一廾⑩
岍	MGAH	山一廾⑩

qiān	WGIF	人一丷
佥	WGIG	人一丷

qiān	TWGI	竹人一丷
签	TWGG	竹人一一

签到 TWGC　签订 TWYS
签发 TWNT　签名 TWQK
签收 TWNH　签名册 TQMM
签署 TWLF　签字 TWPB

qiān	DPRh	大冖龷丨
牵	DPTg	大冖丿牛

牵连 DPLP　牵涉 DPIH
牵头 DPUD　牵强附会 DXBW
牵线 DPXG　牵引 DPXH
牵制 DPRM

qiān	QMKg	钅几口⑩
铅	QWKg	钅几口⑩

铅笔 QMTT　铅印 QMQG
铅字 QMPB

qiān	NJCf	忄刂又土
悭	NJCf	忄刂又土

qiān	YUVO	讠丷彐小
谦	YUVw	讠丷彐八

谦让 YUYH　谦虚 YUHA

谦逊 YUBI　谦虚谨慎 YHYN

qián 前		
	UEjj	丷月刂Ⓙ
	UEjj	丷月刂Ⓙ

前辈 UEDJ　前边 UELP
前程 UETK　前不久 UGQY
前后 UERG　前车之鉴 ULPJ
前进 UEFJ　前功尽弃 UANY
前景 UEJY　前车可鉴 ULSJ
前来 UEGO　前列 UEGQ
前门 UEUY　前面 UEDM
前年 UERH　前期 UEAD
前人 UEWW　前仆后继 UWRX
前身 UETM　前所未有 URFD
前提 UERJ　前头 UEUD
前途 UEWT　前往 UETY
前夕 UEQT　前无古人 UFDW
前线 UEXG　前言 UEYY
前沿 UEIM　前因后果 ULRJ
前者 UEFT　前奏 UEDW

qián 虔		
	HAYi	广七文Ⓘ
	HYi	虍文Ⓘ

qián 钱		
	QGt	钅戋Ⓣ
	QGay	钅一戈Ⓨ

钱财 QGMF　钱票 QGSF

qián 钳		
	QAFg	钅廿二Ⓖ
	QFG	钅甘Ⓖ

钳子 QABB

qián 揵		
	RYNE	扌丶尸月
	RYNE	扌丶尸月

qián 乾		
	FJTn	十早𠂉乙
	FJTn	十早𠂉乙

乾坤 FJFJ　乾隆 FJBT

qián 黔		
	LFON	罒土灬乙
	LFON	罒土灬乛

qián 犍		
	TRVp	丿扌彐廴
	CVGp	牛彐干廴

qián 潜		
	IFWj	氵二人日
	IGGJ	氵夫夫曰

潜伏 IFWD　潜力 IFLT
潜移默化 ITLW

qián 钤		
	QWYN	钅人丶乙
	QWYN	钅人丶乛

qiǎn 肷		
	EQWy	月⺈人Ⓨ
	EQWy	月⺈人Ⓨ

qiǎn 浅		
	IGT	氵戋Ⓣ
	IGAy	氵一戈Ⓨ

浅显 IGJO

qiǎn 遣		
	KHGP	口丨一辶
	KHGP	口丨一辶

qiǎn 谴		
	YKHP	讠口丨辶
	YKHP	讠口丨辶

qiǎn 缱		
	XKHP	纟口丨辶
	XKHp	纟口丨辶

qiàn 欠		
	QWu	⺈人Ⓤ
	QWu	⺈人Ⓤ

欠安 QWPV　欠款 QWFF
欠缺 QWRM　欠条 QWTS
欠妥 QWEV　欠债 QWWG
欠帐 QWMH

qiàn 芡		
	AQWu	艹⺈人Ⓤ
	AQWu	艹⺈人Ⓤ

qiàn 嵌	MAFw	山廿二人
	MFQw	山甘⺈人
qiàn 纤	XTFh	纟丿十①
	XTFh	纟丿十①
qiàn 茜	ASF	廾西㊀
	ASF	廾西㊀
qiàn 倩	WGEG	亻龶月㊀
	WGEG	亻龶月㊀
qiàn 堑	LRFf	车斤土⊙
	LRFf	车斤土⊙
qiàn 椠	LRSu	车斤木⊙
	LRSu	车斤木⊙
qiàn 慊	NUVo	忄丷彐⺝
	NUVw	忄丷彐八
qiàn 歉	UVOW	丷彐⺝人
	UVJW	丷彐丨人

歉疚 UVUQ　歉收 UVNH
歉意 UVUJ

QIANG

qiāng 呛	KWBn	口人𢎘②
	KWBn	口人𢎘②
qiāng 枪	SWBn	木人𢎘②
	SWBn	木人𢎘②

枪毙 SWXX　枪弹 SWXU
枪杆 SWSF　枪林弹雨 SSXF

qiāng 戗	WBAt	人𢎘戈⓪
	WBAy	人𢎘戈⊙

qiāng 羌	UDNB	丷ヂ乙⑥
	UNV	羊乚⑥
qiāng 蜣	JUDN	虫丷ヂ乙
	JUNn	虫羊乚②
qiāng 戕	NHDA	乙丨广戈
	UAY	爿戈⊙
qiāng 腔	EPWa	月宀八工
	EPWa	月宀八工
qiāng 锖	QGEG	钅龶月㊀
	QGEG	钅龶月㊀
qiāng 锵	QUQF	钅丬⺈寸
	QUQf	钅丬⺈寸
qiāng 镪	QXKj	钅弓口虫
	QXKj	钅弓口虫
qiāng 锖	XKjy	弓口虫①
	XKjy	弓口虫①

强大 XKDD　强词夺理 XYDG
强盗 XKUQ　强调 XKYM
强度 XKYA　强国 XKLG
强化 XKWX　强劲 XKCA
强烈 XKGQ　强迫 XKRP
强弱 XKXU　强盛 XKDN
强硬 XKDG　强有力 XDLT
强壮 XKUF　强者 XKFT
强制 XKRM

qiáng 墙	FFUK	土十丷口
	FFUK	土十丷口

墙报 FFRB　墙壁 FFNK

qiáng 蔷	AFUk	艹十丷口
	AFUk	艹十丷口

QIANG-QIAO 237

qiáng 嫱	VFUK	女十丷口
	VFUK	女十丷口

qiáng 樯	SFUk	木十丷口
	SFUk	木十丷口

qiǎng 抢	RWBn	扌人巴
	RWBn	扌人巴

抢夺 RWDF 抢购 RWMQ
抢救 RWFI 抢收 RWNH
抢占 RWHK 抢险 RWBW

qiāng 羟	UDCA	丷一ス工
	UCAG	羊ス工㇏

qiǎng 襁	PUXj	衤㇀弓虫
	PUXj	衤㇀弓虫

qiàng 炝	OWBn	火人巴
	OWBn	火人巴

qiàng 跄	KHWB	口止人巴
	KHWB	口止人巴

QIAO

qiāo 悄	NIeg	忄丷月一
	NIEg	忄丷月一

悄悄 NINI

qiāo 硗	DATq	石七丿儿
	DATq	石七丿儿

qiāo 跷	KHAQ	口止七儿
	KHAQ	口止七儿

qiāo 雀	IWYF	小亻圭㇒
	IWYF	小亻圭㇒

qiāo 锹	QTOy	钅禾火㇏
	QTOY	钅禾火㇏

qiāo 剠	WYOJ	亻圭灬刂
	WYOJ	亻圭灬刂

qiāo 敲	YMKC	亠冂口又
	YMKC	亠冂口又

敲打 YMRS 敲诈 YMYT

qiāo 橇	STFn	木丿二乙
	SEEE	木毛毛毛

qiāo 缲	XKKs	纟口口木
	XKKs	纟口口木

qiáo 乔	TDJj	丿大刂丨
	TDJj	丿大刂丨

乔石 TDDG

qiáo 侨	WTDj	亻丿大丨
	WTDj	亻丿大丨

侨胞 WTEQ 侨汇 WTIA
侨眷 WTUD 侨民 WTNA

qiáo 荞	ATDJ	艹丿大丨
	ATDJ	艹丿大丨

qiáo 峤	MTDJ	山丿大丨
	MTDJ	山丿大丨

qiáo 桥	STDj	木丿大丨
	STDj	木丿大丨

桥墩 STFY 桥梁 STIV
桥牌 STTH 桥头堡 SUWK

qiáo 鞒	AFTJ	廿甲丿刂
	AFTJ	廿甲丿刂

qiáo 翘	ATGN	七丿一羽
	ATGN	七丿一羽

qiáo 谯	YWYO	讠亻主灬
	YWYO	讠亻主灬

qiáo 憔	NWYO	忄亻主灬
	NWYO	忄亻主灬

qiáo 樵	SWYO	木亻主灬
	SWYO	木亻主灬

qiáo 瞧	HWYo	目亻主灬
	HWYo	目亻主灬

qiǎo 巧	AGNN	工一乙⊘
	AGNN	工一丂⊘

巧妙 AGVI　巧夺天工 ADGA
巧遇 AGJM　巧克力 ADLT
巧立名目 AUQH

qiǎo 愀	NTOy	忄禾火⊙
	NTOy	忄禾火⊙

qiào 壳	FPMb	士冖几⑯
	FPWb	士冖几⑯

qiào 俏	WIEg	亻⺌月㇀
	WIEg	亻⺌月㇀

俏皮 WIHC

qiào 诮	YIEg	讠⺌月㇀
	YIEg	讠⺌月㇀

qiào 峭	MIeg	山⺌月㇀
	MIeg	山⺌月㇀

qiào 鞘	AFIE	廿甲⺌月
	AFIE	廿甲⺌月

qiào 窍	PWAN	宀八工乙
	PWAN	宀八工丂

窍门 PWUY

qiào 撬	RTFN	扌丿二乙
	REEe	扌毛毛毛

 QIE

qiē 切	AVn	七刀⓪
	AVt	七刀⑰

切磋 AVDU　切断 AVON
切割 AVPD　切记 AVYN
切则 AVAV　切身 AVTM
切实 AVPU　切实可行 APST

qié 伽	WLKg	亻力口㇀
	WEKg	亻力口㇀

qié 茄	ALKF	艹力口二
	AEKf	艹力口二

qiě 且	EGd	月一㊂
	EGd	月一㊂

qiè 窃	PWAV	宀八七刀
	PWAV	宀八七刀

窃取 PWBC

qiè 郄	QDCb	乂ナ厶阝
	RDCB	乂ナ厶阝

qiè 妾	UVF	立女㊂
	UVF	立女㊂

qiè 怯	NFCY	忄土厶[丶]
	NFCY	忄土厶[丶]

qiè 挈	DHVR	三丨刀手
	DHVR	三丨刀手

qiè 锲	QDHd	钅三丨大
	QDHd	钅三丨大

锲而不舍 QDGW

qiè 惬	NAGw	忄匚一人
	NAGd	忄匚一大

qiè 箧	TAGW	⺮匚一人
	TAGD	⺮匚一大

qiè 趄	FHEg	土龰月一
	FHEg	土龰月一

qiè 慊	NUVo	忄丷彐小
	NUVw	忄丷彐八

QIN

qīn 钦	QQWy	钅勹人[丶]
	QQWy	钅⺈人[丶]

钦佩 QQWM

qīn 侵	WVPc	亻彐冖又
	WVPc	亻彐冖又

侵犯 WVQT　侵害 WVPD
侵略 WVLT　侵略军 WLPL
侵入 WVTY　侵略者 WLFT
侵袭 WVDX　侵占 WVHK

qīn 亲	USu	立木[冫]
	USu	立ホ[冫]

亲爱 USEP　亲爱的 UERQ
亲笔 USTT　亲近 USRP
亲密 USPN　亲朋 USEE
亲戚 USDH　亲切 USAV
亲热 USRV　亲人 USWW
亲身 USTM　亲手 USRT
亲王 USGG　亲痛仇快 UUWN
亲信 USWY　亲友 USDC
亲属 USNT　亲自 USTH

qīn 衾	WYNE	人丶乙𧘇
	WYNE	人丶乛𧘇

qín 芹	ARJ	艹斤[刂]
	ARJ	艹斤[刂]

qín 芩	AWYN	艹人丶乙
	AWYN	艹人丶乛

qín 矜	CBTN	マ卩丿乙
	CNHN	マ乛亅乛

qín 琴	GGWn	王王人乙
	GGWn	王王人乛

qín 秦	DWTu	三人禾[冫]
	DWTu	三人禾[冫]

秦朝 DWFJ　秦岭 DWMW
秦始皇 DVRG

qín 嗪	KDWT	口三人禾
	KDWT	口三人禾

qín 溱	IDWt	氵三人禾
	IDWT	氵三人禾

qín 螓	JDWT	虫三人禾
	JDWT	虫三人禾

qín 覃	SJJ	西早㊀
	SJJ	覀早㊀
qín 噙	KWYC	口人文厶
	KWYC	口人亠厶
qín 禽	WYBc	人文凵厶
	WYRC	人亠乂厶

禽兽 WYUL

qín 擒	RWYC	扌人文厶
	RWYC	扌人亠厶
qín 檎	SWYC	木人文厶
	SWYC	木人亠厶
qín 勤	AKGL	廿口丯力
	AKGe	廿口丯力

勤奋 AKDL　勤工俭学 AAWI
勤恳 AKVE　勤俭 AKWW
勤劳 AKAP　勤勤恳恳 AAVV
勤勉 AKQK　勤务员 ATKM
勤务 AKTL

qín 廑	YAKG	广廿口丯
	OAKg	广廿口丯
qín 锓	QVPc	钅彐冖又
	QVPc	钅彐冖又
qín 寝	PUVC	宀丬彐又
	PUVC	宀丬彐又

寝室 PUPG

qìn 吣	KNY	口心㊀
	KNY	口心㊀
qìn 沁	INy	氵心㊀
	INy	氵心㊀

沁人肺腑 IWEE

| qìn 揿 | RQQw | 扌钅勹人 |
| | RQQw | 扌钅勹人 |

QING

| qīng 青 | GEF | 圭月㊀ |
| | GEF | 圭月㊀ |

青菜 GEAE　青春 GEDW
青岛 GEQY　青春期 GDAD
青工 GEAA　青红皂白 GXRR
青海 GEIT　青黄不接 GAGR
青年 GERH　青海省 GIIT
青山 GEMM　青霉素 GFGX
青松 GESW　青年人 GRWW
青天 GEGD　青年团 GRLF
青铜 GEQM　青少年 GIRH
青蛙 GEJF　青壮年 GURH

qīng 圊	LGED	囗圭月㊀
	LGED	囗圭月㊀
qīng 清	IGEg	氵圭月㊀
	IGEg	氵圭月㊀

清白 IGRR　清查 IGSJ
清朝 IGFJ　清澈 IGIY
清晨 IGJD　清除 IGBW
清楚 IGSS　清脆 IGEQ
清单 IGUJ　清点 IGHK
清风 IGMQ　清高 IGYM
清官 IGPN　清华 IGWX
清洁 IGIF　清规戒律 IFAT
清净 IGUQ　清洁工 IIAA
清静 IGGE　清理 IGGJ
清廉 IGYU　清凉 IGUY
清明 IGJE　清明节 IJAB

清贫 IGWV　清扫 IGRV
清算 IGTH　清退 IGVE
清晰 IGJS　清洗 IGIT
清闲 IGUS　清香 IGTJ
清醒 IGSG　清秀 IGTE
清早 IGJH　清一色 IGQC
清真 IGFH

| qīng 蜻 | JGEG | 虫⺌月日 |
| | JGEG | 虫⺌月日 |

| qīng 鲭 | QGGE | 鱼一⺌月 |
| | QGGE | 鱼一⺌月 |

| qīng 轻 | LCag | 车又工日 |
| | LCag | 车又工日 |

轻便 LCWG　轻金属 LQNT
轻快 LCNN　轻车熟路 LLYK
轻工 LCAA　轻而易举 LDJI
轻率 LCYX　轻工业 LAOG
轻视 LCPY　轻工业部 LAOU
轻声 LCFN　轻描淡写 LRIP
轻松 LCSW　轻描谈写 LRYP
轻微 LCTM　轻诺寡信 LYPW
轻型 LCGA　轻易 LCJQ
轻重 LCTG　轻音乐 LUQI
轻装 LCUF

| qīng 氢 | RNCa | 𠂉乙又工 |
| | RCAd | 气又工日 |

氢弹 RNXU

| qīng 倾 | WXDm | 亻匕厂贝 |
| | WXDm | 亻匕厂贝 |

倾听 WXKR　倾家荡产 WPAU
倾向 WXTM　倾盆大雨 WWDF
倾销 WXQI　倾泄 WXIA

| qīng 卿 | QTVB | 𠂎丿彐卩 |
| | QTVB | 𠂎丿彐卩 |

| qīng 黥 | LFOI | 罒土灬小 |
| | LFOI | 罒土灬小 |

| qíng 情 | NGEg | 忄⺌月日 |
| | NGEg | 忄⺌月日 |

情报 NGRB　情报检索 NRSF
情操 NGRK　情不自禁 NGTS
情调 NGYM　情感 NGDG
情节 NGAB　情景 NGJY
情况 NGUK　情理 NGGJ
情形 NGGA　情投意合 NRUW
情绪 NGXF　情意 NGUJ
情愿 NGDR

| qíng 晴 | JGEg | 日⺌月日 |
| | JGEg | 日⺌月日 |

晴朗 JGYV　晴纶 JGXW
晴天 JGGD　晴天霹雳 JGFF

| qíng 氰 | RNGE | 𠂉乙⺌月 |
| | RGEd | 气⺌月日 |

| qíng 檠 | AQKS | 艹勹口木 |
| | AQKS | 艹勹口木 |

| qíng 擎 | AQKR | 艹勹口手 |
| | AQKR | 艹勹口手 |

| qíng 苘 | AMKf | 艹冂口 |
| | AMKf | 艹冂口 |

| qǐng 顷 | XDmy | 匕厂贝⊙ |
| | XDmy | 匕厂贝⊙ |

| qǐng 请 | YGEg | 讠⺌月日 |
| | YGEg | 讠⺌月日 |

请便 YGWG　请假 YGWN
请柬 YGGL　请教 YGFT
请进 YGFJ　请君入瓮 YVTW
请客 YGPT　请求 YGFI
请示 YGFI　请问 YGUK
请愿 YGDR　请愿书 YDNN
请战 YGHK　请罪 YGLD

| qìng 謦 | FNMY | 士尸几言 |
| | FNWY | 士尸几言 |

| qìng 綮 | YNTI | 丶尸攵小 |
| | YNTI | 丶尸攵小 |

| qìng 庆 | YDi | 广大② |
| | ODI | 广大② |

庆功 YDAL　庆贺 YDLK
庆幸 YDFU　庆祝 YDPY

| qīn 亲 | USu | 立木② |
| | USu | 立木② |

| qìng 箐 | TGEf | ⺮主月㊀ |
| | TGEf | ⺮主月㊀ |

| qìng 磬 | FNMD | 士尸几石 |
| | FNWD | 士尸几石 |

| qìng 罄 | FNMM | 士尸几山 |
| | FNWB | 士尸几山 |

磬竹难书 FTCN

QIONG

| qióng 邛 | ABH | 工阝① |
| | ABH | 工阝① |

| qióng 筇 | TABj | ⺮工阝① |
| | TABj | ⺮工阝① |

| qióng 穷 | PWLb | 宀八力 |
| | PWEr | 宀八力 |

穷国 PWLG　穷光蛋 PINH
穷苦 PWAD　穷人 PWWW
穷困 PWLS　穷折腾 PREU
穷乡僻壤 PXWF

| qióng 茕 | APNf | 艹冖乙十 |
| | APNF | 艹冖十 |

| qióng 穹 | PWXb | 宀八弓 |
| | PWXb | 宀八弓 |

| qióng 琼 | GYIY | 王亠小㊀ |
| | GYIY | 王亠小㊀ |

| qióng 蛩 | AMYJ | 工几丶虫 |
| | AWYJ | 工几丶虫 |

| qióng 跫 | AMYH | 工几丶⻊ |
| | AWYH | 工几丶⻊ |

| qióng 銎 | AMYQ | 工几丶金 |
| | AWYQ | 工几丶金 |

QIU

| qiū 丘 | RGD | 斤一㊂ |
| | RTHg | 丘丿一一 |

丘陵 RGBF

| qiū 邱 | RGBh | 斤一阝① |
| | RBH | 丘阝① |

qiū 蚯	JRGG	虫斤一⊖
	JRg	虫丘⊖
qiū 龟	QJNb	勹日乙②
	QJNb	勹曰乚②
qiū 秋	TOy	禾火⊙
	TOy	禾火⊙

秋波 TOIH　秋风 TOMQ
秋季 TOTB　秋高气爽 TYRD
秋色 TOQC　秋收 TONH
秋天 TOGD

qiū 湫	ITOY	氵禾火⊙
	ITOY	氵禾火⊙
qiū 楸	STOy	木禾火⊙
	STOy	木禾火⊙
qiū 鳅	QGTO	鱼一禾火
	QGTO	鱼一禾火
qiú 仇	WVN	亻九②
	WVN	亻九②
qiú 犰	QTVN	犭丿九②
	QTVN	犭の九②
qiú 囚	LWI	囗人③
	LWI	囗人③

囚犯 LWQT

qiú 泅	ILWy	氵囗人⊙
	ILWy	氵囗人⊙
qiú 求	FIYi	十氺丶③
	GIyi	一氺丶③

求爱 FIEP　求和 FITK
求教 FIFT　求全责备 FWGT
求学 FIIP　求同存异 FMDN
求援 FIRE　求知 FITD
求职 FIBK

qiú 俅	WFIY	亻十氺丶
	WGIY	亻一氺丶
qiú 逑	FIYP	十氺丶辶
	GIYP	一氺丶辶
qiú 球	GFIy	王十氺丶
	GGIy	王一氺丶

球队 GFBW　球赛 GFPF

qiú 赇	MFIy	贝十氺丶
	MGIy	贝一氺丶
qiú 裘	FIYE	十氺丶衣
	GIYE	一氺丶衣
qiú 虬	JNN	虫乙②
	JNN	虫乚②
qiú 酋	USGF	丷西一
	USGF	丷西一
qiú 道	USGP	丷西一辶
	USGP	丷西一辶
qiú 蝤	JUSg	虫丷西一
	JUSg	虫丷西一
qiú 璆	CAYq	又工丶儿
	CAYK	又工丶儿
qiú 糗	OTHD	米丿目犬
	OTHD	米丿目犬

QU

qū 区	AQi	匚乂①
	ARi	匚乂①

区别 AQKL　区长 AQTA
区分 AQWV　区划 AQAJ
区委 AQTV　区域 AQFA

qū 岖	MAQy	山匚乂①
	MARy	山匚乂①

qū 驱	CAQy	马匚乂①
	CGAr	马一匚乂

驱逐 CAEP

qū 躯	TMDQ	丿冂三乂
	TMDR	丿冂三乂

qū 曲	MAd	冂廿㊀
	MAd	冂廿㊀

曲解 MAQE　曲谱 MAYU
曲线 MAXG　曲折 MARR
曲直 MAFH　曲子 MABB

qū 蛐	JMAg	虫冂廿㊀
	JMAg	虫冂廿㊀

qū 诎	YBMH	讠凵山①
	YBMh	讠凵山①

qū 屈	NBMk	尸凵山⑩
	NBMk	尸凵山⑩

屈服 NBEB　屈辱 NBDF

PYFC	礻、土厶
PYFC	礻⊙土厶

qū 蛆	JEGG	虫月一㊀
	JEGG	虫月一㊀

qū 黢	LFOT	囮土灬夂
	LFOT	囮土灬夂

qū 趋	FHQv	土龰勹彐
	FHQv	土龰勹彐

趋势 FHRV

qū 麴	FWWO	十人人米
	SWWO	木人人米

qú 劬	QKLn	勹口力②
	QKET	勹口力⑩

qú 朐	EQKg	月勹口㊀
	EQKg	月勹口㊀

qú 鸲	QKQG	勹口勹一
	QKQG	勹口鸟一

qú 渠	IANS	氵匚コ木
	IANS	氵匚コ木

qú 蕖	AIAS	艹氵匚木
	AIAS	艹氵匚木

qú 磲	DIAS	石氵匚木
	DIAs	石氵匚木

qú 璩	GHAE	王虍七豖
	GHGE	王虍一豖

qú 蘧	AHAp	艹虍七辶
	AHGp	艹虍一辶

qú 瞿	HHWY	目目亻主
	HHWy	目目亻主
qú 氍	HHWN	目目亻乙
	HHWE	目目亻毛
qú 癯	UHHy	疒目目主
	UHHy	疒目目主
qú 蠼	JHHC	虫目目又
	JHHC	虫目目又
qú 衢	THHH	彳目目丨
	THHs	彳目目丁
qù 苣	AANf	艹匚コ二
	AANf	艹匚コ二
qǔ 取	BCy	耳又⊙
	BCy	耳又⊙

取代 BCWA 取长补短 BTPT
取得 BCTJ 取缔 BCXU
取决 BCUN 取决于 BUGF
取胜 BCET 取消 BCII

qǔ 娶	BCVf	耳又女⊖
	BCVf	耳又女⊖
qǔ 龋	HWBY	止人山丶
	HWBY	止人山丶
qù 去	FCU	土厶②
	FCU	土厶②

去年 FCRH 去声 FCFN
去世 FCAN

qù 趣	FHBc	土龰耳又
	FHBc	土龰耳又

趣味 FHKF

qù 觑	UHDi	門目犬②
	UHDI	門目犬②
qù 阒	HAOQ	广七廾儿
	HOMq	虍业门儿

QUAN

quān 悛	NCWt	忄厶八夂
	NCWt	忄厶八夂
quān 圈	LUDB	囗丷大巳
	LUGB	囗丷夫巳

圈套 LUDD 圈阅 LUUU
圈子 LUBB

quán 权	SCy	木又⊙
	SCy	木又⊙

权衡 SCTQ 权力 SCLT
权利 SCTJ 权势 SCRV
权威 SCDG 权威性 SDNT
权限 SCBV 权益 SCUW

quán 全	WGf	人王㊀
	WGf	人王㊀

全部 WGUK 全场 WGFN
全程 WGTK 全党全国 WIWL
全党 WGIP 全党全军 WIWP
全副 WGGK 全国各地 WLTF
全力 WGLT 全国性 WLNT
全景 WGJY 全过程 WFTK
全会 WGWF 全军 WGPL
全貌 WGEE 全力以赴 WLNF
全面 WGDM 全民族 WNYT
全民 WGNA 全世界 WALW
全能 WGCE 全年 WGRH

全盘 WGTE 全球 WGGF
全权 WGSC 全然 WGQD
全盛 WGDN 全社会 WPWF
全速 WGGK 全神贯注 WPXI
全套 WGDD 全体 WGWS
全天 WGGD 全文 WGYY
全新 WGUS 全系统 WTXY
全优 WGWD 全中国 WKLG
全心全意 WNWU
全民所有制 WNRR
全国各族人民 WLTN
全国人民代表大会 WLWW

quán 诠	YWGg	讠人王㇀
	YWGg	讠人王㇀

诠注 YWIY

quán 荃	AWGF	艹人王㇀
	AWGF	艹人王㇀

quán 辁	LWGG	车人王㇀
	LWGG	车人王㇀

quán 铨	QWGg	钅人王㇀
	QWGg	钅人王㇀

quán 痊	UWGd	疒人王㇀
	UWGd	疒人王㇀

痊愈 UWWG

quán 筌	TWGF	竹人王㇀
	TWGF	竹人王㇀

quán 醛	SGAG	西一艹王
	SGAG	西一艹王

quán 泉	RIU	白水㇀
	RIu	白水㇀

泉水 RIII 泉源 RIID

quán 拳	UDRj	䒑大手㇀
	UGRj	䒑夫手㇀

quán 蜷	JUDB	虫䒑大㇀
	JUGB	虫䒑夫㇀

quán 颧	AKKm	艹口口贝
	AKKm	艹口口贝

quán 鬈	DEUb	镸彡䒑㇀
	DEUb	镸彡䒑㇀

quǎn 犬	DGTY	犬一丿丶
	DGTY	犬一丿丶

quǎn 畎	LDY	田犬㇀
	LDY	田犬㇀

quǎn 绻	XUDB	纟䒑大㇀
	XUGB	纟䒑夫㇀

quàn 劝	CLn	又力㇀
	CET	

劝告 CLTF 劝说 CLYU

quàn 券	UDVb	䒑大刀㇀
	UGVr	䒑夫刀㇀

QUE

què 炔	ONWy	火㇇人㇀
	ONWy	火㇇人㇀

què 缺	RMNw	𠂉山㇇人
	TFBw	𠂉十山人

缺点 RMHK 缺额 RMPT

QUE-QUN

缺乏 RMTP　缺勤 RMAK
缺少 RMIT　缺损 RMRK
缺陷 RMBQ

què 阙	UUBw	门丷口人
	UUBw	门丷口人
qué 瘸	ULKW	疒力口人
	UEKW	疒力口人
què 却	FCBh	土厶卩①
	FCBh	土厶卩①
què 确	DQEh	石夕用①
	DQEh	石夕用①

确保 DQWK　确定 DQPG
确立 DQUU　确切 DQAV
确实 DQPU　确有 DQDE
确凿 DQOG

què 悫	FPMN	士冖几心
	FPWN	士冖几心
què 雀	IWYF	小亻圭㊀
	IWYF	小亻圭㊀
què 阕	UWGD	门癶一大
	UWGD	门癶一大
què 榷	SPWY	木冖亻圭
	SPWY	木冖亻圭
què 鹊	AJQG	廿日勹一
	AJQG	廿日鸟一

QUN

qūn 逡	CWTp	厶八夊辶
	CWTP	厶八夊辶
qún 裙	PUVK	衤ˋヨ口
	PUVK	衤②ヨ口

裙带 PUGK

| qún 群 | VTKd | ヨ丿口羊 |
| | VTKU | ヨ丿口羊 |

群岛 VTQY　群策群力 VTVL
群体 VTWS　群英会 VAWF
群众 VTWW　群众观点 VWCH
群众路线 VWKX

| qún 麇 | YNJT | 广コ儿禾 |
| | OXXT | 声匕匕禾 |

RAN

rán 蚺	JMFg	虫冂土㊀
	JMFG	虫冂土㊀
rán 髯	DEMf	镸彡冂土
	DEMf	镸彡冂土
rán 然	QDou	夕犬灬㊁
	QDou	夕犬灬㊁
rán 燃	OQDO	火夕犬灬
	OQDo	火夕犬灬

燃料 OQOU 燃烧 OQOA
燃眉之急 ONPQ

rǎn 冉	MFD	冂土㊀
	MFD	冂土㊀
rǎn 苒	AMFf	艹冂土
	AMFf	艹冂土
rǎn 染	IVSu	氵九木㊁
	IVSu	氵九木㊁

染料 IVOU 染色 IVQC

RANG

rǎng 嚷	KYKe	口亠口䒑
	KYKe	口亠口䒑
ráng 瓤	PYYE	衤、亠䒑
	PYYE	衤㊀亠䒑
ráng 穰	TYKe	禾亠口䒑
	TYKe	禾亠口䒑
ráng 瓤	YKKY	亠口口乀
	YKKY	亠口口乀
rǎng 壤	FYKe	土亠口䒑
	FYKe	土亠口䒑
rǎng 攘	RYKe	扌亠口䒑
	RYKe	扌亠口䒑
ràng 让	YHg	讠上㊀
	YHg	讠上㊀

让步 YHHI

RAO

ráo 饶	QNAq	夕乙七儿
	QNAq	𠂊 七儿
ráo 娆	VATq	女七丿儿
	VATq	女七丿儿
ráo 桡	SATq	木七丿儿
	SATq	木七丿儿
rǎo 扰	RDNn	扌犬乙㊁
	RDNy	扌ナ乙丶

扰乱 RDTD

| rào 绕 | XATq | 纟七丿儿 |
| | XATq | 纟七丿儿 |

RE-REN

RE

rě 喏	KADK	口卄ナ口
	KADk	口卄ナ口

rě 惹	ADKN	卄ナ口心
	ADKN	卄ナ口心

惹事生非 AGTD

rè 热	RVYO	扌九丶灬
	RVYO	扌九丶灬

热爱 RVEP　热潮 RVIF
热忱 RVNP　热诚 RVYD
热带 RVGK　热处理 RTGJ
热点 RVHK　热电厂 RJDG
热核 RVSY　热电站 RJUH
热浪 RVIY　热火朝天 ROFG
热泪 RVIH　热泪盈眶 RIEH
热量 RVJG　热力学 RLIP
热烈 RVGQ　热能 RVCE
热气 RVRN　热切 RVAV
热情 RVNG　热水瓶 RIUA
热线 RVXG　热水器 RIKK
热心 RVNY　热血 RVTL
热源 RVID　热衷 RVYK
热衷于 RYGF

REN

rén 人	Wwww	人人人人
	WWWW	人人人人

人才 WWFT　人才辈出 WFDB
人称 WWTQ　人杰地灵 WSFV
人道 WWUT　人民政府 WNGY
人工 WWAA　人民日报 WNJR
人家 WWPE　人定胜天 WPEG
人间 WWUJ　人浮于事 WIGG
人均 WWFQ　人尽其才 WNAF
人口 WWKK　人民大会堂 WNDI
人类 WWOD　人民币 WNTM
人力 WWLT　人世间 WAUJ
人马 WWCN　人民 WWNA
人命 WWWG　人情 WWNG
人权 WWSC　人群 WWVT
人身 WWTM　人生 WWTG
人士 WWFG　人生观 WTCM
人参 WWCD　人事科 WGTU
人世 WWAN　人体 WWWS
人物 WWTR　人微言轻 WTYL
人选 WWTF　人员 WWKM
人心 WWNY　人造棉 WTSR
人证 WWYG　人造革 WTAF
人造丝 WTXX
人大常委会 WDIW
人民代表大会 WNWW

rén 壬	TFD	丿士㊀
	TFD	丿士㊀

rén 仁	WFG	亻二㊀
	WFG	亻二㊀

仁义 WFYQ

rěn 忍	VYNU	刀丶心㊆
	VYNu	刀丶心㊆

忍耐 VYDM　忍不住 VGWY
忍受 VYEP　忍俊不禁 VWGS
忍痛 VYUC　忍气吞声 VRGF
忍辱负重 VDQT
忍无可忍 VFSV

rěn 荏	AWTF	卄亻丿士
	AWTf	卄亻丿士

rěn 稔	TWYN	禾人丶心
	TWYN	禾人丶心

rèn 任	WTFg	亻丿士㊀
	WTFg	亻丿士㊀

任何 WTWS 任免 WTQK
任命 WTWG 任劳任怨 WAWQ
任凭 WTWT 任期 WTAD
任务 WTTL 任人唯贤 WWKJ
任意 WTUJ 任职 WTBK
任人唯亲 WWKU

rèn 刃	VYI	刀丶㊂
	VYI	刀丶㊂

rèn 仞	WVYy	亻刀丶㊄
	WVYy	亻刀丶㊄

rèn 韧	FNHY	二乙丨丶
	FNHY	二丨丨丶

rèn 轫	LVYy	车刀丶㊄
	LVYy	车刀丶㊄

rèn 认	YWy	讠人㊄
	YWy	讠人㊄

认出 YWBM 认错 YWQA
认得 YWTJ 认定 YWPG
认可 YWSK 认清 YWIG
认识 YWYK 认输 YWLW
认为 YWVY 认帐 YWMH
认真 YWFH 认罪 YWLD

rèn 饪	QNTF	勹乙丿士
	QNTF	𠂎乚丿士

rèn 妊	VTFg	女丿士㊀
	VTFg	女丿士㊀

妊娠 VTVD

rèn 衽	PUTF	衤丿士
	PUTF	衤㊁丿士

rèn 葚	AADN	艹廿三乙
	ADWN	艹其八乚

RENG

rēng 扔	REn	扌乃㊄
	RBT	扌乃㊅

扔掉 RERH

réng 仍	WEn	亻乃㊄
	WBT	亻乃㊅

仍旧 WEHJ 仍然 WEQD

RI

rì 日	JJJJ	日日日日
	JJJJ	日日日日

日报 JJRB 日本 JJSG
日产 JJUT 日常 JJIP
日程 JJTK 日程表 JTGE
日光 JJIQ 日光灯 JIOS
日后 JJRG 日记本 JYSG
日记 JJYN 日积月累 JTEL
日历 JJDL 日理万机 JGDS
日期 JJAD 日暮途穷 JAWP
日前 JJUE 日文 JJYY
日夜 JJYW 日新月异 JUEN
日益 JJUW 日以继夜 JNXY
日用 JJET 日用品 JEKK
日元 JJFQ 日月 JJEE
日子 JJBB 日月潭 JEIS

RONG

róng 戎	ADE	戈ナ㊁
	ADE	戈ナ㊁
róng 狨	QTAD	犭丿戈ナ
	QTAD	犭㇆戈ナ
róng 绒	XADt	纟戈ナ㇒
	XADt	纟戈ナ㇒
róng 茸	ABF	艹耳㊀
	ABF	艹耳㊀
róng 荣	APSu	艹宀木㊁
	APSu	艹宀木㊁

荣获 APAQ 荣立 APUU
荣幸 APFU 荣耀 APIQ
荣誉 APIW 荣誉感 AIDG
荣誉奖 AIUQ

róng 嵘	MAPS	山艹宀木
	MAPs	山艹宀木
róng 蝾	JAPS	虫艹宀木
	JAPs	虫艹宀木
róng 容	PWWk	宀八人口

容量 PWJG 容光焕发 PION
容貌 PWEE 容纳 PWXM
容忍 PWVY 容易 PWJQ

róng 蓉	APWk	艹宀八口
	APWk	艹宀八口
róng 溶	IPWK	氵宀八口
	IPWK	氵宀八口

溶解 IPQE　溶液 IPIY

róng 榕	SPWK	木宀八口
	SPWK	木宀八口

榕树 SPSC

róng 熔	OPWk	火宀八口
	OPWk	火宀八口

熔化 OPWX 熔解 OPQE
熔炉 OPOY

róng 融	GKMj	一口门虫
	GKMj	一口门虫

融洽 GKIW　融化 GKWX
融会贯通 GWXC

róng 肜	EET	月彡㇒
	EET	月彡㇒
rǒng 冗	PMB	冖几
	PWB	冖几

冗长 PMTA

ROU

róu 柔	CBTS	龴卩㇒木
	CNHS	龴乚丨木

柔和 CBTK　柔情 CBNG
柔软 CBLQ

róu 揉	RCBS	扌龴卩木
	RCNS	扌龴乚木
róu 糅	OCBs	米龴卩木
	OCNS	米龴乚木
róu 蹂	KHCS	口止龴木
	KHCS	口止龴木

róu 鞣	AFCS	廿半マ木
	AFCS	廿半マ木
ròu 肉	MWWi	冂人人㊌
	MWWi	冂人人㊌

肉类 MWOD　肉食 MWWY
肉眼 MWHV

| rú 如 | VKg | 女口㊀ |
| | VKg | 女口㊀ |

如此 VKHX　如出一辙 VBGL
如果 VKJS　如此而已 VHDN
如何 VKWS　如法炮制 VIOR
如今 VKWY　如果说 VJYU
如下 VKGH　如虎添翼 VHIN
如若 VKAD　如获至宝 VAGP
如同 VKMG　如饥似渴 VQWI
如实 VKPU　如上所述 VHRS
如意 VKUJ　如意算盘 VUTT
如愿 VKDR　如鱼得水 VQTI
如释重负 VTTQ
如愿以偿 VDNW

rú 茹	AVKf	艹女口㊀
	AVKf	艹女口㊀
rú 铷	QVKg	钅女口㊀
	QVKg	钅女口㊀
rú 儒	WFDj	亻雨丆刂
	WFDj	亻雨丆刂

儒家 WFPE

rú 蕠	AFDJ	艹雨丆刂
	AFDJ	艹雨丆刂
rú 嚅	KFDj	口雨丆刂
	KFDj	口雨丆刂
rú 濡	IFDj	氵雨丆刂
	IFDj	氵雨丆刂
rú 孺	BFDj	孑雨丆刂
	BFDj	孑雨丆刂
rú 襦	PUFJ	衤㊀雨刂
	PUFJ	衤㊀雨刂
rú 颥	FDMM	雨丆冂贝
	FDMM	雨丆冂贝
rú 蠕	JFDJ	虫雨丆刂
	JFDJ	虫雨丆刂
rǔ 汝	IVG	氵女㊀
	IVG	氵女㊀
rǔ 乳	EBNn	爫子乙
	EBNn	爫子乚

乳房 EBYN　乳白色 ERQC
乳牛 EBRH　乳制品 ERKK

rǔ 辱	DFEF	厂二㠯寸
	DFEF	厂二㠯寸
rù 入	TYi	八㊌
	TYi	八㊌

入场 TYFN　入不敷出 TGGB
入党 TYIP　入境 TYFU
入口 TYKK　入门 TYUY
入侵 TYWV　入团 TYLF
入伍 TYWG　入学 TYIP
入座 TYYW

RU-RUN

rù 洳	IVKG	氵女口⊖
	IVKG	氵女口⊖
rù 蓐	ADFF	艹厂二寸
	ADFF	艹厂二寸
rù 溽	IDFF	氵厂二寸
	IDFF	氵厂二寸
rù 缛	XDFF	纟厂二寸
	XDFf	纟厂二寸
rù 褥	PUDF	衤丶厂寸
	PUDF	衤⑦厂寸

RUAN

ruǎn 阮	BFQn	阝二儿②
	BFQn	阝二儿②
ruǎn 朊	EFQn	月二儿②
	EFQn	月二儿②
ruǎn 软	LQWy	车ク人⊙
	LQWy	车ク人⊙

软件 LQWR　软包装 LQUF
软盘 LQTE　软件包 LWQN
软弱 LQXU　软席 LQYA
软座 LQYW

RUI

ruí 蕤	AETG	艹豕丿圭
	AGEG	艹一豕圭

ruǐ 蕊	ANNn	艹心心心
	ANNn	艹心心心
ruì 芮	AMWU	艹门人⑦
	AMWU	艹门人⑦
ruì 枘	SMWy	木门人⊙
	SMWy	木门人⊙
ruì 蚋	JMWy	虫门人⊙
	JMWy	虫门人⊙
ruì 锐	QUKq	钅丶口儿
	QUKq	钅丶口儿

锐利 QUTJ　锐气 QURN
锐意 QUUJ

ruì 瑞	GMDj	王山丆刂
	GMDj	王山丆刂

瑞典 GMMA　瑞士 GMFG
瑞雪 GMFV

ruì 睿	HPGH	卜宀一目
	HPGH	卜宀一目

RUN

rùn 闰	UGd	门王⊖
	UGD	门王⊖
rùn 润	IUGG	氵门王⊖
	IUGG	氵门王⊖

润滑 IUIM

ruò 若	ADKf	艹ナ口㊀
	ADKf	艹ナ口㊀

若干 ADFG　若是 ADJG
若无其事 AFAG

ruò 偌	WADk	亻艹ナ口
	WADk	亻艹ナ口

ruò 箬	TADK	⺮艹ナ口
	TADk	⺮艹ナ口

ruò 弱	XUxu	弓冫弓冫
	XUxu	弓冫弓冫

弱点 XUHK　弱不禁风 XGSM
弱小 XUIH　　弱者 XUFT

S

SA

sā 仨	WDG	亻三[一]
	WDG	亻三[一]
sā 挲	IITR	氵小丿手
	IITR	氵小丿手
sā 撒	RAEt	扌艹月攵
	RAEt	扌艹月攵

撒谎 RAYA　撒野 RAJF

sǎ 洒	ISg	氵西[一]
	ISG	氵西[一]

洒脱 ISEU

sà 卅	GKK	一川[川]
	GKK	一川[川]
sà 飒	UMQY	立几乂[丶]
	UWRY	立几乂[丶]
sà 脎	EQSy	月乂木[丶]
	ERSy	月乂朩[丶]
sà 萨	ABUt	艹阝立丿
	ABUt	艹阝立丿

SAI

sāi 塞	PFJF	宀二〢土
	PAWF	宀井八土
sāi 腮	ELNY	月田心[丶]
	ELNy	月田心[丶]
sāi 噻	KPFF	口宀二土
	KPAf	口宀井土
sāi 鳃	QGLn	鱼一田心
	QGLn	鱼㇀田心
sài 赛	PFJM	宀二〢贝
	PAwm	宀井八贝

赛马 PFCN

SAN

sān 三	DGgg	三一一一
	DGgg	三一一一

三好 DGVB　三八节 DWAB
三峡 DGMG　三八式 DWAA
三角 DGQE　三长两短 DTGT
三月 DGEE　三合板 DWSR
三环路 DGKH 三角形 DQGA
三极管 DSTP　三联单 DBUJ
三轮车 DLLG 三令五申 DWGJ
三角板 DQSR 三门峡 DUMG
三番五次 DTGU

sān 叁	CDDf	厶大三[二]
	CDDf	厶大三[二]
sān 毵	CDEN	厶大彡乙
	CDEE	厶大彡毛
sǎn 伞	WUHj	人丷丨[丨丨]
	WUHj	人丷丨[丨丨]

伞兵 WURG

SAN-SAO

sǎn 散	AETy	艹月攵⊙
	AETY	艹月攵⊙

散布 AEDM　散步 AEHI
散发 AENT　散会 AEWF
散件 AEWR　散文 AEYY
散装 AEUF　散文集 AYWY
散文诗 AYYF

sǎn 糁	OCDe	米厶大彡
	OCDe	米厶大彡

sǎn 馓	QNAT	勹乙艹攵
	QNAT	𠂊乙艹攵

SANG

sāng 桑	CCCS	又又又木
	CCCS	又又又木

sǎng 嗓	KCCS	口又又木
	KCCs	口又又木

sǎng 搡	RCCS	扌又又木
	RCCS	扌又又木

sǎng 磉	DCCs	石又又木
	DCCs	石又又木

sǎng 颡	CCCM	又又又贝
	CCCM	又又又贝

sāng 丧	FUEu	十丷𧘇②
	FUEu	十丷𧘇②

丧失 FURW　丧事 FUGK

SAO

sāo 搔	RCYJ	扌又丶虫
	RCYJ	扌又丶虫

sāo 骚	CCYJ	马又丶虫
	CGCJ	马㇀又虫

骚动 CCFC　骚乱 CCTD
骚扰 CCRD

sāo 缫	XVJs	纟巛日木
	XVJs	纟巛日木

sào 臊	EKKS	月口口木
	EKKS	月口口木

sāo 鳋	QGCJ	鱼一又虫
	QGCJ	鱼㇀又虫

sǎo 扫	RVg	扌彐㇀
	RVg	扌彐㇀

扫除 RVBW　扫荡 RVAI
扫盲 RVYN　扫描 RVRA
扫墓 RVAJ　扫兴 RVIW
扫帚 RVVP

sǎo 嫂	VVHc	女白丨又
	VEHc	女白丨又

sào 埽	FVPh	土彐冖丨
	FVPh	土彐冖丨

sào 瘙	UCYj	疒又丶虫
	UCYj	疒又丶虫

SE

sè 色	QCb	⺈巴①
	QCb	⺈巴①

色彩 QCES　色调 QCYM
色情 QCNG　色素 QCGX
色样 QCSU　色泽 QCIC

sè 涩	IVYh	氵刀丶止
	IVYh	氵刀丶止

sè 啬	FULK	十⺷口口
	FULK	十⺷口口

sè 铯	QQCN	钅⺈巴②
	QQCN	钅⺈巴②

sè 瑟	GGNt	王王心丿
	GGNt	王王心丿

sè 穑	TFUK	禾十⺷口
	TFUK	禾十⺷口

SEN

sēn 森	SSSu	木木木⑦
	SSSu	木木木⑦

森严 SSGO

SENG

sēng 僧	WULj	亻丷囧日
	WULj	亻丷囧日

SHA

shā 杀	QSU	乂木⑦
	RSU	乂朩⑦

杀害 QSPD　杀虫剂 QJYJ
杀伤 QSWT

shā 沙	IITt	氵小丿①
	IITt	氵小丿①

沙发 IINT　沙龙 IIDX
沙漠 IIIA　沙丘 IIRG
沙滩 IIIC　沙土 IIFF
沙子 IIBB

shā 纱	XItt	纟小丿①
	XItt	纟小丿①

shā 刹	QSJh	乂木刂①
	RSJh	乂朩刂①

刹车 QSLG　刹那 QSVF

shā 砂	DItt	石小丿①
	DItt	石小丿①

shā 莎	AIIT	艹氵小
	AIIT	艹氵小

莎士比亚 AFXG

shā 铩	QQSy	钅乂木⊙
	QRSy	钅乂朩⊙

shā 痧	UIIt	疒氵小
	UIIt	疒氵小

shā 裟	IITE	氵小丿衣
	IITE	氵小丿衣

SHA-SHAN

鲨 shā	IITG	氵小一丨
	IITG	氵小一丨
杉 shā	SET	木彡㇒
	SEt	木彡㇒
啥 shá	KWFK	口人干口
	KWFK	口人干口
傻 shǎ	WTLT	亻丿口夂
	WTLt	亻丿口夂

傻瓜 WTRC

唼 shà	KUVg	口立女㇐
	KUVg	口立女㇐
歃 shà	TFVw	丿十臼人
	TFEw	丿十臼人
煞 shà	QVTo	夕ヨ攵灬
	QVTo	夕ヨ攵灬

煞费苦心 QXAN
煞有介事 QDWG

| 霎 shà | FUVf | 雨立女㇐ |
| | FUVf | 雨立女㇐ |

霎时 FUJF

SHAI

筛 shāi	TJGH	⺮丨一丨
	TJGH	⺮丨一丨
酾 shāi	SGGY	酉一一、
	SGGY	酉一一、
晒 shài	JSG	日西一
	JSG	日西一

SHAN

| 山 shān | MMMm | 山山山山 |
| | MMMm | 山山山山 |

山川 MMKT 山村 MMSF
山地 MMFB 山峰 MMMT
山东 MMAI 山东省 MAIT
山冈 MMMQ山沟 MMIQ
山河 MMIS 山谷 MMWW
山脚 MMEF 山岭 MMMW
山脉 MMEY 山坡 MMFH
山区 MMAQ山穷水尽 MPIN
山势 MMRV 山水 MMII
山头 MMUD 山头主义 MUYY
山西 MMSG 山西省 MSIT
山腰 MMES 山庄 MMYF

| 删 shān | MMGJ | 冂冂一丨 |
| | MMGJ | 冂冂一丨 |

删节 MMAB 删除 MMBW
删改 MMNT MTYT

跚 shān	KHMG	口止冂一
	KHMG	口止冂一
芟 shān	AMCu	艹几又㇒
	AWCU	艹几又㇒
衫 shān	PUEt	衤彡㇒
	PUEt	衤㇒彡㇒
钐 shān	QET	钅彡㇒
	QET	钅彡㇒
珊 shān	GMMg	王冂冂一
	GMMg	王冂冂一

珊瑚 GMGD

shān	VMMg	女门门一
姗	VMMg	女门门一

姗姗 VMVM

shān	TEMH	丿丹山⓪
舢	TUMH	丿丹山⓪

shān	OYNN	火、尸羽
煽	OYNN	火、尸羽

煽动 OYFC

shān	ISSE	氵木木月
潸	ISSE	氵木木月

shān	EYLg	月亠口一
膻	EYLg	月亠口一

shǎn	UWi	门人⓪
闪	UWi	门人⓪

闪电 UWJN 闪电战 UJHK
闪耀 UWIQ 闪闪 UWUW
闪烁 UWOQ 闪光灯 UIOS

shǎn	BGUw	阝一丷人
陕	BGUd	阝一丷大

陕西 BGSG 陕西省 BSIT

shàn	YNND	、尸羽㊀
扇	YNND	、尸羽㊀

shàn	YMH	讠山⓪
讪	YMH	讠山⓪

shàn	IMH	氵山⓪
汕	IMH	氵山⓪

shàn	UMK	疒山⓪
疝	UMK	疒山⓪

shàn	AHKf	艹卜口㊀
苫	AHKF	艹卜口㊀

shàn	QGUK	鱼一丷口
鳝	QGUK	鱼／羊口

shàn	UDUK	丷手丷口
善	UUKF	羊丷口㊀

善后 UDRG 善罢甘休 ULAW
善良 UDYV 善始善终 UVUX
善意 UDUJ 善于 UDGF

shàn	CYNN	马、尸羽
骟	CGYN	马／尸羽

shàn	UDUB	丷手丷阝
鄯	UUKB	羊丷口阝

shàn	XUDk	纟丷手口
缮	XUUk	纟羊丷口

shàn	RYLg	扌亠口一
擅	RYLg	扌亠口一

擅长 RYTA 擅自 RYTH

shàn	EUDK	月丷手口
膳	EUUk	月羊丷口

膳食 EUWY

shàn	VYLg	女亠口一
嬗	VYLg	女亠口一

shàn	MQDy	贝夕厂言
赡	MQDy	贝夕厂言

赡养 MQUD

shàn	JUDK	虫丷手口
蟮	JUUk	虫羊丷口

SHANG

shāng 伤	WTLn	亻𠂉力⑦
	WTEt	亻𠂉力Ⓞ

伤感 WTDG 伤病员 WUKM
伤害 WTPD 伤脑筋 WETE
伤痕 WTUV 伤口 WTKK
伤势 WTRV 伤痛 WTUC
伤心 WTNY 伤员 WTKM
伤风败俗 WMMW

shāng 殇	GQTR	一夕𠂉丿
	GQTR	一夕𠂉丿

shāng 商	UMwk	立冂八口
	YUMk	亠丷冂口

商标 UMSF 商标法 USIF
商场 UMFN 商店 UMYH
商贩 UMMR 商会 UMWF
商量 UMJG 商品化 UKWX
商品 UMKK 商品经济 UKXI
商榷 UMSP 商品粮 UKOY
商谈 UMYO 商人 UMWW
商讨 UMYF 商业局 UONN
商务 UMTL 商行 UMTF
商业 UMOG 商业部 UOUK
商团 UMLF 商业区 UOAQ
商议 UMYY 商业网 UOMQ

shāng 觞	QETR	夕用𠂉丿
	QETR	夕用𠂉丿

shǎng 墒	FUMk	土立冂口
	FYUK	土亠丷口

shǎng 熵	OUMk	火立冂口
	OYUk	火亠丷口

shǎng 垧	FTMk	土丿冂口
	FTMk	土丿冂口

shǎng 响	JTMk	日丿冂口
	JTMk	日丿冂口

晌午 JTTF

shǎng 赏	IPKM	丷冖口贝
	IPKM	丷冖口贝

赏赐 IPMJ 赏罚分明 ILWJ
赏罚 IPLY 赏心悦目 INNH

shǎng 上	Hhgg	上丨一一
	HHGG	上丨一一

上班 HHGY 上半年 HURH
上报 HHRB 上边 HHLP
上层 HHNF 上层建筑 HNVT
上当 HHIV 上窜下跳 HPGK
上帝 HHUP 上级 HHXE
上海 HHIT 上方宝剑 HYPW
上进 HHFJ 上海市 HIYM
上课 HHYJ 上面 HHDM
上空 HHPW 上来 HHGO
上马 HHCN 上去 HHFC
上任 HHWT 上山下乡 HMGX
上升 HHTA 上述 HHSY
上税 HHTU 上司 HHNG
上头 HHUD 上午 HHTF
上下 HHGH 上下班 HGGY
上校 HHSU 上下文 HGYY
上周 HHMF 上星期 HJAD
上学 HHIP 上行下效 HTGU
下旬 GHQJ 上衣 HHYE
上游 HHIY 上月 HHEE
上涨 HHIX
上接第一版 HRTT

shàng 尚	IMKF	⺌冂口㇄
	IMKf	⺌冂口㇄

尚未 IMFI　尚方宝剑 IYPW

shàng 绱	XIMk	纟⺌冂口
	XIMk	纟⺌冂口

shàng 裳	IPKE	⺌宀口衣
	IPKE	⺌宀口衣

～ SHAO ～

shāo 捎	RIEg	扌⺌月㇀
	RIEg	扌⺌月㇀

shāo 梢	SIEg	木⺌月㇀
	SIEg	木⺌月㇀

shāo 烧	OATq	火七丿儿
	OATq	火七丿儿

烧饭 OAQN　烧毁 OAVA
烧鸡 OACQ

shāo 稍	TIEg	禾⺌月㇀
	TIEg	禾⺌月㇀

稍稍 TITI　　稍微 TITM
稍许 TIYT

shāo 筲	TIEF	⺮⺌月㇄
	TIEF	⺮⺌月㇄

shāo 艄	TEIE	丿舟⺌月
	TUIE	丿舟⺌月

shāo 蛸	JIEg	虫⺌月㇀
	JIEg	虫⺌月㇀

sháo 勺	QYI	勹、㇒
	QYI	勹、㇒

sháo 芍	AQYu	艹勹、㇒
	AQYu	艹勹、㇒

sháo 杓	SQYY	木勹、、
	SQYY	木勹、、

sháo 苕	AVKF	艹刀口㇄
	AVKF	艹刀口㇄

sháo 韶	UJVk	立日刀口
	UJVk	立日刀口

韶华 UJWX　韶山 UJMM

shǎo 少	ITr	小丿㇒
	ITe	小丿㇒

少将 ITUQ　少林寺 ISFF
少量 ITJG　少年儿童 IRQU
少年 ITRH　少年犯 IRQT
少女 ITVV　少年宫 IRPK
少数 ITOV　少数民族 IONY
少尉 ITNF　少数派 IOIR
少校 ITSU　少队部 ITBW
少许 ITYT　少先队员 ITBK
少爷 ITWQ　少壮派 IUIR

shào 劭	VKLn	刀口力㇆
	VKET	刀口力㇇

shào 邵	VKBh	刀口阝丨
	VKBh	刀口阝丨

shào 绍	XVKg	纟刀口㇀
	XVKg	纟刀口㇀

shào 哨	KIEg	口⺌月㇀
	KIEg	口⺌月㇀

哨兵 KIRG

shào 潲	ITIe	氵禾⺌月
	ITIe	氵禾⺌月

SHE

shē 奢	DFTj	大土丿日
	DFTj	大土丿日

奢侈 DFWQ

shē 猞	QTWK	犭丿人口
	QTWK	犭[丿]人口

shē 赊	MWFi	贝人二小
	MWFi	贝人二小

shē 畲	WFIL	人二小田
	WFIL	人二小田

shé 舌	TDD	丿古[三]
	TDD	丿古[三]

舌头 TDUD

shé 折	RRh	扌斤[丨]
	RRh	扌斤[丨]

shé 佘	WFIU	人二小[冫]
	WFIU	人二小[冫]

shé 蛇	JPXn	虫宀匕[乙]
	JPxn	虫宀匕[乙]

shě 舍	WFKf	人干口[二]
	WFKf	人干口[二]

舍己救人 WNFW
舍近求远 WRFF

shè 厍	DLK	厂车[川]
	DLK	厂车[川]

shè 设	YMCy	讠几又[丶]
	YWCy	讠几又[丶]

设备 YMTL　设法 YMIF
设防 YMBY　设计师 YYJG
设计 YMYF　设计院 YYBP
设立 YMUU　设计者 YYFT
设施 YMYT　设想 YMSH
设宴 YMPJ　设置 YMLF

shè 赦	FOTy	土小攵[丶]
	FOTY	土小攵[丶]

shè 社	PYfg	礻丶土[一]
	PYfg	礻[丶]土[一]

社长 PYTA　社会公德 PWWT
社会 PYWF　社会变革 PWYA
社交 PYUQ　社会关系 PWUT
社队 PYBW　社会化 PWWX
社论 PYYW　社会科学 PWTI
社员 PYKM　社会实践 PWPK
社会性 PWNT
社会主义 PWYY

shè 射	TMDF	丿冂三寸
	TMDf	丿冂三寸

射击 TMFM　射线 TMXG

shè 涉	IHIt	氵止少[丿]
	IHHt	氵止少[丿]

涉及 IHEY　涉外 IHQH

shè 慑	NBCc	忄耳又又
	NBCc	忄耳又又

S

shè 摄	RBCC	扌耳又又
	RBCC	扌耳又又

摄氏 RBQA　摄像 RBWQ
摄影 RBJY　摄影机 RJSM
摄制 RBRM　摄影师 RJJG
摄制组 RRXE

shè 滠	IBCc	氵耳又又
	IBCc	氵耳又又

shè 麝	YNJF	广コ｜寸
	OXXF	严ヒ 匕寸

shè 歙	WGKW	人一口人
	WGKW	人一口人

SHEI

shéi 谁	YWYG	讠亻圭⊖
	YWYG	讠亻圭⊖

SHEN

shēn 申	JHK	日｜⑩
	JHK	曰｜⑩

申报 JHRB　申辩 JHUY
申斥 JHRY　申明 JHJE
申请 JHYG　申述 JHSY
申诉 JHYR

shēn 伸	WJHh	亻日｜⑩
	WJHh	亻曰｜⑩

伸曲 WJMA　伸缩 WJXP
伸展 WJNA　伸张 WJXT

shēn 身	TMDt	丿冂三丿
	TMdt	丿冂三丿

身边 TMLP　身败名裂 TMQG
身材 TMSF　身长 TMTA
身高 TMYM　身份 TMWW
身躯 TMTM　身经百战 TXDH
身世 TMAN　身临其境 TJAF
身体 TMWS　身体力行 TWLT
身子 TMBB　身先士卒 TTFY
身心健康 TNWY

shēn 呻	KJHh	口日｜⑩
	KJHh	口曰｜⑩

呻吟 KJKW

shēn 绅	XJHh	纟日｜⑩
	XJHh	纟曰｜⑩

绅士 XJFG

shēn 诜	YTFQ	讠丿土儿
	YTFQ	讠丿土儿

shēn 娠	VDFe	女厂二𠄌
	VDFe	女厂二𠄌

shēn 砷	DJHh	石日｜⑩
	DJHh	石曰｜⑩

shēn 深	IPWs	氵宀八木
	IPWS	氵宀八木

深奥 IPTM　深层 IPNF
深长 IPTA　深处 IPTH
深度 IPYA　深厚 IPDJ
深化 IPWX　深恶痛绝 IGUX
深究 IPPW　深化改革 IWNA
深刻 IPYN　深浅 IPIG
深切 IPAV　深谋远虑 IYFH
深秋 IPTO　深情厚谊 INDY

深入 IPTY　深山 IPMM
深受 IPEP　深入浅出 ITIB
深思 IPLN　深思熟虑 ILYH
深透 IPTE　深信 IPWY
深夜 IPYW　深渊 IPIT
深造 IPTF　深圳 IPFK
深圳特区 IFTA

shēn 莘	AUJ	艹辛㊀
	AUJ	艹辛㊀

shén 神	PYJh	礻丶日丨
	PYJh	礻㊀日丨

神话 PYYT　神采奕奕 PEYY
神州 PYYT　神出鬼没 PBRI
神经 PYXC　神乎其神 PTAP
神秘 PYTN　神机妙算 PSVT
神奇 PYDS　神经病 PXUG
神气 PYRN　神经过敏 PXFT
神情 PYNG　神经衰弱 PXYX
神色 PYQC　神经质 PXRF
神圣 PYCF　神速 PYGK
神态 PYDY　神通 PYCE
神仙 PYWM　神志 PYFN

shén 什	WFH	亻十㊀
	WFh	亻十㊀

shěn 沈	IPQn	氵宀儿㊉
	IPQn	氵宀儿㊉

沈阳 IPBJ　沈阳市 IBYM

shěn 审	PJhj	宀曰丨㊀
	PJhj	宀曰丨㊀

审查 PJSJ　审察 PJPW
审定 PJPG　审计 PJYF
审理 PJGJ　审计署 PYLF
审美 PJUG　审判长 PUTA

审判 PJUD　审判官 PUPN
审批 PJRX　审判员 PUKM
审问 PJUK　审批权 PRSC
审校 PJSU　审时度势 PJYR
审讯 PJYN　审议 PJYY

shěn 哂	KSG	口西㊀
	KSG	口西㊀

shěn 矧	TDXH	丿大弓丨
	TDXH	丿大弓丨

shěn 谂	YWYN	讠人丶心
	YWYN	讠人丶心

shěn 婶	VPJh	女宀曰丨
	VPJh	女宀曰丨

婶婶 VPVP

shèn 渖	IPJh	氵宀曰丨
	IPJH	氵宀曰丨

shèn 肾	JCEf	刂又月㊁
	JCEf	刂又月㊁

肾炎 JCOO　肾脏 JCEY

shèn 甚	ADWN	廿三八乙
	DWNB	其八乚㊉

甚好 ADVB　甚至 ADGC
甚至于 AGGF

shèn 胂	EJHH	月日丨㊀
	EJHH	月曰丨㊀

shèn 渗	ICDe	氵厶大彡
	ICDe	氵厶大彡

渗透 ICTE

shèn 慎	NFHw	忄十且八
	NFHw	忄十且八

SHEN-SHENG

慎重 NFTG

shèn 椹	SADN	木廿三乙
	SDWN	木甘八㇄

shèn 蜃	DFEJ	厂二㇄虫
	DFEJ	厂二㇄虫

SHENG

shēng 升	TAK	丿廾⑩
	TAK	丿廾⑩

升级 TAXE　升学 TAIP
升值 TAWF

shēng 生	TGd	丿㇞㊀
	TGD	丿㇞㊀

生病 TGUG　生产方式 TUYA
生产 TGUT　生产关系 TUUT
生长 TGTA　生产力 TULT
生成 TGDN　生产率 TUYX
生存 TGDH　生产线 TUXG
生动 TGFC　生产者 TUFT
生活 TGIT　生产资料 TUUO
生意 TGUJ　生动活泼 TFII
生活费 TIXJ　生活方式 TIYA
生理 TGGJ　生活水平 TIIG
生命 TGWG　生机盎然 TSMQ
生力军 TLPL　生龙活虎 TDIH
生怕 TGNR　生命力 TWLT
生平 TGGU　生命线 TWXG
生气 TGRN　生前 TGUE
生日 TGJJ　生死 TGGQ
生杰 TGDY　生铁 TGQR
生效 TGUQ　生吞活剥 TGIV
生物 TGTR　生物界 TTLW
生育 TGYC　生物系 TTTX

生物学 TTIP

shēng 声	FNR	士尸⑩
	FNR	士尸⑩

声称 FNTQ　声东击西 FAFS
声调 FNYM　声符 FNTW
声明 FNJE　声母 FNXG
声势 FNRV　声色俱厉 FQWD
声速 FNGK　声嘶力竭 FKLU
声望 FNYN　声响 FNKT
声学 FNIP　声音 FNUJ
声誉 FNIW　声援 FNRE
声张 FNXT

shēng 牲	TRTG	丿扌丿㇞
	CTGg	牛丿㇞

牲畜 TRYX

shēng 笙	TTGF	⺮丿㇞
	TTGF	⺮丿㇞

shēng 甥	TGLL	丿㇞田力
	TGLE	丿㇞田力

shéng 绳	XKJN	纟口日乙
	XKJN	纟口日㇄

绳索 XKFP　绳子 XKBB

shěng 省	ITHf	小丿目㊀
	ITHf	小丿目㊀

省长 ITTA　省城 ITFD
省得 ITTJ　省份 ITWW
省府 ITYW　省级 ITXE
省略 ITLT　省军区 IPAQ
省事 ITGK　省辖市 ILYM
省委 ITTV　省政府 IGYW

shēng 眚	TGHF	丿㇞目㊀
	TGHF	丿㇞目㊀

shèng 胜	ETGg	月丿龶㊀
	ETGg	月丿龶㊀

胜败 ETMT　胜地 ETFB
胜负 ETQM　胜利 ETTJ
胜任 ETWT　胜似 ETWN
胜诉 ETYR　胜仗 ETWD

shèng 晟	JDNt	日厂乙丿
	JDNb	曰戊刀㈤

shèng 圣	CFF	又土㊀
	CFF	又土㊀

圣经 CFXC　圣诞节 CYAB
圣地 CFFB　圣诞树 CYSC
圣贤 CFJC　圣人 CFWW
圣旨 CFXJ

shèng 盛	DNNL	厂乙乙皿
	DNLf	戊丁皿㊀

盛产 DNUT　盛大 DNDD
盛典 DNMA　盛会 DNWF
盛开 DNGA　盛况 DNUK
盛情 DNNG　盛夏 DNDH
盛行 DNTF　盛宴 DNPJ
盛誉 DNIW　盛装 DNUF

shèng 剩	TUXJ	禾丬匕刂
	TUXJ	禾丬匕刂

剩余 TUWT

shèng 嵊	MTUx	山禾丬匕
	MTUx	山禾丬匕

SHI

shī 尸	NNGT	尸乙一丿
	NNGT	尸一一丿

尸体 NNWS

shī 失	RWi	𠂉人㊂
	TGI	丿夫㊂

失败 RWMT　失策 RWTG
失掉 RWRH　失火 RWOO
失控 RWRP　失利 RWTJ
失恋 RWYO　失灵 RWVO
失落 RWAI　失眠 RWHN
失误 RWYK　失效 RWUQ
失学 RWIP　失业 RWOG
失真 RWFH　失业率 ROYX
失踪 RWKH

shī 师	JGMh	刂一门丨
	JGMh	刂一门丨

师长 JGTA　师大 JGDD
师范 JGAI　师父 JGWQ
师傅 JGWG　师生 JGTG
师徒 JGTF　师专 JGFN
师资 JGUQ

shī 虱	NTJi	乙丿虫㊂
	NTJi	飞丿虫㊂

shī 诗	YFFy	讠土寸㊅
	YFFy	讠土寸㊅

诗词 YFYN　诗歌 YFSK
诗集 YFWY　诗句 YFQK
诗刊 YFFJ　诗人 YFWW
诗意 YFUJ

shī 施	YTBn	方𠂉也㊁
	YTBn	方𠂉也㊁

施肥 YTEC　施工 YTAA
施加 YTLK　施舍 YTWF
施行 YTTF　施用 YTET
施展 YTNA

shī 狮	QTJH	犭丿刂丨
	QTJH	犭〇刂丨

shī 湿	IJOg	氵日业一
	IJOg	氵曰业⊖

湿度 IJYA　湿润 IJIU

shī 蓍	AFTj	艹土丿日
	AFTJ	艹土丿曰

shī 鲺	QGNj	鱼一乙虫
	QGNj	鱼乛乀虫

shí 十	FGH	十一丨
	FGh	十一丨

十倍 FGWU　十进制 FFRM
十分 FGWV　十二月 FFEE
十成 FGDN　十六开 FUGA
十一月 FGEE　十三陵 FDBF
十月 FGEE　十六进制 FUFR
十全十美 FWFU

shí 石	DGTG	石一丿一
	DGTG	石一丿一

石板 DGSR　石碑 DGDR
石膏 DGYP　石沉大海 DIDI
石灰 DGDO　石膏像 DYWQ
石匠 DGAR　石家庄 DPYF
石料 DGOU　石家庄市 DPYY
石器 DGKK　石破天惊 DDGN
石头 DGUD　石英钟 DAQK
石油 DGIM

shí 时	JFy	日寸⊙
	JFy	日寸⊙

时差 JFUD　时不我待 JGTT
时常 JFIP　时辰 JFDF
时代 JFWA　时分 JFWV
时光 JFIQ　时候 JFWH
时机 JFSM　时间 JFUJ
时节 JFAB　时间性 JUNT
时局 JFNN　时刻 JFYN
时髦 JFDE　时刻表 JYGE
时期 JFAD　时时 JFJF
时势 JFRV　时速 JFGK
时效 JFUQ　时兴 JFIW
时钟 JFQK　时装 JFUF
时装店 JUYH

shí 识	YKWy	讠口八⊙
	YKWy	讠口八⊙

识别 YKKL　识破 YKDH
识字 YKPB

shí 实	PUdu	宀冫大⑦
	PUdu	宀冫大⑦

实干 PUFG　实际情况 PBNU
实际 PUBF　实际上 PBHH
实惠 PUGJ　实力派 PLIR
实践 PUKH　实况 PUUK
实力 PULT　实例 PUWG
实权 PUSC　实施 PUYT
实物 PUTR　实习生 PNTG
实习 PUNU　实习期 PNAD
实现 PUGM　实心实意 PNPU
实效 PUUQ　实验室 PCPG
实心 PUNY　实用性 PENT
实业 PUOG　实验田 PCLL
实在 PUDH　实业家 POPE
实验 PUCW　实业界 POLW
实质上 PRHH

shí 拾	RWGK	扌人一口
	RWGK	扌人一口

拾零 RWFW

shí 炻	ODG	火石[一]
	ODG	火石[一]

shí 蚀	QNJy	⺈乙虫[丶]
	QNJy	⺈乚 虫[丶]

shí 食	WYVe	人、彐𧘇
	WYVu	人、艮[冫]

食粮 WYOY 食品店 WKYH
食品 WYKK 食宿费 WPXJ
食堂 WYIP 食物 WYTR
食用 WYET 食欲 WYWW
食指 WYRX

shí 埘	FJFY	土日寸[丶]
	FJFY	土日寸[丶]

shí 莳	AJFU	艹日寸[冫]
	AJFU	艹日寸[冫]

shí 鲥	QGJF	鱼一日寸
	QGJF	鱼㇀日寸

shǐ 史	KQi	口乂[氵]
	KRI	口乂[氵]

史册 KQMM 史料 KQOU
史诗 KQYF 史无前例 KFUW

shǐ 矢	TDU	𠂉大[冫]
	TDU	𠂉大[冫]

矢口否认 TKGY

shǐ 豕	EGTy	豕一丿乀
	GEI	一豕[氵]

shǐ 使	WGKQ	亻一口乂
	WGKr	亻一口乂

使馆 WGQN 使节 WGAB
使命 WGWG 使用权 WESC
使用 WGET 使用率 WEYX

shǐ 始	VCKg	女厶口[一]
	VCKg	女厶口[一]

始发 VCNT 始末 VCGS
始终 VCXT 始终不渝 VXGI

shǐ 驶	CKQy	马口乂[丶]
	CGKR	马㇀口乂

shǐ 屎	NOI	尸米[氵]
	NOI	尸米[氵]

shì 士	FGHG	士一丨一
	FGHG	士一丨一

士兵 FGRG 士气 FGRN

shì 氏	QAv	𠂆 七[巛]
	QAv	𠂆 乚[巛]

shì 世	ANv	廿乙[巛]
	ANV	廿乚[巛]

世故 ANDT 世界纪录 ALXV
世间 ANUJ 世界杯 ALSG
世界 ANLW 世界观 ALCM
世纪 ANXN 世界经济 ALXI
世面 ANDM 世界上 ALHH
世事 ANGK 世界语 ALYG
世俗 ANWW 世界形势 ALGR
世态 ANDY 世外桃源 AQSI
世族 ANYT 世袭 ANDX

shì 仕	WFG	亻士[一]
	WFG	亻士[一]

shì 市	YMHJ	亠冂丨[刂]
	YMhj	亠冂丨[刂]

市长 YMTA 市场 YMFN

市尺 YMNY 市场信息 YFWT
市府 YMYW 市郊 YMUQ
市斤 YMRT 市面上 YDHH
市民 YMNA 市亩 YMYL
市区 YMAQ 市内 YMMW
市容 YMPW 市委 YMTV
市镇 YMQF 市辖区 YLAQ
市政 YMGH 市制 YMRM
市中心 YKNY

shì 示	FIu	二小⊙
	FIu	二小⊙

示范 FIAI 示波器 FIKK
示例 FIWG 示弱 FIXU
示威 FIDG 示威者 FDFT
示意 FIUJ 示意图 FULT

shì 式	AAd	弋工㊀
	AAyi	七工、②

式样 AASU

shì 事	GKvh	一口彐丨
	GKvh	一口彐丨

事端 GKUM 事半功倍 GUAW
事故 GKDT 事倍功半 GWAU
事后 GKRG 事必躬亲 GNTU
事迹 GKYO 事出有因 GBDL
事件 GKWR 事过境迁 GFFT
事例 GKWG 事前 GKUE
事情 GKNG 事实 GKPU
事态 GKDY 事实上 GPHH
事务 GKTL 事物 GKTR
事先 GKTF 事与愿违 GGDF
事项 GKAD 事业费 GOXJ
事宜 GKPE 事业心 GONY
事业 GKOG 事在人为 GDWY

shì 侍	WFFy	亻土寸⊙
	WFFY	亻土寸⊙

侍候 WFWH

shì 势	RVYL	扌九、力
	RVYE	扌九、力

势必 RVNT 势不两立 RGGU
势力 RVLT 势均力敌 RFLT
势利 RVTJ 势如破竹 RVDT

shì 视	PYMq	礻冂儿
	PYMq	礻⊙冂儿

视察 PYPW 视野 PYJF
视而不见 PDGM

shì 试	YAAg	讠弋工㊀
	YAay	讠七工、

试车 YALG 试点 YAHK
试飞 YANU 试金石 YQDG
试卷 YAUD 试看 YARH
试探 YARP 试题 YAJG
试问 YAUK 试想 YASH
试销 YAQI 试行 YATF
试验 YACW 试用 YAET
试制 YARM

shì 饰	QNTH	勹乙丿丨
	QNTh	𠂉乙丿丨

shì 轼	LAag	车弋工㊀
	LAay	车七工、

shì 恃	NFFy	忄土寸⊙
	NFFy	忄土寸⊙

shì 拭	RAAg	扌弋工㊀
	RAAy	扌弋工、

拭目以待 RHNT

shì 是	Jghu	日一止[冫]
	JGHU	曰一止[冫]

是非 JGDJ　是否 JGGI
是非曲直 JDMF

shì 弑	QSAa	乂木弋工
	RSAy	乂ホ弋、

shì 贳	ANMu	廿乙贝[冫]
	ANMu	廿乚贝[冫]

shì 适	TDPd	丿古辶[三]
	TDPd	丿古辶[三]

适当 TDIV　适度 TDYA
适合 TDWG　适得其反 TTAR
适量 TDJG　适可而止 TSDH
适龄 TDHW　适时 TDJF
适宜 TDPE　适应 TDYI
适用 TDET　适应症 TYUG
适中 TDKH　适用于 TEGF

shì 舐	TDQA	丿古ㄈ七
	TDQa	丿古ㄈ弋

shì 室	PGCf	宀一厶土
	PGCf	宀一厶土

室外 PGQH

shì 逝	RRPk	扌斤辶[川]
	RRPk	扌斤辶[川]

逝世 RRAN

shì 铈	QYMH	钅亠冂丨
	QYMH	钅亠冂丨

shì 柿	SYMH	木亠冂丨
	SYMh	木亠冂丨

shì 谥	YUWl	讠丷八皿
	YUWl	讠丷八皿

shì 释	TOCh	丿米又丨
	TOCg	丿米又キ

释放 TOYT

shì 嗜	KFTJ	口土丿日
	KFTJ	口土丿曰

嗜好 KFVB

shì 誓	RRYF	扌斤言[三]
	RRYF	扌斤言[三]

誓词 RRYN　誓师 RRJG
誓死 RRGQ

shì 筮	TAWw	⺮工人人
	TAWW	⺮工人人

shì 噬	KTAw	口⺮工人
	KTAw	口⺮工人

shì 螫	FOTJ	土小攵虫
	FOTJ	土小攵虫

shì 峙	MFFy	山土寸[丶]
	MFFy	山土寸[丶]

shi 匙	JGHX	日一匕止
	JGHX	曰一匕止

SHOU

shōu 收	NHTy	乙丨攵[丶]
	NHty	㇄丨攵[丶]

收藏 NHAD　收报人 NRWW
收成 NHDN　收到 NHGC

收发 NHNT　收发室 NNPG
收费 NHXJ　收割 NHPD
收购 NHMQ　收购价 NMWW
收回 NHLK　收货 NHWX
收获 NHAQ　收件 NHWR
收缴 NHXR　收据 NHRN
收录 NHVI　收录机 NVSM
收买 NHNU　收取 NHBC
收容 NHPW　收拾 NHRW
收税 NHTU　收缩 NHXP
收条 NHTS　收悉 NHTO
收益 NHUW　收信人 NWWW
收音 NHUJ　收音机 NUSM
收支 NHFC

| shǒu | RTgh | 手丿一丨 |
| 手 | RTgh | 手丿一丨 |

手臂 RTNK　手工艺 RAAN
手册 RTMM　手工业 RAOG
手段 RTWD　手电筒 RJTM
手稿 RTTY　手工 RTAA
手电 RTJN　手榴弹 RSXU
手表 RTGE　手脚 RTEF
手巾 RTMH　手术室 RSPG
手绢 RTXK　手帕 RTMH
手枪 RTSW　手势 RTRV
手术 RTSY　手术台 RSCK
手套 RTDD　手提包 RRQN
手续 RTXF　手舞足蹈 RRKK
手掌 RTIP　手指头 RRUD
手指 RTRX　手足 RTKH
手足无措 RKFR

| shǒu | PFu | 宀寸㊀ |
| 守 | PFu | 宀寸㊀ |

守护 PFRY　守纪律 PXTV
守 PFBG　守口如瓶 PKVU
守则 PFMJ

| shǒu | UTHf | 丷丿目㊀ |
| 首 | UTHf | 丷丿目㊀ |

首长 UTTA　首次 UTUQ
首都 UTFT　首当其冲 UIAU
首届 UTNM　首要 UTEY
首相 UTSH　首屈一指 UNGR
首席 UTYA　首先 UTTF

| shǒu | TEUh | 丿舟丷目 |
| 艏 | TUUH | 丿舟丷目 |

| shòu | DTFu | 三丿寸㊀ |
| 寿 | DTFu | 三丿寸㊀ |

寿辰 DTDF　寿命 DTWG
寿星 DTJT　寿终正寝 DXGP

| shòu | EPCu | 爫冖又 |
| 受 | EPCu | 爫冖又㊀ |

受到 EPGC　受罚 EPLY
受害 EPPD　受贿 EPMD
受奖 EPUQ　受教育 EFYC
受精 EPOG　受苦 EPAD
受累 EPLX　受理 EPGJ
受骗 EPCY　受聘 EPBM
受伤 EPWT　受审 EPPJ
受益 EPUW

| shòu | QTPF | 犭丿宀寸 |
| 狩 | QTPF | 犭の宀寸 |

| shòu | ULGk | 丷田一口 |
| 兽 | ULGk | 丷田一口 |

| shòu | WYKf | 亻主口㊀ |
| 售 | WYKf | 亻主口㊀ |

售货摊 WWRC　售货亭 WWYP
售票员 WSKM
售货员 WWKM

shòu 授	REPc	扌⺤冖又
	REPc	扌⺤冖又

授予 RECB

shòu 绶	XEPc	纟⺤冖又
	XEPc	纟⺤冖又

shòu 瘦	UVHc	疒臼丨又
	UEHc	疒臼丨又

SHU

shū 殳	MCU	几又㇒
	WCU	几又㇒

shū 书	NNHy	乙乙丨丶
	NNHy	乛乛丨丶

书本 NNSG　书报费 NRXJ
书店 NNYH　书呆子 NKBB
书籍 NNTD　书法家 NIPE
书记 NNYN　书记处 NYTH
书刊 NNFJ　书刊号 NFKG

shū 抒	RCBh	扌マ卩①
	RCNH	扌マ乛丨

shū 纾	XCBh	纟マ卩①
	XCNh	纟マ乛丨

shū 叔	HIcy	上小又丶
	HIcy	上小又丶

叔叔 HIHI

shū 枢	SAQy	木匚乂㇒
	SARy	木匚乂㇒

shū 姝	VRIy	女⺧小㇒
	VTFY	女⺧未㇒

shū 倏	WHTd	亻丨夂犬
	WHTD	亻丨夂犬

shū 殊	GQRi	一夕⺧小
	GQTf	一夕丿未

殊途同归 GWMJ

shū 梳	SYCq	木亠厶儿
	SYCk	木亠厶儿

shū 淑	IHIC	氵上小又
	IHIc	氵上小又

shū 菽	AHIc	艹上小又
	AHIc	艹上小又

shū 疏	NHYq	乙止亠儿
	NHYk	一止亠儿

shū 舒	WFKB	人干口卩
	WFKH	人干口丨

舒畅 WFJH　舒服 WFEB
舒适 WFTD

shū 摅	RHAN	扌广七心
	RHNy	扌虍心㇒

shū 毹	WGEN	人一月乙
	WGEE	人一月毛

shū 输	LWGj	车人一丨
	LWGj	车人一丨

输出 LWBM　输入 LWTY
输送 LWUD

SHU-SHU 273

shū 蔬	ANHq	艹乙止儿
	ANHk	艹一止儿

蔬菜 ANAE

shú 秫	TSYy	禾木、⊙
	TSYy	禾木、⊙

shú 熟	YBVo	亠子九灬
	YBVo	亠子九灬

熟练 YBXA 熟能生巧 YCTA
熟悉 YBTO 熟视无睹 YPFH

shú 孰	YBVY	亠子九、
	YBVY	亠子九、

shú 赎	MFNd	贝十乙大
	MFNd	贝十一大

shú 塾	YBVF	亠子九土
	YBVF	亠子九土

shǔ 暑	JFTj	日土丿日
	JFTj	曰土丿日

shǔ 黍	TWIu	禾人氺⊙
	TWIu	禾人氺⊙

shǔ 署	LFTJ	罒土丿日
	LFTJ	罒土丿日

shǔ 鼠	VNUn	臼乙冫乙
	ENUn	臼乚冫乚

鼠目寸光 VHFI

shǔ 蜀	LQJU	罒勹虫⑦
	LQJu	罒勹虫⑦

shǔ 薯	ALFJ	艹罒土日
	ALFJ	艹罒土曰

shǔ 曙	JLFJ	日罒土日
	JLfj	日罒土曰

shǔ 属	NTKy	尸丿口、
	NTKy	尸丿口、

shù 术	SYi	木、⑦
	SYi	木、⑦

shù 戍	DYNT	厂、乙丿
	AWI	戈人⑦

shù 束	GKIi	一口木⑦
	SKD	木口㊂

束之高阁 GPYU

shù 沭	ISYY	氵木、、
	ISYY	氵木、、

shù 述	SYPi	木、辶⑦
	SYPi	木、辶⑦

shù 树	SCFy	木又寸⊙
	SCFy	木又寸⊙

树立 SCUU 树林 SCSS
树木 SCSS

shù 竖	JCUf	刂又立㊁
	JCUf	刂又立㊁

shù 恕	VKNu	女口心⑦
	VKNu	女口心⑦

shù 庶	YAOi	广廿灬⑦
	OAOi	广廿灬⑦

shù 数	OVTy	米女攵⊙
	OVty	米女攵⊙

数据 OVRN 数不清 OGIG

数量 OVJG　数据库 ORYL
数目 OVHH　数理化 OGWX
数学 OVIP　数量级 OJXE
数值 OVWF　数目字 OHPB
数字 OVPB　数学课 OIYJ
数学系 OITX

| shù 腧 | EWGJ | 月人一丿 |
| | EWGJ | 月人一丿 |

| shù 墅 | JFCF | 日土マ土 |
| | JFCF | 日土マ土 |

| shù 漱 | IGKW | 氵一口人 |
| | ISKW | 氵木口人 |

| shù 澍 | IFKF | 氵士口寸 |
| | IFKF | 氵士口寸 |

SHUA

| shuā 刷 | NMHj | 尸冂丨刂 |
| | NMHj | 尸冂丨刂 |

刷牙 NMAH　刷新 NMUS

| shuǎ 耍 | DMJV | ア冂丨女 |
| | DMJV | ア冂丨女 |

SHUAI

| shuāi 衰 | YKGE | 亠口一⻂ |
| | YKGE | 亠口一⻂ |

衰弱 YKXU

| shuāi 摔 | RYXf | 扌亠幺十 |
| | RYXf | 扌亠幺十 |

| shuǎi 甩 | ENv | 月乙⑩ |
| | ENV | 月乚⑩ |

| shuài 帅 | JMHh | 丨冂丨① |
| | JMHh | 丨冂丨① |

| shuài 率 | YXif | 亠幺⺀十 |
| | YXif | 亠幺⺀十 |

| shuài 蟀 | JYXf | 虫亠幺十 |
| | JYXf | 虫亠幺十 |

SHUAN

| shuān 闩 | UGD | 门一㊂ |
| | UGD | 门一㊂ |

| shuān 拴 | RWGg | 扌人王㊀ |
| | RWGG | 扌人王㊀ |

| shuān 栓 | SWGG | 木人王㊀ |
| | SWGG | 木人王㊀ |

| shuàn 涮 | INMj | 氵尸冂刂 |
| | INMj | 氵尸冂刂 |

SHUANG

| shuāng 双 | CCy | 又又⊙ |
| | CCy | 又又⊙ |

双轨制 CLRM　双月刊 CEFJ
双职工 CBAA　双重性 CTNT

| shuāng 霜 | FShf | 雨木目㊁ |
| | FShf | 雨木目㊁ |

shuāng 孀	VFSh	女雨木目
	VFSH	女雨木目
shuǎng 爽	DQQq	大乂乂乂
	DRRr	大乂乂乂

～ SHUI ～

shuǐ 水	Iiii	水水水水
	Iiii	水水水水

水产 IIUT　　水电部 IJUK
水电 IIJN　　水电局 IJUJ
水分 IIWV　　水电站 IJUH
水果 IIJS　　水果店 IJYH
水利 IITJ　　水利化 ITWX
水泥 IIIN　　水龙头 IDUD
水平 IIGU　　水落石出 IADB
水磨石 IYDG　　水平面 IGDM
水蒸气 IARN　　水平线 IGXG
水深火热 IIOR　　水泄不通 IIGC
水涨船高 IITY　　水中捞月 IKRE

shuì 税	TUKq	禾丷口儿
	TUKq	禾丷口儿

税收 TUNH　税务 TUTL
税务局 TTNN

shuì 睡	HTgf	目丿一士
	HTgf	目丿一士

睡觉 HTIP　　睡眠 HTHN

～ SHUN ～

shǔn 吮	KCQn	口厶儿⊘
	KCQn	口厶儿⊘

shùn 顺	KDmy	川ア贝⊙
	KDmy	川ア贝⊙

顺便 KDWG　顺手牵羊 KRDU
顺利 KDTJ　顺水推舟 KIRT
顺序 KDYC　顺藤摸瓜 KARR

shùn 舜	EPQH	爫冖夕丨
	EPQG	爫冖夕牛

shùn 瞬	HEPh	目爫冖丨
	HEPg	目爫冖一

瞬息万变 HTDY

～ SHUO ～

shuō 说	YUKq	讠丷口儿
	YUKq	讠丷口儿

说话 YUYT　说不得 YGTJ
说谎 YUYA　说得好 YTVB
说服 YUEB　说长道短 YTUT
说明 YUJE　说明书 YJNN

shuò 妁	VQYy	女勹丶⊙
	VQYy	女勹丶⊙

shuò 烁	OQIy	火⺁小⊙
	OTNi	火丿乙小

shuò 硕	DDMy	石ア贝⊙
	DDMy	石ア贝⊙

shuò 朔	UBTE	丷山丿月
	UBTE	丷山丿月

shuò 铄	QQIy	钅⺁小⊙
	QTNI	钅丿乙小

shuò 搠	RUBe	扌䒑冂月
	RUBe	扌䒑冂月
shuò 蒴	AUBe	艹䒑冂月
	AUBe	艹䒑冂月
shuò 槊	UBTS	䒑冂丿木
	UBTS	䒑冂丿木

sī 厶	CNY	厶乙、
	CNY	厶乛、
sī 丝	XXGf	纟纟一㊀
	XXGf	纟纟一㊀

丝毫 XXYP

sī 司	NGKd	乙一口㊂
	NGKd	丁一口㊂

司长 NGTA　司法部 NIUK
司法 NGIF　司法局 NINN
司机 NGSM　司法厅 NIDS
司空 NGPW　司令员 NWKM
司令 NGWY　司空见惯 NPMN
司马 NGCN　司令部 NWUK
司务长 NTTA

sī 私	TCY	禾厶、
	TCY	禾厶㊉

私货 TCWX　私立 TCUU
私利 TCTJ　私人 TCWW
私心 TCNY　私生活 TTIT
私营 TCAP　私心杂念 TNVW
私有 TCDE　私有权 TDSC
私自 TCTH　私有制 TDRM

sī 咝	KXXG	口纟纟一
	KXXG	口纟纟一
sī 思	LNu	田心㊀
	LNu	田心㊀

思潮 LNIF　思想上 LSHH
思路 LNKH　思想家 LSPE
思索 LNFP　思惟 LNNW
思维 LNXW　思想方法 LSYI
思想 LNSH　思想感情 LSDN
思虑 LNHA　思想内容 LSMP
思考 LNFT　思想性 LSNT

sī 鸶	XXGG	纟纟一一
	XXGG	纟纟一一
sī 斯	ADWR	廿三八斤
	DWRh	其八斤㊀

斯文 ADYY　斯大林 ADSS

sī 缌	XLNY	纟田心、
	XLNy	纟田心㊀
sī 蛳	JJGh	虫丿一丨
	JJGh	虫丿一丨
sī 厮	DADr	厂廿三斤
	DDWr	厂其八斤

厮打 DARS　厮杀 DAQS

sī 锶	QLNy	钅田心、
	QLNy	钅田心㊀
sī 撕	RADr	扌廿三斤
	RDWR	扌其八斤

撕毁 RAVA

sī 澌	IADR	氵卄三斤
	IDWR	氵其八斤

sī 嘶	KADr	口卄三斤
	KDWr	口其八斤

sǐ 死	GQXb	一夕匕⑥
	GQXv	一夕匕⑥

死亡 GQYN　死不瞑目 GGHH
死者 GQFT　死得其所 GTAR
死灰复燃 GDTO
死气沉沉 GRII
死亡率 GYYX
死心塌地 FNFF

sì 巳	NNGN	巳乙一乙
	NNGN	巳乛一乙

sì 四	LHng	四丨乙一
	LHng	四丨一一

四季 LHTB　四环素 LGGX
四角 LHQE　四季歌 LTSK
四面 LHDM　四面八方 LDWY
四声 LHFN　四面楚歌 LDSS
四通 LHCE　四人帮 LWDT
四肢 LHEF　四舍五入 LWGT
四月 LHEE　四通八达 LCWD
四则 LHMJ　四周 LHMF

sì 寺	FFu	土寸⑦
	FFu	土寸⑦

寺院 FFBP

sì 汜	INN	氵巳⑥
	INN	氵巳⑥

sì 伺	WNGk	亻乙一口
	WNGk	亻乛一口

sì 兕	MMGQ	几冂一儿
	HNHQ	丨乛丨儿

sì 肆	DVfh	镸彐二丨
	DVgh	镸彐十①

肆意 DVUJ

sì 祀	PYNN	礻、巳⑥
	PYNN	礻⊙巳⑥

sì 泗	ILG	氵四⊖
	ILg	氵四⊖

sì 似	WNYw	亻乙、人
	WNYw	亻乛、人

似乎 WNTU　似是而非 WJDD

sì 饲	QNNK	夕乙乙口
	QNNK	夕乛乛口

饲养员 QUKM

sì 驷	CLG	马四⊖
	CGLG	马一四⊖

sì 俟	WCTd	亻厶丿大
	WCTd	亻厶丿大

sì 笥	TNGk	竹乙一口
	TNGk	竹乛一口

sì 耜	DINn	三木コ㇄
	FSNg	二木㇄一

sì 嗣	KMAk	口冂卄口
	KMAk	口冂卄口

sì 姒	VNYW	女乙、人
	VNYw	女乛、人

SONG

松 sōng	NWCy	忄八厶⊙
	NWCy	忄八厶⊙
松 sōng	SWCy	木八厶⊙
	SWCy	木八厶⊙

松柏 SWSR 松花江 SAIA
松紧 SWJC 松树 SWSC
松懈 SWNQ

凇 sōng	USWc	冫木八厶
	USWc	冫木八厶
崧 sōng	MSWc	山木八厶
	MSWc	山木八厶
淞 sōng	ISWC	氵木八厶
	ISWC	氵木八厶
菘 sōng	ASWc	艹木八厶
	ASWc	艹木八厶
嵩 sōng	MYMk	山亠门口
	MYMk	山亠门口

嵩山 MYMM

怂 sǒng	WWNu	人人心⊙
	WWNU	人人心⊙
悚 sǒng	NGKI	忄一口木
	NSKG	忄木口日
耸 sǒng	WWBf	人人耳㊀
	WWBf	人人耳㊀

耸立 WWUU

竦 sǒng	UGKI	立一口木
	USKG	立木口日
讼 sòng	YWCy	讠八厶⊙
	YWCy	讠八厶⊙
宋 sòng	PSU	宀木㊀
	PSU	宀木㊀

宋朝 PSFJ 宋健 PSWV
宋平 PSGU 宋体 PSWS
宋体字 PWPB

诵 sòng	YCEH	讠マ用①
	YCEH	讠マ用①
送 sòng	UDPi	䒑大辶③
	UDPi	䒑大辶③

送还 UDGI 送货 UDWX
送礼 UDPY 送信 UDWY

颂 sòng	WCDm	八厶丆贝
	WCDm	八厶丆贝

颂扬 WCRN

SOU

嗖 sōu	KVHc	口臼丨又
	KEHc	口臼丨又
搜 sōu	RVHc	扌臼丨又
	REHC	扌臼丨又

搜捕 RVRG 搜查 RVSJ
搜集 RVWY 搜集人 RWWW
搜索 RVFP

溲 sōu	IVHc	氵臼丨又
	IEHc	氵臼丨又

sōu 馊	QNVC	⺈乙臼又
	QNEC	⺈乚 臼又
sōu 飕	MQVC	几乂臼又
	WREc	八乂臼又
sōu 锼	QVHC	钅臼丨又
	QEHc	钅臼丨又
sōu 艘	TEVC	丿舟臼又
	TUEC	丿舟臼又
sōu 螋	JVHc	虫臼丨又
	JEHc	虫臼丨又
sǒu 叟	VHcu	臼丨又[冫]
	EHCu	臼丨又[冫]
sǒu 嗾	KYTd	口方𠂉大
	KYTd	口方𠂉大
sǒu 瞍	HVHc	目臼丨又
	HEHc	目臼丨又
sǒu 擞	ROVT	扌米女攵
	ROVT	扌米女攵
sǒu 薮	AOVT	艹米女攵
	AOVt	艹米女攵

SU

sū 苏	ALWu	艹力八[冫]
	AEWu	艹力八[冫]

苏联 ALBU　苏维埃 AXFC
苏州 ALYT

sū 酥	SGTY	西一禾[丶]
	SGTY	西一禾[丶]
sū 稣	QGTY	鱼一禾[丶]
	QGTy	鱼𠂉禾[丶]
sú 俗	WWWK	亻八人口
	WWWK	亻八人口

俗语 WWYG　俗话说 WYYU

sù 夙	MGQi	几一夕[氵]
	WGQI	八一夕[氵]
sù 诉	YRyy	讠斤丶[丶]
	YRYy	讠斤丶[丶]

诉讼 YRYW

sù 肃	VIJk	彐小丿丨[川]
	VHjw	彐丨丿丨八

肃静 VIGE　肃穆 VITR
肃清 VIIG

sù 涑	IGKI	氵一口木
	ISKG	氵木口[一]
sù 素	GXIu	龶幺小[冫]
	GXIu	龶幺小[冫]

素材 GXSF　素菜 GXAE
素养 GXUD　素质 GXRF

sù 速	GKIP	一口木辶
	SKPd	木口辶[三]

速成 GKDN　速度 GKYA
速决 GKUN　速率 GKYX
速效 GKUQ　速写 GKPG

sù 宿	PWDJ	宀亻𠂆日
	PWDJ	宀亻𠂆日

宿舍 PWWF 宿营 PWAP

sù 粟	SOU	西米⑦
	SOU	覀米⑦
sù 谡	YLWt	讠田八久
	YLWt	讠田八久
sù 嗉	KGXI	口㐅幺小
	KGXI	口㐅幺小
sù 塑	UBTF	丷凵丿土
	UBTf	丷凵丿土

塑料 UBOU 塑料布 UODM
塑像 UBWQ 塑料袋 UOWA

sù 愫	NGXi	忄㐅幺小
	NGXi	忄㐅幺小
sù 溯	IUBe	氵丷凵月
	IUBe	氵丷凵月
sù 僳	WSOy	亻西米⑦
	WSOy	亻覀米⑦
sù 蔌	AGKw	艹一口人
	ASKW	艹木口人
sù 觫	QEGI	夕用一人
	QESk	夕用木口
sù 缩	XPWJ	纟宀亻日
	XPWj	纟宀亻日
sù 簌	TGKW	⺮一口人
	TSKW	⺮木口人

SUAN

suān 狻	QTCT	犭丿厶久
	QTCT	犭⑩厶久
suān 酸	SGCt	西一厶久
	SGCt	西一厶久

酸辣 SGUG

suàn 蒜	AFIi	廾二小小
	AFIi	廾二小小

蒜苗 AFAL

suàn 算	THAj	⺮目廾⑩
	THAj	⺮目廾⑩

算法 THIF　算了 THBN
算盘 THTE　算什么 TWTC
算是 THJG　算术 THSY
算数 THOV

SUI

suī 虽	KJu	口虫⑦
	KJu	口虫⑦

虽说 KJYU

suī 荽	AEVf	艹爫女⊖
	AEVf	艹爫女⊖
suī 眭	HFFg	目土土⊖
	HFFg	目土土⊖
suī 睢	HWYG	目亻㇉
	HWYG	目亻㇉

suī 濉	IHWy	氵目亻主
	IHWy	氵目亻主

suí 绥	XEVg	纟爫女⊖
	XEVg	纟爫女⊖

suí 隋	BDAe	阝ナ工月
	BDAe	阝ナ工月

suí 随	BDEp	阝ナ月辶
	BDEp	阝ナ月辶

随便 BDWG　随波逐流 BIEI
随后 BDRG　随机应变 BSYY
随即 BDVC　随声附和 BFBT
随身 BDTM　随时随地 BJBF
随意 BDUJ　随心所欲 BNRW
随着 BDUD

suǐ 髓	MEDp	罒月ナ辶
	MEDp	罒月ナ辶

suì 岁	MQU	山夕㇀
	MQU	山夕㇀

岁数 MQOV　岁月 MQEE

suì 祟	BMFi	凵山二小
	BMFi	凵山二小

suì 谇	YYWf	讠亠人十
	YYWf	讠亠人十

suì 遂	UEPi	丷豕辶㇀
	UEPi	丷豕辶㇀

遂意 UEUJ

suì 碎	DYWf	石亠人十
	DYWf	石亠人十

碎裂 DYGQ

suì 隧	BUEp	阝丷豕辶
	BUEp	阝丷豕辶

隧道 BUUT

suì 燧	OUEp	火丷豕辶
	OUEp	火丷豕辶

suì 穗	TGJN	禾一日心
	TGJN	禾一日心

suì 邃	PWUP	宀八丷辶
	PWUP	宀八丷辶

~ SUN ~

sūn 孙	BIy	子小⊙
	BIy	子小⊙

孙悟空 BNPW　孙中山 BKMM

sūn 狲	QTBI	犭丿子小
	QTBI	犭丿子小

sūn 荪	ABIU	艹子小㇀
	ABIU	艹子小㇀

sūn 飧	QWYE	夕人丶㇋
	QWYV	夕人丶艮

sǔn 损	RKMy	扌口贝⊙
	RKMy	扌口贝⊙

损害 RKPD　损耗 RKDI
损坏 RKFG　损失 RKRW
损人利己 RWTN

cǔn 笋	TVTr	⺮彐丿㇀
	TVTr	⺮彐丿㇀

sǔn 隼	WYFJ	亻圭十⊕
	WYFJ	亻圭十⊕
sǔn 榫	SWYF	木亻圭十
	SWYF	木亻圭十

suō 嗍	KUBe	口丷凵月
	KUBe	口丷凵月
suō 唆	KCWt	口厶八夂
	KCWt	口厶八夂
suō 娑	IITV	氵小丿女
	IITV	氵小丿女
suō 桫	SIIt	木氵小丿
	SIIt	木氵小丿
suō 梭	SCWt	木厶八夂
	SCWt	木厶八夂
suō 睃	HCWt	目厶八夂
	HCWt	目厶八夂
suō 羧	UDCT	丷手厶夂
	UCWT	羊厶八夂
suō 蓑	AYKe	艹亠口𧘇
	AYKe	艹亠口𧘇
suō 嗦	KFPI	口十宀小
	KFPI	口十宀小
suō 缩	XPWJ	纟宀亻日
	XPWj	纟宀亻日

缩短 XPTD　缩手缩脚 XRXE
缩减 XPUD　缩小 XPIH
缩写 XPPG　缩影 XPJY

suǒ 琐	GIMy	王⺌贝⊙
	GIMy	王⺌贝⊙
suǒ 锁	QIMy	钅⺌贝⊙
	QIMy	钅⺌贝⊙
suǒ 唢	KIMy	口⺌贝⊙
	KIMy	口⺌贝⊙
suǒ 所	RNrh	厂コ斤⊕
	RNrh	厂コ斤⊕

所长 RNTA　所得税 RTTU
所谓 RNYL　所需 RNFD
所以 RNNY　所向披靡 RTRY
所有 RNDE　所以然 RNQD
所在 RNDH　所有权 RDSC
所属 RNNT　所有制 RDRM
所在地 RDFB　所作所为 RWRY

suǒ 索	FPXi	十宀幺小
	FPXi	十宀幺小

索赔 FPMU　索引 FPXH

塔斯社 FAPY

TA

tā 她	VBN	女也⓪
	VBN	女也⓪

她们 VBWU

tā 他	WBn	亻也⓪
	WBn	亻也⓪

他们 WBWU 他人 WBWW
他说 WBYU

tā 它	PXb	宀匕⓪
	PXb	宀匕⓪

它们 PXWU

tā 趿	KHEY	口止乃㇏
	KHBY	口止乃㇏

tā 铊	QPXn	钅宀匕⓪
	QPXn	钅宀匕⓪

tā 塌	FJNg	土日羽㊀
	FJNg	土日羽㊀

tā 遢	JNPd	日羽辶㊂
	JNPd	日羽辶㊂

tā 溻	IJNg	氵日羽㊀
	IJNg	氵日羽㊀

tā 塔	FAWK	土艹人口
	FAWk	土艹人口

tǎ 獭	QTGM	犭丿一贝
	QTSm	犭⓪木贝

tǎ 鳎	QGJN	鱼一日羽
	QGJN	鱼⼀日羽

tà 拓	RDg	扌石㊀
	RDg	扌石㊀

tà 沓	IJF	水口⼆
	IJF	水曰⼆

tà 挞	RDPy	扌大辶㇏
	RDPy	扌大辶㇏

tà 闼	UDPI	门大辶③
	UDPI	门大辶③

tà 榻	SJNg	木日羽㊀
	SJNg	木日羽㊀

tà 踏	KHIJ	口止水日
	KHIJ	口止水日

踏踏实实 KKPP

tà 嗒	KAWK	口艹人口
	KAWK	口艹人口

tà 蹋	KHJN	口止日羽
	KHJN	口止曰羽

TAI

tāi 胎	ECKg	月厶口㊀
	ECKg	月厶口㊀

tái 台	CKf	ム口⊖
	CKf	ム口⊖

台胞 CKEQ　台北 CKUX
台币 CKTM　台北市 CUYM
台风 CKMQ　台阶 CKBW
台湾 CKIY

tái 邰	CKBh	ム口阝①
	CKBh	ム口阝①

tái 抬	RCKg	扌ム口⊖
	RCKg	扌ム口⊖

抬举 RCIW　抬头 RCUD

tái 苔	ACKf	艹ム口⊖
	ACKf	艹ム口⊖

tái 炱	CKOu	ム口火②
	CKOu	ム口火②

tái 跆	KHCK	口止ム口
	KHCK	口止ム口

tái 鲐	QGCk	鱼一ム口
	QGCk	鱼一ム口

tái 薹	AFKf	艹士口土
	AFKf	艹士口土

tài 太	DYi	大、②

太后 DYRG　太极拳 DSUD
太空 DYPW　太平间 DGUJ
太平 DYGU　太平洋 DGIU
太太 DYDY　太阳能 DBCE
太阳 DYBJ　太阳系 DBTX
太原 DYDR　太原市 DDYM

tài 汰	IDYy	氵大、②
	IDYy	氵大、②

tài 态	DYNu	大、心
	DYNu	大、心

态度 DYYA

tài 肽	EDYy	月大、②
	EDYy	月大、②

tài 钛	QDYy	钅大、②
	QDYy	钅大、②

tài 泰	DWIU	三人氺②
	DWIU	三人氺②

泰斗 DWUF　泰国 DWLG
泰山 DWMM

tài 酞	SGDY	西一大、
	SGDY	西一大、

TAN

tān 坍	FMYG	土冂亠⊖
	FMYG	土冂亠⊖

tān 贪	WYNM	人、乙贝
	WYNM	人、一贝

贪婪 WYSS　贪得无厌 WTFD
贪图 WYLT　贪官污吏 WPIG
贪污 WYIF　贪天之功 WGPA
贪赃 WYMY 贪污犯 WIQT
贪污盗窃 WIUP
贪污受贿 WIEM
贪赃枉法 WMSI

tān	RCWy	扌又亻丶
摊	RCWy	扌又亻丶

摊牌 RCTH　摊商 RCUM

tān	ICWy	氵又亻丶
滩	ICWy	氵又亻丶

tān	UCWY	疒又亻丶
瘫	UCWY	疒又亻丶

瘫痪 UCUQ

dàn	IQDY	氵⺈厂言
澹	IQDy	氵⺈厂言

tán	FFCy	土二厶丶
坛	FFCy	土二厶丶

tán	JFCU	日二厶②
昙	JFCU	曰二厶②

tán	YOOy	讠火火丶
谈	YOOy	讠火火丶

谈话 YOYT　谈何容易 YWPJ
谈判 YOUD　谈虎色变 YHQY
谈论 YOYW　谈笑风生 YTMT

tán	OOBh	火火阝①
郯	OOBh	火火阝①

tán	UOOi	疒火火②
痰	UOOi	疒火火②

tán	QOOy	钅火火丶
锬	QOOy	钅火火丶

tán	YSJh	讠西早①
谭	YSJh	讠覀早①

tán	ISJh	氵西早①
潭	ISJh	氵覀早①

tán	SYLg	木亠口一
檀	SYLg	木亠口一

檀香山 STMM

tǎn	HNU	上心②
忐	HNU	上心②

tǎn	FJGg	土日一㈠
坦	FJGg	土日一㈠

坦白 FJRR　坦诚 FJYD
坦荡 FJAI　坦克 FJDQ
坦率 FJYX　坦然 FJQD

tǎn	PUJG	衤丶日一
袒	PUJG	衤②日一

tǎn	QJGg	钅日一㈠
钽	QJGg	钅日一㈠

tǎn	TFNO	丿二乙火
毯	EOOi	毛火火②

毯子 TFBB

tàn	KCY	口又丶
叹	KCY	口又丶

叹息 KCTH　叹为观止 KYCH

tàn	MDOu	山ナ火②
炭	MDOu	山ナ火②

tàn	RPWS	扌冖八木
探	RPWS	扌冖八木

探测 RPIM　探亲 RPUS
探索 RPFP　探亲假 RUWN
探讨 RPYF　探望 RPYN

探险 RPBW

tàn 碳	DMDo	石山ナ火
	DMDo	石山ナ火

TANG

tāng 汤	INRt	氵乙丿㇏
	INRt	氵㇇丿㇏

tāng 铴	QINr	钅氵乙丿
	QINr	钅氵㇇丿

tāng 羰	UDMo	丷手山火
	UMDO	羊山ナ火

tāng 鼞	DIIK	三人丷口
	FSIK	二木丷口

táng 堂	IPKF	丷宀口土
	IPKF	丷宀口土

堂皇 IPRG

táng 唐	YVHk	广彐丨口
	OVHk	广彐丨口

唐朝 YVFJ　唐人街 YWTF

táng 镗	QIPF	钅丷宀土
	QIPF	钅丷宀土

táng 棠	IPKS	丷宀口木
	IPKS	丷宀口木

táng 塘	FYVk	土广彐口
	FOVk	土广彐口

táng 搪	RYVk	扌广彐口
	ROVK	扌广彐口

搪瓷 RYUQ

táng 溏	IYVK	氵广彐口
	IOVk	氵广彐口

táng 瑭	GYVK	王广彐口
	GOVk	王广彐口

táng 樘	SIPf	木丷宀土
	SIPf	木丷宀土

táng 膛	EIPf	月丷宀土
	EIpf	月丷宀土

táng 糖	OYVK	米广彐口
	OOVk	米广彐口

糖果 OYJS　糖精 OYOG
糖衣炮弹 OYOX

táng 螗	JYVK	虫广彐口
	JOVK	虫广彐口

táng 螳	JIPf	虫丷宀土
	JIPf	虫丷宀土

螳臂当车 JNIL

táng 醣	SGYK	西一广口
	SGOK	西一广口

tǎng 帑	VCMh	女又冂丨
	VCMh	女又冂丨

tǎng 倘	WIMk	亻丷冂口
	WIMk	亻丷冂口

倘若 WIAD

tǎng 淌	IIMk	氵丷冂口
	IIMk	氵丷冂口

tǎng 傥	WIPQ	亻⺍冖儿
	WIPQ	亻⺍冖儿
tǎng 躺	TMDK	丿冂三口
	TMDK	丿冂三口
tàng 烫	INRO	氵乙刀火
	INRO	氵乃刀火
tàng 趟	FHIk	土走⺍口
	FHIk	土走⺍口

tāo 焘	DTFo	三丿寸灬
	DTFO	三丿寸灬
tāo 涛	IDTf	氵三丿寸
	IDTf	氵三丿寸
tāo 绦	XTSy	纟夂木⊙
	XTSy	纟夂朩⊙
tāo 掏	RQRm	扌勹⺈山
	RQTb	扌勹⺈山
tāo 滔	IEVg	氵⺥白⊖
	IEEg	氵⺥白⊖

滔滔 IEIE

| tāo 韬 | FNHV | 二乙丨白 |
| | FNHE | 二乙丨白 |

韬略 FNLT

| tāo 饕 | KGNE | 口一乙⻑ |
| | KGNV | 口一⺄艮 |

| táo 逃 | IQPv | ⺍儿辶⑩ |
| | QIPi | 儿⺍辶⑦ |

逃避 IQNK　逃跑 IQKH
逃走 IQFH

táo 洮	IIQn	氵⺍儿②
	IQIy	氵儿⺍⊙
táo 桃	SIQn	木⺍儿②
	SQIy	木儿⺍⊙

桃花 SIAW　桃李 SISB
桃树 SISC

| táo 陶 | BQRm | 阝勹⺈山 |
| | BQtb | 阝勹⺈山 |

陶瓷 BQUQ　陶醉 BQSG

táo 啕	KQRM	口勹⺈山
	KQTb	口勹⺈山
táo 淘	IQRm	氵勹⺈山
	IQTb	氵勹⺈山

淘汰 IQID

táo 萄	AQRm	艹勹⺈山
	AQTb	艹勹⺈山
táo 鼗	IQFc	⺍儿士又
	QIFc	儿⺍士又
tǎo 讨	YFY	讠寸⊙
	YFY	讠寸⊙

讨论 YFYW　讨价还价 YWGW
讨嫌 YFVU　讨厌 YFDD
讨债 YFWG

| tào 套 | DDU | 大镸② |
| | DDU | 大镸② |

TE

tè 忑	GHNU	一卜心⊙
	GHNU	一卜心⊙

tè 忒	ANI	弋心
	ANYI	弋心、

tè 特	TRFf	丿扌土寸
	CFFY	牛土寸、

特别 TRKL　特产 TRUT
特长 TRTA　特大 TRDD
特地 TRFB　特等奖 TTUQ
特点 TRHK　特定 TRPG
特号 TRKG　特级 TRXE
特刊 TRFJ　特快 TRNN
特例 TRWG　特派员 TIKM
特区 TRAQ　特权 TRSC
特色 TRQC　特殊 TRGQ
特务 TRTL　特殊性 TGNT
特写 TRPG　特效药 TUAX
特邀 TRRY　特意 TRUJ
特有 TRDE　特约 TRXQ

tè 铽	QANY	钅弋心⊙
	QANY	钅七心、

tè 慝	AADN	匚廿㔾心
	AADN	匚廿㔾心

TENG

téng 疼	UTUi	疒夂冫⊙
	UTUi	疒夂冫⊙

疼痛 UTUC

téng 腾	EUDc	月䒑大马
	EUGG	月丷夫一

腾飞 EUNU　腾空 EUPW
腾腾 EUEU

téng 誊	UDYF	䒑大言㊀
	UGYf	丷夫言㊀

誊印社 UQPY

téng 滕	EUDI	月䒑大水
	EUGI	月丷夫水

téng 藤	AEUi	艹月䒑水
	AEUi	艹月丷水

TI

tī 剔	JQRJ	日勹丿刂
	JQRJ	日勹丿刂

tī 梯	SUXt	木丷弓丿
	SUXt	木丷弓丿

梯队 SUBW　梯田 SULL

tī 锑	QUXt	钅丷弓丿
	QUXt	钅丷弓丿

tī 踢	KHJr	口止日勹
	KHJr	口止日勹

tí 啼	KUph	口立冖丨
	KYUh	口丶丷丨

啼笑皆非 KTXD

tí 提	RJgh	扌日一龰
	RJgh	扌日一龰

提案 RJPV　提拔 RJRD

提倡 RJWJ　提成 RJDN
提出 RJBM　提法 RJIF
提纲 RJXM　提纲挈领 RXDW
提高 RJYM　提高警惕 RYAN
提供 RJWA　提货 RJWX
提价 RJWW　提交 RJUQ
提款 RJFF　提练 RJXA
提炼 RJOA　提前 RJUE
提升 RJTA　提示 RJFI
提问 RJUK　提心吊胆 RNKE
提醒 RJSG　提要 RJSV
提议 RJYY　提早 RJJH

tí 缇	XJGh	纟日一疋
	XJGh	纟日一疋

tí 鹈	UXHG	丷弓丨一
	UXHG	丷弓丨一

tí 题	JGHM	日一疋贝
	JGHm	日一疋贝

题材 JGSF　题词 JGYN
题辞 JGTD

tí 蹄	KHUH	口止丷丨
	KHYH	口止亠丨

tí 醍	SGJH	西一日疋
	SGJH	西一日疋

tǐ 体	WSGg	亻木一⊖
	WSGg	亻木一⊖

体裁 WSFA　体操 WSRK
体会 WSWF　体积 WSTK
体检 WSSW　体力 WSLT
体谅 WSYY　体力劳动 WLAF
体面 WSDM　体魄 WSRR
体坛 WSFF　体贴 WSMH
体委 WSTV　体温 WSIJ

体系 WSTX　体温表 WIGE
体现 WSGM　体形 WSGA
体验 WSCW　体育场 WYFN
体育 WSYC　体育馆 WYQN
体制 WSRM　体制改革 WRNA
体质 WSRF　体重 WSTG

tì 屉	NANv	尸廿乙⑩
	NANv	尸廿乚⑩

tì 剃	UXHJ	丷弓丨刂
	UXHJ	丷弓丨刂

tì 倜	WMFk	亻冂土口
	WMFk	亻冂土口

tì 悌	NUXt	忄丷弓丿
	NUXt	忄丷弓丿

tì 涕	IUXT	氵丷弓丿
	IUXT	氵丷弓丿

tì 逖	QTOP	犭丿火辶
	QTOP	犭⑥火辶

tì 惕	NJQr	忄日勹ノ
	NJQr	忄日勹ノ

tì 替	FWFj	二人二日
	GGJf	夫夫日㊀

替代 FWWA

tì 嚏	KFPH	口十宀疋
	KFPH	口十宀疋

~ TIAN ~

tiān 天	GDi	一大②
	GDi	一大②

天边 GDLP 天安门 GPUY
天才 GDFT 天地 GDFB
天花 GDAW 天翻地覆 GTFS
天河 GDIS 天方夜谭 GYYY
天空 GDPW 天花板 GASR
天津 GDIV 天花乱坠 GATB
天平 GDGU 天津市 GIYM
天气 GDRN 天经地义 GXFY
天桥 GDST 天罗地网 GLFM
天然 GDQD 天气预报 GRCR
天色 GDQC 天然气 GQRN
天生 GDTG 天山 GDMM
天时 GDJF 天数 GDOV
天坛 GDFF 天堂 GDIP
天体 GDWS 天天 GDGD
天文 GDYY 天文馆 GYQN
天下 GDGH 天文台 GYCK
天线 GDXG 天涯海角 GIIQ
天涯 GDID 天衣无缝 GYFX
天灾 GDPO 天资 GDUQ
天真 GDFH 天造地设 GTFY
天主教 GYFT

| tiān 添 | IGDn | 氵一大小 |
| | IGDn | 氵一大小 |

添置 IGLF 添油加醋 IILS

| tián 田 | LLLl | 田田田田 |
| | LLll | 田田田田 |

田地 LLFB 田纪云 LXFC
田间 LLUJ 田径 LLTC
田野 LLJF 田径赛 LTPF
田园 LLLF

| tián 恬 | NTDg | 忄丿古⊖ |
| | NTDg | 忄丿古⊖ |

恬不知耻 NGTB

tián 畋	LTY	田攵⊙
	LTY	田攵⊙
tián 甜	TDAF	丿古廿二
	TDFg	丿古二⊖

甜菜 TDAE 甜酒 TDIS
甜美 TDUG 甜蜜 TDPN
甜酸 TDSG 甜酸苦辣 TSAU
甜言蜜语 TYPY

| tián 填 | FFHw | 土十且八 |
| | FFHw | 土十且八 |

填补 FFPU 填充 FFYC
填空 FFPW 填写 FFPG

tián 阗	UFHw	门十且八
	UFHW	门十且八
tián 忝	GDNu	一大小⑦
	GDNu	一大小⑦
tiǎn 殄	GQWe	一歹人彡
	GQWE	一歹人彡
tiǎn 腆	EMAw	月冂廿八
	EMAw	月冂廿八
tiǎn 舔	TDGN	丿古一小
	TDGN	丿古一小
tiǎn 掭	RGDN	扌一大小
	RGDn	扌一大小

| tiāo 佻 | WIQn | 亻丬儿⑫ |
| | WQIY | 亻儿丬⊙ |

tiāo 挑	RIQn	扌丷儿②
	RQIy	扌儿丷①

挑拨 RIRN　挑拨离间 RRYU
挑衅 RITL　挑选 RITF
挑战 RIHK　挑战者 RHFT

tiāo 祧	PYIQ	礻丶丷儿
	PYQI	礻①儿丷

tiáo 条	TSu	夂木
	TSu	夂朩②

条件 TSWR　条款 TSFF
条理 TSGJ　条例 TSWG
条条 TSTS　条纹 TSXY
条约 TSXQ　条形码 TGDC

tiáo 迢	VKPd	刀口辶②
	VKPd	刀口辶②

tiáo 笤	TVKf	⺮刀口②
	TVKf	⺮刀口②

tiáo 龆	HWBK	止人口口
	HWBK	止人口口

tiáo 蜩	JMFK	虫门土口
	JMFk	虫门土口

tiáo 髫	DEVk	镸彡刀口
	DEVK	镸彡刀口

tiáo 鲦	QGTS	鱼一夂木
	QGTS	鱼一夂朩

tiǎo 窕	PWIq	宀八丷儿
	PWQI	宀八儿丷

tiǎo 眺	HIQn	目丷儿②
	HQIy	目儿丷①

眺望 HIYN

tiào 崷	BMOu	凵山米②
	BMOu	凵山米②

tiào 跳	KHIq	口止丷儿
	KHQI	口止儿丷

跳动 KHFC　跳高 KHYM
跳舞 KHRL

TIE

tiē 贴	MHKG	贝卜口⊖
	MHKG	贝卜口⊖

贴近 MHRP　贴切 MHAV

tiē 萜	AMHK	艹门丨口
	AMHK	艹门丨口

tiě 铁	QRwy	钅𠂉人①
	QTGy	钅丿夫①

铁道 QRUT　铁道兵 QURG
铁钉 QRQS　铁道部 QUUK
铁轨 QRLV　铁饭碗 QQDP
铁匠 QRAR　铁矿 QRDY
铁路 QRKH　铁局 QKNN
铁器 QRKK　铁面无私 QDFT
铁树 QRSC　铁树开花 QSGA
铁证 QRYG

tiě 帖	MHHk	冂丨卜口
	MHHK	冂丨卜口

tiè 餮	GQWE	一夕人ĸ
	GQWV	一夕人艮

TING

tīng 厅	DSk	厂丁⑩
	DSk	厂丁⑩

厅长 DSTA　厅局级 DNXE

tīng 汀	ISH	氵丁⑩
	ISH	氵丁⑩

tīng 听	KRh	口斤⑩
	KRh	口斤⑩

听候 KRWH　听话 KRYT
听见 KRMQ　听课 KRYJ
听取 KRBC　听任 KRWT
听说 KRYU　听信 KRWY
听之任之 KPWP

tīng 烃	OCag	火ス工日
	OCAg	火ス工日

tíng 廷	TFPD	丿士廴
	TFPD	丿士廴日

tíng 亭	YPSj	亠冖丁⑩
	YPSj	亠冖丁⑩

亭子 YPBB

tíng 庭	YTFP	广丿士廴
	OTfp	广丿士廴

tíng 莛	ATFP	艹丿士廴
	ATFP	艹丿士廴

tíng 停	WYPs	亻亠冖丁
	WYPs	亻亠冖丁

停产 WYUT　停车 WYLG
停电 WYJN　停车场 WLFN
停顿 WYGB　停薪 WYAU
停职 WYBK　停止 WYHH
停滞不前 WIGU

tíng 婷	VYPs	女亠冖丁
	VYPs	女亠冖丁

tíng 葶	AYPs	艹亠冖丁
	AYPs	艹亠冖丁

tíng 蜓	JTFP	虫丿士廴
	JTFP	虫丿士廴

tíng 霆	FTFP	雨丿士廴
	FTFP	雨丿士廴

tǐng 挺	RTFP	扌丿士廴
	RTFP	扌丿士廴

挺拔 RTRD　挺身而出 RTDB

tǐng 梃	STFP	木丿士廴
	STFP	木丿士廴

tǐng 铤	QTFP	钅丿士廴
	QTFP	钅丿士廴

tǐng 艇	TETp	丿舟廴
	TUTp	丿舟丿廴

TONG

tōng 通	CEPk	龴用辶⑩
	CEPk	龴用辶⑩

通报 CERB　通讯社 CYPY
通常 CEIP　通知书 CTNN
通称 CETQ　通道 CEUT
通电 CEJNd　通牒 CETH
通风 CEMQ　通告 CETF

TONG-TONG

通过 CEFP 通话 CEYT
通缉 CEXK 通货膨胀 CWEE
通栏 CESU 通令 CEWY
通盘 CETE 通情达理 CNDG
通商 CEUM 通史 CEKQ
通顺 CEKD 通俗 CEWW
通通 CECE 通俗读物 CWYT
通统 CEXY 通信连 CWLP
通向 CETM 通宵达旦 CPDJ
通信 CEWY 通信班 CWGY
通往 CETY 通信兵 CWRG
通行 CETF 通信地址 CWFF
通讯 CEYN 通行证 CTYG
通病 CEUG 通讯录 CYVI
通用 CEET 通讯员 CYKM
通知 CETD 通讯卫星 CYBJ
通畅 CEJH 通用性 CENT

| tōng 恿 | KCEp | 口マ用辶 |
| | KCEp | 口マ用辶 |

| tóng 仝 | WAF | 人工㊀ |
| | WAF | 人工㊀ |

| tóng 同 | Mgkd | 门一口㊀ |
| | MGKd | 门一口㊀ |

同伴 MGWU 同胞 MGEQ
同辈 MGDJ 同仇敌忾 MWTN
同步 MGHI 同床异梦 MYNS
同等 MGTF 同甘共苦 MAAA
同感 MGDG 同工同酬 MAMS
同化 MGWX 同工异曲 MANM
同伙 MGWO 同归于尽 MJGN
同居 MGND 同类 MGOD
同龄 MGIIW 同路 MGKH
同盟 MGJE 同盟军 MJPL
同名 MGQK 同年 MGRH
同期 MGAD 同仁 MGWF

同时 MGJF 同事 MGGK
同乡 MGXT 同位素 MWGX
同性 MGNY 同乡会 MXWF
同性 MGNT 同心同德 MNMT
同学 MGIP 同心协力 MNFL
同样 MGSU 同性恋 MNYO
同一 MGGG 同义词 MYYN
同意 MGUJ 同志们 MFWU
同志 MGFN 同舟共济 MTAI

| tóng 佟 | WTUY | 亻夂冫⊙ |
| | WTUy | 亻夂冫⊙ |

| tóng 彤 | MYEt | 冂一彡の |
| | MYEt | 冂一彡の |

| tóng 茼 | AMGk | 艹冂一丨 |
| | AMGk | 艹冂一丨 |

| tóng 桐 | SMGK | 木冂一口 |
| | SMGK | 木冂一口 |

| tóng 砼 | DWAg | 石人工㊀ |
| | DWAg | 石人工㊀ |

| tóng 铜 | QMGK | 钅冂一口 |
| | QMGK | 钅冂一口 |

铜矿 QMDY 铜器 QMKK
铜像 QMWQ 铜墙铁壁 QFQN

| tóng 童 | UJFF | 立日土㊀ |
| | UJFF | 立日土㊀ |

童话 UJYT 童年 UJRH

| tóng 酮 | SGMK | 西一冂口 |
| | SGMK | 西一冂口 |

| tóng 僮 | WUJf | 亻立日土 |
| | WUJf | 亻立日土 |

tóng 潼	IUJF	氵立日土
	IUJF	氵立曰土
tóng 瞳	HUjf	目立日土
	HUjf	目立曰土
tǒng 统	XYCq	纟亠厶儿
	XYCq	纟亠厶儿

统称 XYTQ　统筹兼顾 XTUD
统筹 XYTD　统计图 XYLT
统管 XYTP　统计表 XYGE
统计 XYYF　统计局 XYNN
统购 XYMQ　统计学 XYIP
统建 XYVF　统率 XYYX
统配 XYSG　统销 XYQI
统一 XYGG　统一计划 XGYA
统战 XYHK　统一思想 XGLS
统治 XYIC　统战部 XHUK

tǒng 捅	RCEh	扌マ用[丨]
	RCEh	扌マ用[丨]
tǒng 桶	SCEh	木マ用[丨]
	SCEh	木マ用[丨]
tǒng 筒	TMGK	⺮冂一口
	TMGK	⺮冂一口
tòng 恸	NFCL	忄二厶力
	NFCE	忄二厶力
tòng 痛	UCEk	疒マ用[川]
	UCek	疒マ用[川]

痛恨 UCNV　痛改前非 UNUD
痛哭 UCKK　痛快 UCNN
痛心 UCNY　痛心疾首 UNUU

TOU

tōu 偷	WWGJ	亻人一刂
	WWGJ	亻人一刂

偷盗 WWUQ　偷工减料 WAUO
偷窃 WWPW　偷梁换柱 WIRS
偷天换日 WGRJ

tóu 头	UDI	冫大[氵]
	UDi	冫大[氵]

头版 UDTH　头等 UDTF
头发 UDNT　头号 UDKG
头目 UDHH　头面人物 UDWT
头脑 UDEY　头破血流 UDTI
头痛 UDUC　头头是道 UUJU
头绪 UDXF　头重脚轻 UTEL

tóu 投	RMCy	扌几又[丶]
	RWCy	扌几又[丶]

投产 RMUT　投递 RMUX
投放 RMYT　投递员 RUKM
投稿 RMTY　投机 RMSM
投降 RMBT　投机倒把 RSWR
投票 RMSF　投井下石 RFGD
投入 RMTY　投身 RMTM
投送 RMUD　投诉 RMYR
投影 RMJY　投资 RMUQ
投资额 RUPT

tóu 骰	MEMc	冎月几又
	MEWc	冎月几又
tǒu 钭	QUFh	钅冫十[丨]
	QUFh	钅冫十[丨]
tòu 透	TEPv	禾乃辶[巛]
	TBPe	禾乃辶[彡]

T

透彻 TETA 透过 TEFP
透露 TEFK 透明 TEJE
透视 TEPY

| tū 凸 | HGMg | 丨一冂一 |
| | HGHg | 丨一丨一 |

凸透镜 HTQU

| tū 秃 | TMB | 禾几② |
| | TWB | 禾几② |

| tū 突 | PWDU | 宀八犬② |
| | PWDu | 宀八犬② |

突变 PWYO 突出 PWBM
突飞 PWNU 突发性 PNNT
突击 PWFM 突飞猛进 PNQF
突破 PWDH 突击队 PFBW
突起 PWFH 突破性 PDNT
突然 PWQD 突然袭击 PQDF
突围 PWLF

| tú 图 | LTUi | 囗夂丶② |
| | LTUi | 囗夂丶② |

图案 LTPV 图表 LTGE
图画 LTGL 图解 LTQE
图例 LTWG 图片 LTTH
图示 LTFI 图书 LTNN
图象 LTQJ 图书馆 LNQN
图像 LTWQ 图形 LTGA
图样 LTSU 图章 LTUJ
图纸 LTXQ

| tú 途 | WTPi | 人禾辶② |
| | WGSP | 人一木辶 |

途径 WTTC

| tú 徒 | TFHY | 彳土𣥂⊙ |
| | TFHY | 彳土𣥂⊙ |

徒工 TFAA 徒劳 TFAP
徒刑 TFGA

| tú 涂 | IWTy | 氵人禾⊙ |
| | IWGS | 氵人一木 |

涂改 IWNT 涂脂抹粉 IERO

| tú 荼 | AWTu | 艹人禾② |
| | AWGS | 艹人一木 |

| tú 屠 | NFTj | 尸土丿日 |
| | NFTj | 尸土丿日 |

| tú 酴 | SGWT | 西一人禾 |
| | SGWS | 西一人木 |

| tǔ 土 | FFFF | 土土土土 |
| | FFFF | 土土土土 |

土产 FFUT 土地 FFFB
土豆 FFGK 土法 FFIF
土改 FFNT 土豪 FFYP
土木 FFSS 土特产 FTUT

| tǔ 吐 | KFG | 口土⊖ |
| | KFG | 口土⊖ |

吐鲁番 KQTO

| tǔ 钍 | QFG | 钅土⊖ |
| | QFG | 钅土⊖ |

| tù 兔 | QKQY | 勹口儿丶 |
| | QKQY | 勹口儿丶 |

| tù 堍 | FQKy | 土勹口⊙ |
| | FQKY | 土勹口丶 |

TU-TUI

tù 菟	AQKY	艹夂口丶
	AQKY	艹夂口丶

TUAN

tuān 湍	IMDj	氵山アリ
	IMDj	氵山アリ
tuán 团	LFTe	口十丿㇀
	LFte	口十丿㇀

团部 LFUK　团体操 LWRK
团费 LFXJ　团党委 LITV
团结 LFXF　团中央 LKMD
团体 LFWS　团市委 LYTV
团长 LFTA　团体赛 LWPF
团委 LFTV　团小组 LIXE
团校 LFSU　团员 LFKM
团圆 LFLK　团支书 LFNN
团龄 LFHW　团总支 LUFC
团组织 LXXK

tuán 抟	RFNy	扌二乙丶
	RFNy	扌二㇆丶
tuǎn 疃	LUJf	田立日土
	LUJf	田立曰土
tuàn 彖	XEU	彑豕㇒
	XEU	彑豕㇒

TUI

tuī 推	RWYG	扌亻圭㇐
	RWYG	扌亻圭㇐

推测 RWIM　推波助澜 RIEI
推迟 RWNY　推陈出新 RBBU
推崇 RWMP　推出 RWBM
推倒 RWWG　推动 RWFC
推断 RWON　推翻 RWTO
推广 RWYY　推荐 RWAD
推进 RWFJ　推广应用 RYYE
推举 RWIW　推论 RWYW
推敲 RWYM　推算 RWTH
推销 RWQI　推卸 RWRH
推行 RWTF　推选 RWTF
推移 RWTQ

tuí 颓	TMDM	禾几アハ
	TWDm	禾几アハ

颓废 TMYN

tuǐ 腿	EVEp	月彐k辶
	EVPy	月艮辶⊙
tuì 退	VEPi	彐k辶i
	VPi	艮辶㇒

退步 VEHI　退化 VEWX
退还 VEGI　退回 VELK
退缩 VEXP　退伍 VEWG
退休 VEWS　退休费 VWXJ
退职 VEBK　退休金 VWQQ

tuì 煺	OVEp	火彐k辶
	OVPy	火艮辶⊙
tuì 蜕	JUKq	虫丷口儿
	JUKq	虫丷口儿
tuì 褪	PUVP	衤㇒彐辶
	PUVP	衤㇒艮辶

TUN

tūn 吞	GDKf	一大口㊀
	GDKf	一大口㊀

吞吞吐吐 GGKK

| tūn 暾 | JYBt | 日亠子攵 |
| | JYBt | 日亠子攵 |

| tún 屯 | GBnv | 一凵乙㊆ |
| | GBnv | 一凵乚㊆ |

| tún 饨 | QNGN | 夂乙一乙 |
| | QNGN | 饣一凵一乚 |

| tún 囤 | LGBn | 囗一凵乙 |
| | LGBn | 囗一凵乚 |

| tún 豚 | EEY | 月豕㊀ |
| | EGEY | 月一豕㊀ |

| tún 臀 | NAWE | 尸䒑八月 |
| | NAWE | 尸䒑八月 |

| tǔn 氽 | WIU | 人水㊆ |
| | WIU | 人水㊆ |

TUO

| tuō 乇 | TAV | 丿七㊆ |
| | TAV | 丿七㊆ |

| tuō 托 | RTAn | 扌丿七㊆ |
| | RTAn | 扌丿七㊆ |

托福 RTPY　托儿所 RQRN
托运 RTFC　托运费 RFXJ

| tuō 拖 | RTBn | 扌𠂉也㊆ |
| | RTBn | 扌𠂉也㊆ |

拖把 RTRC　拖拉机 RRSM
拖拉 RTRU　拖泥带水 RIGI
拖鞋 RTAF

| tuō 脱 | EUKq | 月丷口儿 |
| | EUKq | 月丷口儿 |

脱产 EUUT　脱稿 EUTY
脱节 EUAB　脱脂棉 EESR
脱贫 EUWV　脱胎换骨 EERM
脱险 EUBW　脱颖而出 EXDB
脱离 EUYB

| tuó 驮 | CDY | 马大㊀ |
| | CGDY | 马一大㊀ |

| tuó 佗 | WPXn | 亻宀匕㊆ |
| | WPXn | 亻宀匕㊆ |

| tuó 陀 | BPXn | 阝宀匕㊆ |
| | BPXn | 阝宀匕㊆ |

| tuó 坨 | FPXN | 土宀匕㊆ |
| | FPXN | 土宀匕㊆ |

| tuó 沱 | IPXn | 氵宀匕㊆ |
| | IPXn | 氵宀匕㊆ |

| tuó 驼 | CPxn | 马宀匕㊆ |
| | CGPx | 马一宀匕 |

| tuó 柁 | SPXn | 木宀匕㊆ |
| | SPXn | 木宀匕㊆ |

| tuó 砣 | DPXn | 石宀匕㊆ |
| | DPXn | 石宀匕㊆ |

tuó 鸵	QYNX	勹、乙匕
	QGPx	鸟⺀宀匕
tuó 跎	KHPX	口止宀匕
	KHPX	口止宀匕
tuó 酡	SGPx	西一宀匕
	SGPx	西一宀匕
tuó 橐	GKHS	一口丨木
	GKHS	一口丨木
tuó 鼍	KKLn	口口田乙
	KKLn	口口田乚
tuǒ 妥	EVf	⺤女㊀
	EVf	⺤女㊀

妥当 EVIV　妥善 EVUD
妥协 EVFL

tuǒ 庹	YANY	广廿尸乀
	OANY	广廿尸乀
tuǒ 椭	SBDe	木阝𠂢月
	SBDe	木阝𠂢月

椭圆 SBLK

| tuò 拓 | RDg | 扌石㊀ |
| | RDg | 扌石㊀ |

拓朴 RDSH

tuò 柝	SRYY	木斤、⊙
	SRYY	木斤、⊙
tuò 唾	KTGf	口丿一土
	KTGf	口丿一土
tuò 箨	TRCH	⺮扌又丨
	TRCg	⺮扌又㇅

WA

wā 哇	KFFg	口土土⊖
	KFFg	口土土⊖
wā 挖	RPWN	扌宀八乙
	RPWN	扌宀八乙
wā 洼	IFFG	氵土土土
	IFFG	氵土土土
wā 娲	VKMw	女口冂人
	VKMw	女口冂人
wā 蛙	JFFg	虫土土⊖
	JFFg	虫土土⊖
wá 娃	VFFg	女土土⊖
	VFFg	女土土⊖
wǎ 瓦	GNYn	一乙丶乙
	GNNy	一乙乙丶

瓦解 GNQE 瓦特 GNTR

wà 袜	PUGs	衤䒑一木
	PUGs	衤②一木

袜子 PUBB

wà 腽	EJLg	月日皿⊖
	EJLg	月日皿⊖

WAI

wāi 歪	GIGh	一小一止
	DHGh	丆卜一止

歪风 GIMQ 歪曲 GIMA
歪风邪气 GMAR

wǎi 崴	MDGT	山厂一丿
	MDGV	山戊一女

wài 外	QHy	夕卜⊙
	QHy	夕卜⊙

外币 QHTM　外国人 QLWW
外表 QHGE　外交部 QUUK
外部 QHUK　外出 QHBM
外地 QHFB　外部设备 QUYT
外电 QHJN　外地人 QFWW
外调 QHYM　外国籍 QLTD
外国 QHLG　外国货 QLWX
外观 QHCM　外国佬 QLWF
外边 QHLP　外国语 QLYG
外汇 QHIA　外汇券 QIUD
外籍 QHTD　外交 QHUQ
外宾 QHPR　外交官 QUPN
外界 QHLW　外科 QHTU
外来 QHGO　外来货 QGWX
外流 QHIY　外来语 QGYG
外贸 QHQY　外貌 QHEE
外面 QHDM　外婆 QHIH
外伤 QHWT　外强中干 QXKF
外商 QHUM　外设 QHYM
外事 QHGK　外事处 QGTH
外头 QHUD　外甥 QHLF
外文 QIYY　外线 QHXG
外销 QHQI　外向型 QTGA
外行 QHTF　外形 QHGA

外衣 QHYE　外因 QHLD
外用 QHET　外语 QHYG
外长 QHTA　外语系 QYTX
外资 QHUQ　外祖父 QPWQ
外祖母 QPXG

| wān 弯 | YOXb | 一丶丬弓⑩ |
| | YOXb | 一丶丬弓⑩ |

弯路 YOKH　弯曲 YOMA

| wān 剜 | PQBJ | 宀夕㔾刂 |
| | PQBJ | 宀夕㔾刂 |

| wān 湾 | IYOx | 氵一丬弓 |
| | IYOx | 氵一丬弓 |

| wān 蜿 | JPQb | 虫宀夕㔾 |
| | JPQb | 虫宀夕㔾 |

| wǎn 豌 | GKUB | 一口䒑㔾 |
| | GKUB | 一口䒑㔾 |

| wán 丸 | VYI | 九、㊂ |
| | VYI | 九、㊂ |

| wán 纨 | XVYY | 纟九、⊙ |
| | XVYY | 纟九、⊙ |

| wán 芄 | AVYu | 艹九、㊉ |
| | AVYu | 艹九、㊉ |

| wán 完 | PFQB | 宀二儿 |
| | PFQB | 宀二儿 |

完备 PFTL　完璧归赵 PNJF
完毕 PFXX　完成 PFDN
完蛋 PFNH　完工 PFAA

完好 PFVB　完婚 PFVQ
完结 PFXF　完满 PFIA
完美 PFUG　完全 PFUF
完善 PFUD　完税 PFTU
完整 PFGK　完整无缺 PGFR

| wán 玩 | GFQn | 王二儿⑩ |
| | GFQn | 王二儿⑩ |

玩具 GFHW　玩命 GFWG
玩弄 GFGA　玩世不恭 GAGA
玩耍 GFDM　玩笑 GFTT

| wán 顽 | FQDm | 二儿厂贝 |
| | FQDm | 二儿厂贝 |

顽固 FQLD　顽固不化 FLGW
顽抗 FQRY　顽强 FQXK

| wǎn 烷 | OPFq | 火宀二儿 |
| | OPFq | 火宀二儿 |

| wǎn 挽 | RQKQ | 扌⺈口儿 |
| | RQKQ | 扌⺈口儿 |

挽回 RQLK　挽救 RQFI
挽联 RQBU　挽留 RQQY

| wǎn 宛 | PQbb | 宀夕㔾⑩ |
| | PQbb | 宀夕㔾⑩ |

宛如 PQVK　宛若 PQAD

| wǎn 晚 | JQkq | 日⺈口儿 |
| | JQkq | 日⺈口儿 |

晚安 JQPV　晚报 JQRB
晚辈 JQDJ　晚餐 JQHQ
晚饭 JQQN　晚会 JQWF
晚婚 JQVQ　晚间 JQUJ
晚年 JQRH　晚期 JQAD
晚上 JQHH　晚霞 JQFN

WAN-WANG

wǎn 莞	APFQ	卄宀二儿
	APFQ	卄宀二儿

wǎn 婉	VPQb	女宀夕㇗
	VPQb	女宀夕㇗

wǎn 惋	NPQB	忄宀夕㇗
	NPQB	忄宀夕㇗

惋惜 NPNA

wǎn 绾	XPNn	纟宀㇕㇕
	XPNg	纟宀日㇕

wǎn 脘	EPFq	月宀二儿
	EPFq	月宀二儿

wǎn 菀	APQB	卄宀夕㇗
	APQB	卄宀夕㇗

wǎn 琬	GPQb	王宀夕㇗
	GPQb	王宀夕㇗

wǎn 皖	RPFq	白宀二儿
	RPFq	白宀二儿

wǎn 畹	LPQb	田宀夕㇗
	LPQb	田宀夕㇗

wǎn 碗	DPQb	石宀夕㇗
	DPQb	石宀夕㇗

碗筷 DPTN

万	DNV	丆乙㇒
	GQe	一力㇒

万代 DNWA 万众一心 DWGN
万家 DNPE 万古长青 DDTG
万户 DNYN 万事大吉 DGDF
万里 DNJF 万里长征 DJTT
万能 DNCE 万能表 DCGE
万世 DNAN 万能胶 DCEU
万事 DNGK 万年青 DRGE
万籁 DNTG 万寿无疆 DDFX
万岁 DNMQ 万水千山 DITM
万物 DNTR 万无一失 DFGR
万一 DNGG 万象更新 DQGU
万元 DNFQ 万言书 DYNN
万丈 DNDY 万元户 DFYN
万分 DNWV 万紫千红 DXTX

wàn 腕	EPQb	月宀夕㇗
	EPQb	月宀夕㇗

WANG

wāng 汪	IGg	氵王㇀
	IGG	氵王㇀

汪洋 IGIU

wáng 亡	YNV	亠乙㇒
	YNV	亠乚㇒

亡命 YNWG 亡羊补牢 YUPP

wáng 王	GGGg	王王王王
	GGGg	王王王王

王国 GGLG 王府井 GYFJ
王码 GGDC 王码电脑 GDJE
王牌 GGTH 王码汉卡 GDIH
王永民 GYNA
王码电脑公司 GDJN
王永民电脑有限公司 GYNN
王永民中文电脑研究所 GYNR

wǎng 网	MQQi	冂乂乂㇒
	MRRi	冂乂乂㇒

wǎng 柱	SGG	木王㇆
	SGG	木王㇆
wǎng 往	TYGg	彳、王㇆
	TYGg	彳、王㇆

往常 TYIP　往返 TYRC
往复 TYTJ　往后 TYRG
往来 TYGO　往年 TYRH
往日 TYJJ　往事 TYGK
往昔 TYTY

wǎng 罔	MUYn	冂䒑乙
	MUYn	冂䒑㇄
wǎng 惘	NMUn	忄冂䒑
	NMUn	忄冂䒑㇄
wǎng 辋	LMUn	车冂䒑
	LMUn	车冂䒑㇄
wǎng 魍	RQCN	白儿厶乙
	RQCN	白儿厶㇄
wàng 妄	YNVF	亠乙女㇆
	YNVF	亠㇄女㇆

妄图 YNLT　妄想 YNSH
妄自尊大 YTUD

| wàng 忘 | YNNU | 亠乙心㇇ |
| | YNNU | 亠㇄心㇇ |

忘本 YNSG　忘掉 YNRH
忘记 YNYN　忘恩负义 YLQY

| wàng 旺 | JGG | 日王 |
| | JGG | 日王㇆ |

旺季 JGTB　旺盛 JGDN

| wàng 望 | YNEG | 亠乙月王 |
| | YNEG | 亠㇄月王 |

望见 YNMQ　望而却步 YDFH
望远镜 YFQU
望梅止渴 YSHI
望洋兴叹 YIIK
望风披靡 YMRY

| wēi 危 | QDBb | 夕厂㔾⑥ |
| | QDBb | 夕厂㔾⑥ |

危害 QDPD　危险期 QBAD
危急 QDQV　危机四伏 QSLW
危险 QDBW　危险品 QBKK
危机 QDSM　危险性 QBNT
危重 QDTG　危在旦夕 QDJQ

| wēi 威 | DGVt | 厂一女㇒ |
| | DGVd | 戊一女㇆ |

威风 DGMQ　威力 DGLT
威慑 DGNB　威风凛凛 DMUU
威望 DGYN　威武 DGGA
威胁 DGEL　威信 DGWY
威严 DGGO

wēi 偎	WLGE	亻田一ⴷ
	WLGE	亻田一ⴷ
wēi 逶	TVPd	禾女辶㇆
	TVPd	禾女辶㇆
wēi 隈	BLGE	阝田一ⴷ
	BLGe	阝田一ⴷ
wēi 葳	ADGt	艹厂一㇒
	ADGv	艹戊一女
wēi 微	TMGt	彳山一攵
	TMGt	彳山一攵

微波 TMIH　微波炉 TIOY
微薄 TMAI　微电机 TJSM
微风 TGMQ　微不足道 TGKU
微观 TMCM　微处理机 TTGS
微机 TMSM　微电脑 TJEY
微粒 TMOU　微乎其微 TTAT
微量 TMJG　微积分 TTWV
微米 TMOY　微妙 TMVI
微弱 TMXU　微生物 TTTR
微小 TMIH　微笑 TMTT
微型 TMGA　微型机 TGSM

wēi 煨	OLGe	火田一㇄
	OLGe	火田一㇄

wēi 薇	ATMt	艹彳山夂
	ATMt	艹彳山夂

wēi 巍	MTVc	山禾女厶
	MTVc	山禾女厶

巍峨 MTMT　巍然 MTQD

wéi 为	YLyi	、力、㇓
	YEYi	、力、㇓

为此 YLHX　为何 YLWS
为名 YLQK　为非作歹 YDWG
为了 YLBN　为什么 YWTC
为难 YLCW　为四化 YLWX
为止 YLHH　为所欲为 YRWY
为准 YLUW　为着 YLUD
为虎作伥 YHWW
为人民服务 YWNT

wéi 韦	FNHk	二乙丨㇑
	FNHk	二丁丨㇑

wéi 围	LFNH	囗二乙丨
	LFNH	囗二丁丨

围攻 LFAT　围观 LFCM
围困 LFLS　围拢 LFRD
围棋 LFSA　围绕 LFXA

wéi 帏	MHFh	冂丨二丨
	MHFh	冂丨二丨

wéi 沩	IYLy	氵、力、
	IYEY	氵、力、

wéi 违	FNHP	二乙丨辶
	FNHP	二丁丨辶

违背 FNUX　违法乱纪 FITX
违法 FNIF　违反 FNRC
违犯 FNQT　违约 FNXQ

wéi 闱	UFNh	门二乙丨
	UFNH	门二丁丨

wéi 桅	SQDb	木⺈厂㔾
	SQDb	木⺈厂㔾

桅杆 SQSF

wéi 涠	ILFh	氵囗二丨
	ILFh	氵囗二丨

wéi 唯	KWYG	口亻丶圭

唯独 KWQT　唯论 KTYW
唯物 KWTR　唯利是图 KTJL
唯恐 KWAM　唯物主义 KTYY
唯一 KWGG　唯心论 KNYW
唯心史观 KNKC
唯心主义 KNYY

wéi 帷	MHWy	冂丨亻圭
	MHWY	冂丨亻圭

帷幄 MHMH

| wéi 惟 | NWYg |忄亻主㇂ |
| | NWYg | 忄亻主㇂ |

惟独 NWQT 惟恐 NWAM
惟有 NWDE

| wéi 维 | XWYg | 纟亻主㇂ |
| | XWYg | 纟亻主㇂ |

维持 XWRF 维修组 XWXE
维修 XWWH 维生素 XTGX
维护 XWRY 维也纳 XBXM
维妙维肖 XVXI

| wéi 嵬 | MRQc | 山白儿厶 |
| | MRQc | 山白儿厶 |

| wéi 潍 | IXWy | 氵纟亻主 |
| | IXWy | 氵纟亻主 |

| wěi 伟 | WFNh | 亻二乙丨 |
| | WFNH | 亻二丨丨 |

伟大 WFDD

| wěi 伪 | WYLy | 亻丶力丶 |
| | WYEY | 亻丶力丶 |

伪军 WYPL 伪劣 WYIT
伪装 WYUF

| wěi 尾 | NTFn | 尸丿二乙 |
| | NEv | 尸毛@ |

| wěi 纬 | XFNH | 纟二乙丨 |
| | XFNH | 纟二丨丨 |

纬度 XFYA

| wěi 苇 | AFNh | 艹二乙丨 |
| | AFNh | 艹二丨丨 |

| wěi 委 | TVf | 禾女㇂ |
| | TVf | 禾女㇂ |

委派 TVIR 委曲 TVMA
委屈 TVNB 委曲求全 TMFW
委任 TVWT 委员长 TKTA
委员 TVKM 委托书 TRNN
委托 TVRT 委员会 TKWF

| wěi 炜 | OFNh | 火二乙丨 |
| | OFNh | 火二丁丨 |

| wěi 玮 | GFNh | 王二乙丨 |
| | GFNh | 王二丁丨 |

| wěi 洧 | IDEG | 氵ナ月㇂ |
| | IDEG | 氵ナ月㇂ |

| wěi 娓 | VNTN | 女尸丿乙 |
| | VNEn | 女尸毛 |

| wěi 诿 | YTVg | 讠禾女㇂ |
| | YTVg | 讠禾女㇂ |

| wěi 萎 | ATVf | 艹禾女㇂ |
| | ATVf | 艹禾女㇂ |

萎缩 ATXP

| wěi 隗 | BRQc | 阝白儿厶 |
| | BRQc | 阝白儿厶 |

| wěi 猥 | QTLE | 犭丿田k |
| | QTLe | 犭丿田k |

| wěi 痿 | UTVd | 疒禾女㇂ |
| | UTVd | 疒禾女㇂ |

| wěi 艉 | TENn | 丿舟尸乙 |
| | TUNe | 丿舟尸毛 |

| wèi 韪 | JGHH | 日一龰丨 |
| | JGHH | 日一龰丨 |

wèi 鲔	QGDE	鱼一丿月
	QGDE	鱼ノ月
wèi 卫	BGd	卩一㇠

卫兵 BGRG 卫生部 BTUK
卫生 BGTG 卫生间 BTUJ
卫星 BGJT 卫生巾 BTMH
卫生所 BTRN 卫生局 BTNN
卫生厅 BTDS 卫生员 BTKM
卫生院 BTBP 卫生站 BTUH
卫生纸 BTXQ 卫成区 BDAQ

wèi 未	FII	二人㇠
	FGGY	未一一丶

未必 FINT 未卜先知 FHTT
未婚 FIVQ 未婚夫 FVFW
未来 FIGO 未婚妻 FVGV
未免 FIQK 未能 FICE
未曾 FIUL 未知数 FTOV

wèi 位	WUG	亻立㇠
	WUG	亻立㇠

位于 WUGF 位置 WULF

wèi 味	KFIy	口二人㇠
	KFY	口未丶

味道 KFUT 味精 KFOG

wèi 畏	LGEu	田一㇏㇠
	LGEu	田一㇏㇠

畏缩 LGXP 畏首畏尾 LULN

wèi 胃	LEf	田月㇠
	lFF	田FF

胃癌 LEUK 胃病 LEUG
胃口 LEKK 胃溃疡 LIUN

胃酸 LESG 胃炎 LEOO

wèi 尉	NFIf	尸二小寸
	NFIF	尸二小寸

wèi 谓	YLEg	讠田月㇠
	YLEg	讠田月㇠

谓语 YLYG

wèi 喂	KLGE	口田一㇏
	KLge	口田一㇏

wèi 渭	ILEg	氵田月㇠
	ILEg	氵田月㇠

wèi 猬	QTLE	犭丿田月
	QTLE	犭⺁田月

wèi 魏	TVRc	禾女白厶
	TVRc	禾女白厶

wèi 慰	NFIN	尸二小心
	NFIn	尸二小心

慰藉 NFAD 慰问品 NUKK
慰问 NFUK 慰问电 NUJN
慰劳 NFAP 慰问团 NULF
慰问信 NUWY

wèi 蔚	ANFf	艹尸二寸
	ANFf	艹尸二寸

蔚蓝 ANAJ 蔚蓝色 AAQC

WEN

wēn 温	IJLg	氵日皿㇠
	IJLg	氵日皿㇠

温差 IJUD 温存 IJDH
温带 IJGK 温度 IJYA

温和 IJTK 温度计 IYYF
温暖 IJJE 温故知新 IDTU
温柔 IJCB 温室 IJPG
温习 IJNU

| wēn 瘟 | UJLd | 疒日皿㊂ |
| | UJLd | 疒日皿㊂ |

| wén 文 | YYGY | 文、一丶 |
| | YYGY | 文、一丶 |

文本 YYSG 文不对题 YGCJ
文档 YYTT 文化宫 YWPK
文风 YYMQ 文稿 YYTY
文革 YYAF 文工团 YALF
文豪 YYYP 文过饰非 YFQD
文化 YYWX 文化部 YWUK
文档 YYSI 文化馆 YWQN
文集 YYWY 文化教育 YWFY
文件 YYWR 文化界 YWLW
文教 YYFT 文汇报 YIRB
文具 YYHW 文件袋 YWWA
文科 YYTU 文件柜 YWSA
文联 YYBU 文件夹 YWGU
文盲 YYYN 文教界 YFLW
文明 YYJE 文具店 YHYH
文凭 YYWT 文具盒 YHWG
文书 YYNN 文明礼貌 YJPE
文坛 YYFF 文人相轻 YWSL
文体 YYWS 文武 YYGA
文物 YYTR 文艺界 YALW
文选 YYTF 文学家 YIPE
文学 YYIP 文学界 YILW
文艺 YYAN 文艺报 YARB
文娱 YYVK 文摘 YYRU
文章 YYUJ 文职 YYBK
文献 YYFM 文质彬彬 YRSS
文字 YYPB

| wén 纹 | XYY | 纟文㊀ |
| | XYY | 纟文㊀ |

| wén 闻 | UBd | 门耳㊁ |
| | UBD | 门耳㊁ |

闻名 UBQK 闻风丧胆 UMFE
闻过则喜 UFMF
闻名遐迩 UQNQ
闻所未闻 URFU

| wén 蚊 | JYY | 虫文㊀ |
| | JYY | 虫文㊀ |

蚊蝇 JYJK

| wén 阌 | UEPC | 门爫冖又 |
| | UEPC | 门爫冖又 |

| wén 雯 | FYU | 雨文㊂ |
| | FYU | 雨文㊂ |

| wěn 刎 | QRJh | 勹丿刂① |
| | QRJh | 勹丿刂① |

| wěn 吻 | KQRt | 口勹丿⓪ |
| | KQRt | 口勹丿⓪ |

| wěn 紊 | YXIU | 文幺小㊂ |
| | YXIu | 文幺小㊂ |

| wěn 稳 | TQVn | 禾⺈彐心 |
| | TQVn | 禾⺈彐心 |

稳步 TQHI 稳当 TQIV
稳定 TQPG 稳操胜券 TREU
稳固 TQLD 稳如泰山 TVDM
稳妥 TQEV 稳重 TQTG

| wèn 问 | UKD | 门口㊂ |
| | UKd | 门口㊂ |

问答 UKTW　问好 UKVB
问号 UKKG　问候 UKWH
问世 UKAN　问事处 UGTH
问题 UKJG　问讯 UKYN

wèn 汶	IYY	氵文⊙
	IYY	氵文⊙

wèn 璺	WFMy	亻二冂丶
	EMGY	臼冂一丶

～ WENG ～

wēng 翁	WCNf	八厶羽〇
	WCNf	八厶羽〇

wēng 嗡	KWCn	口八厶羽
	KWCn	口八厶羽

wěng 翁	AWCn	艹八厶羽
	AWCn	艹八厶羽

wèng 瓮	WCGn	八厶一乙
	WCGy	八厶一丶

wèng 蕹	AYXY	艹亠幺主
	AYXY	艹亠幺主

～ WO ～

wō 挝	RFPy	扌寸辶⊙
	RFPy	扌寸辶⊙

wō 倭	WTVg	亻禾女㊀
	WTVg	亻禾女㊀

wō 涡	IKMw	氵口冂人
	IKMw	氵口冂人

wō 窝	PWKw	宀八口人
	PWKw	宀八口人

窝藏 PWAD　窝里斗 PJUF
窝囊 PWGK　窝囊废 PGYN

wō 蜗	JKMw	虫口冂人
	JKMw	虫口冂人

wō 莴	AKMw	艹口冂人
	AKMw	艹口冂人

wǒ 我	TRNt	丿扌乙丿
	TRNy	丿扌乙丶

我党 TRIP　我方 TRYY
我国 TRLG　我军 TRPL
我们 TRWU　我们的 TWRQ
我行我素 TTTG

wò 沃	ITDY	氵丿大⊙
	ITDY	氵丿大⊙

wò 肟	EFNn	月二乙㊁
	EFNn	月二乙㊁

wò 卧	AHNH	匚丨卜丨
	AHNH	匚丨卜丨

卧铺 AHQG　卧室 AHPG
卧薪尝胆 AAIE

wò 幄	MHNF	冂丨尸土
	MHNF	冂丨尸土

wò 握	RNGf	扌尸一土
	RNGf	扌尸一土

wò 渥	INGf	氵尸一土
	INGf	氵尸一土

wò 硪	DTRt	石丿扌丿
	DTRy	石丿扌丶
wò 斡	FJWf	十早人十
	FJWF	十早人十
wò 龌	HWBF	止人凵土
	HWBF	止人凵土

WU

| wū 乌 | QNGd | 勹乙一㊂ |
| | TNNg | 丿𠃌𠃋一 |

乌黑 QNLF　乌纱帽 QXMH
乌云 QNFC　乌托邦 QRDT

| wū 圬 | FFNn | 土二乙㊉ |
| | FFNN | 土二𠃋㊉ |

| wū 污 | IFNn | 氵二乙㊉ |
| | IFNn | 氵二𠃋㊉ |

污垢 IFFR　污秽 IFTM
污蔑 IFAL　污染 IFIV
污辱 IFDF

| wū 邬 | QNGB | 勹乙一阝 |
| | TNNB | 丿𠃌𠃋阝 |

| wū 呜 | KQNG | 口勹乙一 |
| | KTNG | 口丿𠃌一 |

呜呼 KQKT

| wū 巫 | AWWi | 工人人㊆ |
| | AWWi | 工人人㊆ |

巫婆 AWIH

| wū 屋 | NGCf | 尸一厶土 |
| | NGCf | 尸一厶土 |

屋子 NGBB

| wū 诬 | YAWw | 讠工人人 |
| | YAWw | 讠工人人 |

诬蔑 YAAL　诬陷 YABQ

| wū 钨 | QQNg | 钅勹乙一 |
| | QTNG | 钅丿𠃌一 |

| wú 无 | FQv | 二儿⑩ |
| | FQv | 二儿⑩ |

无比 FQXX　无边无际 FLFB
无边 FQLP　无病呻吟 FUKK
无不 FQGI　无产者 FUFT
无偿 FQWI　无产阶级 FUBX
无耻 FQBH　无的放矢 FRYT
无法 FQIF　无党派 FIIR
无从 FQWW　无地自容 FFTP
无辜 FQDU　无恶不作 FGGW
无非 FQDJ　无法无天 FIFG
无故 FQDT　无非是 FDJG
无关 FQUD　无稽之谈 FTPY
无机 FQSM　无纪律 FXTV
无际 FQBF　无济于事 FIGG
无愧 FQNR　无价之宝 FWPP
无赖 FQGK　无坚不摧 FJGR
无理 FQGJ　无可非议 FSDY
无力 FQLT　无可奉告 FSDT
无聊 FQBQ　无可厚非 FSDD
无论 FQYW　无可奈何 FSDW
无奈 FQDF　无孔不入 FBGT
无能 FQCE　无论如何 FYVW
无期 FQAD　无米之炊 FOPO
无穷 FQPW　无能为力 FCYL
无私 FQTC　无奇不有 FDGD

无视 FQPY　无穷大 FPDD
无数 FQOV　无所谓 FRYL
无畏 FQLG　无穷无尽 FPFN
无误 FQYK　无事生非 FGTD
无锡 FQQJ　无损于 FRGF
无限 FQBV　无所适从 FRTW
无须 FQED　无所用心 FREN
无效 FQUQ　无所作为 FRWY
无疑 FQXT　无条件 FTWR
无益 FQUW　无往不胜 FTGE
无意 FQUJ　无微不至 FTGG
无用 FQET　无线电 FXJN
无知 FQTD　无限制 FBRM
无缘无故 FXFD
无中生有 FKTD
无足轻重 FKLT
无政府 FGYW
无以复加 FNTL
无庸讳言 FYYY
无与伦比 FGWX

| wú 毋 | XDE | 口ナ㊝ |
| | NNDe | ﹂ 丁ナ㊝ |

| wú 吴 | KGDu | 口一大㊆ |
| | KGDu | 口一大㊆ |

| wú 吾 | GKF | 五口㊎ |
| | GKF | 五口㊎ |

| wú 芜 | AFQB | 艹二儿㊝ |
| | AFQb | 艹二儿㊝ |

| wú 梧 | SGKg | 木五口㊎ |
| | SGKg | 木五口㊎ |

| wú 浯 | IGKG | 氵五口㊎ |
| | IGKG | 氵五口㊎ |

| wú 蜈 | JKGd | 虫口一大 |
| | JKGd | 虫口一大 |

蜈蚣 JKJW

| wú 鼯 | VNUK | 白乙丷口 |
| | ENUK | 臼乚丷口 |

| wǔ 五 | GGhg | 五一丨一 |
| | GGhg | 五一丨一 |

五谷 GGWW　五笔画 GTGL
五官 GGPN　五笔桥 GTST
五月 GGEE　五笔型 GTGA
五星 GGJT　五笔字型 GTPG
五金 GGQQ　五谷丰登 GWDW
五岳 GGRG　五彩缤纷 GEXX
五脏 GGEY　五角星 GQJT
五指 GGRX　五光十色 GIFQ
五指山 GRMM
五一节 GGAB
五湖四海 GILI
五线谱 GXYU
五体投地 GWRF
五笔字型电脑 GTPE
五笔字型计算机汉字输入技术 GTPS

| wǔ 午 | TFJ | 丿十㊌ |

午餐 TFHQ　午饭 TFQN
午休 TFWS　午宴 TFPJ

| wǔ 仵 | WTFH | 亻丿十㊀ |
| | WTFH | 亻丿十㊀ |

| wǔ 伍 | WGG | 亻五 |
| | WGG | 亻五 |

妩 wǔ	VFQn	女二儿㇏		舞 wǔ	RLGh	㇒灬一丨
	VFQn	女二儿㇏			TGLg	㇒一灬卄

舞伴 RLWU 舞弊 RLUM
舞场 RLFN 舞蹈 RLKH
舞会 RLWF 舞蹈家 RKPE
舞剧 RLND 舞女 RLVV
舞曲 RLMA 舞台 RLCK
舞厅 RLDS 舞姿 RLUQ

庑 wǔ	YFQv	广二儿㇄		坞 wù	FQNG	土勹乙一
	OFQv	广二儿㇄			FTNG	土丿乙一
忤 wǔ	NTFH	忄丿十丨		兀 wù	GQV	一儿㇄
	NTFH	忄丿十丨			GQV	一儿㇄
怃 wǔ	NFQn	忄二儿㇄		勿 wù	QRE	勹㇒㇒
	NFQn	忄二儿㇄			QRe	勹㇒㇒
迕 wǔ	TFPK	㇒十辶㇗		务 wù	TLb	夂力㇆
	TFPK	㇒十辶㇗			TEr	夂力㇒

务必 TLNT 务农 TLPE

武 wǔ	GAHd	一弋止㇇		戊 wù	DNYt	厂乙丶㇒
	GAHy	一弋止丶			DGTY	戊一丿丶

武昌 GAJJ 武断 GAON
武官 GAPN 武汉 IAIC
武警 GAAQ 武汉市 GIYM
武力 GALT 武器 GAKK
武术 GASY 武术队 GSBW
武松 GASW 武艺 GAAN
武装 GAUF

侮 wǔ	WTXu	亻㇒母丷		阢 wù	BGQn	阝一儿㇄
	WTXy	亻㇒母丶			BGQn	阝一儿㇄

侮辱 WTDF

捂 wǔ	RGKG	扌五口㇐		机 wù	SGQN	木一儿㇄
	RGKG	扌五口㇐			SGQN	木一儿㇄
牾 wǔ	TRGK	丿扌五口		芴 wù	AQRR	艹勹㇒㇒
悟	CGKG	牜五口㇐			AQRR	艹勹㇒㇒
鹉 wǔ	GAHG	一弋止一		误 wù	YKGd	讠口一大
	GAHG	一弋止一			YKGd	讠口一大

误餐 YKHQ 误差 YKUD
误会 YKWF 误解 YKQE

误码 YKDC　误码率 YDYX
误时 YKJF　误事 YKGK
误用 YKET

wù 悟	NGKG	忄五口⊖
	NGKG	忄五口⊖
wù 晤	JGKg	日五口⊖
	JGKg	日五口⊖
wù 焐	OGKg	火五口⊖
	OGKg	火五口⊖
wù 婺	CBTV	マ卩丿女
	CNHV	マ一亅女
wù 痦	UGKD	疒五口㊂
	UGKD	疒五口㊂
wù 物	TRqr	丿扌勹丿
	CQrt	牜⺈丿⼃

物价 TRWW　物宝天华 TPGW
物理 TRGJ　物极必反 TSNR
物件 TRWR　物价表 TWGE
物品 TRKK　物价局 TWNN
物力 TRLT　物尽其用 TNAE
物体 TRWS　物理学 TGIP
物质 TRRF　物质财富 TRMP
物主 TRYG　物以类聚 TNOB
物资 TRUQ　物质奖励 TRUD
物质文明 TRYJ
物资局 TUNN

wù 鹜	CBTC	マ卩丿马
	CNHG	マ一亅一
wù 雾	FTLb	雨夂力⑥
	FTER	雨夂力㋐

wù 寤	PNHK	宀乙丨口
	PUGK	宀丬五口
wù 鹜	CBTG	マ卩丿一
	CNHG	マ一亅一
wù 鋈	ITDQ	氵丿大金
	ITDQ	氵丿大金

xī 蹊	KHED	口止宀大
	KHED	口止宀大

xī 裼	PUJR	礻丶日丿
	PUJR	礻乚曰丿

xī 夕	QTNY	夕丿乙丶
	QTNY	夕丿一丶

夕阳 QTBJ

xī 兮	WGNB	八一乙⑩
	WGNb	八一勹⑩

xī 汐	IQY	氵夕⊙
	IQY	氵夕⊙

xī 茜	ASF	艹西㊀
	ASF	艹西㊀

xī 吸	KEyy	口乃⊙
	KBYy	口乃⊙

吸毒 KEGX 吸取 KEBC
吸收 KENH 吸引 KEXH

xī 昔	AJF	艹日㊀
	AJF	艹曰㊀

xī 析	SRh	木斤①
	SRh	木斤①

xī 西	SGHG	西一一
	SGHG	西一一

西安 SGPV 西安市 SPYM
西北 SGUX 西班牙 SGAH
西边 SGLP 西半球 SUGF
西餐 SGHQ 西北部 SUUK
西藏 SGAD 西风 SGMQ
西服 SGEB 西藏自治区 SATA
西贡 SGAM 西瓜 SGRC
西汉 SGIC 西红柿 SXSY
西面 SGDM 西南 SGFM
西宁 SGPS 西宁市 SPYM
西欧 SGAQ 西山 SGMM
西式 SGAA 西文 SGYY
西洋 SGIU 西药 SGAX
西医 SGAT 西装 SGUF
西装革履 SUAN

xī 希	QDMh	乂ナ冂丨
	RDMh	乂ナ冂丨

希望 QDYN

xī 矽	DQY	石夕⊙
	DQY	石夕⊙

xī 穸	PWQu	宀八夕②
	PWQU	宀八夕②

xī 郗	QDMB	乂ナ冂阝
	RDMB	乂ナ冂阝

xī 唏	KQDh	口乂ナ丨
	KRDh	口乂ナ丨

| xī 奚 | EXDu | 爫幺大㋀ |
| | EXDu | 爫幺大 |

| xī 息 | THNu | 丿目心 |
| | THNu | 丿目心 |

| xī 浠 | IQDH | 氵乂ナ丨 |
| | IRDH | 氵乂ナ丨 |

| xī 牺 | TRSg | 丿扌西㊀ |
| | CSg | 牛西㊀ |

牺牲 TRTR　牺牲品 TTKK

| xī 悉 | TONu | 丿米心 |
| | TONu | 丿米心㋀ |

悉尼 TONX

| xī 惜 | NAJG | 忄廿日㊀ |
| | NAJG | 忄廿曰㊀ |

惜别 NAKL

| xī 欷 | QDMW | 乂ナ门人 |
| | RDMW | 乂ナ门人 |

| xī 淅 | ISRh | 氵木斤丨 |
| | ISRh | 氵木斤丨 |

| xī 烯 | OQDh | 火乂ナ丨 |
| | ORDh | 火乂ナ丨 |

| xī 硒 | DSG | 石西㊀ |
| | DSG | 石西㊀ |

| xī 菥 | ASRj | 艹木斤丨 |
| | ASRi | 艹木斤丨 |

| xī 晰 | JSRh | 日木斤丨 |
| | JSRh | 日木斤丨 |

| xī 犀 | NIRh | 尸水㇇丨 |
| | NITg | 尸水丿丰 |

犀利 NITJ

| xī 稀 | TQDh | 禾乂ナ丨 |
| | TRdh | 禾乂ナ丨 |

稀薄 TQAI　稀饭 TQQN
稀罕 TQPW　稀奇 TQDS
稀疏 TQNH　稀土 TQFF
稀有 TQDE

| xī 粞 | OSG | 米西㊀ |
| | OSG | 米西㊀ |

| xī 翕 | WGKN | 人一口羽 |
| | WGKN | 人一口羽 |

| xī 舾 | TESG | 丿舟西㊀ |
| | TUSG | 丿舟西㊀ |

| xī 溪 | IEXd | 氵爫幺大 |
| | IEXd | 氵爫幺大 |

| xī 皙 | SRRf | 木斤白㋁ |
| | SRRF | 木斤白㋁ |

| xī 锡 | QJQr | 钅日勹丿 |
| | QJQr | 钅日勹丿 |

| xī 僖 | WFKK | 亻士口口 |
| | WFKK | 亻士口口 |

| xī 熄 | OTHN | 火丿目心 |
| | OTHN | 火丿目心 |

熄灭 OTGO

| xī 熙 | AHKO | 匚丨口灬 |
| | AHKO | 匚丨口灬 |

熙熙攘攘 AARR

字	编码	拆分
蜥 xī	JSRH	虫木斤①
	JSRH	虫木斤①
嘻 xī	KFKk	口士口口
	KFKk	口士口口
嬉 xī	VFKk	女士口口
	VFKk	女士口口
膝 xī	ESWi	月木人氺
	ESWi	月木人氺
樨 xī	SNIH	木尸氺丨
	SNIg	木尸氺丰
熹 xī	FKUO	士口䒑灬
	FKUO	士口䒑灬
羲 xī	UGTt	䒑王禾丿
	UGTy	䒑王禾丶
螅 xī	JTHN	虫丿目心
	JTHN	虫丿目心
蟋 xī	JTOn	虫丿米心
	JTON	虫丿米心

蟋蟀 JTJY

字	编码	拆分
醯 xī	SGYL	西一亠皿
	SGYL	西一亠皿
曦 xī	JUGt	日䒑王丿
	JUGy	日䒑王丶
皛 xī	VNUD	白乙冫大
	ENUD	白冫大
习 xí	NUd	乙冫⊙
	NUd	㇆冫⊙

习惯 NUNX 习惯于 NNGF
习俗 NUWW 习惯势力 NNRL
习气 NURN 习题 NUJG

字	编码	拆分
席 xí	YAMh	广廿冂丨
	OAmh	广廿冂丨

席位 YAWU 席子 YABB

字	编码	拆分
袭 xí	DXYe	ナ匕亠𧘇
	DXYE	ナ匕丶𧘇

袭击 DXFM

字	编码	拆分
觋 xí	AWWQ	工人人儿
	AWWQ	工人人儿
媳 xí	VTHN	女丿目心
	VTHn	女丿目心

媳妇 VTVV

字	编码	拆分
隰 xí	BJXo	阝日幺灬
	BJXo	阝日幺灬
檄 xí	SRYt	木白方攵
	SRYt	木白方攵
玺 xǐ	QIGy	勹小王丶
	QIGy	勹小王丶
徙 xǐ	THHy	彳止䒑丶
	THHY	彳止䒑丶
洗 xǐ	ITFq	氵丿土儿
	ITFq	氵丿土儿

洗涤 ITIT　洗涤剂 IIYJ
洗手 ITRT　洗耳恭听 IBAK
洗染 ITIV　洗发膏 INYP
洗漱 ITIG　洗脸间 IEUJ
洗刷 ITNM　洗染店 IIYH
洗澡 ITIK　洗衣机 IYSM

洗澡间 IIUJ

xǐ 铣	QTFQ	钅丿土儿
	QTFQ	钅丿土儿

xǐ 喜	FKUk	士口丷口
	FKUk	士口丷口

喜爱 FKEP　喜闻乐见 FUQM
喜欢 FKCQ　喜出望外 FBYQ
喜剧 FKND　喜剧片 FNTH
喜庆 FKYD　喜怒哀乐 FVYQ
喜人 FKWW　喜悦 FKNU
喜事 FKGK　喜新厌旧 FUDH
喜好 FKVB　喜笑颜开 FTUG
喜讯 FKYN　喜形于色 FGGQ
喜洋洋 FIIU
喜马拉雅山 FCRM

xǐ 蓰	ALNU	艹田心⑦
	ALNu	艹田心⑨

xǐ 屣	NTHH	尸彳止止
	NTHh	尸彳止止

xǐ 蓰	ATHh	艹彳止止
	ATHh	艹彳止止

xǐ 禧	PYFK	礻、土口
	PYFK	礻⊙土口

xì 戏	CAt	又戈⑩
	CAy	又戈⊙

戏剧 CAND　戏剧片 CNTH
戏曲 CAMA　戏院 CABP

xì 饩	QNRN	夕乙二乙
	QNRN	夕乙 气乙

xì 系	TXIu	丿幺小⑦
	TXIu	丿幺小⑦

系数 TXOV　系列化 TGWX
系统 TXXY　系统性 TXNT
系工程 TXAT

xì 细	XLg	纟田⊖
	XLg	纟田⊖

细胞 XLEQ　细长 XLTA
细节 XLAB　细菌 XLAL
细腻 XLEA　细水长流 XITI
细小 XLIH　细雨 XLFG
细则 XLMJ　细致 XLGC

xì 阋	UVQv	门白儿⑩
	UEQv	门白儿⑩

xì 舄	VQOu	白勹灬⑦
	EQOu	白勹灬⑦

xì 隙	BIJi	阝小日小
	BIJi	阝小日小

xì 禊	PYDD	礻、三大
	PYDD	礻⊙三大

XIA

xiā 呷	KLH	口甲①
	KLH	口甲①

xiā 虾	JGHY	虫一卜丶
	JGHY	虫一卜丶

虾仁 JGWF

xiā 瞎	HPdk	目宀三口
	HPdk	目宀三口

瞎胡闹 HDUY　瞎指挥 HRRP

xiá 匣	ALK	匚甲[‖]
	ALK	匚甲[‖]

xiá 侠	WGUw	亻一丷人
	WGUd	亻一丷人

xiá 狎	QTLh	犭丿甲[丨]
	QTLH	犭の甲[丨]

xiá 峡	MGUw	山一丷人
	MGUd	山一丷大

峡谷 MGWW

xiá 柙	SLH	木甲[丨]
	SLH	木甲[丨]

xiá 狭	QTGW	犭丿一人
	QTGD	犭の一大

狭隘 QTBU 狭义 QTYQ
狭窄 QTPW

xiá 硖	DGUW	石一丷人
	DGUD	石一丷大

xiá 遐	NHFp	コ丨二辶
	NHFp	コ丨二辶

xiá 暇	JNHc	日コ丨又
	JNHc	日コ丨又

xiá 瑕	GNHc	王コ丨又
	GNHc	王コ丨又

xiá 辖	LPDk	车宀三口
	LPDk	车宀三口

xiá 霞	FNHC	雨コ丨又
	FNHC	雨コ丨又

霞光 FNIQ

xiá 黠	LFOK	罒土灬口
	LFOK	罒土灬口

xià 下	GHi	一卜[氵]
	GHi	一卜[氵]

下班 GHGY 下笔 GHTT
下边 GHLP 下不为例 GGYW
下场 GHFN 下次 GHUQ
下达 GHDP 下地 GHFB
下跌 GHKH 下放 GHYT
下海 GHIT 下级 GHXE
下降 GHBT 下列 GHGQ
下马 GHCN 下面 GHDM
下去 GHFC 下午 GHTF
下乡 GHXT 下旬 GHQJ
下游 GHIY 下一步 GGHI
下雨 GHFG 下周 GHMF
下属 GHNT

xià 吓	KGHy	口一卜[丶]
	KGHy	口一卜[丶]

xià 夏	DHTu	丆目夂[氵]
	DHTu	丆目夂[氵]

夏季 DHTB 夏粮 DHOY
夏日 DHJJ 夏令营 DWAP
夏天 DHGD 夏时制 DJRM
夏威夷 DDGX

xià 厦	DDHt	厂丆目夂
	DDHt	厂丆目夂

厦门 DDUY

xià 罅	RMHH	𠂉山虍丨
	TFBF	𠂉十凵十

X

XIAN

xiān 仙	WMh	亻山[丨]
	WMh	亻山[丨]

仙女 WMVV

xiān 先	TFQb	丿土儿[巛]
	TFQb	丿土儿[巛]

先辈 TFDJ　先发制人 TNRW
先锋 TFQT　先锋队 TQBW
先后 TFRG　先见之明 TMPJ
先进 TFFJ　先进事迹 TFGY
先例 TFWG　先进集体 TFWW
先驱 TFCA　先入为主 TTYY
先烈 TFGQ　先前 TFUE
先遣 TFKH　先生 TFTG
先天 TFGD　先斩后奏 TLRD

xiān 纤	XTFh	纟丿十[丨]
	XTFh	纟丿十[丨]

纤维 XTXW

xiān 氙	RNMj	𠂉乙山[刂]
	RMK	气山[川]

xiān 祆	PYGD	礻丶一大
	PYGD	礻[丶]一大

xiān 籼	OMH	米山[丨]
	OMH	米山[丨]

xiān 莶	AWGI	廾人一业
	AWGG	廾人一一

xiān 掀	RRQw	扌斤𠂊人
	RRQw	扌斤𠂊人

掀起 RRFH

xiān 跹	KHTP	口止丿辶
	KHTP	口止丿辶

xiān 酰	SGTQ	西一丿儿
	SGTQ	西一丿儿

xiān 锨	QRQw	钅斤𠂊人
	QRQw	钅斤𠂊人

xiān 鲜	QGUd	鱼一丷手
	QGUh	鱼𠂉羊[丨]

鲜果 QGJS　鲜红 QGXA
鲜花 QGAW　鲜明 QGJE
鲜血 QGTL　鲜艳 QGDH

xiān 暹	JWYp	日亻主辶
	JWYp	曰亻主辶

xián 闲	USI	门木[氵]
	USI	门木[氵]

闲杂 USVS　闲情逸致 UNQG

xián 弦	XYXy	弓亠幺[丶]
	XYXy	弓亠幺[丶]

xián 贤	JCMu	刂又贝[冫]
	JCMu	刂又贝[冫]

贤惠 JCGJ　贤慧 JCDH
贤能 JCCE

xián 咸	DGKt	厂一口丿
	DGKd	戊一口[三]

xián 涎	ITHP	氵丿止廴
	ITHP	氵丿卜廴

xián 娴	VUSy	女门木[丶]
	VUSy	女门木[丶]

xián 舷	TEYX / TUYX	ノ丹⺀幺 / ノ丹⺀幺
xián 衔	TQFh / TQGs	彳钅二丨 / 彳钅曰丁
xián 痫	UUSi / UUSi	疒门木㍘ / 疒门木㍘
xián 鹇	USQg / USQg	门木勹一 / 门木鸟一
xián 嫌	VUvo / VUvw	女丷ヨ小 / 女丷ヨ八
xiǎn 冼	UTFq / UTFq	冫丿土儿 / 冫丿土儿
xiǎn 显	JOgf / JOf	日业一 / 日业㊀

显得 JOTJ　显而易见 JDJM
显然 JOQD　显示 JOFI
显现 JOGM　显微镜 JTQU
显影 JOJY　显象管 JQTP
显著 JOAF

| xiǎn 险 | BWGi / BWGG | 阝人一㐄 |

险峰 BWMT　险情 BWNG

xiǎn 猃	QTWI / QTWG	犭丿人㐄 / 犭の人㐄
xiǎn 蚬	JMQn / JMQn	虫门儿㏌ / 虫门儿㏌
xiǎn 筅	TTFQ / TTFq	⺮丿土儿 / ⺮丿土儿
xiǎn 跣	KHTQ / KHTQ	口止丿儿 / 口止丿儿
xiān 鲜	AQGD / AQGU	廿鱼一丰 / 廿鱼一羊
xiān 燹	EEOu / GEGo	豕豕火㍘ / 一豕一火
xiàn 县	EGCu / EGCu	月一厶㍘ / 月一厶㍘

县办 EGLW　县长 EGTA
县城 EGFD　县份 EGWW
县委 EGTV　县团级 ELXE
县政府 EGYW

xiàn 岘	MMQN / MMQn	山门儿㏌ / 山门儿㏌
xiàn 苋	AMQb / AMQb	廿门儿㏌ / 廿门儿㏌
xiàn 现	GMqn	王门儿㏌

现场 GMFN　现状 GMUD
现成 GMDN　现代汉语 GWIY
现代 GMWA　现代化 GWWX
现钞 GMQI　现代戏 GWCA
现货 GMWX　现阶段 GBWD
现金 GMQQ　现时 GMJF
现款 GMFF　现金帐 GMQMH
现实 GMPU　现象 GMQJ
现行 GMTF　现有 GMDE
现在 GMDH
现代化建设 GWWY

| xiàn 线 | XGt / XGay | 纟戋㏌ / 纟一戈㏌ |

线段 XGWD 线路 XGKH
线索 XGFP 线条 XGTS
线性 XGNT

xiàn 宪	PTFq	宀丿土儿
	PTFq	宀丿土儿

宪兵 PTRG 宪法 PTIF

xiàn 陷	BQvg	阝⺈白⊖
	BQEg	阝⺈白⊖

陷害 BQPD 陷入 BQTY

xiàn 限	BVey	阝ヨκ⊙
	BVy	阝艮⊙

限定 BVPG 限度 BVYA
限额 BVPT 限量 BVJG
限期 BVAD 限于 BVGF
限止 BVHH 限制 BVRM

xiàn 馅	QNQV	勹乙⺈白
	QNQE	⺈乚⺈白

xiàn 羡	UGUw	丷王冫人
	UGUw	丷王冫人

羡慕 UGAJ

xiàn 献	FMUD	十冂丷犬
	FMUd	十冂丷犬

献策 FMTG 献词 FMYN
献给 FMXW 献花 FMAW
献计 FMYF 献殷勤 FRAK
献身 FMTM 献计献策 FYFT
献礼 FMPY

xiàn 腺	ERIy	月白水⊙
	ERIy	月白水⊙

XIANG

xiāng 乡	XTE	幺丿㉣
	XTe	幺丿㉣

乡长 XTTA 乡村 XTSF
乡亲 XTUS 乡土 XTFF
乡下 XTGH 乡镇 XTQF

xiāng 芗	AXTr	艹幺丿㉣
	AXTr	艹幺丿㉣

xiāng 相	SHg	木目⊖
	SHg	木目⊖

相爱 SHEP 相比之下 SXPG
相比 SHXX 相称 SHTQ
相处 SHTH 相当于 SIGF
相当 SHIV 相得益彰 STUU
相等 SHTF 相对论 SCYW
相反 SHRC 相对而言 SCDY
相对 SHCF 相对性 SCNT
相干 SHFG 相辅相成 SLSD
相关 SHUD 相机 SHSM
相互 SHGX 相关性 SUNT
相交 SHUQ 相互理解 SGGQ
相继 SHXO 相互信任 SGWW
相加 SHLK 相结合 SXWG
相近 SHRP 相离 SHYB
相连 SHLP 相联系 SBTX
相貌 SHEE 相片 SHTH
相声 SHFN 相适应 STYI
相识 SHYK 相思病 SLUG
相思 SHLN 相提并论 SRUY
相似 SHWN 相通 SHCE
相同 SHMG 相位 SHWU
相信 SHWY 相形见绌 SGMX
相应 SHYI 相依为命 SWYW

xiāng 香	TJF	禾日⊖
	TJF	禾曰⊖

香港 TJIA　香蕉 TJAW
香料 TJOU　香水 TJII
香烟 TJOL　香油 TJIM
香皂 TJRA

xiāng 厢	DSHd	厂木目⊜
	DSHd	厂木目⊜

xiāng 湘	ISHG	氵木目⊖
	ISHG	氵木目⊖

湘江 ISIA

xiāng 缃	XShg	纟木目⊖
	XSHg	纟木目⊖

xiāng 葙	ASHf	艹木目⊜
	ASHf	艹木目⊜

xiāng 箱	TSHf	⺮木目⊜
	TSHf	⺮木目⊜

箱子 TSBB

xiāng 襄	YKKe	亠口口𧘇
	YKKe	亠口口𧘇

xiāng 骧	CYKe	马亠口𧘇
	CGYE	马一亠𧘇

xiāng 镶	QYKe	钅亠口𧘇
	QYKe	钅亠口𧘇

xiáng 详	YUDh	讠丷王①
	YUh	讠羊①

详解 YUQE　详尽 YUNY
详情 YUNG　详细 YUXL

xiáng 庠	YUDK	广丷王⑩
	OUK	广羊⑩

xiáng 祥	PYUd	礻丶丷王
	PYUh	礻⊘羊①

xiáng 翔	UDNG	丷𦍌羽⊖
	UNG	𦍌羽⊖

翔实 UDPU

xiǎng 享	YBF	亠口子⊖
	YBf	亠口子⊖

享受 YBEP

xiǎng 响	KTMk	口丿冂口
	KTMk	口丿冂口

响彻 KTTA　响彻云霄 KTFF
响亮 KTYP　响应 KTYI

xiǎng 饷	QNTK	⺈乙丿口
	QNTK	⺈乚丿口

xiǎng 飨	XTWe	乡丿人𧘇
	XTWv	乡丿人艮

xiǎng 想	SHNu	木目心⑦
	SHNu	木目心⑦

想法 SHIF　想当然 SIQD
想见 SHMQ　想方设法 SYYI
想来 SHGO　想入非非 STDD
想念 SHWY　想象 SHQJ
想像 SHWQ

xiǎng 鲞	UDQG	丷大鱼一
	UGQG	丷夫鱼一

xiàng 向	TMkd	丿冂口⊜
	TMKd	丿冂口⊜

X

向导 TMNF 向前看 TURH
向来 TMGO 向上 TMHH
向往 TMTY 向下 TMGH
向阳花 TBAW

| xiàng 巷 | AWNb | 艹八巳㠯 |
| | AWNb | 艹八巳㠯 |

| xiàng 项 | ADMy | 工アノ贝㇏ |
| | ADMy | 工アノ贝㇏ |

项链 ADQL 项目 ADHH

| xiàng 象 | QJEu | 𠂊口豕㇏ |
| | QKEu | 𠂊口豕㇏ |

象棋 QJSA 象形字 QGPB
象样 QJSU 象征 QJTG

| xiàng 像 | WQJe | 亻𠂊口豕 |
| | WQKe | 亻𠂊口豕 |

| xiàng 橡 | SQJe | 木𠂊口豕 |
| | SQKe | 木𠂊口豕 |

橡胶 SQEU 橡皮 SQHC

| xiàng 蟓 | JQJe | 虫𠂊口豕 |
| | JQKE | 虫𠂊口豕 |

XIAO

| xiāo 枭 | QYNS | 勹丶乙木 |
| | QSU | 鸟木㇏ |

| xiāo 哓 | KATq | 口七儿丿 |
| | KATq | 口七儿丿 |

| xiāo 骁 | CATQ | 马七儿丿 |
| | CGAQ | 马一七儿 |

| xiāo 宵 | PIef | 宀⺌月㇐ |
| | PIef | 宀⺌月㇐ |

| xiāo 消 | IIEg | 氵⺌月㇐ |
| | IIEg | 氵⺌月㇐ |

消除 IIBW 消毒 IIGX
消防 IIBY 消防车 IBLG
消费 IIXJ 消费品 IXKK
消耗 IIDI 消费者 IXFT
消化 IIWX 消极 IISE
消灭 IIGO 消极因素 ISLG
消磨 IIYS 消failed IIRW
消退 IIVE 消息 IITH
消炎 IIOO 消炎片 IOTH

| xiāo 绡 | XIEg | 纟⺌月㇐ |
| | XIEg | 纟⺌月㇐ |

| xiāo 逍 | IEPd | ⺌月辶㇐ |
| | IEPd | ⺌月辶㇐ |

逍遥法外 IEIQ

| xiāo 萧 | AVIj | 艹∃小丿丨 |
| | AVHw | 艹∃丨八 |

萧条 AVTS

| xiāo 硝 | DIEg | 石⺌月㇐ |
| | DIEg | 石⺌月㇐ |

硝酸 DISG

| xiāo 销 | QIEg | 钅⺌月㇐ |
| | QIEg | 钅⺌月㇐ |

销毁 QIVA 销售量 QWJG
销价 QIWW 销售员 QWKM
销量 QIJG 销售点 QWHK
销售 QIWY 销声匿迹
销路 QIKH 销售额 QWPT
销货 QIWX 销售网 QWMQ

销假 QIWN

| xiāo 潇 | IAVJ | 氵卄彐刂 |
| | IAVW | 氵卄彐八 |

| xiāo 箫 | TVIj | ⺮彐小刂 |
| | TVHw | ⺮彐刂八 |

| xiāo 霄 | FIEf | 雨⺌月⊖ |
| | FIEf | 雨⺌月⊖ |

| xiāo 魈 | RQCE | 白儿厶月 |
| | RQCE | 白儿厶月 |

| xiāo 嚣 | KKDK | 口口ア口 |
| | KKDK | 口口ア口 |

嚣张 KKXT

| xiáo 崤 | MQDE | 山乂ナ月 |
| | MRDe | 山乂ナ月 |

| xiáo 淆 | IQDe | 氵乂ナ月 |
| | IRDe | 氵乂ナ月 |

| xiǎo 小 | IHty | 小刂八 |
| | IHty | 小刂八 |

小队 IHBW　小百货 IDWX
小贩 IHMR　小册子 IMBB
小费 IHXJ　小吃部 IKUK
小孩 IHBY　小儿科 IQTU
小结 IHXF　小分队 IWBW
小鸟 IHQY　小孩子 IBBB
小姐 IHVE　小伙子 IWBB
小麦 IHGT　小家伙 IPWO
小路 IHKH　小轿车 ILLG
小米 IHOY　小朋友 IEDC
小商 IHUM　小农经济 IPXI
小汽车 IILG　小品文 IKYY
小时 IHJF　小巧玲珑 IAGG

小生产 ITUT　小青年 IGRH
小说 IHYU　小数点 IOHK
小心 IHNY　小商品 IUKK
小型 IHGA　小市民 IYNA
小学 IHIP　小算盘 ITTE
小业主 IOYG　小摊贩 IRMR
小兄弟 IKUX　小题大做 IJDW
小组 IHXE　小心翼翼 INNN
小学校 IISU　小夜曲 IYMA
小子 IHBB　小资产阶级 IUUX
小组长 IXTA

| xiǎo 晓 | JATq | 日七儿 |
| | JAtq | 日七儿 |

| xiào 筱 | TWHt | ⺮亻攵 |
| | TWHt | ⺮亻攵 |

| xiào 孝 | FTBf | 土丿子 |
| | FTBf | 土丿子 |

| xiào 肖 | IEf | ⺌月⊖ |
| | IEf | ⺌月⊖ |

肖像 IEWQ

| xiào 哮 | KFTb | 口土丿子 |
| | KFTb | 口土丿子 |

| xiào 效 | UQTy | 六乂攵 |
| | URTy | 六乂攵 |

效果 UQJS　效力 UQLT
效率 UQYX　效益 UQUW

| xiào 校 | SUQy | 木六乂 |
| | SURy | 木六乂 |

校长 SUTA　校对 SUCF
校风 SUMQ　校刊 SUFJ
校庆 SUYD　校舍 SUWF
校友 SUDC　校友会 SDWF

校园 SULF　校正 SUGH
校址 SUFH

| xiào | TTDu | ⺮丿大② |
| 笑 | TTDu | ⺮丿大② |

笑话 TTYT　笑容可掬 TPSR
笑容 TTPW　笑逐颜开 TEUG

| xiào | KVIj | 口彐小丨 |
| 啸 | KVhw | 口彐丨八 |

XIE

| xiē | HXFf | 止匕二⊖ |
| 些 | HXFf | 止匕二⊖ |

| xiē | SDHd | 木三丨大 |
| 楔 | SDHD | 木三丨大 |

| xiē | JQWw | 日勹人人 |
| 歇 | JQWW | 日勹人人 |

歇斯底里 JAYJ

| xiē | JJQn | 虫日勹乙 |
| 蝎 | JJQn | 虫日勹乚 |

| xié | FLwy | 十力八⊙ |
| 协 | FEwy | 十力八⊙ |

协定 FLPG　协和 FLTK
协会 FLWF　协力 FLLT
协商 FLUM　协同 FLMG
协议 FLYY　协约 FLXQ
协助 FLEG　协作 FLWT

| xié | AH1B | 匚丨丨阝 |
| 邪 | AHTB | 匚丨丿阝 |

邪恶 AHGO　邪路 AHKH
邪气 AHRN　邪说 AHYU

| xié | ELWy | 月力八⊙ |
| 胁 | EEWy | 月力八⊙ |

| xié | RGUw | 扌一丷人 |
| 挟 | RGUd | 扌一丶人 |

| xié | WXXR | 亻匕匕白 |
| 偕 | WXXr | 亻匕匕白 |

| xié | WTUF | 人禾丷十 |
| 斜 | WGSF | 人一禾十 |

斜面 WTDM　斜线 WTXG

| xié | YXXR | 讠匕匕白 |
| 谐 | YXXr | 讠匕匕白 |

谐调 YXYM　谐和 YXTK

| xié | RWYE | 扌亻主乃 |
| 携 | RWYB | 扌亻主乃 |

携手 RWRT

| xié | LLLN | 力力力心 |
| 勰 | EEEN | 力力力心 |

| xié | RFKM | 扌士口贝 |
| 撷 | RFKM | 扌士口贝 |

| xié | XFKM | 纟士口贝 |
| 缬 | XFKM | 纟士口贝 |

| xié | AFFF | 廿甲土土 |
| 鞋 | AFFF | 廿甲土土 |

鞋帽 AFMH　鞋袜 AFPU
鞋子 AFBB

| xiě | PGNg | 宀一乙一 |
| 写 | PGNg | 宀一乙一 |

写出 PGBM　写信 PGWY
写字 PGPB　写字台 PPCK

写作 PGWT

| xiè 泄 | IANN | 氵廿乙㇏ |
| | IANN | 氵廿乚㇏ |

泄露 IAFK　泄密 IAPN
泄气 IARN

| xiè 泻 | IPGG | 氵宀一一 |
| | IPGg | 氵宀一一 |

| xiè 绁 | XANN | 纟廿乙㇏ |
| | XANN | 纟廿乚㇏ |

| xiè 卸 | RHBh | ㇓止卩㇑ |
| | TGHB | ㇓一止卩 |

| xiè 屑 | NIED | 尸⺌月㊀ |
| | NIED | 尸⺌月㊀ |

| xiè 械 | SAah | 木戈廾① |
| | SAAh | 木戈廾① |

| xiè 亵 | YRVe | 亠扌九衣 |
| | YRVe | 亠扌九衣 |

| xiè 渫 | IANS | 氵廿乙木 |
| | IANS | 氵廿乚木 |

| xiè 谢 | YTMf | 讠丿冂寸 |
| | YTMf | 讠丿冂寸 |

谢绝 YTXQ　谢谢 YTYT
谢意 YTUJ

| xiè 榍 | SNIe | 木尸⺌月 |
| | SNIE | 木尸⺌月 |

| xiè 榭 | STMf | 木丿冂寸 |
| | STMf | 木丿冂寸 |

| xiè 廨 | YQEh | 广⺈用㇑ |
| | OQEG | 广⺈用キ |

| xiè 懈 | NQeh | 忄⺈用㇑ |
| | NQeg | 忄⺈用キ |

| xiè 獬 | QTQH | ⺈丿⺈㇑ |
| | QTQG | 犭⺈⺈キ |

| xiè 薤 | AGQG | 艹一夕一 |
| | AGQG | 艹一夕一 |

| xiè 邂 | QEVP | ⺈用刀辶 |
| | QEVP | ⺈用刀辶 |

邂逅 QERG

| xiè 燮 | OYOc | 火言火又 |
| | YOOC | 言火火又 |

| xiè 瀣 | IHQg | 氵卜⺈一 |
| | IHQg | 氵卜⺈一 |

| xiè 蟹 | QEVJ | ⺈用刀虫 |
| | QEVJ | ⺈用刀虫 |

| xiè 蹀 | KHOC | 口止火又 |
| | KHYC | 口止言又 |

XIN

| xīn 心 | NYny | 心丶乙丶 |
| | NYny | 心丶乙丶 |

心爱 NYEP　心肠 NYEN
心潮 NYIF　心安理得 NPGT
心得 NYTJ　心电图 NJLT
心肺 NYEG　心烦意乱 NOUT
心急 NYQV　心甘情愿 NAND

心肝 NYEF 心理学 NGIP
心坎 NYFQ 心花怒放 NAVY
心理 NYGJ 心旷神怡 NJPN
心里 NYJF 心领神会 NWPW
心灵 NYVO 心明眼亮 NJHY
心目 NYHH 心血来潮 NTGI
心情 NYNG 心有余悸 NDWN
心神 NYPY 心悦诚服 NNYE
心事 NYGK 心脏病 NEUG
心思 NYLN 心疼 NYUT
心头 NYUD 心胸 NYEQ
心绪 NYXF 心血 NYTL
心意 NYUJ 心愿 NYDR
心脏 NYEY 心中 NYKH
心照不宣 NJGP

| xīn 芯 | ANU | 艹心⑦ |
| | ANU | 艹心⑦ |

| xīn 辛 | UYGH | 辛、一丨 |
| | UYGH | 辛、一丨 |

辛苦 UYAD 辛亥革命 UYAW
辛勤 UYAK 辛酸 UYSG

| xīn 欣 | RQWy | 斤勹人⊙ |
| | RQWy | 斤勹人⊙ |

欣然 RQQD 欣赏 RQIP
欣慰 RQNF 欣悉 RQTO
欣喜 RQFK 欣欣向荣 RRTA

| xīn 锌 | QUH | 钅辛① |
| | QUH | 钅辛① |

| xīn 新 | USRh | 立木斤① |
| | USRh | 立木斤① |

新春 USDW 新变化 UYWX
新风 USMQ 新产品 UUKK
新华 USWX 新陈代谢 UBWY
新婚 USVQ 新风气 UMRN
新疆 USXF 新风尚 UMIM
新近 USRP 新华社 UWPY
新郎 USYV 新纪录 UXVI
新娘 USVY 新华书店 UWNY
新生 USTG 新技术 URSY
新诗 USYF 新加坡 ULFH
新式 USAA 新局面 UNDM
新书 USNN 新华社记者 UWPF
新闻 USUB 新气象 URQJ
新兴 USIW 新社会 UPWF
新四军 ULPL 新时期 UJAD
新型 USGA 新世界 UALW
新颖 USXT 新闻界 UULW
新星 USJT 新天地 UGFB
新装 USUF 新兴产业 UIUO
新闻社 UUPY 新闻片 UUTH
新中国 UKLG 新颖性 UXNT
新闻系 UUTX
新闻记者 UUYF
新闻简报 UUTR
新闻联播 UUBR
新闻发布会 UUNW
新闻发言人 UUNW
新华社北京电 UWPJ
新华通讯社 UWCP
新技术革命 URSW
新华社香港分社 UWPP
新疆维吾尔自治区 UXXA

| xīn 薪 | AUSr | 艹立木斤 |
| | AUSr | 艹立木斤 |

薪金 AUQQ 薪水 AUII

| xīn 歆 | UJQW | 立日勹人 |
| | UJQW | 立日勹人 |

| xīn 昕 | JRH | 日斤⑪ |
| | JRH | 日斤① |

| xīn 忻 | NRH | 忄斤① |
| | NRH | 忄斤① |

| xīn 馨 | FNMj | 士尸几日 |
| | FNWj | 士尸几日 |

| xīn 鑫 | QQQF | 金金金⊖ |
| | QQQF | 金金金⊖ |

| xīn 囟 | TLQI | 丿囗乂② |
| | TLRi | 丿囗乂② |

| xìn 信 | WYg | 亻言⊖ |

信贷 WYWA 信封 WYFF
信号 WYKG 信号弹 WKXU
信笺 WYTG 信息反馈 WTRQ
信件 WYWR 信口开河 WKGI
信念 WYWY 信皮 WYHC
信任 WYWT 信守 WYPF
信息 WYTH 信息量 WTJG
信箱 WYTS 信息论 WTYW
信心 WYNY 信仰 WYWQ
信用 WYET 信用卡 WEHH
信誉 WYIW 信用社 WEPY
信纸 WYXQ 信息处理 WTTG
信口开合 WKGW

| xìn 衅 | TLUf | 丿皿⺌十 |
| | TLUg | 丿皿⺌キ |

XING

| xīng 兴 | IWu | ⺌八② |
| | IGWu | ⺌一八② |

兴奋 IWDL 兴风作浪 IMWI
兴建 IWVF 兴高采烈 IYEG
兴隆 IWBT 兴利除弊 ITBW
兴盛 IWDN 兴师动众 IJFW
兴旺 IWJG 兴旺发达 IJND
兴修 IWWH 兴味盎然 IKMQ
兴致 IWGC

| xīng 星 | JTGf | 日丿㇀⊖ |
| | JTGf | 曰丿㇀⊖ |

星火 JTOO 星期六 JAUY
星期 JTAD 星期日 JAJJ
星期天 JAGD 星期三 JADG
星期四 JALH 星期五 JAGG
星期一 JAGG

| xīng 惺 | NJTg | 忄日丿㇀ |
| | NJTg | 忄曰日丿㇀ |

| xīng 猩 | QTJG | 犭丿日㇀ |
| | QTJG | 犭⊙曰㇀ |

| xīng 腥 | EJTg | 月日丿㇀ |
| | EJTg | 月日丿㇀ |

| xíng 刑 | GAJH | 一廾刂① |
| | GAJH | 一廾刂① |

刑法 GAIF 刑事处分 GGTW
刑事 GAGK 刑事犯罪 GGQL

| xíng 行 | TFhh | 彳二丨① |
| | TGSh | 彳一丁① |

行动 TFFC 行政管理 TGTG
行李 TFSB 行之有效 TPDU
行为 TFYL 行业 TFOG
行政 TFGH 行政区 TGAQ
行军 TFPL 行政机关 TGSU
行驶 TFCK

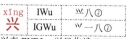

| xíng 邢 | GABh | 一艹阝① |
| | GABh | 一艹阝 |

| xíng 形 | GAEt | 一艹彡① |
| | GAEt | 一艹彡 |

形成 GADN 形而上学 GDHI
形码 GADC 形容 GAPW
形式 GAAA 形容词 GPYN
形势 GARV 形式主义 GAYY
形态 GADY 形体 GAWS
形象 GAQJ 形象化 GQWX
形状 GAUD 形影不离 GJGY

| xíng 陉 | BCAg | 阝ㄡ工① |
| | BCAg | 阝ㄡ工 |

| xíng 型 | GAJF | 一艹刂土 |
| | GAJF | 一艹刂土 |

| xíng 硎 | DGAJ | 石一艹刂 |
| | DGAJ | 石一艹刂 |

| xǐng 醒 | SGJg | 西一日丰 |
| | SGJg | 西一日丰 |

| xǐng 擤 | RTHj | 扌丿目刂 |
| | RTHJ | 扌丿目刂 |

| xìng 杏 | SKF | 木口㊀ |
| | SKF | 木口㊀ |

杏仁 SKWF

| xìng 姓 | VTGg | 女丿丰① |
| | VTGg | 女丿丰① |

姓名 VTQK 姓氏 VTQA

| xìng 幸 | FUFJ | 土丷十① |
| | FUFj | 土丷十① |

幸而 FUDM 幸福 FUPY
幸好 FUVB 幸免 FUQK 幸运 FUFC

| xìng 性 | NTGg | 忄丿丰㊀ |
| | NTGg | 忄丿丰㊀ |

性别 NTKL 性病 NTUG
性格 NTST 性命 NTWG
性能 NTCE 性情 NTNG
性质 NTRF

| xìng 荇 | ATFH | 艹彳二丨 |
| | ATGS | 艹彳一丁 |

| xìng 悻 | NFUF | 忄土丷十 |
| | NFUF | 忄土丷十 |

XIONG

| xiōng 凶 | QBK | 乂凵⑩ |
| | RBK | 乂凵⑩ |

凶恶 QBGO 凶狠 QBQT
凶猛 QBQT 凶器 QBKK
凶杀 QBQS 凶手 QBRT

| xiōng 兄 | KQB | 口儿⑫ |
| | KQb | 口儿⑫ |

兄长 KQTA 兄弟 KQUX

| xiōng 匈 | QQBk | 勹乂凵⑩ |
| | QRBk | 勹乂凵⑩ |

匈奴 QQVC

| xiōng 芎 | AXB | 艹弓⑫ |
| | AXB | 艹弓⑫ |

| xiōng 汹 | IQBH | 氵乂凵⑭ |
| | IRBh | 氵乂凵⑭ |

汹涌 IQIC

xiōng 胸	EQqb	月勹乂凵
	EQrb	月勹乂凵

胸部 EQUK　胸怀 EQNG
胸襟 EQPU　胸有成竹 EDDT

xióng 雄	DCWy	ナ厶亻主
	DCWy	ナ厶亻主

雄辩 DCUY　雄厚 DCDJ
雄伟 DCWF　雄心 DCNY
雄性 DCNT　雄壮 DCUF

xióng 熊	CEXO	厶月匕灬
	CEXO	厶月匕灬

熊猫 CEQT

XIU

xiū 休	WSy	亻木⊙
	WSy	亻木⊙

休假 WSWN　休克 WSDQ
休息 WSTH　休息日 WTJJ
休学 WSIP　休养 WSUD
休业 WSOG　休整 WSGK
休止 WSHH

xiū 修	WHTe	亻丨夂彡
	WHTe	亻丨夂彡

修补 WHPU　修订 WHYS
修复 WHTJ　修订本 WYSG
修改 WHNT　修建 WHVF
修理 WHGJ　修理工 WGAA
修配 WHSG　修缮 WHXU
修饰 WHQN　修养 WHUD
修正 WHGH　修筑 WHTA

xiū 咻	KWSy	口亻木
	KWSy	口亻木

xiū 庥	YWSi	广亻木
	OWSi	广亻木

xiū 羞	UDNf	丷ヂ乙二
	UNHg	羊丁丨一

羞愧 UDNR

xiū 鸺	WSQg	亻木勹一
	WSQg	亻木鸟一

xiū 貅	EEWs	쯩犭亻木
	EWSy	豸亻木

xiū 馐	QNUF	勹乙丷二
	QNUG	勹乚丷羊

xiū 髹	DEWs	镸彡亻木
	DEWs	镸彡亻木

xiǔ 朽	SGNN	木一乙乙
	SGNN	木一𠃌乙

xiù 秀	TEb	禾乃⑫
	TBr	禾乃⑫

秀才 TEFT　秀丽 TEGM

xiù 岫	MMG	山由㊀
	MMG	山由㊀

xiù 绣	XTEN	纟禾乃⑫
	XTBt	纟禾乃⑫

xiù 袖	PUMg	衤⑫由㊀
	PUMg	衤⑫由㊀

袖珍 PUGW　袖手旁观 PRUC

xiù 锈	QTEN	钅禾乃㊀
	QTBT	钅禾乃㋽
xiù 溴	ITHD	氵丿目犬
	ITHD	氵丿目犬
xiù 嗅	KTHD	口丿目犬
	KTHD	口丿目犬

xū 圩	FGFh	土一十①
	FGFh	土一十①
xū 戌	DGNt	厂一乙丿
	DGD	戌一㊂
xū 盱	HGFh	目一十①
	HGFh	目一十①
xū 吁	KGFH	口一十①
	KGFH	口一十①
xū 胥	NHEf	乙⺊月㊁
	NHEf	⺀⺊月㊁
xū 须	EDMy	彡丆贝㋁
	EDmy	彡丆贝㋁

须要 EDSV　须知 EDTD

xū 顼	GDMy	王丆贝㋁
	GDMy	王丆贝㋁
xū 虚	HAOg	广七业一
	HOd	虍业㊀

虚词 HAYN　虚假 HAWN
虚拟 HARN　虚荣心 HANY
虚弱 HAXU　虚实 HAPU
虚岁 HAMQ　虚伪 HAWY
虚心 HANY　虚张声势 HXFR

xū 嘘	KHAG	口广七一
	KHOg	口虍业㊀
xū 需	FDMj	雨丆门刂
	FDMj	雨丆门刂

需求 FDFI　需求量 FFJG
需要 FDSV　需要量 FSJG
需用 FDET

xū 墟	FHAG	土广七一
	FHOg	土虍业㊀
xú 徐	TWTy	彳人禾㋁
	TWGs	彳人一朩
xǔ 许	YTFh	讠⺊十①
	YTFh	讠⺊十①

许多 YTQQ　许久 YTQY
许可 YTSK　许可证 YSYG

xǔ 诩	YNG	讠羽㊀
	YNG	讠羽㊀
xǔ 栩	SNG	木羽㊀
	SNG	木羽㊀

栩栩如生 SSVT

xǔ 糈	ONHe	米乙⺊月
	ONHe	米⺀⺊月
xù 酗	SGNE	西一乙㊁
	SGNE	西一乙㊁
xù 旭	VJd	九日㊂
	VJd	九日㊂

xù 序	YCBk	广マ卩[川]
	OCnh	广マ乛亅

序列 YCGQ 序言 YCYY

xù 叙	WTCy	人禾又[丶]
	WGSC	人一木又

叙述 WTSY 叙利亚 WTGO

xù 恤	NTLg	忄丿皿[一]
	NTLg	忄丿皿[一]

xù 洫	ITLG	氵丿皿[一]
	ITLg	氵丿皿[一]

xù 畜	YXLf	亠幺田[二]
	YXLf	亠幺田[二]

畜牧 YXTR 畜产品 YUKK
畜牧业 YTOG

xù 勖	JHLn	曰目力[乙]
	JHEt	曰目力[丿]

xù 绪	XFTJ	纟土丿日
	XFTj	纟土丿日

绪言 XFYY

xù 续	XFNd	纟十乙大
	XFNd	纟十乛大

续编 XFXY 续集 XFWY
续篇 XFTY

xù 酗	SGQB	西一乂凵
	SGRb	西一乂凵

xù 婿	VNHE	女乙龰月
	VNHE	女乛龰月

xù 溆	IWTC	氵人禾又
	IWGC	氵人一又

xù 絮	VKXi	女口幺小
	VKXi	女口幺小

xù 煦	JQKO	日勹口灬
	JQKO	日勹口灬

xù 蓄	AYXl	艹亠幺田
	AYXl	艹亠幺田

蓄谋 AYYA 蓄电池 AJIB
蓄意 AYUJ

xu 蓿	APWJ	艹宀亻日
	APWJ	艹宀亻日

XUAN

xuān 轩	LFh	车干[丨]
	LFH	车干[丨]

轩然大波 LQDI

xuān 宣	PGJg	宀一日一
	PGJg	宀一曰一

宣布 PGDM 宣传队 PWBW
宣传 PGWF 宣传部 PWUK
宣称 PGTQ 宣传画 PWGL
宣读 PGYF 宣传科 PWTU
宣告 PGTF 宣传品 PWKK
宣判 PGUD 宣传员 PWKM
宣誓 PGRR 宣言 PGYY
宣扬 PGRN 宣战 PGHK

xuān 谖	YEFc	讠爫二又
	YEGC	讠爫一又

xuān 喧	KPgg	口宀一一
	KPgg	口宀一一

喧哗 KPKW

xuān 揎	RPGg	扌宀一一
	RPGg	扌宀一一
xuān 萱	APGG	艹宀一一
	APGG	艹宀一一
xuān 暄	JPGg	日宀一一
	JPGg	日宀一一
xuān 煊	OPGg	火宀一一
	OPGg	火宀一一
xuān 儇	WLGE	亻罒一衣
	WLGE	亻罒一衣
xuán 玄	YXU	亠幺⑦
	YXU	亠幺⑦
xuán 痃	UYXi	疒亠幺⑦
	UYXi	疒亠幺⑦
xuán 悬	EGCN	月一厶心
	EGCN	月一厶心

悬挂 EGRF 悬空 EGPW
悬殊 EGGQ 悬崖 EGMD
悬崖勒马 EMAC

| xuán 旋 | YTNh | 方𠂉乙疋 |
| | YTNH | 方𠂉一疋 |

旋律 YTTV 旋转 YTLF

xuán 漩	IYTH	氵方𠂉疋
	IYTH	氵方𠂉疋
xuán 璇	GYTH	王方𠂉疋
	GYTH	王方𠂉疋
xuǎn 选	TFQP	丿土儿辶
	TFQP	丿土儿辶

选拔 TFRD 选举权 TISC
选购 TFMQ 选集 TFWY
选举 TFIW 选举法 TIIF
选编 TFXY 选举人 TIWW
选派 TFIR 选票 TFSF
选取 TFBC 选手 TFRT
选题 TFJG 选用 TFET
选择 TFRC 选种 TFTK

xuǎn 癣	UQGd	疒鱼一手
	UQGu	疒鱼丷羊
xuàn 泫	IYXy	氵亠幺⊙
	IYXy	氵亠幺⊙
xuàn 炫	OYXy	火亠幺⊙
	OYXy	火亠幺⊙
xuàn 绚	XQJg	纟勺日㊀
	XQJg	纟勺日㊀

绚丽 XQGM

xuàn 眩	HYxy	目亠幺⊙
	HYXy	目亠幺⊙
xuàn 铉	QYXy	钅亠幺⊙
	QYXy	钅亠幺⊙
xuàn 渲	IPGG	氵宀一一
	IPGG	氵宀一一
xuàn 楦	SPGg	木宀一一
	SPGg	木宀一一
xuàn 碹	DPGG	石宀一一
	DPGG	石宀一一
xuàn 镟	QYTII	钅方𠂉疋
	QYTH	钅方𠂉疋

XUE

xuē 靴	AFWX	廿甲亻匕
	AFWX	廿甲亻匕
xuē 削	IEJh	⺌月刂①
	IEJh	⺌月刂①

削弱 IEXU　削减 IEUD
削足适履 IKTN

xuē 薛	AWNU	廿亻㇐辛
	ATNu	廿丿目辛
xué 穴	PWU	宀八②
	PWU	宀八②
xué 学	IPbf	⺌冖子㊀
	IPBf	⺌冖子㊀

学报 IPRB　学潮 IPIF
学费 IPXJ　学分制 IWRM
学会 IPWF　学籍 IPTD
学科 IPTU　学历 IPDL
学龄 IPHW　学龄前 IHUE
学期 IPAD　学生证 ITYG
学生 IPTG　学生装 ITUF
学士 IPFG　学术 IPSY
学说 IPYU　学徒 IPTF
学位 IPWU　学徒工 ITAA
学问 IPUK　学习 IPNU
学校 IPSU　学习班 INGY
学业 IPOG　学友 IPDC
学院 IPBP　学以致用 INGE
学者 IPFT　学杂费 IVXJ
学制 IPRM

xuě 㳚	IPIu	⺌冖水②
	IPIu	⺌冖水②

xué	RRKH	扌斤口止
踅	RRKH	扌斤口止
xuě 雪	FVf	雨彐㊀
	FVf	雨彐㊀

雪白 FVRR　雪花膏 FAYP
雪花 FVAW　雪亮 FVYP
雪茄 FVAL　雪茄烟 FAOL
雪山 FVMM　雪中送炭 FKUM

xuě 鳕	QGFV	鱼一雨彐
	QGFV	鱼㇐雨彐
xuè 血	TLD	丿皿㊀
	TLD	丿皿㊀

血管 TLTP　血汗 TLIF
血泪 TLIH　血球 TLGF
血肉 TLMW　血细胞 TXEQ
血型 TLGA　血压 TLDF
血液 TLIY　血压计 TDYF

xuè 谑	YHAg	讠𠂆七一
	YHAg	讠虍匚一

XUN

xūn 勋	KMLn	口贝力②
	KMEt	口贝力②

勋章 KMUJ

xūn 埙	FKMY	土口贝②
	FKMy	土口贝②
xūn 熏	TGLO	丿一罒灬
	TGLO	丿一罒灬

xún 獯	QTTO	丿丿灬
	QTTO	犭⊙丿灬
xún 薰	ATGO	艹一丿灬
	ATGO	艹一丿灬
xún 曛	JTGO	日一丿灬
	JTGO	日一丿灬
xún 醺	SGTO	酉一丿灬
	SGTO	酉一丿灬
xún 郇	QJBh	勹日阝①
	QJBh	勹日阝①
xún 寻	VFu	彐寸⑦
	VFu	彐寸⑦

寻常 VFIP　寻求 VFFI
寻思 VFLN　寻找 VFRA
寻址 VFFH

| xún 巡 | VPv | 巛辶⑩ |
| | VPV | 巛辶⑩ |

巡回 VPLK　巡逻队 VLBW
巡逻 VPLQ　巡洋舰 VITE
巡视 VPPY

xún 旬	QJd	勹日㊂
	QJd	勹日㊂
xún 询	YQJg	讠勹日㊀
	YQjg	讠勹日㊀

询问 YQUK

xún 峋	MQJG	山勹日㊀
	MQJg	山勹日㊀
xún 恂	NQJg	忄勹日㊀
	NQJg	忄勹日㊀

xún 洵	IQJg	氵勹日㊀
	IQJg	氵勹日㊀
xún 荨	IVFY	氵彐寸⊙
	IVFY	氵彐寸⊙
xún 荨	AQJf	艹勹日寸
	AQJf	艹勹日寸
xún 循	TRFH	彳厂十目
	TRFh	彳厂十目

循序渐进 TYIF
循规蹈矩 TFKT
循循善诱 TTUY

xún 鲟	QGVf	鱼一彐寸
	QGVF	鱼一彐寸
xùn 驯	CKH	马川①
	CGKh	马一川①

驯服 CKEB　驯养 CKUD

| xùn 训 | YKh | 讠川① |
| | YKh | 讠川① |

训练 YKXA

xùn 讯	YNFh	讠乙十
	YNFh	讠乙十
xùn 汛	INFh	氵乙十
	INFh	氵乙十
xùn 迅	NFPk	乙十辶⑩
	NFPk	乙十辶⑩

迅猛 NFQT　迅速 NFGK

| xùn 徇 | TQJg | 彳勹日㊀ |
| | TQJg | 彳勹日㊀ |

| xùn 逊 | BIPi | 孑小辶㋲ |
| | BIPi | 孑小辶㋦ |

逊色 BIQC

| xùn 殉 | GQQj | 一夕勹日 |
| | GQQj | 一夕勹日 |

| xùn 巽 | NNAw | 巳巳廾八 |
| | NNAw | 巳巳廾八 |

| xùn 蕈 | ASJj | 艹西早㋵ |
| | ASJj | 艹西早㋵ |

| xùn 浚 | ICWT | 氵厶八夂 |
| | ICWT | 氵厶八夂 |

yā 丫	UHK	` | ⑩
	UHK	` | ⑩
yā 压	DFYi	厂土、②
	DFYi	厂土、②

压倒 DFWG 压力 DFLT
压迫 DFRP 压强 DFXK
压缩 DFXP 压抑 DFRQ
压制 DFRM

yā 呀	KAht	口匚丨丨
	KAht	口二丨丨
yā 押	RLh	扌甲①
	RLh	扌甲①

押金 RLQQ 押送 RLUD

yā 鸦	AHTG	匚丨丿一
	AHTG	二丿丿一

鸦片 AHTH

yā 桠	SGOG	木一廾一
	SGOG	木一业㊀
yā 鸭	LQYg	甲勹丶一
	LQGg	甲鸟一㊀

鸭蛋 LQNH 鸭了 LQBB
鸭绿江 LXIA

yá 牙	AHte	匚丨丿㊉
	AHte	二丿丿㊉

牙齿 AHHW 牙膏 AHYP
牙刷 AHNM

yá 伢	WAHt	亻匚丨丨
	WAHt	亻二丨丨
yá 岈	MAHt	山匚丨丨
	MAHt	山二丨丨
yá 琊	GAHB	王匚丨阝
	GAHB	王二丨阝
yá 蚜	JAHt	虫匚丨丨
	JAHt	虫二丨丨
yá 崖	MDFF	山厂土土
	MDFF	山厂土土
yá 涯	IDFf	氵厂土土
	IDFf	氵厂土土
yá 睚	HDff	目厂土土
	HDFf	目厂土土
yá 衙	TGKh	彳五口丨
	TGKS	彳五口王
yǎ 哑	KGOg	口一廾一
	KGOg	口一业㊀
yǎ 痖	UGOG	疒一廾一
	UGOd	疒一业㊀
yǎ 雅	AHTY	匚丨丿主
	AHTY	二丿丿主

雅量 AHJG 雅兴 AHIW
雅座 AHYW

YA

yà 亚	GOGd	一丨一㇀
	GOd	一业㇀

亚军 GOPL　亚非拉 GDRU
亚洲 GOIY　亚热带 GRGK

yà 讶	YAHt	讠匚丨丨
	YAHt	讠亠丨丨
yà 迓	AHTP	匚丨丨辶
	AHTP	亠丨丨辶
yà 垭	FGOg	土一丨一
	FGOg	土一业㇀
yà 砑	DAHt	石匚丨丨
	DAHt	石亠丨丨
yà 氩	RNGG	𠂉乙一一
	RGOd	气一业㇀
yà 揠	RAJV	扌日日女
	RAJV	扌日日女

YAN

yān 阋	UYWU	门方人㇀
	UYWU	门方人㇀
yān 殷	RVNc	厂彐乙又
	RVNc	厂彐乙又
yān 咽	KLDy	口口大㇀
	KLDy	口口大㇀

咽喉 KLKW

yān 恹	NDDY	忄厂犬㇀
	NDDY	忄厂犬㇀
yān 烟	OLdy	火口大㇀
	OLDy	火口大㇀

烟草 OLAJ　烟囱 OLTL
烟灰 OLDO　烟煤 OLOA
烟叶 OLKF　烟消云散 OIFA

yān 胭	ELDy	月口大㇀
	ELDy	月口大㇀
yān 崦	MDJn	山大日乙
	MDJn	山大曰乙
yān 淹	IDJn	氵大日乙
	IDJn	氵大曰乙
yān 焉	GHGo	一止一灬
	GHGo	一止一灬

焉得虎子 GTHB

yān 菸	AYWU	艹方人㇀
	AYWU	艹方人㇀
yān 阉	UDJN	门大日乙
	UDJN	门大日乙
yān 湮	ISFG	氵西土一
	ISFG	氵覀土一
yān 腌	EDJn	月大日乙
	EDJn	月大日乙
yān 鄢	GHGB	一止一阝
	GHGB	一止一阝
yān 嫣	VGHo	女一止灬
	VGHo	女一止灬
yán 严	GODr	一丨一厂
	GOTe	一业丿㇏

严惩 GOTG 严辞 GOTD
严防 GOBY 严格 GOST
严寒 GOPF 严格要求 GSSF
严谨 GOYA 严禁 GOSS
严峻 GOMC 严厉 GODD
严密 GOPN 严阵以待 GBNT
严肃 GOVI 严肃查处 GVST
严明 GOJE 严重性 GTNT
严重 GOTG 严正声明 GGFJ
严正 GOGH 严重事故 GTGD

| yán 妍 | VGAh | 女一艹① |
| | VGAh | 女一艹① |

| yán 芫 | AFQB | 艹二儿⑥ |
| | AFQB | 艹二儿⑥ |

| yán 言 | YYYy | 言言言言 |
| | YYYy | 言言言言 |

言辞 YYTD 言必有据 YNDR
言语 YYYG 言不由衷 YGMY
言论 YYYW 言而无信 YDFW
言谈 YYYO 言而有信 YDDW
言归于好 YJGV
言过其实 YFAP
言听计从 YKYW
言外之意 YQPU

| yán 延 | THPd | 丿止廴㊀ |
| | THNP | 丿十乚廴 |

延安 THPV 延迟 THNY
延缓 THXE 延期 THAD
延伸 THWJ 延续 THXF

| yán 岩 | MDF | 山石㊀ |
| | MDF | 山石㊀ |

岩层 MDNF 岩石 MDDG

| yán 沿 | IMKg | 氵几口㊀ |
| | IWKg | 氵几口㊀ |

沿海 IMIT 沿途 IMWT
沿线 IMXG 沿用 IMET
沿着 IMUD

| yán 炎 | OOu | 火火⑦ |
| | OOu | 火火⑦ |

炎热 OORV 炎黄子孙 OABB
炎夏 OODH

| yán 研 | DGAh | 石一艹① |
| | DGAh | 石一艹① |

研究 DGPW 研究会 DPWF
研制 DGRM 研究生 DPTG
研究所 DPRN 研究室 DPPG
研究员 DPKM 研究院 DPBP
研讨 DGYF

| yán 盐 | FHLf | 土卜皿㊀ |
| | FHLf | 土卜皿㊀ |

盐酸 FHSG 盐碱地 FDFB

| yán 阎 | UQVD | 门夕白㊀ |
| | UQEd | 门夕白㊀ |

| yán 筵 | TTHP | ⺮丿止廴 |
| | TTHp | ⺮丿卜廴 |

| yán 蜒 | JTHP | 虫丿止廴 |
| | JTHP | 虫丿卜廴 |

| yán 颜 | UTEM | 立丿彡贝 |
| | UTEM | 立丿彡贝 |

| yán 檐 | SQDY | 木夕厂言 |
| | SQDY | 木夕厂言 |

yǎn 剡	OOJh	火火刂[丨]
	OOJh	火火刂[丨]
yǎn 兖	UCQb	六厶儿[巜]
	UCQb	六厶儿[巜]
yǎn 奄	DJNb	大日乙[巜]
	DJNb	大曰乚[巜]
yǎn 俨	WGOd	亻一丬厂
	WGOt	亻一业丿
yǎn 衍	TIFh	彳氵二丨
	TIGs	彳氵一丁
yǎn 偃	WAJV	亻匚日女
	WAJV	亻匚曰女
yǎn 厣	DDLk	厂犬甲[川]
	DDLk	厂犬甲[川]
yǎn 掩	RDJN	扌大日乙
	RDJn	扌大曰乚

掩蔽 RDAU　掩耳盗铃 RBUQ
掩盖 RDUG　掩护 RDRY
掩饰 RDQN

yǎn 眼	HVey	目彐𠄌[丶]
	HVy	目艮[丶]

眼光 HVIQ　眼高手低 HYRW
眼界 HVLW　眼花缭乱 HAXT
眼睛 HVHG　眼镜 HVQU
眼看 HVRH　眼科 HVTU
眼泪 HVIH　眼力 HVLT
眼前 HVUE　眼色 HVQC
眼神 HVPY　眼下 HVGH

yǎn 郾	AJVb	匚日女阝
	AJVb	匚曰女阝
yǎn 琰	GOOy	王火火[丶]
	GOOy	王火火[丶]
yǎn 罨	LDJN	罒大日乙
	LDJn	罒大曰乚
yǎn 演	IPGw	氵宀一八
	IPGW	氵宀一八

演变 IPYO　演播 IPRT
演唱 IPKJ　演唱会 IKWF
演出 IPBM　演讲 IPYF
演说 IPYU　演算 IPTH
演奏 IPDW

yǎn 魇	DDRc	厂犬白厶
	DDRc	厂犬白厶
yǎn 鼹	VNUV	臼乙⺀女
	ENUV	臼𠄌⺀女
yàn 厌	DDI	厂犬[氵]
	DDI	厂犬[氵]
yàn 彦	UTER	立丿彡[ノノ]
	UTEE	立丿彡[彡]
yàn 砚	DMQn	石冂儿[乙]
	DMQn	石冂儿[乙]
yàn 唁	KYG	口言[一]
	KYg	口言[一]
yàn 宴	PJVf	宀日女[二]
	PJVf	宀曰女[二]

宴会 PJWF　宴请 PJYG
宴席 PJYA

yàn 晏	JPVf	日宀女[二]
	JPVf	曰宀女[二]

yàn 艳	DHQc	三丨⺈巴
	DHQc	三丨⺈巴

艳阳天 DBGD

yàn 谚	YUTe	讠立丿彡
	YUTe	讠立丿彡

yàn 堰	FAJV	土匚日女
	FAJV	土匚日女

yàn 焰	OQVg	火⺈臼[一]
	OQEg	火⺈臼[一]

yàn 焱	OOOU	火火火[⺀]
	OOOU	火火火[⺀]

yàn 雁	DWWy	厂亻亻主
	DWWy	厂亻亻主

yàn 验	CWGi	马人一⺍
	CGWg	马㇀人一

验算 CWTH 验收 CWNH

yàn 滟	IDHC	氵三丨巴
	IDHC	氵三丨巴

yàn 酽	SGGD	西一一厂
	SGGT	西一一丿

yàn 谳	YFMd	讠十冂犬
	YFMd	讠十冂犬

yàn 餍	DDWe	厂犬人⻞
	DDWV	厂犬人艮

yàn 燕	AUko	廿丬口灬
	AKUo	廿口丬灬

燕尾服 ANEB

yàn 赝	DWWM	厂亻亻贝
	DWWM	厂亻亻贝

YANG

yāng 央	MDi	冂大[氵]
	MDi	冂大[氵]

央求 MDFI

yāng 泱	IMDY	氵冂大[丶]
	IMDY	氵冂大[丶]

yāng 殃	GQMd	一夕冂大
	GQMd	一夕冂大

yāng 秧	TMDY	禾冂大[丶]
	TMDY	禾冂大[丶]

秧歌 TMSK 秧苗 TMAL

yāng 鸯	MDQg	冂大勹一
	MDQg	冂大鸟一

yāng 鞅	AFMD	廿串冂大
	AFMD	廿串冂大

yáng 扬	RNRT	扌乙丿丿[丿]
	RNRt	扌㇌丿丿[丿]

扬言 RNYY 扬长避短 RTNT
扬长而去 RTDF
扬眉吐气 RNKR

yáng 羊	UDJ	丷手[丨丨]
	UYTh	羊丶丿丨

羊城 UDFD

yáng 阳	BJg	阝日[一]
	BJg	阝日[一]

阳光 BJIQ　阳春白雪 BDRF
阳历 BJDL　阳奉阴违 BDBF
阳性 BJNT

| yáng 疡 | UNRe | 疒乙丿② |
| | UNRe | 疒㇇丿② |

| yáng 炀 | ONRT | 火乙丿④ |
| | ONRT | 火㇇丿④ |

| yáng 佯 | WUDH | 亻丷手 |
| | WUH | 亻羊 |

| yáng 杨 | SNrt | 木乙丿② |
| | SNRt | 木㇇丿② |

杨柳 SNSQ　杨尚昆 SIJX

| yáng 徉 | TUDh | 彳丷手 |
| | TUH | 彳羊 |

| yáng 洋 | IUdh | 氵丷手① |
| | IUh | 氵羊① |

洋货 IUWX　洋白菜 IRAE
洋人 IUWW　洋鬼子 IRBB
洋娃娃 IVVF

| yáng 烊 | OUDh | 火丷手① |
| | OUH | 火羊① |

| yáng 蛘 | JUDH | 虫丷手① |
| | JUH | 虫羊① |

| yǎng 仰 | WQBH | 亻丆卩① |
| | WQBh | 亻丆卩① |

| yǎng 养 | UDYJ | 丷大丶刂 |
| | UGJj | 丷夫丶刂 |

养病 UDUG　养成 UDDN
养分 UDWV　养活 UDIT

养老 UDFT　养老金 UFQQ
养料 UDOU　养院 UFBP
养育 UDYC　养路费 UKXJ
养殖 UDGQ　养殖场 UGFN
养尊处优 UUTW

| yǎng 氧 | RNUd | 𠂉乙丷手 |
| | RUK | 气羊① |

氧化 RNWX

| yǎng 痒 | UUDk | 疒丷手① |
| | UUK | 疒羊① |

| yàng 怏 | NMDY | 忄冂大⑨ |
| | NMDY | 忄冂大⑨ |

| yàng 恙 | UGNu | 丷王心 |
| | UGNu | 丷王心 |

| yàng 样 | SUdh | 木丷手① |
| | SUh | 木羊① |

样板 SUSR　样本 SUSG
样机 SUSM　样式 SUAA
样子 SUBB

| yàng 漾 | IUGI | 氵丷王水 |
| | IUGI | 氵丷王水 |

YAO

| yāo 幺 | XNNY | 幺乙乙⑨ |
| | XXXX | 幺幺幺幺 |

| yāo 夭 | TDI | 丿大③ |
| | TDI | 丿大③ |

| yāo 吆 | KXY | 口幺⑨ |
| | KXY | 口幺⑨ |

YAO-YAO

yāo 妖	VTDy	女丿大⊙
	VTDy	女丿大⊙
yāo 邀	RYTP	白方攵辶
	RYTP	白方攵辶

邀请 RYYG　邀请赛 RYPF

yāo 腰	ESVg	月西女㊀
	ESVg	月覀女㊀
yáo 爻	QQU	乂乂⑦
	RRU	乂乂⑦
yáo 尧	ATGQ	七丿一儿
	ATGQ	七丿一儿
yáo 肴	QDEf	乂ナ月㊁
	RDEf	乂ナ月㊁
yáo 姚	VIQn	女⺀儿㄂
	VQIy	女儿⺀丶
yáo 轺	LVKg	车刀口㊀
	LVKg	车刀口㊀
yáo 珧	GIQn	王⺀儿㄂
	GQIY	王儿⺀丶
yáo 窑	PWRm	宀八缶山
	PWTB	宀八丿凵
yáo 谣	YERm	讠⺀缶山
	YETb	讠⺀𠂉凵
yáo 徭	TERM	彳⺀缶山
	TETb	彳⺀𠂉凵
yáo 摇	RERm	扌⺀缶山
	RETb	扌⺀𠂉凵

摇摆 RERL　摇晃 REJI
摇篮 RETJ　摇旗呐喊 RYKK
摇摇欲坠 RRWB

yáo 遥	ERmp	⺀缶山辶
	ETFp	⺀𠂉十辶

遥控 ERRP　遥遥 ERER
遥远 ERFQ

yáo 瑶	GERm	王⺀缶山
	GETb	王⺀𠂉凵
yáo 繇	ERMI	⺀缶山小
	ETFI	⺀𠂉十小
yáo 鳐	QGEM	鱼一⺀山
	QGEB	鱼一⺀凵
yǎo 杳	SJF	木日㊁
	SJF	木曰㊁
yǎo 咬	KUQy	口六乂⊙
	KUry	口六乂丶
yǎo 窈	PWXL	宀八幺力
	PWXE	宀八幺力
yǎo 舀	EVF	⺈臼㊁
	EEF	⺈臼㊁
yào 药	AXqy	艹纟勹丶
	AXqy	艹纟勹丶

药材 AXSF　药店 AXYH
药方 AXYY　药房 AXYN
药费 AXXJ　药品 AXKK

yào 要	Svf	西女㊁
	SVF	覀女㊁

要不 SVGI　要不得 SGTJ

要点 SVHK 要害 SVPD
要好 SVVB 要价 SVWW
要件 SVWR 要紧 SVJC
要领 SVWY 要么 SVTC
要命 SVWG 要求 SVFI
要是 SVJG 要素 SVGX
要闻 SVUB 要员 SVKM

| yào 鹞 | ERMG | ⺍⺌山一 |
| | ETFG | ⺍⺌十一 |

| yào 曜 | JNWy | 日羽亻圭 |
| | JNWy | 日羽亻圭 |

| | IQNY | ⺍儿羽圭 |
| 耀 | IGQY | ⺍一儿圭 |

| yào 钥 | QEG | 钅月⊖ |
| | QEG | 钅月⊖ |

钥匙 QEJG

YE

| yē 椰 | SBBh | 木耳阝① |
| | SBBh | 木耳阝① |

| yē 噎 | KFPu | 口士冖丷 |
| | KFPu | 口士冖丷 |

| yé 爷 | WQBj | 八乂卩丨 |
| | WRBj | 八乂卩丨 |

爷爷 WQWQ

| yé 耶 | BBH | 耳阝① |
| | BBH | 耳阝① |

| yé 揶 | RBBh | 扌耳阝① |
| | RBBh | 扌耳阝① |

| yě 铘 | QAHB | 钅匚丨阝 |
| | QAHb | 钅匚丨阝 |

| yě 也 | BNhn | 也乙丨乙 |
| | BNhn | 也冂丨乚 |

也好 BNVB 也是 BNJG
也许 BNYT

| | UCKg | 冫厶口⊖ |
| 冶 | UCKg | 冫厶口⊖ |

冶金 UCQQ 冶金部 UQUK
冶炼 UCOA

| yě 野 | JFCb | 日土マ卩 |
| | JFCb | 日土マ卩 |

野餐 JFHQ 野地 JFFB
野蛮 JFYO 野生 JFTG
野兽 JFUL 野外 JFQH
野心 JFNY 野心家 JNPE
野战 JFHK 野战军 JHPL

| yè 业 | OGd | 业一㊂ |
| | OHhg | 业丨丨一 |

业绩 OGXG 业务 OGTL
业余 OGWT 业务员 OTKM

| yè 叶 | KFh | 口十① |
| | KFh | 口十① |

叶片 KFTH 叶公好龙 KWVD
叶子 KFBB 叶落归根 KAJS

| yè 曳 | JXE | 日匕㇒ |
| | JNTe | 曰乚丿㇒ |

| yè 邺 | OGBh | 业一阝① |
| | OBH | 业阝① |

YE-YI

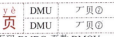

| 页 yè | DMU | 厂贝⑦ |
| | DMU | 厂贝⑦ |

页码 DMDC　页数 DMOV

| 夜 yè | YWTy | 亠亻夂丶 |
| | YWTy | 亠亻夂丶 |

夜班 YWGY　夜总会 YUWF
夜大 YWDD　夜长梦多 YTSQ
夜间 YWUJ　夜空 YWPW
夜里 YWJF　夜色 YWQC
夜晚 YWJQ　夜以继日 YNXJ

| 晔 yè | JWXf | 日亻匕十 |
| | JWXf | 日亻匕十 |

| 烨 yè | OWXf | 火亻匕十 |
| | OWXf | 火亻匕十 |

| 掖 yè | RYWy | 扌亠亻丶 |
| | RYWy | 扌亠亻丶 |

| 液 yè | IYWy | 氵亠亻丶 |
| | IYWy | 氵亠亻丶 |

液化 IYWX　液化气 IWRN
液体 IYWS　液压 IYDF

| 谒 yè | YJQn | 讠日勹乙 |
| | YJQn | 讠日勹乚 |

| 腋 yè | EYWY | 月亠亻丶 |
| | EYWY | 月亠亻丶 |

| 靥 yè | DDDL | 厂犬厂口 |
| | DDDF | 厂犬厂二 |

YI

| 一 yī | Ggll | 一一丨丨 |
| | GGL1 | 一一丨丨 |

一般 GGTE　一败涂地 GMIF
一半 GGUF　一般化 GTWX
一边 GGLP　一般说来 GTYG
一定 GGPG　一辈子 GDBB
一带 GGGK　一本正经 GSGX
一旦 GGJG　一笔勾销 GTQQ
一道 GGUT　一部分 GUWV
一点 GGHK　一朝一夕 GFGQ
一度 GGYA　一尘不染 GIGI
一概 GGSV　一成不变 GDGY
一贯 GGXF　一筹莫展 GTAN
一等奖 GTUQ　一等品 GTKK
一举 GGIW　一发千钧 GNTQ
一来 GGGO　一帆风顺 GMMK
一面 GGDM　一方面 GYDM
一起 GGFH　一分为二 GWYF
一律 GGTV　一概而论 GSDY
一旁 GGUP　一个样 GWSU
一共 GGAW　一国两制 GLGR
一伙 GGWO　一回事 GLGK
一切 GGAV　一会儿 GWQT
一齐 GGYJ　一技之长 GRPT
一生 GGTG　一气呵成 GRKD
一时 GGJF　一口气 GKRN
一手 GGRT　一箭双雕 GTCM
一块儿 GFQT　一举两得 GIGT
一览表 GJGE　一劳永逸 GAYQ
一味 GGKF　一落千丈 GATD
一周 GGMK　一鸣惊人 GKNW
一直 GGFH　一目了然 GHBQ
一家子 GPBB　一窍不通 GPGC
一月 GGEE　一丘之貉 GRPE

一同 GGMG 一日千里 GJTJ
一心 GGNY 一系列 GTGQ
一向 GGTM 一如既往 GVVT
一些 GGHX 一视同仁 GPMW
一样 GGSU 一丝不苟 GXGA
一阵子 GBBB 一塌胡涂 GFDI
一再 GGGM 一团和气 GLTR
一早 GGJH 一往无前 GTFU
一阵 GGBL 一无是处 GFJT
一只 GGKW 一意孤行 GUBT
一致 GGGC 一针见血 GQMT
一下子 GGBB
一切从实际出发 GAWN

yī 伊	WVTt	亻ヨノ㇒
	WVTt	亻ヨノ㇒

伊拉克 WRDQ

yī 衣	YEu	㐅𧘇㇒
	YEu	㐅𧘇㇒

衣服 YEEB 衣料 YEOU
衣裳 YEIP 衣帽间 YMUJ
衣物 YETR 衣食住行 YWWT

yī 医	ATDi	匚广大㇒
	ATDi	匚广大㇒

医护 ATRY 医科 ATTU
医疗 ATUB 医疗费 AUXJ
医术 ATSY 医疗所 AURN
医生 ATTG 医疗卫生 AUBT
医务 ATTL 医务室 ATPG
医学 ATIP 医务所 ATRN
医药 ATAX 医学院 AIBP
医院 ATBP 医药费 AAXJ
医治 ATIC 医嘱 ATKN

yī 依	WYEy	亻㐅𧘇㇔
	WYEy	亻㐅𧘇㇔

依次 WYUQ 依附 WYBW
依旧 WYHJ 依据 WYRN
依靠 WYTF 依赖 WYTQ
依然 WYQD 依稀 WYTQ
依照 WYJV

yī 咿	KWVT	口亻ヨノ
	KWVT	口亻ヨノ

yī 猗	QTDK	犭ノ大口
	QTDK	犭ノ大口

yī 铱	QYEy	钅㐅𧘇㇔
	QYEy	钅㐅𧘇㇔

yī 壹	FPGu	士冖一䒑
	FPGu	士冖一䒑

yī 揖	RKBg	扌口耳g
	RKBg	扌口耳g

yī 漪	IQTK	氵犭ノ口
	IQTK	氵犭ノ口

yī 噫	KUJN	口立日心
	KUJN	口立曰心

yī 黟	LFOQ	罒土灬夕
	LFOQ	罒土灬夕

yí 仪	WYQy	亻丶乂㇔
	WYRy	亻丶乂㇔

仪表 WYGE 仪器 WYKK
仪式 WYAA 仪仗队 WWBW

yí 圯	FNN	土己㇆
	FNN	土己㇆

yí 夷	GXWi	一弓人㇒
	GXWi	一弓人㇒

沂	IRH	氵斤①
	IRH	氵斤①
诒	YCKg	讠厶口㊀
	YCKg	讠厶口㊀
宜	PEGf	宀月一㊀
	PEGf	宀月一㊀
怡	NCKg	忄厶口㊀
	NCKg	忄厶口㊀
迤	TBPv	丿也辶⑩
	TBPV	丿也辶⑩
饴	QNCk	夕乙厶口
	QNCk	夕乙厶口
咦	KGXw	口一弓人
	KGXw	口一弓人
姨	VGXw	女一弓人
	VGXw	女一弓人
荑	AGXw	艹一弓人
	AGXw	艹一弓人
贻	MCKg	贝厶口㊀
	MCKg	贝厶口㊀

贻误 MCYK

眙	HCKg	目厶口㊀
	HCKg	目厶口㊀
胰	EGXw	月一弓人
	EGXw	月 弓人
痍	UGXW	疒一弓人
	UGXw	疒一弓人

| 移 | TQQy | 禾夕夕⊙ |
| | TQQy | 禾夕夕⊙ |

移植 TQSF 移风易俗 TMJW
移交 TQUQ 移花接木 TARS
移民 TQNA 移山倒海 TMWI

| 遗 | KHGP | 口丨一辶 |
| | KHGP | 口丨一辶 |

遗产 KHUT 遗体 KHWS
遗址 KHFH 遗嘱 KHKN

| 颐 | AHKM | 匚丨口贝 |
| | AHKm | 匚丨口贝 |

颐和园 ATLF

| 疑 | XTDH | 匕ノ大疋 |
| | XTDh | 匕ノ大疋 |

疑惑 XTAK 疑虑 XTHA
疑难 XTCW 疑问 XTUK
疑心 XTNY 疑义 XTYQ

| 彝 | XGOa | ヨ一米廾 |
| | XOXA | 彑米幺廾 |

| 酏 | SGBn | 酉一也⑫ |
| | SGBn | 酉一也⑫ |

| 已 | NNNN | 己己己己 |
| | NNnn | 己己己己 |

已婚 NNVQ 已经 NNXC

| 乙 | NNLl | 乙乙口口 |
| | NNLl | 乙乙口口 |

| 以 | NYWy | 乙、人⊙ |
| | NYWY | 丶、人⊙ |

以便 NYWG 以后 NYRG
以来 NYGO 以理服人 NGEW

以免 NYQK　以貌取人 NEBW
以前 NYUE　以色列 NQGQ
以外 NYQH　以权谋私 NSYT
以为 NYYL　以身作则 NTWM
以往 NYTY　以逸待劳 NQTA
以下 NYGH
以经济建设为中心 NXIN

yǐ 钇	QNN	钅乙②
	QNN	钅乙②

yǐ 矣	CTdu	厶亠大⑦
	CTdu	厶亠大⑦

yǐ 苡	ANYw	艹乙、人
	ANYW	艹乚、人

yǐ 舣	TEYQ	丿舟、义
	TUYR	丿舟、义

yǐ 蚁	JYQy	虫、义
	JYRy	虫、义

yǐ 倚	WDSk	亻大丁口
	WDSk	亻大丁口

yǐ 椅	SDSk	木大丁口
	SDSk	木大丁口

椅子 SDBB

yǐ 旖	YTDK	方𠂉大口
	YTDK	方𠂉大口

yì 义	YQi	、义
	YRi	、义

义气 YQRY　义无反顾 YFRD
义务 YQTL　义务兵 YTRG

yì 亿	WNn	亻乙②
	WNn	亻乙②

亿万 WNDN

yì 弋	AGNY	弋一乙、
	AYI	弋、③

yì 刈	QJH	乂刂①
	RJH	乂刂①

yì 忆	NNn	忄乙②
	NNN	忄乙②

yì 艺	ANB	艹乙②
	ANb	艹乙②

艺术 ANSY　艺家 ASPE
艺术品 ASKK

yì 议	YYQy	讠、义
	YYRy	讠、义

议程 YYTK　议定书 YPNN
议论 YYYW　议价 YYWW

yì 亦	YOU	亠小⑦
	YOu	亠小⑦

亦步亦趋 YHYF

yì 屹	MTNN	山𠂉乙②
	MTNn	山𠂉乙②

yì 异	NAJ	巳廾①
	NAj	巳廾①

异彩 NAES　异口同声 NKMF
异常 NAIP　异曲同工 NMMA
异同 NAMG　异想天开 NSGG
异样 NASU　异议 NAYY

yì 佚	WRWy	亻𠂉人
	WTGY	亻丿夫

yì 呓	KANn	口艹乙②
	KANN	口艹乙②

役	yì TMCy / TWCy	彳几又⊙ / 彳几又⊙
抑	RQBh / RQBh	扌匚㔾 / 扌匚㔾

抑扬顿挫 RRGR

| 译 | yì YCFh / YCGh | 讠又二丨 / 讠又十① |

译本 YCSG 译电员 YJKM
译文 YCYY 译音 YCUJ
译员 YCKM 译者 YCFT
译制 YCRM 译制片 YRTH

邑	yì KCB / KCB	口巴⑥ / 口巴⑥
佾	yì WWEg / WWEG	亻八月㊀ / 亻八月㊀
峄	yì MCFh / MCGh	山又二丨 / 山又十①
怿	yì NCFH / NCGh	忄又二丨 / 忄又十①
易	yì JQRr / JQRr	日勹丿丿 / 曰勹丿丿
绎	yì XCFh / XCGh	纟又二丨 / 纟又十①
诣	yì YXJg / YXJg	讠匕日㊀ / 讠匕日㊀
驿	yì CCFh / CGCG	马又二丨 / 马ㄱ又十
奕	yì YODu / YODu	亠⺈大㊆ / 亠⺈大㊆
疫	yì UMCi / UWCi	疒几又㊆ / 疒几又㊆
羿	yì NAJ / NAJ	羽廾⑩ / 羽廾⑩
轶	yì LRWy / LTGy	车丿人⊙ / 车丿夫⊙
悒	yì NKCn / NKCn	忄口巴② / 忄口巴②
挹	yì RKCn / RKCn	扌口巴② / 扌口巴②
蜴	yì JJQR / JJQR	虫日勹丿 / 虫曰勹丿
谊	yì YPEg / YPEG	讠宀月一 / 讠宀月一
埸	yì FJQr / FJQr	土日勹丿 / 土曰勹丿
翊	yì UNG / UNG	立羽㊀ / 立羽㊀
翌	yì NUF / NUF	羽立㊁ / 羽立㊁
裔	yì YEMk / YEMK	亠⻂冂口 / 亠⻂冂口
溢	yì IUWl / IUWl	氵䒑八皿 / 氵䒑八皿

YI-YIN

| yì 缢 | XUWl | 纟⺍八皿 |
| | XUWl | 纟⺍八皿 |

| yì 肄 | XTDH | 彑⺀大丨 |
| | XTDG | 彑⺀大丰 |

肄业 XTOG

| yì 意 | UJNu | 立日心㊀ |
| | UJNu | 立曰心㊀ |

意见 UJMQ　意气风发 URMN
意料 UJOU　意大利 UDTJ
意识 UJYK　意见簿 UMTI
意思 UJLN　意见书 UMNN
意图 UJLT　意想到 UYGC
意外 UJQH　意味着 UKUD
意味 UJKF　意义 UJYQ
意愿 UJDR　意志 UJFN

| yì 逸 | QKQP | 勹口⺍辶 |
| | QKQP | 勹口⺍辶 |

逸事 QKGK　逸闻 QKUB

| yì 瘗 | UGUF | 疒一⺌土 |
| | UGUF | 疒一ソ土 |

| yì 益 | UWLf | ⺌八皿 |
| | UWLf | ⺌八皿 |

| yì 毅 | UEMc | 立豕几又 |
| | UEWc | 立豕几又 |

毅力 UELT　毅然 UEQD

| yì 熠 | ONRG | 火羽白㊀ |
| | ONRG | 火羽白㊀ |

| yì 镒 | QUWI | 钅⺍八皿 |
| | QUWI | 钅⺍八皿 |

| yì 劓 | THLJ | 丿目田刂 |
| | THLJ | 丿目田刂 |

| yì 殪 | GQFU | 一夕士⺌ |
| | GQFU | 一夕士⺌ |

| yì 薏 | AUJN | 艹立日心 |
| | AUJN | 艹立日心 |

| yì 翳 | ATDN | 匚⺁大羽 |
| | ATDN | 匚⺁大羽 |

| yì 翼 | NLAw | 羽田艹八 |
| | NLAw | 羽田艹八 |

| yì 臆 | EUJn | 月立日心 |
| | EUJn | 月立日心 |

| yì 癔 | UUJN | 疒立日心 |
| | UUJN | 疒立日心 |

| yì 镱 | QUJN | 钅立日心 |
| | QUJN | 钅立日心 |

| yì 懿 | FPGN | 士⺈一心 |
| | FPGN | 士⺈一心 |

YIN

| yīn 因 | LDi | 口大㊂ |
| | LDi | 口大㊂ |

因此 LDHX　因而 LDDM
因故 LDDT　因地制宜 LFRP
因果 LDJS　因陋就简 LBYT
因素 LDGX　因势利导 LRTN
因子 LDBB

| 阴 yīn | BEg / BEg | 阝月⊖ / 阝月⊖ |

阴暗 BEJU　阴沉 BEIP
阴历 BEDL　阴谋 BEYA
阴险 BEBW　阴谋诡计 BYYY
阴天 BEGD　阴谋家 BYPE
阴性 BENT　阴阳 BEBJ
阴影 BEJY　阴雨 BEFG
阴云 BEFC

| 姻 yīn | VLDy / VLdy | 女口大⊙ / 女口大⊙ |

姻缘 VLXX

| 洇 yīn | ILDY / ILDY | 氵口大⊙ / 氵口大⊙ |

| 茵 yīn | ALDu / ALDu | 艹口大⊙ / 艹口大⊙ |

| 荫 yīn | ABEf / ABEf | 艹阝月⊖ / 艹阝月⊖ |

| 音 yīn | UJF / UJF | 立日⊖ / 立日⊖ |

音标 UJSF　音调 UJYM
音乐 UJQI　音乐会 UQWF
音量 UJJG　音乐家 UQPE
音码 UJDC　音响 UJKT
音像 UJWQ　音质 UJRF

| 殷 yīn | RVNc / RVNc | 厂彐乙又 / 厂彐门又 |

| 氤 yīn | RNLd / RLDi | 气乙口大 / 气口大⊙ |

| 铟 yīn | QLDY / QLDY | 钅口大⊙ / 钅口大⊙ |

| 喑 yīn | KUJg / KUJg | 口立日⊖ / 口立曰⊖ |

| 堙 yīn | FSFg / FSFG | 土西土⊖ / 土覀土⊖ |

| 吟 yín | KWYN / KWYN | 口人、乙 / 口人、㇀ |

吟诗 KWYF　吟咏 KWKY

| 垠 yín | FVEy / FVY | 土彐㇄⊙ / 土艮⊙ |

| 狺 yín | QTYG / QTYG | 犭丿言⊖ / 犭丿言⊖ |

| 寅 yín | PGMw / PGMw | 宀一由八 / 宀一由八 |

| 淫 yín | IETf / IETf | 氵爫丿土 / 氵爫丿土 |

淫秽 IETM

| 银 yín | QVEy / QVY | 钅彐㇄⊙ / 钅艮⊙ |

银白 QVRR　银川 QVKT
银河 QVIS　银川市 QKYM
银矿 QVDY　银幕 QVAJ
银行 QVTF　银行利率 QTTY
银子 QVBB　银行帐号 QTMK

| 鄞 yín | AKGB / AKGB | 廿口𢑑阝 / 廿口𢑑阝 |

| 夤 yín | QPGW / QPGW | 夕宀一八 / 夕宀一八 |

龈 yín	HWBE	止人口K
	HWBV	止人口艮

霪 yín	FIEF	雨氵灬士
	FIEF	雨氵灬士

尹 yǐn	VTE	ヨ丿㇏
	VTE	ヨ丿㇏

引 yǐn	XHh	弓丨①
	XHh	弓丨①

引出 XHBM　引导 XHNF
引荐 XHAD　引进 XHFJ
引路 XHKH　引进技术 XFRS
引力 XHLT　引经据典 XXRM
引起 XHFH　引人注目 XWIH
引言 XHYY　引以为戒 XNYA
引用 XHET　引诱 XHYT

吲 yǐn	KXHh	口弓丨①
	KXHh	口弓丨①

饮 yǐn	QNQw	勹乙勹人
	QNQw	𠂈乙勹人

饮料 QNOU　饮食店 QWYH
饮食 QNWY　饮水思源 QILI
饮用 QNET　饮食业 QWOG

蚓 yǐn	JXHh	虫弓丨①
	JXHh	虫弓丨①

隐 yǐn	BQVN	阝勹ヨ心
	BQVN	阝勹ヨ心

隐蔽 BQAU　隐藏 BQAD
隐含 BQWY　隐患 BQKK
隐晦 BQJT　隐瞒 BQHA
隐私 BQTC　隐隐 BQBQ

瘾 yǐn	UBQn	疒阝勹心
	UBQn	疒阝勹心

印 yìn	QGBh	㇈一卩①
	QGBh	㇈一卩①

印发 QGNT　印第安 QTPV
印鉴 QGJT　印度人 QYWW
印染 QGIV　印度洋 QYIU
印数 QGOV　印刷 QGNM
印象 QGQJ　印刷品 QNKK
印章 QGUJ　印刷体 QNWS

窨 yìn	PWUJ	宀八立日
	PWUJ	宀八立曰

茚 yìn	AQGB	艹㇈一卩
	AQGB	艹㇈一卩

胤 yìn	TXEN	丿幺月乙
	TXEN	丿幺月乚

YING

应 yīng	YID	广䒑㊀
	OIgd	广䒑㊀

应变 YIYO　应酬 YISG
应当 YIIV　应当说 YIYU
应付 YIWF　应有尽有 YDND
应急 YIQV　应该说 YYYU
应届 YINM　应接不暇 YRGJ
应聘 YIBM　应届生 YNTG
应邀 YIRY　应用 YIET
应有 YIDE　应用于 YEGF
应运 YIFC　应用技术 YERS
应该 YIYY

yīng 英	AMDu	艹冂大[冫]
	AMDu	艹冂大[冫]

英镑 AMQU 英尺 AMNY
英寸 AMFG 英国 AMLG
英豪 AMYP 英杰 AMSO
英俊 AMWC 英联邦 ABDT
英名 AMQK 英明 AMJE
英亩 AMYL 英文版 AYTH
英雄 AMDC 英文键盘 AYQT
英勇 AMCE 英语 AMYG
英姿 AMUQ

yīng 莺	APQg	艹冖勹一
	APQg	艹冖鸟一

yīng 婴	MMVf	贝贝女[二]
	MMVf	贝贝女[二]

婴儿 MMQT

yīng 瑛	GAMd	王艹冂大
	GAMd	王艹冂大

yīng 嘤	KMMv	口贝贝女
	KMMv	口贝贝女

yīng 撄	RMMv	扌贝贝女
	RMMv	扌贝贝女

yīng 缨	XMMv	纟贝贝女
	XMMv	纟贝贝女

yīng 罂	MMRm	贝贝𠂉山
	MMTb	贝贝𠂉凵

yīng 樱	SMMV	木贝贝女
	SMMv	木贝贝女

yīng 鹦	MMVG	贝贝女一
	MMVG	贝贝女一

yīng 膺	YWWE	广亻亻月
	OWWE	广亻亻月

yīng 鹰	YWWG	广亻亻一
	OWWG	广亻亻一

yíng 迎	QBPk	⺁卩辶[川]
	QBpk	⺁卩辶[川]

迎宾 QBPR 迎宾馆 QPQN
迎春 QBDW 迎春花 QDAW
迎风 QBMQ 迎风招展 QMRN
迎接 QBRU 迎面 QBDM
迎新 QBUS 迎刃而解 QVDQ
迎战 QBHK 迎头痛击 QUUF

yíng 茔	APFf	艹冖土[二]
	APFF	艹冖土[二]

yíng 盈	ECLf	乃又皿[二]
	BCLf	乃又皿[二]

盈利 ECTJ 盈余 ECWT

yíng 荥	APIu	艹冖水[冫]
	APIu	艹冖水[冫]

yíng 荧	APOu	艹冖火[冫]
	APOu	艹冖火[冫]

荧光屏 AINU 萤火虫儿 AOJQ

yíng 莹	APGY	艹冖王丶
	APGy	艹冖王丶

yíng 萤	APJu	艹冖虫[冫]
	APJu	艹冖虫[冫]

yíng 营	APKk	艹冖口口
	APKk	艹冖口口

营长 APTA 营房 APYN

营建 APVF　营业税 AOTU
营利 APTJ　营私 APTC
营养 APUD　营养品 AUKK
营业 APOG　营业额 AOPT
营救 APFI　营员 AOKM

| yíng 萦 | APXi | 卄冖幺小 |
| | APXi | 卄冖幺小 |

| yíng 楹 | SECl | 木乃又皿 |
| | SBCl | 木乃又皿 |

| yíng 滢 | IAPY | 氵卄冖丶 |
| | IAPY | 氵卄冖丶 |

| yíng 荧 | APQF | 卄冖金㊀ |
| | APQF | 卄冖金㊀ |

| yíng 潆 | IAPI | 氵卄冖小 |
| | IAPI | 氵卄冖小 |

| yíng 蝇 | JKjn | 虫口日乙 |
| | JKjn | 虫口曰乚 |

| yíng 嬴 | YNKY | 亠乙口丶 |
| | YEVy | 亠月女丶 |

| yíng 赢 | YNKY | 亠乙口丶 |
| | YEMy | 亠月贝丶 |

赢余 YNWT

| yíng 瀛 | IYNY | 氵亠乙丶 |
| | IYEy | 氵亠月丶 |

| yíng 郢 | KGBH | 口王阝① |
| | KGBH | 口王阝① |

| yǐng 颖 | XIDm | 匕水厂贝 |
| | XIDm | 匕水厂贝 |

| yǐng 颖 | XTDm | 匕禾厂贝 |
| | XTDM | 匕禾厂贝 |

| yǐng 影 | JYIE | 日京小彡 |
| | JYie | 日京小彡 |

影集 JYWY　影剧 JYND
影片 JYTH　影剧院 JNBP
影视 JYPY　影视业 JPOG
影响 JYKT　影像 JYWQ
影星 JYJT　影印件 JQWR
影院 JYBP　影子 JYBB

| yǐng 瘿 | UMMv | 疒贝贝女 |
| | UMMv | 疒贝贝女 |

| yìng 映 | JMDy | 日门大丶 |
| | JMDy | 日门大丶 |

映射 JMTM　映象 JMQJ
映照 JMJV

| yìng 硬 | DGJq | 石一日乂 |
| | DGJr | 石一曰乂 |

| yìng 媵 | EUDV | 月䒑大女 |
| | EUGV | 月丷夫女 |

 YO

| yō 哟 | KXqy | 口纟勺丶 |
| | KXqy | 口纟勺丶 |

| yō 唷 | KYCe | 口亠厶月 |
| | KYCe | 口亠厶月 |

YONG

yōng 佣	WEH	亻用[丨]
	WEh	亻用[丨]
yōng 拥	REH	扌用[丨]
	REh	扌用[丨]
yōng 痈	UEK	疒用[‖]
	UEK	疒用[‖]
yōng 邕	VKCb	巛口巴[巛]
	VKCb	巛口巴[巛]
yōng 庸	YVEH	广彐月丨
	OVEh	广彐月丨
yōng 雍	YXTy	亠纟丿主
	YXTy	亠纟丿主
yōng 墉	FYVH	土广彐丨
	FOVH	土广彐丨
yōng 慵	NYVH	忄广彐丨
	NOVH	忄广彐丨
yōng 壅	YXTF	亠纟丿土
	YXTF	亠纟丿土
yōng 镛	QYVH	钅广彐丨
	QOVh	钅广彐丨
yōng 臃	EYXy	月亠纟主
	EYXy	月亠纟主
yōng 鳙	QGYH	鱼一广丨
	QGOH	鱼一广丨

yōng 饔	YXTE	亠纟丿乚
	YXTV	亠纟丿良
yóng 喁	KJMy	口日冂丶
	KJMy	口曰冂丶
yǒng 永	YNIi	丶乙氺[氵]
	YNIi	丶㇆氺[氵]

永磁 YNDU　永垂不朽 YTGS
永恒 YNNG　永久性 YQNT
永久 YNQY　永远 YNFQ

yǒng 甬	CEJ	マ用[‖]
	CEJ	マ用[‖]
yǒng 咏	KYNi	口丶乙氺
	KYNi	口丶㇆氺
yǒng 泳	IYNI	氵丶乙氺
	IYNI	氵丶㇆氺
yǒng 俑	WCEh	亻マ用[丨]
	WCEh	亻マ用[丨]
yǒng 勇	CELb	マ用力[巛]
	CEEr	マ用力[⺈]

勇敢 CENB　勇猛 CEQT
勇气 CERN　勇往直前 CTFU
勇于 CEGF　勇于探索 CGRF

yǒng 涌	ICEh	氵マ用[丨]
	ICEh	氵マ用[丨]

涌现 ICGM

yǒng 恿	CENu	マ用心[冫]
	CENU	マ用心[冫]
yǒng 蛹	JCEH	虫マ用[丨]
	JCEH	虫マ用[丨]

字	编码	字根
yǒng 踊	KHCe	口止マ用
	KHCe	口止マ用

踊跃 KHKH

字	编码	字根
yòng 用	ETnh	用丿乙丨
	ETnh	用丿𠃌丨

用场 ETFN　用不着 EGUD
用处 ETTH　用法 ETIF
用功 ETAL　用户 ETYN
用劲 ETCA　用具 ETHW
用力 ETLT　用品 ETKK
用时 ETJF　用途 ETWT
用心 ETNY　用意 ETUJ
用于 ETGF　用语 ETYG

YOU

字	编码	字根
yōu 优	WDNn	亻尢乙[乙]
	WDNy	亻𠂇乚丶

优点 WDHK　优化 WDWX
优惠 WDGJ　优良 WDYV
优劣 WDIT　优美 WDUG
优胜 WDET　优生学 WTIP
优势 WDRV　优秀 WDTE
优异 WDNA　优育 WDYC
优越 WDFH　优越性 WFNT
优质 WDRF　优质产品 WRUK

字	编码	字根
yōu 忧	NDNn	忄尢乙[乙]
	NDNy	忄𠂇乚丶

忧愁 NDTO　忧虑 NDHA
忧伤 NDWT　忧郁 NDDE
忧心如焚 NNVS

字	编码	字根
yōu 攸	WHTY	亻丨攵[丶]
	WHTY	亻丨攵[丶]

字	编码	字根
yōu 呦	KXLn	口幺力[乙]
	KXET	口幺力[丿]

字	编码	字根
yōu 幽	XXMk	幺幺山[川]
	MXxi	山幺幺[氵]

幽静 XXGE　幽默 XXLF
幽雅 XXAH

字	编码	字根
yōu 悠	WHTN	亻丨攵心
	WHTN	亻丨攵心

悠久 WHQY　悠闲 WHUS
悠扬 WHRN　悠悠 WHWH

字	编码	字根
yóu 尤	DNV	尢乙[巛]
	DNYi	𠂇乚丶[氵]

尤其 DNAD　尤其是 DAJG

字	编码	字根
yóu 由	MHng	由丨乙一
	MHng	由丨𠃌一

由此 MHHX　由不得 MGTJ
由来 MHGO　由此及彼 MHET
由于 MHGF　由此可见 MHSM

字	编码	字根
yóu 犹	QTDN	犭丿尢乙
	QTDY	犭[丿]𠂇丶

犹如 QTVK　犹豫 QTCB
犹太人 QDWW

字	编码	字根
yóu 邮	MBh	由阝[丨]
	MBh	由阝[丨]

邮递 MBUX　邮递员 MUKM
邮电 MBJN　邮电部 MJUK
邮费 MBXJ　邮电局 MJNN
邮购 MBMQ　邮电所 MJRN
邮寄 MBPD　邮件 MBWR
邮局 MBNN　邮票 MBSF
邮箱 MBTS　邮政 MBGH

Y

YOU-YOU 355

邮资 MBUQ　邮政局 MGNN
邮政编码 MGXD

yóu 油	IMG	氵由㊀
	IMg	氵由㊀

油泵 IMDI　油布 IMDM
油菜 IMAE　油料 IMOU
油墨 IMLF　油腻 IMEA
油漆 IMIS　油腔滑调 IEIY
油田 IMLL　油印 IMQG
油脂 IMEX　油印机 IQSM

yóu 疣	UDNV	疒由乙㊃
	UDNy	疒ナ乚丶

yóu 莜	AWHt	艹亻丨攵
	AWHt	艹亻丨攵

yóu 莸	AQTN	艹犭丿乙
	AQTY	艹犭丿丶

yóu 铀	QMG	钅由㊀
	QMG	钅由㊀

yóu 蚰	JMG	虫由㊀
	JMG	虫由㊀

yóu 游	IYTB	氵方𠂉子
	IYTB	氵方𠂉子

浏览 IYJT　游击队 IFBW
游客 IYPT　游击战 IFHK
游历 IYDL　游乐场 IQFN
游人 IYWW　游乐园 IQLF
游说 IYYU　游手好闲 IRVU
游玩 IYGF　游泳场 JIFN
游泳 IYIY　游艺机 IASM
游戏 IYCA　游泳池 IIIB
游泳衣 IIYE

yóu 鱿	QGDn	鱼一ナ乙
	QGDY	鱼一ナ丶

yóu 猷	USGD	丷西一犬
	USGD	丷西一犬

yóu 蝣	JYTB	虫方𠂉子
	JYTb	虫方𠂉子

yǒu 友	DCu	ナ又㊂
	DCu	ナ又㊂

友爱 DCEP　友好 DCVB
友情 DCNG　友好往来 DVTG
友谊 DCYP　友人 DCWW
友谊赛 DYPF

yǒu 有	DEF	ナ月㊀
	DEF	ナ月㊀

有关 DEUD　有备无患 DTFK
有偿 DEWI　有的放矢 DRYT
有害 DEPD　有根有据 DSDR
有机 DESM　有机玻璃 DSGG
有理 DEGJ　有理有据 DGDR
有力 DELT　有利于 DTGF
有利 DETJ　有没有 DIDE
有名 DEQK　有名无实 DQFP
有趣 DEXH　有目共睹 DHAH
有时 DEJF　有色金属 DQQN
有数 DEOV　有声有色 DFDQ
有所 DERN　有时候 DJWH
有为 DEYL　有条不紊 DTGY
有无 DEFQ　有条有理 DTDG
有限 DEBV　有效期 DUAD
有效 DEUQ　有心 DENY
有幸 DEFU　有益 DEUW
有意 DEUJ　有用 DEET
有缘 DEXX　有助于 DEGF

YOU-YU

有志者事竟成 DFFD

yǒu 卣	HLNf	卜口コ㊀
	HLNf	卜口コ㊀
yǒu 酉	SGD	西一一
	SGD	西一一
yǒu 莠	ATEB	艹禾乃
	ATBr	艹禾乃㊉
yǒu 铕	QDEG	钅ナ月㊀
	QDEg	钅ナ月㊀
yǒu 牖	THGY	丿丨一、
	THGS	丿丨甫
yǒu 黝	LFOL	罒土灬力
	LFOE	罒土灬力
yòu 柚	SMG	木由㊀
	SMG	木由㊀
yòu 又	CCCc	又又又㋑
	CCCc	又又又㋑

又是 CCJG　又红又专 CXCF
又要 CCSV

| yòu 右 | DKf | ナ口㊁ |
| | DKf | ナ口㊁ |

右边 DKLP　右侧 DKWM
右面 DKDM　右派 DKIR
右倾 DKWX　右手 DKRT

| yòu 幼 | XLN | 幺力 |
| | XET | 幺力㋀ |

幼儿 XLQT　幼儿园 XQLF
幼年 XLRH　幼女 XLVV

幼稚 XLTW

yòu 佑	WDKg	亻ナ口㊀
	WDKg	亻ナ口㊀
yòu 侑	WDEg	亻ナ月㊀
	WDEg	亻ナ月㊀
yòu 囿	LDEd	囗ナ月㊂
	LDEd	囗ナ月㊂
yòu 宥	PDEF	宀ナ月㊁
	PDEF	宀ナ月㊁
yòu 诱	YTEn	讠禾乃
	YTBT	讠禾乃㋙

诱导 YTNF　诱因 YTLD

yòu 蚴	JXLn	虫幺力
	JXEt	虫幺力㋀
yòu 釉	TOMg	丿米由㊀
	TOMg	丿米由㊀
yòu 鼬	VNUM	臼乙冫由
	ENUM	臼乙冫由

～YU～

yū 纡	XGFh	纟一十㊄
	XGFh	纟一十㊄
yū 迂	GFPk	一十辶㊍
	GFPk	一十辶㊍
yū 淤	IYWU	氵方人冫
	IYWU	氵方人冫

YU-YU 357

瘀 yū	UYWU	疒方人、
	UYWU	疒方人、
於 yū	YWUy	方人、㇏
	YWUy	方人、㇏
渝 yú	IWGJ	氵人一刂
	IWGJ	氵人一刂
予 yú	CBJ	乛卩①
	CNhj	乛㇠丨①

予以 CBNY

余 yú	WTU	人禾②
	WGSu	人一木②

余地 WTFB 余额 WTPT
余款 WTFF

好 yú	VCBH	女乛卩①
	VCNH	女乛㇠丨
欤 yú	GNGW	一乙一人
	GNGW	一㇠一人
盂 yú	GFLf	一十皿②
	GFLf	一十皿②
臾 yú	VWI	臼人③
	EWI	臼人③
鱼 yú	QGF	鱼一㊀
	QGF	鱼一㊀

鱼虾 QGJG 鱼肝油 QEIM

俞 yú	WGEJ	人一月刂
	WGEJ	人一月刂
禺 yú	JMHY	日冂丨、
	JMHY	日冂丨、
竽 yú	TGFj	⺮一十①
	TGFj	⺮一十①
昇 yú	VAJ	臼廾①
	EAJ	臼廾①
娱 yú	VKGD	女口一大
	VKGD	女口一大

娱乐 VKQI

狳 yú	QTWT	犭丿人禾
	QTWS	犭㇒人木
谀 yú	YVWY	讠臼人、
	YEWy	讠臼人、
馀 yú	QNWt	勹乙人禾
	QNWS	勹㇠人木
渔 yú	IQGG	氵鱼一㊀
	IQGG	氵鱼一㊀

渔产 IQUT 渔船 IQTE
渔民 IQNA 渔业 IQOG

萸 yú	AVWu	艹臼人②
	AEWU	艹臼人②
隅 yú	BJMy	阝日冂、
	BJMy	阝日冂、
雩 yú	FFNB	雨二乙⑥
	FFNb	雨二㇠⑥
俞 yú	MWGj	山人一刂
	MWGJ	山人一刂
蝓 yú	JWGj	虫人一刂
	JWGJ	虫人一刂

yú 揄	RWGJ	扌人一刂
	RWGJ	扌人一刂
yú 腴	EVWy	月臼人⦁
	EEWy	月臼人⦁
yú 逾	WGEP	人一月辶
	WGEP	人一月辶
yú 愚	JMHN	日门丨心
	JMHN	日门丨心

愚笨 JMTS　愚蠢 JMDW
愚昧 JMJF　愚公移山 JWTM
愚民 JMNA　愚弄 JMGA
愚顽 JMFQ　愚味 JMKF

yú 榆	SWGJ	木人一刂
	SWGJ	木人一刂
yú 瑜	GWGj	王人一刂
	GWGj	王人一刂
yú 虞	HAKd	广七口大
	HKGd	虍口一大
yú 觎	WGEQ	人一月儿
	WGEQ	人一月儿
yú 窬	PWWJ	宀八人刂
	PWWJ	宀八人刂
yú 舆	WFLw	亻二车八
	ELgw	臼车一八

舆论 WFYW　舆论界 WYLW

| yú 愉 | NWgj | 忄人一刂 |
| | NWgj | 忄人一刂 |

愉快 NWNN

| yú 于 | GFk | 一十⦁ |
| | GFk | 一十⦁ |

于是 GFJG

| yǔ 与 | GNgd | 一乙一三 |
| | GNgd | 一乙一三 |

与会 GNWF　与此同时 GHMJ
与人为善 GWYU
与日俱增 GJWF

yǔ 伛	WAQy	亻匚乂⦁
	WARy	亻匚乂⦁
yǔ 宇	PGFj	宀一十⦁

宇航 PGTE　宇航局 PTNN
宇宙 PGPM

yǔ 屿	MGNg	山一乙一
	MGNg	山一乙一
yǔ 羽	NNYg	羽乙丶一
	NNYg	羽丶丶一

羽毛 NNTF

| yǔ 雨 | FGHY | 雨一丨丶 |
| | FGHY | 雨一丨丶 |

雨季 FGTB　雨过天青 FFGG
雨露 FGFK　雨后春笋 FRDT
雨水 FGII　雨衣 FGYE

yǔ 俣	WKGd	亻口一大
	WKGd	亻口一大
yǔ 禹	TKMy	丿口冂丶
	TKMy	丿口冂丶

yǔ 语	YGKg	讠五口㊀
	YGKg	讠五口㊀

语词 YGYN　语辞 YGTD
语调 YGYM　语法 YGIF
语汇 YGIA　语句 YGQK
语录 YGVI　语气 YGRN
语言 YGYY　语文课 YYYJ
语音 YGUJ　语重心长 YTNT

yǔ 圄	LGKD	口五口㊀
	LGKD	口五口㊀

yǔ 圉	LFUf	口土䒑十
	LFUf	口土䒑十

yǔ 庾	YVWi	广彐人㊥
	OVWi	广彐人㊥

yǔ 瘐	UVWi	疒彐人㊥
	UEWi	疒爫人㊥

yǔ 窳	PWRY	宀八厂乀
	PWRy	宀八厂乀

yǔ 龉	HWBK	止人凵口
	HWBK	止人凵口

yù 驭	CCY	马又㊀
	CGCy	马一又㊀

yù 吁	KGFH	口一十㊀
	KGFH	口一十㊀

yù 玉	GYi	王丶㊥
	GYi	王丶㊥

玉米 GYOY　玉米面 GODM
玉器 GYKK　玉石 GYDG

yù 聿	VFHK	彐二丨㊣
	VGK	彐十㊣

yù 芋	AGFj	艹一十㊤
	AGFj	艹一十㊤

yù 妪	VAQy	女匚乂
	VARy	女匚乂

yù 饫	QNTD	勹乙丿大
	QNTD	𠂊乙丿大

yù 育	YCEf	亠厶月㊦
	YCEf	亠厶月㊦

育龄 YCHW　育种 YCTK

yù 郁	DEBh	ナ月阝㊤
	DEBh	ナ月阝㊤

郁闷 DEUN　郁郁葱葱 DDAA

yù 昱	JUF	日立㊦
	JUF	日立㊦

yù 狱	QTYD	犭丿言犬
	QTYd	犭丿言犬

yù 峪	MWWK	山八人口
	MWWK	山八人口

yù 浴	IWWk	氵八人口
	IWWk	氵八人口

yù 钰	QGYY	钅王丶㊥
	QGYY	钅王丶㊥

yù 预	CBDm	龴卩厂贝
	CNHM	龴乙丨贝

预报 CBRB　预备队 CTBW
预备 CBTL　预备生 CTTG

预测 CBIM 预处理 CTGJ
预订 CBYS 预定 CBPG
预防 CBBY 预感 CBDG
预告 CBTF 预计 CBYF
预见 CBMQ 预考 CBFT
预料 CBOU 预期 CBAD
预赛 CBPF 预审 CBPJ
预示 CBFI 预习 CBNU
预先 CBTF 预想 CBSH
预选 CBTF 预选赛 CTPF
预言 CBYY 预演 CBIP
预约 CBXQ 预展 CBNA
预兆 CBIQ 预支 CBFC
预知 CBTD 预制板 CRSR

| yù 域 | FAKG | 土戈口一 |
| | FAkg | 土戈口⺄ |

| yù 欲 | WWKW | 八人口人 |
| | WWKW | 八人口人 |

欲望 WWYN

| yù 谕 | YWGJ | 讠人一刂 |
| | YWGJ | 讠人一刂 |

| yù 阈 | UAKg | 门戈口一 |
| | UAKg | 门戈口⺄ |

| yù 喻 | KWGJ | 口人一刂 |
| | KWGJ | 口人一刂 |

| yù 寓 | PJMy | 宀日门丶 |
| | PJMy | 宀曰门丶 |

寓言 PJYY

| yù 御 | TRHb | 彳￢止卩 |
| | TTGb | 彳￢一卩 |

| yù 裕 | PUWk | 衤丶八口 |
| | PUWk | 衤㇆八口 |

| yù 遇 | JMhp | 日门丨⻌ |
| | JMhp | 曰门丨⻌ |

遇到 JMGC 遇见 JMMQ
遇难 JMCW 遇险 JMBW

| yù 鹆 | WWKG | 八人口一 |
| | WWKG | 八人口一 |

| yù 愈 | WGEN | 人一月心 |
| | WGEn | 人一月心 |

愈来愈 WGWG

| yù 煜 | OJUg | 火日立㊀ |
| | OJUg | 火日立㊀ |

| yù 蓣 | ACBM | 艹マ卩贝 |
| | ACNM | 艹フ丨贝 |

| yù 誉 | IWYF | ⺍八言㊀ |
| | IGWY | ⺍一八言 |

| yù 毓 | TXGQ | 丿ㄎ一儿 |
| | TXYk | 丿母丶儿 |

| yù 蜮 | JAKg | 虫戈口一 |
| | JAKg | 虫戈口⺄ |

| yù 豫 | CBQe | マ卩⺈豕 |
| | CNHE | マ丨丨豕 |

豫剧 CBND

| yù 燠 | OTMd | 火丿门大 |
| | OTMd | 火丿门大 |

| yù 鹬 | CBTG | マ卩丿一 |
| | CNHG | マ丨丨一 |

yù 鬻	XOXH	弓米弓丨
	XOXH	弓米弓丨

yuān 鸢	AQYG	弋勹丶一
	AYQg	弋丶鸟一

yuān 冤	PQKy	冖⺈口丶
	PQKy	冖⺈口丶

冤案 PQPV　冤仇 PQWV
冤屈 PQNB　冤枉 PQSG

yuān 智	QBHF	夕⺽目㈠
	QBHF	夕⺽目㈠

yuān 鸳	QBQg	夕⺽勹一
	QBQg	夕⺽鸟一

鸳鸯 QBMD

yuān 渊	IToh	氵丿米丨
	ITOH	氵丿米丨

渊博 ITFG

yuān 箢	TPQb	⺮宀夕⺽
	TPQb	⺮宀夕⺽

yuán 元	FQB	二儿⑩
	FQB	二儿⑩

元旦 FQJG　元件 FQWR
元气 FQRN　元老派 FFIR
元首 FQUT　元帅 FQJM
元素 FQGX　元宵 FQPI
元月 FQEE

yuán 员	KMu	口贝⑦
	KMu	口贝⑦

员工 KMAA

yuán 园	LFQv	囗二儿⑯
	LFQv	囗二儿⑯

园地 LFFB　园林 LFSS
园艺 LFAN

yuán 沅	IFQn	氵二儿②
	IFQn	氵二儿②

yuán 垣	FGJG	土一日一
	FGJg	土一日一

yuán 爰	EFTc	⺥二丿又
	EGDC	⺥一ナ又

yuán 原	DRii	厂白小⑦
	DRii	厂白小⑦

原地 DRFB　原材料 DSOU
原封 DRFF　原单位 DUWU
原稿 DRTY　原故 DRDT
原籍 DRTD　原计划 DYAJ
原价 DRWW 原来 DRGO
原理 DRGJ　原谅 DRYY
原料 DROU　原煤 DROA
原始 DRVC　原物 DRTR
原形 DRGA　原形毕露 DGXF
原野 DRJF　原因 DRLD
原油 DRIM　原有 DRDE
原则 DRMJ　原原本本 DDSS
原子 DRBB　原子弹 DBXU
原子核 DBSY

yuán 圆	LKMI	囗口贝⑦
	LKMi	囗口贝⑦

圆规 LKFW　圆白菜 LRAE
圆满 LKIA　圆括号 LRKG
圆圈 LKLU　圆舞曲 LRMA

圆心 LKNY 圆形 LKGA
圆周 LKMF 圆珠笔 LGTT

| yuán 袁 | FKEu | 土口𧘇⑦ |
| | FKEu | 土口𧘇⑦ |

袁世凯 FAMN

| yuán 援 | REFc | 扌⺍二又 |
| | REGc | 扌⺍一又 |

援救 REFI 援外 REQH
援引 REXH 援助 REEG

| yuán 缘 | XXEy | 纟幺豕⊙ |
| | XXEy | 纟乌豕⊙ |

缘故 XXDT 缘木求鱼 XSFQ

| yuán 鼋 | FQKN | 二儿口乙 |
| | FQKn | 二儿口乚 |

| yuán 塬 | FDRi | 土厂白小 |
| | FDRi | 土厂白小 |

| yuán 源 | IDRi | 氵厂白小 |
| | IDRi | 氵厂白小 |

源程序 ITYC

| yuán 猿 | QTFE | 犭丿土𧘇 |
| | QTFe | 犭丿土𧘇 |

| yuán 辕 | LFKe | 车土口𧘇 |
| | LFKe | 车土口𧘇 |

| yuán 橼 | SXXE | 木纟幺豕 |
| | SXXE | 木纟乌豕 |

| yuán 螈 | JDRi | 虫厂白小 |
| | JDRi | 虫厂白小 |

| yuǎn 远 | FQPv | 二儿辶⑩ |
| | FQPv | 二儿辶⑩ |

远程 FQTK 远处 FQTH
远大 FQDD 远东 FQAI
远方 FQYY 远航 FQTE
远见 FQMQ 远近 FQRP
远景 FQJY 远见卓识 FMHY
远离 FQYB 远望 FQYN
远销 FQQI 远洋 FQIU
远征 FQTG 远走高飞 FFYN

| yuàn 苑 | AQBb | 艹夕㔾⑩ |
| | AQBb | 艹夕㔾⑩ |

| yuàn 怨 | QBNu | 夕㔾心⑦ |
| | QBNu | 夕㔾心⑦ |

怨声载道 QFFU

| yuàn 院 | BPFq | 阝宀二儿 |
| | BPFq | 阝宀二儿 |

院部 BPUK 院长 BPTA
院落 BPAI 院士 BPFG
院校 BPSU 院子 BPBB

| yuàn 垸 | FPFq | 土宀二儿 |
| | FPFq | 土宀二儿 |

| yuàn 媛 | VEFC | 女⺍二又 |
| | VEGC | 女⺍一又 |

| yuàn 掾 | RXEy | 扌幺豕⊙ |
| | RXEY | 扌乌豕⊙ |

| yuàn 瑗 | GEFC | 王⺍二又 |
| | GEGC | 王⺍一又 |

| yuàn 愿 | DRIN | 厂白小心 |
| | DRIN | 厂白小心 |

愿望 DRYN 愿意 DRUJ

YUE

yuē 曰	JHNG	曰丨乙一
	JHNG	曰丨冂一

yuē 约	XQyy	纟勹、⊙
	XQyy	纟勹、⊙

约定 XQPG 约定俗成 XPWD
约会 XQWF 约法三章 XIDU
约束 XQGK

yuè 月	EEEe	月月月月
	EEEe	月月月月

月初 EEPU 月底 EEYQ
月份 EEWW 月光 EEIQ
月刊 EEFJ 月历 EEDL
月亮 EEYP 月平均 EGFQ
月票 EESF 月台票 ECSF
月球 EEGF 月息 EETH
月薪 EEAU 月终 EEXT

yuè 刖	EJH	月刂①
	EJH	月刂①

yuè 岳	RGMj	斤一山①
	RMJ	丘山①

岳父 RGWQ 岳母 RGXG

yuè 悦	NUKq	忄丷口儿
	NUKq	忄丷口儿

悦耳 NUBG

yuè 钺	QANT	钅匚乙丿
	QANn	钅戈乙

yuè 阅	UUKq	门丷口儿
	UUKQ	门丷口儿

阅读 UUYF 阅兵式 URAA
阅历 UUDL 阅览室 UJPG

yuè 跃	KHTD	口止丿大
	KHTD	口止丿大

跃进 KHFJ

yuè 粤	TLOn	丿囗米乙
	TLOn	丿囗米乙

yuè 越	FHAt	土止匚丿
	FHAn	土止戈

越境 FHFU 越剧 FHND
越南 FHFM

yuè 樾	SFHT	木土止丿
	SFHN	木土止乙

yuè 龠	WGKA	人一口卄
	WGKA	人一口卄

yuè 瀹	IWGA	氵人一卄
	IWGA	氵人一卄

YUN

yūn 氲	RNJL	𠂉乙日皿
	RJLd	气日皿㊀

yún 云	FCU	二厶㊂
	FCU	二厶㊂

云彩 FCES 云贵 FCKH
云集 FCWY 云贵川 FKKT
云南 FCFM 云南省 FFIT
云雾 FCFT 云消雾散 FIFA

yún 匀	QUd	勹丷㊀
	QUd	勹丷㊀

yún 纭	XFCy	纟二厶⊙
	XFCy	纟二厶⊙
yún 芸	AFCU	艹二厶⑦
	AFCU	艹二厶⑦
yún 昀	JQUg	日勹冫㊀
	JQUg	日勹冫㊀
yún 郧	KMBh	口贝阝①
	KMBh	口贝阝①
yún 耘	DIFC	三小二厶
	FSFC	二木一厶
yǔn 允	CQb	厶儿⑯
	CQB	厶儿⑯

允许 CQYT

yǔn 狁	QTCq	犭丿厶儿
	QTCQ	犭⑩厶儿
yǔn 陨	BKMy	阝口贝⊙
	BKMy	阝口贝⊙
yǔn 殒	GQKm	一夕口贝
	GQKM	一夕口贝
yùn 孕	EBF	乃子㊁
	BBF	乃子㊁

孕妇 EBVV

yùn 郓	PLBh	冖车阝①
	PLBh	冖车阝①
yùn 恽	NPLh	忄冖车①
	NPLh	忄冖车①

yùn 运	FCPi	二厶辶⑦
	FCPi	二厶辶⑦

运动 FCFC　运筹帷幄 FTMM
运费 FCXJ　运动场 FFFN
运河 FCIS　运动队 FFBW
运气 FCRN　运动会 FFWF
运输 FCLW　运动鞋 FFAF
运算 FCTH　运动员 FFKM
运送 FCUD　运动战 FFHK
运往 FCTY　运输队 FLBW
运行 FCTF　运输机 FLSM
运用 FCET　运输线 FLXG
运载 FCFA

yùn 晕	JPlj	日冖车①
	JPLj	日冖车①

晕车 JPLG　晕头转向 JULT

yùn 酝	SGFc	西一二厶
	SGFC	西一二厶

酝酿 SGSG

yùn 愠	NJLG	忄日皿㊀
	NJLG	忄日皿㊀
yùn 韫	FNHL	二乙丨皿
	FNHL	二门丨皿
yùn 韵	UJQU	立日勹冫
	UJQU	立日勹冫
yùn 熨	NFIO	尸二小火
	NFIO	尸二小火
yùn 蕴	AXJl	艹纟日皿
	AXJl	艹纟日皿

蕴藏 AXAD　蕴含 AXWY

Z

ZA

zá	AMHk	匚门丨④
匝	AMHk	匚门丨④

zā	KAMh	口匚门丨
咂	KAMh	口匚门丨

zá	VSu	九木⑦
杂	VSu	九木⑦

杂费 VSXJ　杂货 VSWX
杂技 VSRF　杂货铺 VWQG
杂交 VSUQ　杂技团 VRLF
杂粮 VSOY　杂乱 VSTD
杂牌 VSTH　杂乱无章 VTFU
杂谈 VSYO　杂文 VSYY
杂音 VSUJ　杂志 VSFN
杂质 VSRF

zá	DAMH	石匚门丨
砸	DAMh	石匚门丨

砸烂 DAOU　砸碎 DADY

zǎ	KTHF	口𠂉丨二
咋	KTHF	口𠂉丨二

ZAI

zāi	POu	宀火⑦
灾	POu	宀火⑦

灾害 POPD　灾荒 POAY
灾民 PONA　灾难 POCW
灾年 PORH　灾情 PONG
灾区 POAQ

zāi	FAKd	十戈口㊀
哉	FAKd	十戈口㊀

zāi	FASi	十戈木㊀
栽	FASi	十戈木㊀

栽培 FAFU　栽赃 FAMY
栽种 FATK

zǎi	PUJ	宀辛④
宰	PUJ	宀辛④

宰相 PUSH

zǎi	FALk	十戈车㊀
载	FALd	十戈车㊀

载波 FAIH　载波机 FISM
载体 FAWS　载歌载舞 FSFR
载重 FATG

zǎi	MLNu	山田心⑦
崽	MLNu	山田心⑦

zài	GMFd	一门土㊀
再	GMFd	一门土㊀

再版 GMTH　再次 GMUQ
再度 GMYA　再会 GMWF
再见 GMMQ　再教育 GFYC
再三 GMDG　再接再厉 GRGD
再生 GMTG　再生产 GTUT
再现 GMGM

zài	Dhfd	𠂇丨土㊀
在	DHFd	𠂇丨土㊀

在此 DHHX　在家 DHPE
在前 DHUE　在内 DHMW

在先 DHTF 在所不惜 DRGN
在意 DHUJ 在于 DHGF
在职 DHBK 在座 DHYW

ZAN

zǎn 簪	TAQj	⺮亡儿日
	TAQj	⺮二九日
zán 咱	KTHg	口丿目
	KTHg	口丿目

咱们 KTWU

| zǎn 昝 | THJf | 夂卜日 |
| | THJf | 夂卜曰 |

| zǎn 攒 | RTFM | 扌丿土贝 |
| | RTFM | 扌丿土贝 |

| zǎn 趱 | FHTm | 土⺥丿贝 |
| | FHTm | 土⺥丿贝 |

| zàn 暂 | LRJf | 车斤日 |
| | LRJf | 车斤曰 |

暂定 LRPG 暂借 LRWA
暂且 LREG 暂行 LRTF
暂用 LRET

| zàn 赞 | TFQM | 丿土儿贝 |
| | TFQM | 丿土儿贝 |

赞歌 TFSK 赞美 TFUG
赞赏 TFIP 赞颂 TFWC
赞叹 TFKC 赞同 TFMG
赞扬 TFRN 赞助 TFEG

| zàn 錾 | LRQf | 车斤金㇀ |
| | LRQf | 车斤金㇀ |

| zàn 瓒 | GTFM | 王丿土贝 |
| | GTFM | 王丿土贝 |

ZANG

| zāng 赃 | MYFg | 贝广土㇀ |
| | MOfg | 贝广土㇀ |

赃款 MYFF 赃物 MYTR

| zāng 臧 | DNDt | 厂乙丿丶 |
| | AUAh | 戈丬匚丨 |

| zāng 脏 | EYFg | 月广土㇀ |
| | EOfg | 月广土㇀ |

脏乱 EYTD

| zàng 奘 | NHDD | 乙丨丆大 |
| | UFDU | 丬士大⑦ |

| zàng 葬 | AGQa | 艹一夕艹 |
| | AGQa | 艹一夕廾 |

葬礼 AGPY

ZAO

| zāo 遭 | GMAP | 一门艹辶 |
| | GMAp | 一门艹辶 |

遭到 GMGC 遭受 GMEP
遭遇 GMJM

| zāo 糟 | OGMJ | 米一门日 |
| | OGMJ | 米一门日 |

糟糕 OGOU 糟蹋 OGKH

| záo 凿 | OGUb | 业丷一凵 |
| | OUFB | 业丷十凵 |

早 zǎo	JHnh	早丨乙丨
	JHnh	早丨冂丨

早安 JHPV　早班 JHGY
早餐 JHHQ　早操 JHRK
早茶 JHAW　早晨 JHJD
早春 JHDW　早稻 JHTE
早点 JHHK　早饭 JHQN
早婚 JHVQ　早间 JHUJ
早期 JHAD　早日 JHJJ
早上 JHHH　早熟 JHYB
早退 JHVE　早晚 JHJQ
早先 JHTF　早已 JHNN

枣 zǎo	GMIU	一冂木丷
	SMUU	木冂丷丷

蚤 zǎo	CYJu	又丶虫⓪
	CYJu	又丶虫⓪

澡 zǎo	IKks	氵口口木
	IKks	氵口口木

藻 zǎo	AIKs	艹氵口木
	AIKs	艹氵口木

灶 zào	OFg	火土㊀
	OFG	火土㊀

皂 zào	RAB	白七⓪
	RAB	白七⓪

唣 zào	KRAn	口白七⓪
	KRAn	口白七⓪

造 zào	TFKP	丿土口辶
	TFKP	丿土口辶

造成 TFDN　造福 TFPY
造就 TFYI　造句 TFQK

造型 TFGA

噪 zào	KKKS	口口口木
	KKKS	口口口木

噪声 KKFN

燥 zào	OKKs	火口口木
	OKks	火口口木

躁 zào	KHKS	口止口木
	KHKS	口止口木

ZE

则 zé	MJh	贝刂①
	MJh	贝刂①

择 zé	RCFh	扌又二①
	RCGh	扌又十①

泽 zé	ICFh	氵又二①
	ICGh	氵又十①

责 zé	GMU	丰贝⓪
	GMU	丰贝⓪

责备 GMTL　责任感 GWDG
责任 GMWT　责任田 GWLL
责任心 GWNY　责任制 GWRM
责无旁贷 GFUW

迮 zé	THFP	丿丨二辶
	THFP	丿丨二辶

啧 zé	KGMy	口丰贝丶
	KGMy	口丰贝丶

帻 zé	MHGM	冂丨丰贝
	MHGM	冂丨丰贝

ZE-ZHA

zé 笮	TTHf	⺮ ⼂ ⼀ ⼆
	TTHF	⺮ ⼂ ⼀ ⼆
zé 舴	TETF	⺈ 舟 ⼂ ⼀
	TUTF	⺈ 舟 ⼂ ⼀
zé 箦	TGMU	⺮ 丰 贝 ⓘ
	TGMU	⺮ 丰 贝 ⓘ
zé 赜	AHKM	⼙ 丨 口 贝
	AHKM	⼙ 丨 口 贝
zè 仄	DWI	厂 人 ⓘ
	DWI	厂 人 ⓘ
zè 昃	JDWu	日 厂 人 ⓘ
	JDWu	日 厂 人 ⓘ

ZEI

zéi 贼	MADT	贝 戈 十 ノ
	MADT	贝 戈 十 ノ

贼喊捉贼 MKRM

ZEN

zěn 怎	THFN	⺈ ⼀ ⼆ 心
	THFN	⺈ ⼀ ⼆ 心

怎么 THTC 怎么样 TTSU
怎能 THCE 怎么着 TTUD

zèn 谮	YAQJ	讠 ⼷ 兂 日
	YAQj	讠 ⼷ 兂 日

ZENG

zēng 增	FULj	土 丷 囗 日
	FULj	土 丷 囗 日

增产 FUUT 增长 FUTA
增多 FUQQ 增长率 FTYX
增大 FUDD 增强 FUXK
增删 FUMM 增设 FUYM
增生 FUTG 增收 FUNH
增添 FUIG 增益 FUUW
增值 FUWF

zēng 憎	NULj	忄 丷 囗 日
	NULj	忄 丷 囗 日

憎恨 NUNV

zèng 缯	XULj	纟 丷 囗 日
	XULj	纟 丷 囗 日

zèng 罾	LULj	罒 丷 囗 日
	LULj	罒 丷 囗 日

zèng 锃	QKGg	钅 口 王 ㊀
	QKGg	钅 口 王 ㊀

zèng 甑	ULJN	丷 囗 日 乙
	ULJY	丷 囗 日 ⼂

zèng 赠	MUlj	贝 丷 囗 日
	MUlj	贝 丷 囗 日

赠送 MUUD 赠阅 MUUU

ZHA

zhā 吒	KTAN	口 ノ 七 ⓘ
	KTAN	口 ノ 七 ⓘ

zhā 哳	KRRH	口扌斤[丨]
	KRRH	口扌斤[丨]
zhā 喳	KSJg	口木日一
	KSJg	口木曰一
zhā 揸	RSJg	扌木日一
	RSJG	扌木曰一
zhā 渣	ISJG	氵木日一
	ISJG	氵木曰一

渣打 ISRS

zhā 楂	SSJg	木木日一
	SSJg	木木曰一
zhā 齇	THLG	丿目田一
	THLG	丿目田一
zhā 扎	RNN	扌乙[乙]
	RNN	扌乚[乙]

扎实 RNPU

zhá 札	SNN	木乙[乙]
	SNn	木乚[乙]
zhá 轧	LNN	车乙[乙]
	LNN	车乚[乙]
zhá 闸	ULK	门甲[川]
	ULk	门甲[川]
zhá 铡	QMJh	钅贝刂[丨]
	QMJh	钅贝刂[丨]
zhǎ 眨	HTPy	目丿之[丶]
	HTPy	目丿之[丶]

眨眼 HTHV

zhǎ 砟	DTHF	石𠂉丨二
	DTHf	石𠂉丨二
zhà 乍	THFd	𠂉丨二[三]
	THFf	𠂉丨二[二]
zhà 诈	YTHf	讠𠂉丨二
	YTHF	讠𠂉丨二

诈骗 YTCY

zhà 咤	KPTA	口宀丿七
	KPTA	口宀丿七
zhà 栅	SMMg	木冂冂一
	SMMG	木冂冂一
zhà 炸	OTHf	火𠂉丨二
	OTHf	火𠂉丨二

炸弹 OTXU 炸毁 OTVA
炸药 OTAX

zhà 痄	UTHF	疒𠂉丨二
	UTHF	疒𠂉丨二
zhà 蚱	JTHF	虫𠂉丨二
	JTHF	虫𠂉丨二
zhà 榨	SPWf	木宀八二
	SPWf	木宀八二

榨菜 SPAE

ZHAI

zhāi 斋	YDMj	文丆冂刂
	YDMj	文丆冂刂
zhāi 摘	RUMd	扌立冂古
	RYUD	扌亠丷古

摘编 RUXY 摘抄 RURI
摘录 RUVI 摘要 RUSV
摘自 RUTH

| zhái 宅 | PTAb | 宀丿七⓪ |
| | PTAb | 宀丿七⓪ |

| zhái 翟 | NWYF | 羽亻圭 |
| | NWYF | 羽亻圭 |

| zhǎi 窄 | PWTF | 宀八𠂉二 |
| | PWTF | 宀八𠂉二 |

| zhài 债 | WGMY | 亻𡈼贝⓪ |
| | WGMy | 亻𡈼贝⓪ |

债券 WGUD 债务 WGTL
债主 WGYG

| zhài 砦 | HXDf | 止匕石㊀ |
| | HXDf | 止匕石㊀ |

| zhài 寨 | PFJS | 宀二刂木 |
| | PAWS | 宀𡗗八朩 |

| zhài 瘵 | UWFi | 疒癶二小 |
| | UWFi | 疒癶二小 |

ZHAN

| zhān 沾 | IHKg | 氵卜口㊀ |
| | IHKg | 氵卜口㊀ |

沾染 IHIV 沾沾自喜 IITF

| zhān 毡 | TFNK | 丿二乙口 |
| | EHkd | 毛卜口 |

| zhān 旃 | YTMY | 方𠂉冂一 |
| | YTMY | 方𠂉冂一 |

| zhān 詹 | QDWy | 夕厂八言 |
| | QDWy | 夕厂八言 |

| zhān 谵 | YQDY | 讠夕厂言 |
| | YQDY | 讠夕厂言 |

| zhān 瞻 | HQDy | 目夕厂言 |
| | HQDy | 目夕厂言 |

瞻仰 HQWQ

| zhǎn 斩 | LRh | 车斤① |
| | LRh | 车斤① |

斩草除根 LABS
斩钉截铁 LQFQ

| zhǎn 展 | NAEi | 尸卄𧘇㊂ |
| | NAEi | 尸卄𧘇㊂ |

展出 NABM 展览会 NJWF
展览 NAJT 展览馆 NJQN
展开 NAGA 展览品 NJKK
展品 NAKK 展览厅 NJDS
展示 NAFI 展望 NAYN
展现 NAGM 展销会 NQWF
展销 NAQI

| zhǎn 盏 | GLF | 戋皿㊁ |
| | GALf | 一戈皿㊁ |

| zhǎn 崭 | MLrj | 山车斤㊁ |
| | MLrj | 山车斤① |

崭新 MLUS

| zhǎn 搌 | RNAE | 扌尸卄𧘇 |
| | RNAE | 扌尸卄𧘇 |

| zhǎn 辗 | LNae | 车尸卄𧘇 |
| | LNae | 车尸卄𧘇 |

字	编码	字根
zhàn 占	HKf	⺊口⊖
	HKf	⺊口⊖

占据 HKRN 占领 HKWY
占有 HKDE

字	编码	字根
zhàn 战	HKAt	⺊口戈⊘
	HKAy	⺊口戈⊙

战报 HKRB 战备 HKTL
战场 HKFN 战船 HKTE
战斗 HKUF 战斗机 HUSM
战果 HKJS 战斗英雄 HUAD
战壕 HKFY 战火 HKOO
战况 HKUK 战略 HKLT
战胜 HKET 战士 HKFG
战术 HKSY 战线 HKXG
战役 HKTM 战友 HKDC
战争 HKQV

字	编码	字根
zhàn 栈	SGT	木戋⊘
	SGAy	木一戈⊙
zhàn 站	UHkg	立⺊口⊖
	UHKG	立⺊口⊖

站长 UHTA 站岗 UHMM
站立 UHUU 站柜台 USCK
站台 UHCK 站起来 UFGO
站台票 UCSF

字	编码	字根
zhàn 绽	XPGh	纟宀一龰
	XPGh	纟宀一龰
zhàn 湛	IADn	氵艹三乙
	IDWn	氵甘八乚

湛蓝 IAAJ

字	编码	字根
zhàn 蘸	ASGO	艹西一灬
	ASGO	艹西一灬

ZHANG

字	编码	字根
zhāng 张	XTay	弓丿七㇏
	XTAy	弓丿七㇏
zhāng 章	UJJ	立早⦶
	UJJ	立早⦶

章程 UJTK 章节 UJAB

字	编码	字根
zhāng 嫜	VUJH	女立早⦶
	VUJH	女立早⦶
zhāng 彰	UJEt	立早彡⊘
	UJEt	立早彡⊘
zhāng 漳	IUJh	氵立早⦶
	IUJh	氵立早⦶
zhāng 獐	QTUJ	犭丿立早
	QTUJ	犭⊘立早
zhāng 樟	SUJh	木立早⦶
	SUJh	木立早⦶

樟脑 SUEY

字	编码	字根
zhāng 璋	GUJh	王立早⦶
	GUJh	王立早⦶
zhāng 蟑	JUJH	虫立早⦶
	JUJH	虫立早⦶
zhǎng 仉	WMN	亻几⊘
	WWN	亻几⊘
zhǎng 涨	IXty	氵弓丿㇏
	IXty	氵弓丿㇏

涨价 IXWW

zhǎng 掌	IPKR	⺌冖口手
	IPKR	⺌冖口手

掌权 IPSC 掌声 IPFN
掌握 IPRN

zhàng 丈	DYI	𠂇㇏ ⓘ
	DYI	𠂇㇏ ⓘ

丈夫 DYFW

zhàng 仗	WDYY	亻𠂇㇏ ⊙
	WDYY	亻𠂇㇏ ⊙

zhàng 帐	MHTy	冂丨丿㇏
	MHTy	冂丨丿㇏

帐本 MHSG 帐户 MHYN
帐目 MHHH 帐篷 MHTT

zhàng 杖	SDYy	木𠂇㇏ ⊙
	SDYy	木𠂇㇏ ⊙

zhàng 胀	ETAy	月丿七㇏
	ETAy	月丿七㇏

zhàng 账	MTAy	贝丿七㇏
	MTAy	贝丿七㇏

zhàng 障	BUJh	阝立早①
	BUJh	阝立早①

障碍 BUDJ

zhàng 嶂	MUJh	山立早①
	MUJh	山立早①

zhàng 幛	MHUJ	冂丨立早
	MHUJ	冂丨立早

zhàng 瘴	UUJK	疒立早Ⅲ
	UUJK	疒立早Ⅲ

ZHAO

zhāo 钊	QJH	钅刂①
	QJH	钅刂①

zhāo 招	RVKg	扌刀口⊖
	RVKg	扌刀口⊖

招标 RVSF 招兵买马 RRNC
招待 RVTF 招待会 RTWF
招工 RVAA 招待所 RTRN
招呼 RVKT 招考 RVFT
招揽 RVRJ 招牌 RVTH
招聘 RVBM 招生 RVTG
招收 RVNH 招手 RVRT
招摇撞骗 RRRC

zhāo 昭	JVKg	日刀口⊖
	JVKg	日刀口⊖

昭然 JVQD 昭然若揭 JQAR

zhāo 啁	KMFk	口冂土口
	KMFk	口冂土口

zhāo 朝	FJEg	十早月⊖
	FJEg	十早月⊖

朝晖 FJJP 朝气蓬勃 FRAF
朝气 FJRN 朝三暮四 FDAL
朝夕 FJQT 朝霞 FJFN
朝阳 FJBJ

zháo 着	UDHf	丷𡗗目⊖
	UHf	𦍌目⊖

zhǎo 找	RAt	扌戈⊘
	RAy	扌戈⊙

找对象 RCQJ 找麻烦 RYOD

zhǎo 沼	IVKg	氵刀口[一]
	IVKg	氵刀口[一]

沼泽 IVIC

zhào 召	VKF	刀口[二]
	VKF	刀口[二]

召唤 VKKQ 召集 VKWY
召开 VKGA

zhào 兆	IQV	冫儿[巛]
	QII	儿冫[氵]

兆周 IQMF

zhào 诏	YVKg	讠刀口[一]
	YVKg	讠刀口[一]

zhào 赵	FHQi	土龰乂[氵]
	FHRi	土龰乂[氵]

zhào 笊	TRHY	竹厂丨㇏
	TRHY	竹厂丨㇏

zhào 棹	SHJh	木⺊早[丨]
	SHJh	木⺊早[丨]

zhào 照	JVKO	日刀口灬
	JVKO	日刀口灬

照办 JVLW 照常 JVIP
照抄 JVRI 照顾 JVDB
照管 JVTP 照会 JVWF
照旧 JVHJ 照看 JVRH
照例 JVWG 照料 JVOU
照明 JVJE 照片 JVTH
照射 JVTM 照相馆 JSQN
照相 JVSH 照相机 JSSM
照样 JVSU 照耀 JVIQ
照应 JVYI

zhào 罩	LHJj	罒⺊早[刂]
	LHJj	罒⺊早[刂]

zhào 肇	YNTH	丶尸攵丨
	YNTG	丶尸攵龶

ZHE

zhē 蜇	RRJu	扌斤虫[冫]
	RRJu	扌斤虫[冫]

zhē 遮	YAOP	广廿灬辶
	OAOP	广廿灬辶

遮挡 YARI 遮掩 YARD

zhé 辄	LBNn	车耳乙[乙]
	LBNn	车耳乚[乙]

zhé 蛰	RVYJ	扌九丶虫
	RVYJ	扌九丶虫

zhé 谪	YUMd	讠立冂古
	YYUD	讠亠丷古

zhé 摺	RNRG	扌羽白[一]
	RNRG	扌羽白[一]

zhé 折	RRh	扌斤[丨]
	RRh	扌斤[丨]

折价 RRWW 折旧 RRHJ
折扣 RRRK 折磨 RRYS
折算 RRTH 折腾 RREU

zhé 哲	RRKf	扌斤口[二]
	RRKf	扌斤口[二]

哲理 RRGJ 哲学家 RIPE
哲学 RRIP 哲学系 RITX

zhé 磔	DQAS	石夕亠木
	DQGS	石夕牛木
zhé 辙	LYCt	车亠厶攵
	LYCt	车亠厶攵
zhě 者	FTJf	土丿日㊀
	FTJf	土丿日㊀
zhě 锗	QFTj	钅土丿日
	QFTj	钅土丿日
zhě 赭	FOFJ	土小土日
	FOFJ	土小土日
zhé 褶	PUNR	礻⊘羽白
	PUNR	衤⊘羽白
zhè 这	YPi	文辶㊂
	YPI	文辶㊂

这边 YPLP　这次 YPUQ
这点 YPHK　这儿 YPQT
这个 YPWH　这回 YPLK
这里 YPJF　这会儿 YWQT
这么 YPTC　这就是说 YYJY
这时 YPJF　这里边 YJLP
这是 YPJG　这么样 YTSU
这下 YPGH　这时候 YJWH
这些 YPHX　这样 YPSU
这种 YPTK

zhè 柘	SDG	木石㊀
	SDG	木石㊀
zhè 浙	IRRh	氵扌斤①
	IRRh	氵扌斤①

浙江 IRIA　浙江省 IIIT

zhè 蔗	AYAo	廿广廿灬
	AOAo	廿广廿灬

蔗糖 AYOY

zhè 鹧	YAOG	广廿灬一
	OAOG	广廿灬一

ZHEN

zhēn 贞	HMu	卜贝㊂
	HMu	卜贝㊂
zhēn 针	QFH	钅十①
	QFh	钅十①

针对 QFCF　针对性 QCNT
针灸 QFQY　针织品 QXKK
针织 QFXK　针锋相对 QQSC

zhēn 侦	WHMy	亻卜贝㋃
	WHMy	亻卜贝㋃

侦查 WHSJ　侦察兵 WPRG
侦察 WHPW　侦察员 WPKM
侦探 WHRP

zhēn 浈	IHMy	氵卜贝㋃
	IHMy	氵卜贝㋃
zhēn 帧	MHHM	门卜卜贝
	MHHm	门卜卜贝
zhēn 珍	GWet	王人彡㋃
	GWet	王人彡㋃

珍宝 GWPG　珍藏 GWAD
珍贵 GWKH　珍视 GWPY
珍惜 GWNA　珍重 GWTG
珍珠 GWGR

zhēn 桢	SHMy	木卜贝㊀
	SHMy	木卜贝㊀

zhēn 真	FHWu	十且八㊀
	FHWu	十且八㊀

真诚 FHYD　真假 FHWN
真空 FHPW　真凭实据 FWPR
真切 FHAV　真情 FHNG
真实 FHPU　真善美 FUUG
真是 FHJG　真实性 FPNT
真相 FHSH　真心 FHNY
真正 FHGH　真知 FHTD
真知灼见 FTOM

zhēn 砧	DHKG	石卜口㊀
	DHKG	石卜口㊀

zhēn 祯	PYHM	礻卜贝
	PYHm	礻㊀卜贝

zhēn 斟	ADWF	廿三八十
	DWNF	其八乚十

zhēn 甄	SFGN	西土一乙
	SFGY	覀土一丶

zhēn 蓁	ADWT	廿三人禾
	ADWt	廿三人禾

zhēn 榛	SDWT	木三人禾
	SDWT	木三人禾

zhēn 箴	TDGT	⺮厂一丿
	TDGK	⺮戊一口

zhēn 臻	GCFT	一厶土禾
	GCFT	一厶土禾

zhěn 朕	EWEt	月人彡㊀
	EWEt	月人彡㊀

zhěn 诊	YWEt	讠人彡㊀
	YWEt	讠人彡㊀

诊断 YWON　诊费 YWXJ
诊治 YWIC

zhěn 枕	SPQn	木冖儿
	SPQn	木冖儿

枕头 SPUD

zhěn 轸	LWEt	车人彡㊀
	LWEt	车人彡㊀

zhěn 畛	LWET	田人彡㊀
	LWET	田人彡㊀

zhěn 疹	UWEe	疒人彡㊀
	UWEe	疒人彡㊀

zhěn 缜	XFHw	纟十且八
	XFHw	纟十且八

zhěn 稹	TFHW	禾十且八
	TFHW	禾十且八

zhèn 圳	FKH	土川㊀
	FKH	土川㊀

zhèn 阵	BLH	阝车㊀
	BLH	阝车㊀

阵地 BLFB　阵容 BLPW
阵线 BLXG　阵营 BLAP
阵雨 BLFG　阵阵 BLBL

zhèn 鸩	PQQg	冖九勹一
	PQQg	冖九鸟一

| zhèn 振 | RDFe | 扌厂二𠄌 |
| | RDFE | 扌厂二𠄌 |

振动 RDFC 振奋 RDDL
振兴 RDIW 振兴中华 RIKW
振作 RDWT 振振有词 RRDY

| zhèn 朕 | EUDY | 月䒑大⊙ |
| | EUDy | 月䒑大⊙ |

| zhèn 赈 | MDFE | 贝厂二𠄌 |
| | MDFE | 贝厂二𠄌 |

| zhèn 镇 | QFHW | 钅十且八 |
| | QFHW | 钅十且八 |

镇定 QFPG 镇静 QFGE
镇压 QFDF

| zhèn 震 | FDFe | 雨厂二𠄌 |
| | FDFe | 雨厂二𠄌 |

震荡 FDAI 震动 FDFC
震憾 FDND 震撼 FDRD
震惊 FDNY

ZHENG

| zhēng 丁 | SGH | 丁一丨 |
| | SGH | 丁一丨 |

| zhēng 争 | QVhj | ク彐丨⑪ |
| | QVhj | ク彐丨⑪ |

争吵 QVKI 争端 QVUM
争夺 QVDF 争夺战 QDHK
争光 QVIQ 争分夺秒 QWDT
争论 QVYW 争鸣 QVKQ
争气 QVRN 争取 QVBC
争权 QVSC 争胜 QVET
争议 QVYY 争先恐后 QTAR
争执 QVRV

| zhēng 征 | TGHg | 彳一止⊖ |
| | TGHg | 彳一止⊖ |

征兵 TGRG 征订 TGYS
征服 TGEB 征稿 TGTY
征购 TGMQ 征集 TGWY
征求 TGFI 征收 TGNH
征税 TGTU

| zhēng 怔 | NGHg | 忄一止⊖ |
| | NGHg | 忄一止⊖ |

| zhēng 峥 | MQVh | 山ク彐丨 |
| | MQVh | 山ク彐丨 |

峥嵘 MQMA

| zhēng 挣 | RQVH | 扌ク彐丨 |
| | RQVh | 扌ク彐丨 |

| zhēng 狰 | QTQH | 犭丿ク丨 |
| | QTQH | 犭丿ク丨 |

| zhēng 钲 | QGHG | 钅一止⊖ |
| | QGHG | 钅一止⊖ |

| zhēng 睁 | HQVh | 目ク彐丨 |
| | HQVh | 目ク彐丨 |

| zhēng 铮 | QQVh | 钅ク彐丨 |
| | QQVh | 钅ク彐丨 |

| zhēng 筝 | TQVH | ⺮ク彐丨 |
| | TQVH | ⺮ク彐丨 |

| zhēng 蒸 | ABIo | 艹了丨灬 |
| | ABIo | 艹了丨灬 |

蒸发 ABNT 蒸馏水 AQII

蒸气 ABRN　蒸汽机 AISM
蒸汽 ABIR　蒸蒸日上 AAJH

zhèng	RBIg	扌了𫝀一
拯	RBIg	扌了𫝀一

zhěng	GKIH	一口小止
整	SKTh	木口攵止

整编 GKXY　整顿 GKGB
整风 GKMQ　整洁 GKIF
整理 GKGJ　整流器 GIKK
整年 GKRH　整齐 GKYJ
整容 GKPW　整数 GKOV
整套 GKDD　整体 GKWS
整天 GKGD　整形 GKGA
整修 GKWH　整整 GKGK
整装待发 GUTN

zhèng	GHD	一止㇒
正	GHD	一止㇒

正北 GHUX　正比 GHXX
正常 GHIP　正比例 GXWG
正当 GHIV　正大光明 GDIJ
正点 GHHK　正东 GHAI
正负 GHQM　正方形 GYGA
正规 GHFW　正规化 GFWX
正轨 GHLV　正规军 GFPL
正好 GHVB　正经 GHXC
正南 GHFM　正派 GHIR
正品 GHKK　正气 GHRN
正巧 GHAG　正确 GHDQ
正如 GHVK　正确性 GDNT
正式 GHAA　正视 GHPY
正是 GHJG　正统 GHXY
正文 GHYY　正误 GIIYK
正西 GHSG　正弦波 GXIH
正义 GHYQ　正月 GHEE
正直 GHFH　正职 GHBK

正宗 GHPF

zhèng	YGHg	讠一止㇒
证	YGHg	讠一止㇒

证件 YGWR　证据 YGRN
证明 YGJE　证明人 YJWW
证券 YGUD　证明信 YJWY
证实 YGPU　证券交易 YUUJ
证书 YGNN

zhèng	YQVH	讠⺈ヨ丨
诤	YQVH	讠⺈ヨ丨

zhèng	UDBh	丷大阝①
郑	UDBh	丷大阝①

郑重 UDTG　郑州 UDYT
郑州市 UYYM

zhèng	GHTy	一止攵⊙
政	GHTy	一止攵⊙

政变 GHYO　政治性 GINT
政党 GHIP　政法 GHIF
政府 GHYW　政治部 GIUK
政界 GHLW　政治课 GIYJ
政审 GHPJ　政治局 GINN
政务 GHTL　政协 GHFL
政治 GHIC　政协委员 GFTK
政见 GHMQ　政治家 GIPE
政权 GHSC　政治犯 GIQT
政委 GHTV　政治面目 GIDH
政策 GHTG
政治协商会议 GIFY

zhèng	UGHd	疒一止㇒
症	UGHd	疒一止㇒

症状 UGUD

ZHI

zhī 之	PPpp	之之之之
	PPpp	之之之之

之后 PPRG　之间 PPUJ
之类 PPOD　之内 PPMW
之前 PPUE　之上 PPHH
之外 PPQH　之所以 PRNY
之下 PPGH　之一 PPGG
之中 PPKH

zhī 支	FCu	十又②
	FCu	十又②

支部 FCUK　支撑 FCRI
支持 FCRF　支出 FCBM
支队 FCBW　支付 FCWF
支流 FCIY　支离破碎 FYDD
支配 FCSG　支票 FCSF
支书 FCNN　支委 FCTV
支援 FCRE　支委会 FTWF
支柱 FCSY

zhī 卮	RGBV	厂一巳⑩
	RGBv	厂一巳⑩

zhī 汁	IFH	氵十①
	IFH	氵十①

zhī 芝	APu	艹之②
	APu	艹之②

芝麻 APYS　芝加哥 ALSK

zhī 吱	KFCy	口十又◎
	KFCy	口十又◎

zhī 枝	SFCy	木十又◎
	SFCy	木十又◎

枝节 SFAB　枝叶 SFKF

zhī 知	TDkg	𠂉大口㊀
	TDkg	𠂉大口㊀

知道 TDUT　知识化 TYWX
知名 TDQK　知名度 TQYA
知青 TDGE　知名人士 TQWF
知识 TDYK　知识分子 TYWB
知悉 TDTO　知识更新 TYGU
知觉 TDIP　知识界 TYLW
知音 TDUJ　知识性 TYNT

zhī 织	XKWy	纟口八◎
	XKWy	纟口八◎

织布 XKDM

zhī 肢	EFCy	月十又◎
	EFCy	月十又◎

zhī 栀	SRGB	木厂一巳
	SRGB	木厂一巳

zhī 祗	PYQY	礻、七、
	PYQy	礻、七、

zhī 胝	EQAy	月𠂉七、
	EQAy	月𠂉七、

zhī 脂	EXjg	月匕日㊀
	EXjg	月匕日㊀

脂肪 EXEY

zhī 蜘	JTDK	虫𠂉大口
	JTDK	虫𠂉大口

蜘蛛 JTJR

zhī 执	RVYy	扌九、◎
	RVYy	扌九、◎

执笔 RVTT　执迷不悟 ROGN

ZHI-ZHI

执勤 RVAK　执行 RVTF
执照 RVJV　执行者 RTFT
执政 RVGH　执政党 RGIP
执著 RVAF　执着 RVUD

zhi 侄	WGCF	亻一厶土
	WGCF	亻一厶土

zhi 直	FHf	十且㇈
	FHf	十且㇈

直播 FHRT　直达 FHDP
直到 FHCG　直观 FHCM
直角 FHQE　直接 FHRU
直径 FHTC　直截了当 FFBI
直觉 FHIP　直流 FHIY
直爽 FHDQ　直流电 FIJN
直辖 FHLP　直辖市 FLYM
直线 FHXG

zhi 值	WFHG	亻十且㇈
	WFHG	亻十且㇈

值班 WFGY　值班室 WGPG
值此 WFHX　值得 WFTJ
值勤 WFAK

zhi 埴	FFHG	土十且㇈
	FFHG	土十且㇈

zhi 职	BKwy	耳口八㇔
	BKwy	耳口八㇔

职别 BKKL　职称 BKTQ
职工 BKAA　职务 BKCE
职权 BKSC　职位 BKWU
职务 BKTL　职业病 BOUG
职业 BKOG　职业道德 BOUT
职员 BKKM　职责 BKGM

zhi 植	SFHG	木十且㇈
	SFHG	木十且㇈

植树 SFSC　植物 SFTR
植株 SFSR

zhi 殖	GQFh	一夕十且
	GQFh	一夕十且

殖民地 GNFB

zhi 絷	RVYI	扌九丶小
	RVYI	扌九丶小

zhi 跖	KHDG	口止石㇈
	KHDG	口止石㇈

zhi 摭	RYAo	扌广廿灬
	ROAo	扌广廿灬

zhi 踯	KHUB	口止䒑阝
	KHUB	口止䒑阝

zhi 止	HHhg	止丨丨一
	HHHg	止丨丨一

止境 HHFU　止痛 HHUC

zhi 只	KWu	口八㇆
	KWu	口八㇆

只得 KWTJ　只不过 KGFP
只顾 KWDB　只管 KWTP
只好 KWVB　只见 KWMQ
只能 KWCE　只怕 KWNR
只是 KWJG　只限 KWBV
只消 KWED　只需 KWFD
只许 KWYT　只要 KWSV
只有 KWDE　只争朝夕 KQFQ

zhi 旨	XJf	匕日㇈
	XJf	匕日㇈

旨意 XJUJ

zhǐ 址	FHG	土止⊖
	FHG	土止⊖

zhǐ 纸	XQAn	纟匕乚②
	XQAn	纟匕乚②

纸币 XQTM　纸盒 XQWG
纸张 XQXT　纸上谈兵 XHYR
纸箱 XQTS　纸醉金迷 XSQO

zhǐ 芷	AHF	艹止㠃
	AHF	艹止㠃

zhǐ 祉	PYHg	礻、止
	PYHG	礻⊙止

zhǐ 咫	NYKw	尸㇏口八
	NYKw	尸㇏口八

zhǐ 指	RXJg	扌匕日㠃
	RXjg	扌匕日㠃

指标 RXSF　指出 RXBM
指导 RXNF　指导员 RNKM
指点 RXHK　指导思想 RNLS
指定 RXPG　指法训练 RIYX
指法 RXIF　指挥部 RRUK
指挥 RXRP　指挥官 RRPN
指教 RXFT　指挥员 RRKM
指令 RXWY　指令性 RWNT
指明 RXJE　指南针 RFQF
指示 RXFI　指桑骂槐 RCKS
指数 RXOV　指示灯 RFOS
指望 RXYN　指示器 RFKK
指引 RXXH　指责 RXGM
指战员 RHKM

zhǐ 枳	SKWy	木口八②
	SKWy	木口八②

zhī 织	LKWy	车口八②
	LKWy	车口八②

zhǐ 趾	KHHg	口止止㠃
	KHHg	口止止㠃

趾高气扬 KYRR

zhǐ 黹	OGUI	丷一丷小
	OIU	业黹②

zhǐ 酯	SGXj	酉一匕日
	SGXj	酉一匕日

zhì 至	GCFF	一厶土㠃
	GCFf	一厶土㠃

至此 GCHX　至多 GCQQ
至今 GCWY　至高无上 GYFH
至少 GCIT　至理名言 GGQY
至于 GCGF　至於 GCYW

zhì 志	FNu	士心②
	FNu	士心②

志向 FNTM　志同道合 FMUW
志愿 FNDR　志愿兵 FDRG
志愿军 FDPL

zhì 忮	NFCY	忄十又丶
	NFCY	忄十又丶

zhì 豸	EER	罒犭②
	ETYt	豸丿丶丿

zhì 制	RMHJ	𠂉冂丨刂
	TGMj	𠂉一冂刂

制版 RMTH　制备 RMTL
制表 RMGE　制裁 RMFA
制订 RMYS　制定 RMPG
制度 RMYA　制服 RMEB

制品 RMKK　制图 RMLT
制造 RMTF　制造商 RTUM
制作 RMWT

zhì 帙	MHRW	冂丨⺧人
	MHTG	冂丨丿夫

zhì 帜	MHKW	冂丨口八
	MHKW	冂丨口八

zhì 治	ICKg	氵厶口⊖
	ICKg	氵厶口⊖

治安 ICPV　治本 ICSG
治标 ICSF　治病 ICUG
治国 ICLG　治理 ICGJ
治疗 ICUB　治理整顿 IGGG
治学 ICIP

zhì 炙	QOu	夕火②
	QOu	夕火②

zhì 质	RFMi	厂十贝③
	RFmi	厂十贝③

质变 RFYO　质量 RFJG
质问 RFUK　质询 RFYQ

zhì 郅	GCFB	一厶土阝
	GCFB	一厶土阝

zhì 峙	MFFy	山土寸⊙
	MFFy	山土寸⊙

zhì 栉	SABh	木卝阝①
	SABh	木卝阝①

zhì 陟	BHIt	阝⺊⺌丿
	BHIt	阝⺊⺌丿

zhì 挚	RVYR	扌九丶手
	RVYR	扌九丶手

zhì 桎	SGCF	木一厶土
	SGCF	木一厶土

zhì 秩	TRWy	禾⺧人⊙
	TTgy	禾丿夫⊙

秩序 TRYC

zhì 致	GCFT	一厶土夂
	GCFT	一厶土夂

致病 GCUG　致词 GCYN
致辞 GCTD　致电 GCJN
致富 GCPG　致函 GCBI
致敬 GCAQ　致力 GCLT
致使 GCWG　致命伤 GWWT
致谢 GCYT　致意 GCUJ

zhì 贽	RVYM	扌九丶贝
	RVYM	扌九丶贝

zhì 轾	LGCf	车一厶土
	LGCf	车一厶土

zhì 掷	RUDB	扌丷大阝
	RUDB	扌丷大阝

zhì 痔	UFFI	疒土寸③
	UFFI	疒土寸③

zhì 窒	PWGf	宀八一土
	PWGF	宀八一土

zhì 鸷	RVYG	扌九丶一
	RVYG	扌九丶一

zhì 智	TDKJ	丿大口日
	TDKJ	丿大口日

智慧 TDDH　智力开发 TLGN

智力 TDLT　智力投资 TLRU
智能 TDCE　智囊团 TGLF
智商 TDUM　智育 TDYC

zhì 滞	IGKh	氵一川丨
	IGKh	氵一川丨

滞销 IGQI

zhì 痣	UFNI	疒士心㊀
	UFNi	疒士心㊀

zhì 蛭	JGCf	虫一厶土
	JGCf	虫一厶土

zhì 骘	BHIC	阝止少马
	BHHG	阝止少一

zhì 稚	TWYg	禾亻主㊀
	TWYg	禾亻主㊀

zhì 置	LFHF	罒十且十
	LFHF	罒十且十

置之不理 LPGG
置之度外 LPYQ

zhì 雉	TDWY	丿大亻主
	TDWY	丿大亻主

zhì 膣	EPWF	月宀八土
	EPWF	月宀八土

zhì 觯	QEUF	勹用䒑十
	QEUF	勹用䒑十

zhì 踬	KHRM	口止厂贝
	KHRm	口止厂贝

ZHONG

zhōng 中	Khk	口丨㈣
	KHK	口丨㈣

中波 KHIH　中草药 KAAX
中餐 KHHQ　中低档 KWSI
中层 KHNF　中低级 KWXE
中点 KHHK　中国青年 KLGR
中毒 KHGX　中短波 KTIH
中断 KHON　中高档 KYSI
中队 KHBW　中高级 KYXE
中国 KHLG　中共中央 KAKM
中肯 KHHE　中顾委 KDTV
中继 KHXO　中国话 KLYT
中华 KHWX　中国共产党 KLAI
中东 KHAI　中国人民 KLWN
中期 KHAD　中青年 KGRH
中秋 KHTO　中国银行 KLQT
中山 KHMM　中国政府 KLGY
中外 KHQH　中华民族 KWNY
中央 KHMD　中外合资 KQWU
中年 KHRH　中纪委 KXTV
中农 KHPE　中间环节 KUGA
中文 KHYY　中距离 KKYB
中西 KHSG　中间派 KUIR
中校 KHSU　中间人 KUWW
中心 KHNY　中间商 KUUM
中立 KHUU　中立国 KULG
中性 KHNT　中联部 KBUK
中学 KHIP　中美洲 KUIY
中旬 KHQJ　中流砥柱 KIDS
中游 KHIY　中南海 KFIT
中药 KHAX　中庸之道 KYPU
中医 KHAT　中直机关 KFSU
中专 KHFN　中文电脑 KYJE
中原 KHDR　中文信息 KYWT

中西医 KSAT 中下层 KGNF
中小型 KIGA 中小学 KIIP
中秋节 KTAB 中山陵 KMBF
中山装 KMUF 中外文 KQYY
中文系 KYTX 中文版 KYTH
中下层 KGNF 中宣部 KPUK
中学生 KITG 中组部 KXUK
中文键盘 KYQT
中心任务 KNWT
中央办公厅 KMLD
中央电视台 KMJC
中央各部委 KMTT
中央国家机关 KMLU
中央军委 KMPT
中央领导 KMWN
中央全会 KMWW
中央书记处 KMNT
中央委员 KMTK
中央委员会 KMTW
中央政治局 KMGN
中国科学院 KLTB
中华人民共和国 KWWL
中国人民解放军 KLWP
中共中央总书记 KAKY
中国人民银行 KLWT
中央人民广播电台 KMWC

| zhōng 忠 | KHNu | 口丨心 |
| | KHNu | 口丨心㊉ |

忠诚 KHYD 忠厚 KHDJ
忠实 KHPU 忠心耿耿 KNBB

| zhōng 盅 | KHLf | 口丨皿㊀ |
| | KHLf | 口丨皿㊀ |

| zhōng 终 | XTUy | 纟夂冫㊉ |
| | XTUy | 纟夂冫㊉ |

终端 XTUM 终点站 XHUH

终结 XTXF 终究 XTPW
终年 XTRH 终日 XTJJ
终身 XTTM 终生 XTTG
终止 XTHH

| zhōng 钟 | QKHH | 钅口丨㊉ |
| | QKHH | 钅口丨㊉ |

钟表 QKGE 钟点 QKHK
钟情 QKNG 钟头 QKUD

| zhōng 肿 | TEKh | 丿舟口丨 |
| | TUKh | 丿舟口丨 |

| zhōng 衷 | YKHE | 亠口丨衣 |

衷情 YKNG 衷心 YKNY

| zhōng 锺 | QTGF | 钅丿一土 |
| | QTGF | 钅丿一土 |

| zhōng 螽 | TUJJ | 夂冫虫虫 |
| | TUJJ | 夂冫虫虫 |

| zhǒng 肿 | EKhh | 月口丨㊉ |
| | EKhh | 月口丨㊉ |

| zhǒng 种 | THHh | 禾口丨㊉ |
| | THHh | 禾口丨㊉ |

种类 YKOD 种植 TKSF
种种 TKTK 种子 TKBB

| zhǒng 冢 | PEYu | 宀豖丶㊉ |
| | PGEY | 宀一豖丶 |

| zhǒng 踵 | KHTF | 口止丿土 |
| | KHTF | 口止丿土 |

| zhòng 仲 | WKHH | 亻口丨㊉ |
| | WKHH | 亻口丨㊉ |

仲秋 WKTO

ZHONG-ZHOU

zhòng 重	TGJf	ノ一日土
	TGJF	ノ一曰土
zhòng 众	WWWu	人人人⑦
	WWWu	人人人⑦

众多 WWQQ 众目睽睽 WHHH
众议员 WYKM
众议院 WYBP
众志成城 WFDF
众叛亲离 WUUY
众矢之的 WTPR
众所周知 WRMT

ZHOU

| zhōu 州 | YTYH | 、丿丨 |
| | YTYH | 、丿丨 |

州长 YTTA

zhōu 舟	TEI	丿舟⑤
	TUI	丿舟⑤
zhōu 诌	YQVG	讠⺈彐㊀
	YQVg	讠⺈彐㊀
zhōu 周	MFKd	冂土口㊀
	MFKd	冂土口㊀

周报 MFRB 周恩来 MLGO
周到 MFGC 周而复始 MDTV
周刊 MFFJ 周期性 MANT
周率 MFYX 周密 MFPN
周末 MFGS 周年 MFRH
周期 MFAD 周全 MFWG
周岁 MFMQ 周围 MFLF
周折 MFRR 周总理 MUGJ

| zhōu 洲 | IYTh | 氵、丿丨 |
| | IYTh | 氵、丿丨 |

洲际 IYBF

zhōu 粥	XOXn	弓米弓②
	XOXn	弓米弓②
zhóu 妯	VMg	女由㊀
	VMg	女由㊀
zhóu 轴	LMG	车由㊀
	LMg	车由㊀

轴承 LMBD

zhǒu 碡	DGXu	石丰几、
	DGXy	石丰母⑤
zhǒu 肘	EFY	月寸⑤
	EFY	月寸⑤
zhǒu 帚	VPMh	彐冖冂丨
	VPMh	彐冖冂丨
zhòu 纣	XFY	纟寸⑤
	XFY	纟寸⑤
zhòu 咒	KKMb	口口几⑥
	KKWb	口口几⑥
zhòu 宙	PMf	宀由㊀
	PMf	宀由㊀
zhòu 绉	XQVg	纟⺈彐㊀
	XQVg	纟⺈彐㊀
zhòu 昼	NYJG	尸丶日一
	NYJg	尸丶日一

昼夜 NYYW

zhòu 胄	MEF	由月㇐
	MEF	由月㇐
zhòu 荮	AXFu	廾纟寸㇂
	AXFu	廾纟寸㇂
zhòu 皱	QVHC	勹彐广又
	QVBY	勹彐皮㇂
zhòu 酎	SGFY	西一寸㇂
	SGFY	西一寸㇂
zhòu 骤	CBCi	马耳又水
	CGBi	马一耳水

骤然 CBQD

| zhòu 籀 | TRQL | ⺮扌囗田 |
| | TRQl | ⺮扌囗田 |

～ ZHU ～

zhū 朱	RIi	㇒木㇂
	TFI	丿未㇂
zhū 侏	WRIy	亻㇒木㇂
	WTFY	亻丿未㇂
zhū 诛	YRIy	讠㇒木㇂
	YTFY	讠丿未㇂
zhū 邾	RIBh	㇒木阝①
	TFBH	丿未阝①
zhū 洙	IRIy	氵㇒木㇂
	ITFY	氵丿未㇂
zhū 茱	ARIu	廾㇒木㇂
	ATFU	廾丿未㇂
zhū 株	SRIy	木㇒木㇂
	STFy	木丿未㇂
zhū 珠	GRiy	王㇒木㇂
	GTFy	王丿未㇂

珠宝 GRPG　珠海 GRIT
珠算 GRTH

| zhū 诸 | YFTj | 讠土丿日 |
| | YFTj | 讠土丿日 |

诸位 YFWU　诸葛亮 YAYP
诸如此类 YVHO

| zhū 猪 | QTFJ | 犭丿土日 |
| | QTFJ | 犭②土日 |

猪八戒 QWAA

zhū 铢	QRIy	钅㇒木㇂
	QTFY	钅丿未㇂
zhū 蛛	JRIy	虫㇒木㇂
	JTFY	虫丿未㇂
zhū 槠	SYFJ	木讠土日
	SYFj	木讠土日
zhū 潴	IQTJ	氵犭丿日
	IQTJ	氵犭②日
zhū 獗	QTFS	犭丿土木
	QTFS	犭②土木
zhú 竹	TTGh	⺮丿一①
	THTh	⺮｜⺮①

| zhú 竺 | TFF | ⺮二㊀ |
| | TFF | ⺮二㊀ |

| zhú 烛 | OJy | 火虫㋀ |
| | OJy | 火虫㋀ |

| zhú 逐 | EPI | 豕辶 |
| | GEPi | 一豕辶 |

逐步 EPHI　逐个 EPWH
逐渐 EPIL　逐年 EPRH

| zhú 舳 | TEMG | 丿丹由㊀ |
| | TUMG | 丿丹由㊀ |

| zhú 瘃 | UEYi | 疒豕㋃ |
| | UGEY | 疒一豕丶 |

| zhú 躅 | KHLJ | 口止罒虫 |
| | KHLJ | 口止罒虫 |

| zhǔ 主 | Ygd | 丶王㊁ |
| | YGD | 丶王㊁ |

主办 YGLW　主笔 YGTT
主编 YGXY　主持 YGRF
主次 YGUQ　主动权 YFSC
主动 YGFC　主动脉 YFEY
主导 YGNF　主动性 YFNT
主观 YGCM　主管 YGTP
主角 YGQE　主管部门 YTUU
主力 YGLT　主力军 YLPL
主流 YGIY　主要原因 YSDL
主任 YGWT　主人翁 YWWC
主食 YGWY　主题 YGJG
主体 YGWS　主席台 YYCK
主席 YGYA　主席团 YYLF
主演 YGIP　主旋律 YYTV
主要 YGSV　主要问题 YSUJ
主权 YGSC　主义 YGYQ

主意 YGUJ　主张 YGXT

| zhǔ 拄 | RYGg | 扌丶王㊀ |
| | RYGg | 扌丶王㊀ |

| zhǔ 渚 | IFTj | 氵土丿日 |
| | IFTj | 氵土丿日 |

| zhǔ 煮 | FTJO | 土丿日灬 |
| | FTJO | 土丿日灬 |

| zhǔ 嘱 | KNTy | 口尸丿丶 |
| | KNTy | 口尸丿丶 |

嘱咐 KNKW　嘱托 KNRT

| zhǔ 麈 | YNJG | 广コ丨王 |
| | OXXG | 声匕匕王 |

| zhǔ 瞩 | HNTy | 目尸丿丶 |
| | HNTy | 目尸丿丶 |

| zhù 伫 | WPgg | 亻宀一㊀ |
| | WPgg | 亻宀一㊀ |

| zhù 苎 | APGF | 艹宀一二 |
| | APGF | 艹宀一二 |

| zhù 住 | WYGG | 亻丶王㊀ |
| | WYGG | 亻丶王㊀ |

住处 WYTH　住房 WYYN
住家 WYPE　住宿 WYPW
住院 WYBP　住宅 WYPT
住址 WYFH

| zhù 助 | EGLn | 月一力㋁ |
| | EGEt | 月一力㋁ |

助工 EGAA　助记词 EYYN
助教 EGFT　助理 EGGJ
助手 EGRT　助听器 EKKK

助威 EGDG　助兴 EGIW
助学 EGIP　助学金 EIQQ

| zhù 杼 | SCBh | 木マ阝① |
| | SCNH | 木マ一丨 |

| zhù 注 | IYgg | 氵、王㊀ |
| | IYGg | 氵、王㊀ |

注册 IYMM　注解 IYQE
注目 IYHH　注入 IYTY
注射 IYTM　注射器 ITKK
注视 IYPY　注入 IYTO
注销 IYQI　注意 IYUJ
注重 IYTG　注意到 IUGC
注意力 IULT

| zhù 贮 | MPGg | 贝宀一㊀ |
| | MPGg | 贝宀一㊀ |

贮备 MPTL　贮藏 MPAD
贮存 MPDH　贮藏室 MAPG
贮存器 MDKK

| zhù 驻 | CYgg | 马、王㊀ |
| | CGYG | 马一、王 |

驻地 CYFB　驻防 CYBY
驻沪 CYIY　驻华 CYWX
驻京 CYYI　驻军 CYPL
驻守 CYPF　驻足 CYKH

| zhù 柱 | SYGg | 木、王㊀ |
| | SYGg | 木、王㊀ |

柱子 SYBB

| zhù 炷 | OYGg | 火、王㊀ |
| | OYGG | 火、王㊀ |

| zhù 祝 | PYKq | 礻、口儿 |
| | PYKq | 礻⊙口儿 |

祝福 PYPY　祝贺 PYLK
祝酒 PYIS　祝寿 PYDT
祝愿 PYDR

| zhù 疰 | UYGD | 疒、王㊂ |
| | UYGD | 疒、王㊂ |

| zhù 著 | AFTj | 艹土丿日 |
| | AFTj | 艹土丿日 |

著称 AFTQ　著名 AFQK
著作权 AWSC

| zhù 蛀 | JYGg | 虫、王㊀ |
| | JYGg | 虫、王㊀ |

蛀虫 JYJH

| zhù 筑 | TAMy | 竹工几、 |
| | TAWy | 竹工几、 |

| zhù 铸 | QDTf | 钅三丿寸 |
| | QDTf | 钅三丿寸 |

| zhù 箸 | TFTj | 竹土丿日 |
| | TFTj | 竹土丿日 |

| zhù 翥 | FTJN | 土丿日羽 |
| | FTJN | 土丿曰羽 |

ZHUA

| zhuā 抓 | RRHY | 扌厂丨丶 |
| | RRHY | 扌厂丨丶 |

抓紧 RRJC

| zhuǎ 爪 | RHYI | 厂丨丶㊂ |
| | RHYI | 厂丨丶㊂ |

ZHUAI

zhuài 拽	RJXt	扌日匕㇀
	RJNt	扌曰乚㇀

ZHUAN

zhuān 专	FNYi	二乙、㇀
	FNYi	二丶、㇀

专案 FNPV　专案组 FPXE
专长 FNTA　专场 FNFN
专车 FNLG　专程 FNTK
专电 FNJN　专访 FNYY
专家 FNPE　专刊 FNFJ
专科 FNTU　专款 FNFF
专栏 FNSU　专利 FNTJ
专利法 FTIF　专利号 FTKG
专门 FNUY　专利权 FTSC
专区 FNAQ　专门化 FUWX
专人 FNWW　专题 FNJG
专项 FNAD　专心 FNNY
专业 FNOG　专心致志 FNGF
专员 FNKM　专业户 FOYN
专政 FNGH　专业化 FOWX
专用 FNET　专业课 FOYJ
专制 FNRM　专业人员 FOWK
专职 FNBK　专业性 FONT
专著 FNAF　专用设备 FEYT
专座 FNYW

zhuān 砖	DFNY	石二乙、
	DFNy	石二丶、

砖瓦 DFGN

zhuān 颛	MDMM	山厂门贝
	MDMm	山厂门贝

zhuǎn 转	LFNy	车二乙、
	LFNy	车二丶、

转变 LFYO　转播 LFRT
转产 LFUT　转达 LFDP
转动 LFFC　转发 LFNT
转告 LFTF　转户口 LYKK
转化 LFWX　转换 LFRQ
转交 LFUQ　转录 LFVI
转让 LFYH　转入 LFTY
转速 LFGK　转向 LFTM
转眼 LFHV　转业 LFOG
转移 LFTQ　转学 LFET
转载 LFFA　转帐 LFMH
转折 LFRR　转折点 LRHK
转正 LFGH

zhuàn 啭	KLFY	口车二、
	KLFY	口车二、

zhuàn 赚	MUVo	贝丷彐小
	MUVw	贝丷彐八

zhuàn 撰	RNNW	扌巳巳八
	RNNW	扌巳巳八

撰写 RNPG　撰稿人 RTWW

zhuàn 篆	TXEu	⺮彑豖㇀
	TXEu	⺮彑豖㇀

zhuàn 馔	QNNW	夕乙巳八
	QNNW	𠂋乚 巳八

ZHUANG

zhuāng 妆	UVg	丬女㇀
	UVg	丬女㇀

ZHUANG-ZHUI

| zhuāng 庄 | YFD | 广土㊀ |
| | OFd | 广土㊀ |

庄稼 YFTP　庄稼地 YTFB
庄严 YFGO　庄稼汉 YTIC
庄稼活 YTIT　庄稼人 YTWW

| zhuāng 桩 | SYFg | 木广土㊀ |
| | SOFg | 木广土㊀ |

| zhuāng 装 | UFYe | 丬士一𧘇 |
| | UFYe | 丬士一𧘇 |

装备 UFTL　装订 UFYS
装货 UFWX　装甲兵 ULRG
装配 UFSG　装模作样 USWS
装饰 UFQN　装腔作势 UEWR
装卸 UFRH　装饰品 UQKK
装修 UFWH　装腔队 URBW
装运 UFFC　装置 UFLF

| zhuàng 壮 | UFG | 丬士㊀ |

壮大 UFDD　壮观 UFCM
壮举 UFIW　壮阔 UFUI
壮丽 UFGM　壮烈 UFGQ
壮族 UFYT　壮志凌云 UFUF

| zhuàng 状 | UDY | 丬犬⊙ |
| | UDY | 丬犬⊙ |

状态 UDDY

| zhuàng 幢 | MHUf | 冂丨立土 |
| | MHUf | 冂丨立土 |

| zhuàng 撞 | RUJf | 扌立日土 |
| | RUJf | 扌立曰土 |

～ ZHUI ～

| zhuī 追 | WNNP | 亻ㄋㄋ辶 |
| | TNPd | 丿𠃊辶㊀ |

追捕 WNRG　追查 WNSJ
追悼 WNNH　追悼会 WNWF
追赶 WNFH　追加 WNLK
追究 WNPW　追根究底 WSPY
追求 WNFI

| zhuī 骓 | CWYG | 马亻圭㊀ |
| | CGWY | 马一亻圭 |

| zhuī 椎 | SWYg | 木亻圭㊀ |
| | SWYg | 木亻圭㊀ |

| zhuī 锥 | QWYg | 钅亻圭㊀ |
| | QWYg | 钅亻圭㊀ |

| zhuì 坠 | BWFF | 阝人土㊀ |
| | BWFF | 阝人土㊀ |

坠毁 BWVA

| zhuì 缀 | XCCc | 纟又又又 |
| | XCCc | 纟又又又 |

| zhuì 惴 | NMDJ | 忄山ブ刂 |
| | NMDJ | 忄山ブ刂 |

| zhuì 缒 | XWNP | 纟亻コ辶 |
| | XTNP | 纟丿𠃊辶 |

| zhuì 赘 | GQTM | 丰夂攵贝 |
| | GQTM | 丰力攵贝 |

赘述 GQSY

ZHUN

zhǔn 肫	EGBn	月一凵乙
	EGBn	月一凵乚
zhūn 窀	PWGN	宀八一乙
	PWGN	宀八一乚
zhūn 谆	YYBG	讠亠子㇌
	YYBg	讠亠子㇂
zhǔn 准	UWYg	冫亻主㇂
	UWYG	冫亻主㇌

准备 UWTL　准确度 UDYA
准确 DWDQ　准性 UDNT
准时 UWJF　准许 UWYT
准则 UWMJ

ZHUO

zhuō 焯	OHJh	火卜早①
	OHJh	火卜早①
zhuō 拙	RBMh	扌凵山①
	RBMh	扌凵山①

拙笨 RBTS　拙劣 RBIT

zhuō 捉	RKHy	扌口⺊、
	RKHy	扌口⺊、

捉弄 RKGA

zhuō 倬	WHJH	亻卜早①
	WHJH	亻卜早①
zhuō 桌	HJSu	卜日木㇌
	HJSu	卜日木㇌

桌椅 HJSD　桌子 HJBB

zhuō 涿	IEYY	氵豕、㇌
	IGEY	氵一豕、
zhuó 着	UDHf	⺷丆目㇢
	UHf	⺷目㇢
zhuó 卓	HJJ	卜早①
	HJJ	卜早①

卓识 HJYK　卓越 HJFH

卓著 HJAF

zhuó 灼	OQYy	火勹、、
	OQYy	火勹、、
zhuó 茁	ABMj	艹凵山①
	ABMj	艹凵山①

茁壮 ABUF　茁壮成长 AUDT

zhuó 斫	DRH	石斤①
	DRH	石斤①
zhuó 浊	IJy	氵虫、
	IJy	氵虫、
zhuó 涩	IKHY	氵口⺊、
	IKHY	氵口⺊、
zhuó 诼	YEYy	讠豕、、
	YGEY	讠一豕、
zhuó 酌	SGQy	西一勹、
	SGQy	西一勹、

酌情 SGNG

zhuó 啄	KEYY	口豕、、
	KGEy	口一豕、
zhuó 琢	GEYy	王豕、、
	GGEy	王一豕、

琢磨 GEYS

zhuó	PYUO	礻丶丷丨
禚	PYUO	礻⊙丷丨
zhuó	RNWY	扌羽亻丯
擢	RNWY	扌羽亻丯
zhuó	INWy	氵羽亻丯
濯	INWy	氵羽亻丯
zhuó	QLQJ	钅囗勹虫
镯	QLQJ	钅囗勹虫

zī	WBG	亻子㊀
仔	WBG	亻子㊀

仔细 WBXL

zī	BTY	孑攵⊙
孜	BTY	孑攵⊙

孜孜不倦 BBGW

zī	UXXu	丷幺幺㊆
兹	UXXu	丷幺幺㊆

兹有 UXDE

zī	UQWK	丷勹人口
咨	UQWK	丷勹人口

咨询 UQYQ

zī	UQWV	丷勹人女
姿	UQWV	丷勹人女

姿势 UQRV   姿态 UQDY

zī	HXMu	止匕贝㊆
赀	HXMu	止匕贝㊆

zī	UQWM	丷勹人贝
资	UQWM	丷勹人贝

资产 UQUT　资本家 USPE
资格 UQST　资本论 USYW
资金 UQQQ　资本主义 USYY
资历 UQDL　资产阶级 UUBX
资料 UQOU　资源 UQID
资助 UQEG

zī	IVLg	氵巛田㊀
淄	IVLg	氵巛田㊀

zī	XVLg	纟巛田㊀
缁	XVLg	纟巛田㊀

zī	YUQk	讠丷勹口
谘	YUQk	讠丷勹口

zī	UXXB	丷幺幺子
孳	UXXB	丷幺幺子

zī	MUXx	山丷幺幺
嵫	MUXx	山丷幺幺

zī	IUXx	氵丷幺幺
滋	IUXx	氵丷幺幺

滋补 IUPU　滋长 IUTA
滋味 IUKF

zī	UQWO	丷勹人米
粢	UQWO	丷勹人米

zī	LVLg	车巛田㊀
辎	LVLg	车巛田㊀

zī	HXQe	止匕勹用
觜	HXQe	止匕勹用

zī 趑	FHUW	土𠂆丫人
	FHUW	土𠂆丫人
zī 镃	QVLg	钅巛田⊖
	QVLg	钅巛田⊖
zī 龇	HWBX	止人口匕
	HWBX	止人口匕
zī 髭	DEHx	镸彡止匕
	DEHx	镸彡止匕
zī 鲻	QGVL	鱼一巛田
	QGVL	鱼一巛田
zǐ 籽	OBg	米子⊖
	OBg	米子⊖
zǐ 子	BBbb	子子子子
	BBbb	子子子子

子弹 BBXU 子弟 BBUX
子宫 BBPK 子弟兵 BURG
子女 BBVV 子孙 BBBI

zǐ 姊	VTNT	女丿乙丨
	VTNT	女丿𠃋丨

姊妹 VTVF 姊妹篇 VVTY

zǐ 秭	TTNT	禾丿乙丨
	TTNt	禾丿𠃋丨
zǐ 耔	DlBg	三丨子⊖
	FSBg	二木子⊖
zǐ 笫	TTNT	⺮丿乙丨
	TTNT	⺮丿𠃋丨
zǐ 梓	SUH	木辛①
	SUH	木辛①
zǐ 紫	HXXi	止匕幺小
	HXXi	止匕幺小

紫色 HXQC 紫外线 HQXG

zǐ 滓	IPUh	氵宀辛①
	IPUh	氵宀辛①
zǐ 訾	HXYf	止匕言⊖
	HXYf	止匕言⊖
zì 字	PBf	宀子⊖
	PBf	宀子⊖

字表 PBGE 字典 PBMA
字符 PBTW 字根 PBSV
字号 PBKG 字根表 PSGE
字节 PBAB 字句 PBQK
字据 PBRN 字库 PBYL
字母 PBXG 字体 PBWS
字帖 PBMH 字形 PBGA
字义 PBYQ 字音 PBUJ

zì 自	THD	丿目⊜
	THD	丿目⊜

自爱 THEP 自暴自弃 TJTY
自卑 THRT 自variable量 TYJG
自称 THTQ 自惭形秽 TNGT
自传 THWF 自吹自擂 TKTK
自从 THWW 自负盈亏 TQEF
自动 THFC 自动化 TFWX
自发 THNT 自动控制 TFRR
自费 THXJ 自发性 TNNT
自大 THDD 自告奋勇 TTDC
自给 THXW 自古以来 TDNG
自豪 THYP 自顾不暇 TDGJ
自己 THNN 自豪感 TYDG
自家 THPE 自己人 TNWW
自居 THND 自觉自愿 TITD

自觉 THIP 自来水 TGII
自立 THUU 自力更生 TLGT
自满 THIA 自留地 TQFB
自杀 THQS 自民党 TNIP
自身 THTM 自鸣得意 TKTU
自然 THQD 自命不凡 TWGM
自卫 THBG 自欺欺人 TAAW
自我 THTR 自然界 TQLW
自修 THWH 自然数 TQOV
自信 THWY 自然资源 TQUI
自学 THIP 自上而下 THDG
自选 THTF 自食其果 TWAJ
自由 THMH 自食其力 TWAL
自知 THTD 自始至终 TVGX
自愿 THDR 自卫队 TBBW
自治 THIC 自我批评 TTRY
自制 THRM 自上而下 TGDH
自主 THYG 自相矛盾 TSCR
自助 THEG 自信心 TWNY
自尊 THUS 自行车 TTLG
自重 THTG 自学成才 TIDF
自主权 TYSC 自以为 TNYL
自由诗 TMYF 自以为是 TNYJ
自由化 TMWX 自由式 TMAA
自由泳 TMIY 自知之明 TTPJ
自治区 TIAQ 自治州 TIYT
自尊心 TUNY 自作聪明 TWBJ

| zì 恣 | UQWN | ⺀⺈人心 |
| | UQWN | ⺀⺈人心 |

| zì 渍 | IGMy | 氵 丰贝⊙ |
| | IGMy | 氵 丰贝⊙ |

| zì 眦 | HIIXn | 目止匕② |
| | HHXn | 目止匕② |

ZONG

| zōng 宗 | PFIu | 宀二小⑦ |
| | PFIu | 宀二小⑦ |

宗教 PFFT 宗派 PFIR
宗旨 PFXJ

| zōng 综 | XPfi | 纟宀二小 |
| | XPfi | 纟宀二小 |

综合 XPWG 综合症 XWUG
综述 XPSY 综合利用 XWTE
综合治理 XWIG
综上所述 XHRS

| zōng 棕 | SPfi | 木宀二小 |
| | SPfi | 木宀二小 |

| zōng 踪 | KHPi | 口止宀小 |
| | KHPi | 口止宀小 |

踪影 KHJY

| zōng 腙 | EPFI | 月宀二小 |
| | EPFI | 月宀二小 |

| zōng 鬃 | DEPi | 镸彡宀小 |
| | DEPi | 镸彡宀小 |

| zǒng 总 | UKNu | 丷口心 |
| | UKNu | 丷口心 |

总编 UKXY 总罢工 ULAA
总部 UKUK 总编辑 UXLK
总裁 UKFA 总参谋部 UCYU
总参 UKCD 总产量 UUJG
总称 UKTQ 总产值 UUWF
总得 UKTJ 总成绩 UDXG
总督 UKHl 总动员 UFKM
总额 UKPT 总而言之 UDYP

总工 UKAA	总方针 UYQF
总机 UKSM	总费用 UXET
总共 UKAW	总工程师 UATJ
总管 UKTP	总工会 UAWF
总和 UKTK	总公司 UWNG
总后 UKRG	总后勤部 URAU
总计 UKYF	总结经验 UXXC
总结 UKXF	总会计师 UWYJ
总局 UKNN	总经理 UXGJ
总理 UKGJ	总路线 UKXG
总之 UKPP	总领事 UWGK
总数 UKOV	总面积 UDTK
总算 UKTH	总目标 UHSF
总体 UKWS	总人口 UWKK
总务 UKTL	总人数 UWOV
总则 UKMJ	总收入 UNTY
总书记 UNYN	总统府 UXYW
总投资 URUQ	总务科 UTTU
总指挥 URRP	总政治部 UGIU

zǒng	WQRN	亻勹夕心
偬	WQRn	亻勹夕心

zòng	XWWy	纟人人⊙
纵	XWWy	纟人人⊙

纵队 XWBW   纵横驰骋 XSCC
纵横 XWSA   纵情 XWNG
纵然 XWQD   纵使 XWWG
纵坐标 XWSF

zòng	OPFI	米宀二小
棕	OPFI	米宀二小

ZOU

zōu	QVBh	夕彐阝①
邹	QVBh	夕彐阝①

邹家华 QPWX

zōu	CQVg	马夕彐
驺	CGQV	马一夕彐

zōu	YBCy	讠耳又⊙
诹	YBCy	讠耳又⊙

zōu	BBCy	阝耳又⊙
陬	BBCy	阝耳又⊙

zōu	BCTB	耳又丿阝
鄹	BCIB	耳又氺阝

zōu	QGBC	鱼一耳又
鲰	QGBC	鱼一耳又

zǒu	FHU	土止⊙
走	FHU	土止⊙

走访 FHYY   走马观花 FCCA
走路 FHKH   走资派 FUIR
走后门 FRUY 走投无路 FRFK

zòu	DWGd	三人一大
奏	DWGD	三人一大

奏乐 DWQI   奏效 DWUQ

zòu	RDWD	扌三人大
 | RDWD | 扌三人大 |

ZU

zū	TEGg	禾月一㇐
租	TEGg	禾月一㇐

租界 TELW   租金 TEQQ
租赁 TEWT   租用 TEET

zū	AIEg	艹氵月一
 | AIEg | 艹氵月一 |

zú 足	KHU	口卩㇏⑦
	KHu	口卩㇏⑦

足够 KHQK　足迹 KHYO
足球 KHGF

zú 卒	YWWF	亠人人十
	YWWf	亠人人十

zú 族	YTTd	方㇒㇒大
	YTTd	方㇒㇒大

zú 镞	QYTD	钅方㇒大
	QYTD	钅方㇒大

zǔ 诅	YEGg	讠月一㊀
	YEGg	讠月一㊀

zǔ 阻	BEGG	阝月一一
	BEGG	阝月一一

阻碍 BEDJ　阻挡 BERI
阻击 BEFM　阻拦 BERU
阻力 BELT　阻挠 BERA
阻塞 BEPF　阻止 BEHH

zǔ 组	XEGG	纟月一㊀
	XEgg	纟月一㊀

组长 XETA　组成 XEDN
组稿 XETY　组阁 XEUT
组合 XEWG　组件 XEWR
组建 XEVF　组织部 XXUK
组员 XEXK　组织员 XXHH
组装 XEUF　组织纪律 XXXT

zǔ 俎	WWEG	人人月一
	WWEg	人人月一

zǔ 祖	PYEG	礻丶月一
	PYEg	礻⊙月一

祖辈 PYDJ　祖父 PYWQ
祖国 PYLG　祖国统一 PLXG
祖籍 PYTD　祖母 PYXG
祖孙 PYBI　祖宗 PYPF

zù 驵	CEGg	马月一㊀
	CGEg	马㇒月一

ZUAN

zuān 躜	KHTM	口止丿贝
	KHTM	口止丿贝

zuǎn 缵	XTFM	纟丿土贝
	XTFM	纟丿土贝

zuǎn 纂	THDI	⺮目大小
	THDI	⺮目大小

zuàn 钻	QHKg	钅卜口㊀
	QHKg	钅卜口㊀

钻研 QHDG

zuàn 攥	RTHI	扌⺮目小
	RTHI	扌⺮目小

ZUI

zuǐ 嘴	KHXe	口止匕冂
	KHXe	口止匕冂

zuì 最	JBcu	日耳又⑦
	JBcu	日耳又⑦

最初 JBPU　最大 JBDD
最低 JBWQ　最多 JBQQ
最高 JBYM　最好 JBVB
最后 JBRG　最后通牒 JRCT

最佳 JBWF　最近 JBRP
最少 JBIT　最先 JBTF
最小 JBIH　最新 JBUS
最终 JBXT

zuì 罪	LDJd	罒三刂三
	LHDd	罒丨三

罪恶 LDGO　罪大恶极 LDGS
罪犯 LDQT　罪恶滔天 LGIG
罪名 LDQK　罪魁祸首 LRPU
罪证 LDYG　罪有应得 LDYT
罪状 LDUD

zuì 蕞	AJBc	廾日耳又
	AJBc	廾曰耳又

zuì 醉	SGYf	西一亠十
	SGYF	西一亠十

ZUN

zūn 尊	USGf	丷西一寸
	USGf	丷西一寸

尊称 USTQ　尊敬 USAQ
尊容 USPW　尊严 USGO
尊重 USTG　尊重知识 UTTY

zūn 遵	USGP	丷西一辶
	USGP	丷西一辶

遵命 USWG　遵守 USPF
遵循 USTR　遵照执行 UJRT
遵照 USJV

zūn 樽	SUSF	木丷西寸
	SUSf	木丷西寸

zūn 鳟	QGUF	鱼一丷寸
	QGUF	鱼一丷寸

zǔn 撙	RUSf	扌丷西寸
	RUSf	扌丷西寸

ZUO

zuō 嘬	KJBc	口日耳又
	KJBc	口曰耳又

zuó 昨	JThf	日𠂉一丨
	JThf	日𠂉一丨

昨日 JTJJ　昨天 JTGD
昨晚 JTJQ

zuǒ 左	DAf	ナ工㊀
	DAf	ナ工㊀

左边 DALP　左侧 DAWM
左面 DADM　左派 DAIR
左倾 DAWX　左手 DART
左右 DADK　左右手 DDRT

zuǒ 佐	WDAg	亻ナ工㊀
	WDAg	亻ナ工㊀

zuò 作	WThf	亻𠂉一丨
	WTHf	亻𠂉一丨

作操 WTRK　作出 WTBM
作恶 WTGO　作法 WTIF
作废 WTYN　作风 WTMQ
作怪 WTNC　作画 WTGL
作家 WTPE　作假 WTWN
作乱 WTTD　作茧自缚 WATX
作品 WTKK　作ма WTMA
作为 WTYL　作威作福 WDWP
作文 WTYY　作物 WTTR
作协 WTFL　作业 WTOG
作用 WTET　作用力 WELT

作战 WTHK 作用于 WEGF
作者 WTFT

zuò 坐	WWFf	人人土㇐
	WWFd	人人土㇐

坐标 WWSF

zuò 怍	NTHf	忄𠂉丨二
	NTHF	忄𠂉丨二

zuò 柞	STHf	木𠂉丨二
	STHf	木𠂉丨二

zuò 祚	PYTf	礻丶㇐二
	PYTf	礻㇙㇐二

zuò 胙	ETHf	月𠂉丨二
	ETHF	月𠂉丨二

zuò 唑	KWWf	口人人土
	KWWf	口人人土

zuò 座	YWWf	广人人土
	OWWf	广人人土

座次 YWUQ 座右铭 YDQQ

zuò 做	WDTy	亻古夂㇙
	WDTy	亻古夂㇙

做成 WDDN 做出 WDBM
做到 WDGC 做法 WDIF
做饭 WDQN 做工 WDAA
做功 WDAL 做官 WDPN
做客 WDPT 做梦 WDSS
做事 WDGK 做人 WDWW
做主 WDYG 做文章 WYUJ
做作业 WWOG

zuò 阼	BTHf	阝𠂉丨二
	BTHf	阝𠂉丨二

附录 A 五笔字型入门

一. 汉字和字根

从书写形态上将汉字的笔形分为:点、横、竖、撇、捺、挑(提)、钩、(左右)折 8 种。在五笔字型方法中,把汉字的笔画只归结为横、竖、撇、捺(点)、折 5 种。把"点"归结为"捺"类,是因为两者运笔方向基本一致;把挑(提)归结于"横"类;除竖能代替左钩以外,其他带转折的笔画都归结为"折"类。

在五笔字型编码输入法中,选取了组字能力强、出现次数多的 130 个左右的部件作为基本字根,其余所有的字,包括那些虽然也能作为字根,但是在五笔字型中没有被选为基本字根的部件,在输入时都要拆分成基本字根的组合。

对选出的 130 多种基本字根,按照其起笔代号,分成 5 个区。以横起笔的为第 1 区,以竖起笔的为第 2 区,以撇起笔的为第 3 区,以捺(点)起笔的为第 4 区,以折起笔的为第 5 区。每一区内的基本字根又分成 5 个位置,也以 1、2、3、4、5 表示。这样 130 个基本字根就被分成了 25 类,每类平均 5~6 个基本字根。这 25 类基本字根安排在除 Z 键以外的 A~Y 的 25 个英文字母键上。这种方法便于记忆,也便于操作,其特点如下:

(1) 每键平均 2~6 个基本字根,有一个代表性的字根成为键名,为便于记忆起见,关于键名有一首"键名谱":

① (横)区:王、土、大、木、工
② (竖)区:目、日、口、田、山
③ (撇)区:禾、白、月、人、金
④ (捺)区:言、立、水、火、之

⑤ (折)区：己、子、女、又、纟

(2) 每一个键上的字根其形态与键名相似。例如："女"字键上有女、刀、九、白 等；"月"字键上有月、乃、用、舟等字根。

(3) 单笔画基本字根的种类和数目与区位编码相对应。例如一、二、三这3个单笔画字根，分别安排在1区的第一、二、三位置上；丶、丿、亻、氵、灬这4个单笔画字根，分别安排在4区的第一、二、三、四位上；丨、丿、川这3个单笔画字根分别安排在2区的第一、二、三位上等。

二．五笔字型字根助记口诀

由于86版五笔字型字根键位图与98版五笔字型字根键位图的不同，所以86版五笔字型字根总表和98版五笔字型码元也有所区别，这就造成了二者的助记口诀也不同。比较如下：

86版和98版五笔字型助记词的对比

86版	98版
第1区(横起笔类)	第1区(横起笔类)
11 G 王旁青头戋五一	11 G 王旁青头五夫一
12 F 土士二干十寸雨	12 F 土干十寸未甘雨
13 D 大犬三羊古石厂	13 D 大犬戌三古石厂
14 S 木丁西在一四里	14 S 木丁西甫一四里
15 A 工戈草头右框七	15 A 工戈草头右框七
第2区(竖起笔类)	第2区(竖起笔类)
21 H 目止具头卜虎皮	21 H 目上卜止虎头具
22 J 日早两竖与虫依	22 J 日早两竖与虫依
23 K 中口一川三个竖	23 K 口中两川三个竖
24 L 田方框四车力	24 L 田甲方框四车具
25 M 山由贝骨下框几	25 M 山由贝骨下框集

(续表)

86版	98版
第3区(撇起笔类)	第3区(撇起笔类)
31 T 禾竹反文双人立	31 T 禾竹反文双人立
32 R 白斤气头手边提	32 R 白斤气丘叉手提
33 E 月乃用舟家衣下	33 E 月用力豸毛衣白
34 W 人八登祭把头取	34 W 人八登头单人几
35 Q 金夕义儿包头鱼	35 Q 金夕鸟儿犭边鱼
第4区(捺(点)起笔类)	第4区(捺(点)起笔类)
41 Y 言文方广在四一	41 Y 言文方广谁人去
42 U 立辛两点病门里	42 U 立辛六羊病门里
43 I 水族三点兴头小	43 I 水族三点鳖头小
44 O 火业头四点头	44 O 火业广鹿四点米
45 P 之字宝盖补 礻 衤	45 P 之字宝盖补 礻 衤
第5区(折起笔类)	第5区(折起笔类)
51 N 已类左框心尸羽	51 N 已类左框心尸羽
52 B 子耳之也框上举	52 B 子耳了也乃框皮
53 V 女刀九巛白山倒	53 V 女刀九艮山西倒
54 C 又巴劲头私马依	54 C 又巴巴牛马失蹄
55 X 绞丝互腰弓和匕	55 X 幺母贯头弓和匕

三. 拆分原则

汉字拆分的基本原则为"取大优先、能连不交、能散不连、兼顾直观"。简述如下:

(1) 按书写顺序

从左到右,从上到下,从外到内。即按书写顺序拆分,拆出该字的字根应为键面有的基本字根。例如:"想"拆分成木、目、心,而不是木、心、目等,以保证字根序列的顺序性。

(2) 能散不连,能连不交

"能散不连"指当汉字被拆分的几个部分都是复笔字根,它们之间的关系既可为"散",也可为"连"时,按"散"拆分;"能连不交"指当一个汉字既可以拆分成相连的几个部分,也可以拆分成相交的几个部分时,在这种情况下相连的拆字法是正确的。例如:"于"字拆分为一、十,而不能拆分为二、丨(相交)。因为后者两个字根之间的关系为交而前者是"散"。拆分时遵守"散"比"连"优先,"连"比"交"优先的原则。

(3) 取大优先

一个汉字可以从不同的角度拆分成各种不同的字根,但为了统一标准,应以"添加一个笔画便不能成为字根"为限,每次都拆取一个笔画尽可能多的字根,使字根总数目最少。例如:"果"拆分为日、木,而不拆分为旦、小。

(4) 兼顾直观

兼顾直观就是在拆分过程中,要考虑拆出的字根符合人们的直观判断和感觉以及汉字字根的完整性,有时并不符合书写顺序原则和取大优先原则,形成个别例外的情况。例如:"自"字拆分成丿、目,而不拆分为白、一,后者欠直观。

四. 编码规则

五笔字型输入法一般击 4 个键完成一个汉字的输入。编码规则分成三大类:

(1) 基本字根编码

这类汉字直接标在字根键盘上,其中包括键名汉字和一般成字字根汉字两种。键名汉字指:王、土、大、木、工、目、日、口、田、山、言、立、水、火、之、禾、白、月、人、金、已、子、女、又、纟,共 25 个,采用将该键连敲 4 次的方法输入这些汉字。

一般成字字根的汉字输入采用先敲字根所在键一次,然后再敲该字字根的第一、第二以及最末一个单笔按键。例如:"石"字,第一键为"石"字根所在的 D 键,第二键为首笔"横"G 键,第三键为次笔"撇"T 键,第四键为末笔"横"G 键。

但对于由单笔画构成的字,如"一""丨""丿""、""乙"等,第一、二键是相同的,规定后面增加两个英文 LL 键。这样,"一""丨""丿""、""乙"等的单独编码,"一"为 GGLL,"丨"为 HHLL,"丿"为 TTLL,"、"为 YYLL,"乙"为 NNLL。

(2) 复合汉字编码

凡是由基本字根(包括笔型字根)组合而成的汉字,都必须先拆分成基本字根,然后再依次输入计算机。拆分要有一定的规则,才能最大限度地保持其唯一性。复合字编码规则为:

① 恰好 4 个字根时,依次取这 4 个字根的编码进行输入。例如:"到"字拆分成"一、厶、土、刂",则其编码为 GCFJ。

② 超过 4 个字根时,则取一、二、三、末 4 个字根的编码进行输入。例如:"酸"字取"西、一、厶、文",编码为 SGCT。

③ 不足 4 个字根时,加上一个末笔字型交叉识别码,若仍不足 4 个码,则再加 Space 键。

(3) 末笔字型交叉识别码

该识别码是由字的末笔笔画和字型信息共同构成的,用来识别同字根同编码的汉字。末笔笔画只有 5 种,字型信息只有 3

类，因此末笔字型交叉识别码只有 15 种，末笔字型交叉识别码表如下表所示。

字型 末笔	左右型 1	上下型 2	杂合型 3
横 1	11G	12F	13D
竖 2	21H	22J	23K
撇 3	31T	32R	33E
捺 4	41Y	42U	43I
折 5	51N	52B	53V

从上表可见，"汉"字的交叉识别码为 Y，"字"字的交叉识别码为 F，"沐、汀、洒"的交叉识别码分别为 Y、H、G。如果字根编码和末笔交叉识别码都一样，这些汉字称重码字。对重码字只有进行选择操作，才能获得需要的汉字。

五. 快速输入方法

五笔字型一般敲 4 个键就能输入一个汉字。为了提高速度，设计了简码输入和词汇输入方法。

(1) 简码输入

① 一级简码字

对一些常用的高频字，敲一键后再敲 Space 键即可输入一个汉字。一级简码字如下：

我(Q)	人(W)	有(E)	的(R)	和(T)
主(Y)	产(U)	不(I)	为(O)	这(P)
工(A)	要(S)	在(D)	地(F)	一(G)
上(H)	是(J)	中(K)	国(L)	经(X)
以(C)	发(V)	了(B)	民(N)	同(M)

② 二级简码字

由单字全码的前两个字根代码和 Space 键组成，最多能输入 25×25=625 个汉字。

③ 三级简码字

由单字前 3 个字根和 Space 键组成。凡前 3 个字根在编码中是唯一的，都选作三级简码字，一共约 4400 个。虽敲键次数未减少。但省去了最后一码的判别工作，仍有助于提高输入速度。

(2) 词汇输入

汉字以字作为基本单位，由字组成词。在句子中若把词作为输入的基本单位，则速度更快。五笔字型中的词和字一样，一个词仍只需四码。用每个词中汉字的前一、二个字根组成一个新的字码，与单个汉字的代码一样，来代表一条词汇。词汇代码的取码规则如下：

① 双字词，分别取每个字的前两个字根构成词汇简码。例如："计算"取"言、十、𥫗、目"构成编码(YFTH)。

② 三字词，前 2 个字各取一个字根，第三个字取前 2 个字根作为编码。例如："解放军"取" 、方、冖、车"作为编码(QYPL)。

③ 四字词，每字取第一个字根作为编码。例如："程序设计"取"禾、广、言、言"(TYYY)构成词汇编码。

④ 多字词，取一、二、三和最后一个字的第一个字根作为编码。例如："中华人民共和国"取"口、亻、人、囗(KWWL)等。

五笔字型中的字和词都是四码，因此，词语占用了同一个编码空间。之所以词字能共同容纳于一体，是由于每个字 4 键，共有 25×25×25×25 种可能的字编码，约 39 万个，大量的码空闲着。对词汇编码而言，由于词和字的字根组合分布规律不同，它们在汉字编码空间中各占据着基本上互不相交的一部分，因此词和字的输入完全一样。

(3) 重码与容错

如果一个编码对应着几个汉字,这几个汉字称为重码字;几个编码对应一个汉字,这几个编码称为汉字的容错码。

在五笔字型中,当输入重码时,重码字显示在提示行中,较常用的字排在第一个位置上,并用数字指出重码字的序号,如果您要的就是第一个字,可继续输入下一个字,该字自动跳到当前光标位置。其他重码字要用数字键加以选择。例如:"嘉"字和"喜"字都分解为 FKUK,因"喜"字较常用,它排在第一位,"嘉"字排在第二位。若您需要"嘉"字则要用数字键 2 来选择。

为了减少重码字,把不太常用的重码字设计成容错码字即把它的最后一码修改为 L,例如:把"嘉"字的码定义为 FKUL,这样输入 FKUL,则获得唯一的"嘉"字。

在汉字中有些字的书写顺序往往因人而异,为了能适应这种情况,允许一个字有多种输入码,这些字就称为容错字。在五笔字型编码输入方案中,容错字有 500 多种。

(4) Z 键的用法

从五笔字型的字根键位图可见,26 个英文字母键只用了 A 至 Y 共 25 个键,Z 键用于辅助学习。

当对汉字的拆分一时难以确定用哪一个字根时,不管它是第几个字根都可以用 Z 键来代替。借助于软件,把符合条件的汉字都显示在提示行中,再输入相应的数字,则可把相应的汉字选择到当前光标位置处。在提示行中还显示了汉字的五笔字型编码,可以作为学习编码规则之用。

六 词组的输入

两个字的词组的编码规则是:分别取这两个汉字全码的前两

码,组成四码。比如"学习"一词,"学"字的前两码是""(I)"和"冖(P)","习"字的前两码是"乙(N)"和"冫(U)",因此其全码是 IPNU。与此类似,"喜爱"一词对应的编码是 FKEP。

3 个字的词组的编码规则是:取前两个字的第一个码,加上最后一字的前两个码,共四码。比如"动物园"一词,首字取"二(F)",第二字取"丿(T)",末字取"囗(L)"、"二(F)",由此得到该词组的五笔输入代码是 FTLF。

4 个字的词组的编码规则是:每一个字均取其第一码,组成四码。比如"远见卓识"一词,分别取"二(F)"、"冂(M)"、"卜(H)"、"讠(Y)",编码为 FMHY。

多字词组的编码规则是:各取第一、二、三字和最后一个字的第一码,组成四码。比如"中华人民共和国"一词,分别取"口(K)"、"亻(W)"、"人(W)"和"囗(L)",编码为 KWWL;"全国各族人民"一词,编码为 WLTN。

附录B 二级简码速查

86版二级简码速查(#表示该二级码没有对应的汉字)

	GFDSA	HJKLM	TREWQ	YUIOP	NBVCX
G	五于天末开	下理事画现	玫珠表珍列	玉平不来#	与屯妻到互
F	二寺城霜载	直进吉协南	才垢圾夫无	坟增示赤过	志地雪支#
D	三夯大厅左	丰百右历面	帮原胡春克	太磁砂灰达	成顾肆友龙
S	本村枯械机	相查可楞机	格析极检构	术样档杰棕	杨李要权楷
A	七革基苛式	牙划或功贡	匠庆菜共区	芳燕东#芝	世节切芭药
H	睛睦睚盯虎	止旧占卤贞	睡睥肯具餐	眩瞳步眯瞎	卢#眼皮此
J	量时晨果虹	早昌蝇曙遇	昨蝗明蛤晚	景暗晃显暈	电最归紧昆
K	呈叶顺呆呀	中虽吕另员	呼听吸只史	嘛啼吵噗喧	叫啊哪吧哟
L	车轩因困轼	四辊加男轴	力斩胃办罗	罚较#鳞边	思固轨轻累
M	同财央朵曲	由则#崭册	几贩骨内风	凡赠峭赈迪	岂邮#凤嶷
T	生行知条长	处得各务向	笔物秀答称	入科秒秋管	秘季委么第
R	后持拓打找	年提扣押抽	手折扔失换	扩拉朱搂近	所报扫反批
E	且肝须采肛	胀胆肿肋肌	用遥朋脸胸	及胶膛膦爱	甩服妥肥脂
W	全会估休代	个介保佃仙	作伯仍从你	信们偿伙#	亿他分公化
Q	钱针然钉氏	外旬名甸负	儿铁角欠多	久匀乐炙包	包凶争色#
Y	主计庆订度	让刘训为高	放诉衣认义	方说就变这	记离良充率
U	闰半关亲并	站间部曾商	产瓣前闪交	六立冰普帝	决闻妆冯北
I	汪法尖酒江	小浊澡渐没	少泊肖兴光	注洋水淡学	沁池当汉涨
O	业灶类灯煤	粘烛炽烟灿	烽煌粗粉炮	米料炒炎迷	断粹类烃糨
P	定守害宁宽	寂审官军庙	客宾家空宛	社实宵灾之	官字安#它
N	怀导居#民	收慢避惭屋	必怕#愉懈	心习悄屡忱	忆敢恨怪尼
B	卫际承阿陈	耻阳职阵出	降孤阴队隐	防联阶坏习	也子限取陛
V	姨寻姑朵毁	叟旭如甥姆	九#奶#熨	妨嫌录灵巡	刀好妇妈姆
C	骊对参骠戏	#骒台劝观	矣牟能难允	驻骈##驼	马邓艰双#
X	线结顷#红	引旨强细纲	张绵级约纺	纺弱纱继综	纪驰绿经比

98版二级简码速查(#表示该二级码没有对应的汉字)

	GFDSA	HJKLM	TREWQ	YUIOP	NBVCX
G	五于天末开	下理事画现	麦珀表珍万	玉来求亚琛	与击妻到互
F	十寺城某域	直刊吉雷南	才垢协零无	坊增示赤过	志坡雪supplement
D	三夯大厅左	还百右面而	故原历其克	太辜砂矿达	成破肆友龙
S	本票顶林模	相查可柬贾	枚析杉机构	术样档杰枕	札李根杠楷
A	七革苦莆式	牙划或苗贡	攻区功共匹	芳蒋东蘑芝	艺节切芭药
H	睛睦非盯瞒	步旧占贞贞	睡眸冃具餐	虔瞳叔虚瞎	虑#眼眸此
J	量时晨果晚	早昌蝇嚆遇	鉴蚯明蛤晚	影暗晃显蛇	电最归坚昆
K	号时顺呆呀	足虽吕喂员	吃听另只兄	喑咬吵嘛喧	叫啊啸吧哟
L	军团因困轼	四辑回田轴	略斩男罗	罚较圆辘垫	思团轨轻累
M	赋财央嵛曲	由则迥崤册	败冈骨内见	丹赠峭豗凼	岂邮峻幽嶷
T	年等知条长	处得各备身	秩稀务答稳	入冬秒秋乏	乐秀委么每
R	后质拓打找	看提扣押抽	手折捕兵换	搞拉泉扩近	所报扫反指
E	且肝须采肛	毡胆加舆乳	用貌朋办胸	肪胶膣脏边	力服妥肥脂
W	全什估休代	个介保佃仙	八风泳从你	信价偻伙伫	亿他分公化
Q	钱针然钉氏	外旬名甸负	儿勿角欠多	久勺尔灸锭	包迎争色锗
Y	证计诚订试	让刘训亩市	放义衣认询	方详就亦亮	记享良充率
U	半斗头亲并	着间问闸端	道交前刃次	六立冰普#	闯疗妆痈北
I	光汗尖浦江	小浊溃泗油	少汽肖没沟	济洋水渡党	沁波当汉漾
O	精庄类床席	业烛燎席灿	庭粕粗府底	广粒应炎迷	断籽数序麂
P	家守害宁赛	寂审宫军宙	客宾农宠宛	社实宵灾之	官字安#它
N	导录居懒异	收慢避渐届	改拍尾恰懈	心习尿屡忱	已敢恨怪尼
B	卫际承阿陈	耻阻职阵出	降孤银队陶	及联孙耿辽	也子限取陛
V	建寻姑杂既	肃旭如姻妯	九婢姐妗婚	妨嫌录灵退	恳好妇妈姆
C	马对参牺戏	犋#台#观	矣#能难物	叉物###	予邓艰叉牝
X	线结顷缚红	引旨强细贯	乡棉组给约	纺弱纱继综	纪级绍弘比

附录C 五笔字型键名汉字表

五笔字型中规定的键名汉字共有 25 个,如下表所示。

五笔字型键名汉字表

区 号	字 母 键	键 名 汉 字
1	GFDSA	王土大木工
2	HJKLM	目日口田山
3	TREWQ	禾白月人金
4	YUIOP	言立水火之
5	NBVCX	己子女又纟

25 个键名汉字与 25 个字母键相对应。这些字母的编码相当简单,它们的编码就是 4 个所在字母键字母。如"言"字的编码为 YYYY,"经"字的编码为 XXXX 等。输入键名汉字时,连续敲 4 次该字所在的字母键即可。

附录 D 偏旁部首的拆分

在五笔字根拆分过程中,有许多汉字的常用部首在五笔字根键盘中根本找不到,因此需要对这些部首进行拆分后才能输入汉字。偏旁部首的拆分如下:

犭——犭	丿	鸟——鸟	丿
牛——丿	丰	虎——虍	匕
衤——衤		礻——衤	
角——ク	用	骨——冎	月
纟——纟	丿	戋——七	丶
鱼——鱼	丿	舟——丿	丹
忄——忄	丶	黑——囗	土 灬
气——气	乙	豕——豕	
走——土	龰	牙——匚	丿
穴——宀	八	革——廿	中
矢——二	大	声——广	丨
页——厂	贝	卑——白	丿 十
马——马			

附录 E 86版五笔字型字根键盘图

五笔字根表 86版

键位	字根
35 Q	金钅鱼儿夂ㄆㄑ
34 W	人亻八ㄅㄨ癶
33 E	月日丹用彡ㄏㄋ豕衤衣乃
32 R	白手扌斤ㄏ厂
31 T	禾丿竹攵夂彳
41 Y	言讠攵方广亠ㄧ丶主
42 U	立六辛冫辶ㄔㄐ门
43 I	水氵氺小ㄣ丷
44 O	火灬业米
45 P	之辶廴宀冖
15 A	工弋ㄗㄧㄤ艹廾七戈
14 S	木丁西
13 D	大犬ㄏ石三ㄓㄧ手龵ナ厂
12 F	土士二干甲卅寸雨
11 G	王一五戋
21 H	目丨卜卝上止ㄔ
22 J	日曰四早刂刂刂虫
23 K	口川
24 L	田甲口罒皿车力
25 M	山由贝ㄇ冂几
55 X	纟幺ㄠ弓匕
54 C	又マム巴马
53 V	女刀九臼彐ヨ
52 B	子孑了阝也耳卩ㄗ
51 N	已巳己ㄗ尸ㄕ心忄羽

附录 F 98版五笔字型字根键盘图

键位	字根
35Q 金钅鱼儿 勺ヶ𠂊 ク丿 夕 夂
34W 人亻八儿 バハ ㄨ
33E 月用力 彡毛臼彐 豕衣氏 四 乂
32R 白手扌 斤斤丘 厂 气 义
31T 禾 ⺮丿亻 攵 夂 攵
41Y 言讠文方 亠 乀
42U 立辛 冫 丬 疒 六门 辶 丷
43I 水氺 氵 小 ⺌ ⺍ 爫 灬
44O 火业广灬 米 攵
45P 之辶廴宀 冖 礻 衤
15A 工戈弋廾 匚 艹 十 卄 ⺗ 匕 七 廿 一	14S 木丁西 甫	13D 大犬三 古石ナ厂戊 アブ 長	12F 士土二 干十寸甘 雨 一	11G 王主一 五戋 丰 丰 一	21H 目旦上卜 止 止 丨卜	22J 日曰四早 ⺌⺌ 虫	23K 口川⺍ 车 中	24L 田甲口四 ⺣ 皿 丨
55X 纟幺母 弓匕匕匕 巴 马 ⺄	54C 又ス⺋ マ 巴 マ ム	53V 女刀九臼 彐 ヨ 艮	52B 孑耳阝了 子卩阝耳 也山皮 了	51N 已己巳 乙尸尸阝尸 心忄羽 ⺗	25M 山由贝几 冂 刀 凡
Z